国家自然科学基金项目（11775207）资助出版

U0156819

中国粒子物理学
简史

丁兆君　著

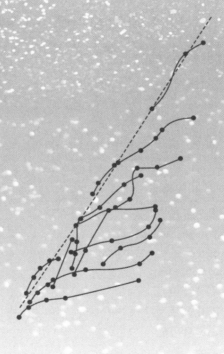

中国科学技术大学出版社

内 容 简 介

本书是国家自然科学基金项目"20世纪以来的中国粒子物理学及其学术谱系发展研究"(11775207)成果。中国的粒子物理学科起步相对较晚且历经曲折,几代粒子物理学家为让我国粒子物理学在世界占有一席之地付出了不懈努力。本书分为上、下两篇,以大量的档案文献史料与口述历史访谈为基础,着眼于学科的宏观发展,系统论述了中国高能实验物理、加速器物理、宇宙线物理、粒子理论与量子场论等各分支学科的发展与成就,进而深入探讨了中国粒子物理学家的学术谱系与学术传统。本书系统梳理了中国粒子物理学科的发展与成就,归纳、总结了学科的特点、优势与不足,为该学科的未来发展提供了参考与借鉴。

图书在版编目(CIP)数据

中国粒子物理学简史/丁兆君著. —合肥:中国科学技术大学出版社,2024.3
ISBN 978-7-312-05653-6

Ⅰ. 中⋯ Ⅱ. 丁⋯ Ⅲ. 粒子物理学—物理学史—中国 Ⅳ. O572.2-092

中国国家版本馆 CIP 数据核字(2023)第 061829 号

中国粒子物理学简史
ZHONGGUO LIZI WULIXUE JIANSHI

出版	中国科学技术大学出版社
	安徽省合肥市金寨路 96 号,230026
	http://press. ustc. edu. cn
	https://zgkxjsdxcbs. tmall. com
印刷	合肥市宏基印刷有限公司
发行	中国科学技术大学出版社
开本	787 mm×1092 mm 1/16
印张	18.25
字数	467 千
版次	2024 年 3 月第 1 版
印次	2024 年 3 月第 1 次印刷
定价	68.00 元

序

探究物质本源，追赶世界科学最前沿

粒子物理研究是人类认识世界的伟大活动之一。在 20 世纪初量子物理和原子核物理取得巨大成功的基础上，比原子核更深层次的各种新粒子不断被发现，50 年代初研究"基本粒子"的粒子物理学正式从原子核物理中独立出来，成为基础科学研究中一颗极为耀眼的明星。70 多年来，粒子物理研究获得了许多重大科学成果，构成物质世界的最基本单元——轻子和夸克全部被发现，描述基本粒子之间相互作用的弱电统一理论和量子色动力学逐步建立起来，实验也完整全面地验证了理论预言，人类历史上非常成功的科学理论之一——粒子物理标准模型得以确立。在 70 多年中，在粒子物理学的研究领域产生了 20 多项诺贝尔奖。该领域的研究推动、发展了许多重大技术，取得了巨大的经济和社会效益，如同步辐射、自由电子激光和散裂中子源等通用型大科学装置的广泛应用、万维网（WWW）的发明及在此基础上发展起来的规模宏大的互联网经济和移动经济，各种与加速器、探测器相关的辐照、医疗、安检、无损探伤等高技术应用。

中国的原子核物理和粒子物理研究起源于早年由欧美留学回国的前辈们建立的教育基础和一些零星的研究队伍。20 世纪 50 年代开展的宇宙线研究和参与建设的杜布纳联合核子研究所（JINR）是中国原子核物理、粒子物理和粒子天体物理研究的开端。然而，受当时的经济、科学、技术以及杜布纳联合核子研究所等条件限制，中国的粒子物理研究独立得较晚，发展也很缓慢。但它与"两弹一星"相关的活动大规模地培养了人才，掌握了基本的研究方法和手段，奠定了后期真正起步的基础。然而可惜的是，在"粒子物理标准模型"的黄金时代（即六七十年代），我们未能在粒子物理的发展历程上留下印迹。在实验上，我们没有能力和条件发现重要的基本粒子；在理论上，我们没有跟上夸克模型、弱电统一理论、量子色动力学等关键阶段，虽然有一些重要成果，如"层子模型""规范场理论研究"等，但均未进入国际主流。

80 年代初北京正负电子对撞机开建，中国的粒子物理研究开始真正起步，并取得了良好成绩。此举奠定了 21 世纪我国粒子物理研究的基础，也奠定了我国同步辐射、散裂中子源、自由电子激光等应用装置建设的基础。经过 30 多年的努力，我们终于看到成功的曙光，逐渐走到世界粒子物理舞台的中央。北京正负电子对撞机使我们在国际陶–粲物理研究领域占有一席之地,大亚湾实验为我国开辟了中微子物理研究的方向,四川稻城的高海拔宇宙线观测站使我们站在了国际宇宙线和伽马天文研究的领先位置,空间 X 射线和宇宙线研究也有望实现国际领先。大型环形正负电子对撞机的方案设计与关键技术预研更是让我们站在了国际高能物理最前沿,直接竞争未来高能物理发展的主导权。同时,我国的同步辐射、自由电子激光和散裂中子源等大科学装置也逐步达到了国际先进水平。

过去 70 多年的努力,筚路蓝缕,成绩斐然,也让人感慨万千。如果各方面条件具备,其实我们可以做得很好。丁兆君先生的这部《中国粒子物理学简史》为我们详细回顾了 20 世纪中国粒子物理发展的历史,展示了前辈们的艰辛努力与成就;不胜唏嘘之际,也给我们提供了很好的经验和教训总结,为我们做好当下、规划未来提供重要的参考。

进入 21 世纪,一方面我们的环境、条件、能力和人才队伍与过去相比不可同日而语,建设世界科技强国的要求也为我们提供了强大动力;另一方面,粒子物理研究结束了过去 60 年以标准模型为指引的模式,开始转为需要实验指引的新模式。这也是过去几百年观测、实验、理论互相转换领导地位、各领风骚数十年的再一次呈现。如何能够不辜负时代的期望和要求,抓住粒子物理下一次革命的机会,走在国际最前列并引领粒子物理的未来发展,是我们每个高能人要回答的问题,也是历史赋予我们这代人的使命。

王贻芳

2022 年 10 月 3 日

前　　言

本书分上、下两篇,上篇重在历史梳理,下篇重在学术谱系探讨。由于学科新近发展缺乏史料,对一些学术工作的认识、评价与定位也需要时日来积淀,因而本书历史考察的时间范围以 20 世纪为主,仅涉及 21 世纪以来的部分重要成就与重大事件。

上篇为"20 世纪中国粒子物理学的发展",通过搜集与查阅档案、通信、笔记等一手史料,在著名粒子物理学家与前辈物理学史家的建议、指导下,对物理学家的学术工作进行解读分析,将零散的材料消化、吸收、归纳、总结,从而把所有史料汇集、结合成为一个有机整体。在深挖第一手资料的同时,笔者还重点采访了多位老一辈粒子物理学家,在厘清史实、甄别史料方面求助于历史事件的亲历者,充分发挥"口述科技史"的功能。通过将专题研究、个案分析与宏观考察、综合论述相结合,既描述中国粒子物理学家个体的科学研究活动,也分阶段评述粒子物理学科在中国的发展特点,从而对学科发展做出全面、系统的论述。笔者努力进行横向比较,把中国粒子物理学科的发展置于世界粒子物理学发展大潮中考察,客观地掌握其发展的速度、模式与规律。本书还试图将内史与外史、思想史与社会史相结合,阐述中国粒子物理学科在与政治、经济、社会的相互关系中所反映出的突出地位与特点。

下篇为"中国粒子物理学家的学术谱系与学术传统",为考察亚原子物理学家学术谱系中高能粒子物理学家谱系与原子核物理学家谱系的分离缘由,根据中国科学院近代物理所、物理所、原子能所在 1950—1973 年间关于呼吁、计划成立高能物理基地与人员分配情况的相关档案材料,着力探讨中国高能粒子物理学科如何从原子核物理中脱胎而出,从而使其学术谱系获得独立形态。为研究原子核物理与高能粒子物理在理论、实验方面的学术谱系,根据相关单位人事分配与研究生培养的部分档案,以及多位著名物理学家的传记,以各个领域的创始人为根源,模仿家族世系表,建立起学术谱系表。在学术谱系表的绘制中,因为学位制度完善之后的师承关系相对易考,而多家网站提供的学位论文查询为考察这种学术传承关系提供了便利,因而本书利用了大量的网络资源。为考察学术谱系的历史发展,以所绘制的学术谱系表为基础,考察各学科分支的重要物理学家群体的演变。本书结合以前关于学科史的研究与新查阅的档案资料,对相关科学家进行访谈,以期归纳、总结出亚原子物理学术谱系的发展脉络、特点、趋势与规律。为研究基于学术谱系的学术传统,将其分为研究传统(研究什么、怎么研究)与精神传统(科学价值观与行为规范)两部分。对于研究传统,从谱系中历代学者的学术领域与方向、研究方式与方法等方面进行考察;对于精神传统,以谱系中历代学者的回忆录、弟子为老师所著传记,以及相关的纪念文章等文献为依据,并对学术谱系中仍然健在的一些重要人物或相关知情人进行访谈,以获得文献资料所得不到的鲜活信息。下篇相关内容在《当代中国物理学家学术谱系——以几个分支学科为例》(胡化凯,丁兆君,陈崇斌,汪志英,上海交通大学出版社)一书中已有所体现。

通过上、下两篇的论述,本书试图简要而又相对系统地将中国粒子物理学史展现给读者。

目　　录

序　探究物质本源,追赶世界科学最前沿 ……………………………………（ⅰ）

前言 ……………………………………………………………………………（ⅲ）

绪论 …………………………………………………………………………………（1）

上篇　20世纪中国粒子物理学的发展

第1章　20世纪上半叶国际粒子物理研究进展 ……………………………（11）

　　1.1　早期的基本粒子、场论与宇宙线研究 ……………………………（11）

　　1.2　粒子物理实验研究设备的发展与学科的形成 …………………………（13）

第2章　中国亚原子物理的早期研究状况 ……………………………………（17）

　　2.1　早期中国学者的基本粒子实验研究 ………………………………（17）

　　2.2　早期从事基本粒子理论研究的中国学者及其成就 ……………………（20）

　　2.3　关于中国人早期基本粒子研究成就的评价 ……………………………（22）

　　2.4　中华人民共和国成立前中国粒子物理研究的薄弱基础 ………………（23）

第3章　粒子物理研究机构的建立与研究队伍的形成 ………………………（27）

　　3.1　从近代物理研究所到原子能研究所 ……………………………………（27）

　　3.2　各主要高校的粒子物理学教学与研究 …………………………………（32）

第4章　实验粒子物理研究工作的筹划与合作 ………………………………（37）

　　4.1　宇宙线实验基础建设与加速器预制研究 ………………………………（37）

　　4.2　$\widetilde{\Sigma}^-$的发现及杜布纳联合所的其他高能实验工作 …………………………（41）

第5章　哲学思潮与理论创新 …………………………………………………（48）

　　5.1　理论粒子物理学的初步发展 ……………………………………………（48）

　　5.2　"一分为二"与强子结构理论 ……………………………………………（51）

　　5.3　层子模型的成就与影响 …………………………………………………（52）

第6章　高能物理研究基地的建成与宇宙线研究的进展 ……………………（59）

　　6.1　高能物理研究所的成立与"七五三工程" ……………………………（59）

　　6.2　落雪山上的收获与岗巴拉山乳胶室的建立 …………………………（61）

第7章 理论研究与高能加速器建造的新进展 ……………………（66）

7.1 粒子物理理论研究的恢复 ………………………………………（66）

7.2 "八七工程"始末 …………………………………………………（71）

7.3 粒子物理学科的建制化与中外交流 ……………………………（75）

第8章 北京正负电子对撞机的建成与成就 ……………………（81）

8.1 北京正负电子对撞机的建成 ……………………………………（81）

8.2 在 BEPC/BES 上做出的系列实验成就 …………………………（87）

第9章 中国粒子物理研究的新进展 ……………………………（92）

9.1 与国际接轨的理论粒子物理研究 ………………………………（92）

9.2 宇宙线物理与同步辐射技术的发展 ……………………………（95）

9.3 学科队伍的分布及其教学、研究概况 …………………………（98）

第10章 世纪之交中国粒子物理的回顾与前瞻 ………………（104）

10.1 20世纪中国粒子物理学史的分期、脉络及特点 ……………（104）

10.2 世纪之交国际粒子物理的发展 ………………………………（106）

10.3 世纪之交中国粒子物理的新发展 ……………………………（110）

下篇 中国粒子物理学家的学术谱系与学术传统

第11章 留学归国的物理学先驱与早期的学术谱系 …………（119）

11.1 20世纪前20年物理学留学生的回归 ………………………（119）

11.2 1932年之前归国物理学者队伍的扩大 ……………………（122）

11.3 物理学体制化之后中国近代物理学家学术谱系的崭露 ……（132）

第12章 中国亚原子物理研究机构的建立与团队的形成 ……（139）

12.1 中国科学院近代物理所亚原子物理学术谱系的发端 ………（139）

12.2 发展核工业宏观布局下亚原子物理研究机构的发展 ………（141）

12.3 各高等院校亚原子物理专业人才队伍的初步发展 …………（147）

第13章 核物理学家谱系与高能粒子物理学家谱系的分袂 …（151）

13.1 第一代中国亚原子物理学家群体的分布 ……………………（151）

13.2 核物理学家的学术谱系与学术传统 …………………………（154）

13.3 高能粒子物理学家学术谱系的独立 …………………………（159）

第14章 中国高能实验物理学家学术谱系的历史发展 ………（164）

14.1 谱系的国外源头 ………………………………………………（164）

14.2 早期科研队伍与人才培养机制及学术谱系的发展 …………（167）

14.3 高能实验物理学家学术谱系表及谱系结构与代际关系分析 …（173）

14.4 国际交流对高能实验学术谱系的冲击与影响 ………………（190）

14.5 中国高能实验物理学家群体的近期发展 ……………………（192）

第 15 章　中国高能实验物理学的学术传统 ···（201）

　　15.1　中国高能实验物理学家的研究传统——以赵忠尧谱系为例 ··············（201）

　　15.2　中国高能实验物理学家的精神传统 ··（205）

　　15.3　与汤姆孙—卢瑟福谱系学术传统的比较与讨论 ······························（208）

第 16 章　中国理论粒子物理学家学术谱系的历史发展 ·······················（214）

　　16.1　谱系的国外源头 ···（214）

　　16.2　中国理论粒子物理学家群体及学术谱系的形成与早期发展 ···············（216）

　　16.3　理论粒子物理学家学术谱系表及谱系结构与代际关系分析 ···············（219）

　　16.4　理论粒子物理学术谱系的演变及其团队的近期发展 ·······················（234）

第 17 章　中国理论粒子物理学的学术传统 ·····································（237）

　　17.1　中国理论粒子物理学家的研究传统 ··（237）

　　17.2　中国理论粒子物理学家的精神传统 ··（254）

　　17.3　与长冈半太郎—仁科芳雄谱系学术传统的比较与讨论 ·····················（260）

结语 ···（266）

参考文献 ···（270）

后记 ···（282）

绪　　论

　　粒子物理学(也称为高能物理学)是当今物理学乃至自然科学中的前沿学科之一,自诞生之日起一直飞速发展,并且带动着相关科学技术领域的进步。因脱胎于原子核物理学,粒子物理在学科形成之初就一直受到世界各国的重视,从而成为诸前沿学科的骄子。一些大科学装置的建立,更使得粒子物理成为科学的"奢侈品"。从 1901 年颁发诺贝尔奖至今 120 余年,在 200 余位诺贝尔物理学奖获得者中,约有四分之一产生于粒子物理研究相关领域,是物理学中获诺贝尔奖最多的一门分支。因此,在自然科学诸门类中,粒子物理尤为引人注目。

　　中国粒子物理学研究起步较晚,历经曲折,在高能基地建成之后,终于在国际上拥有了一席之地。对这段发展历程进行系统梳理与总结,无论是对于中国科学史,还是对于中国粒子物理学来说,都具有重要的意义。

1. 概念说明:"粒子物理"与"学术谱系"

　　关于物理(学)、物理学家的定义,学界已有诸多探讨,本书所指物理学,是指产生于西方十六七世纪近代科学革命之后,主要研究物质的基本结构、基本性质及其运动规律的,基于数学和实验的"物理学"[1]。而这里所谓近代物理学,则主要指自 19 世纪末物理学三大发现①以来所诞生的,以物质微观结构的基本单元为研究对象,以相对论与量子力学为理论基础的原子与分子物理、原子核物理与粒子物理。而亚原子物理学,顾名思义,是以比原子更小的粒子为研究对象的一门物理学分支学科,大体包括原子核物理与粒子物理两个方面。

　　"粒子物理"与"高能物理"是两个基本重合的概念范畴,一直没有绝对的、明显的界限划分,故而在大多数场合下,二者通用。理论家惯于使用"粒子物理",而实验家则倾向于使用"高能物理"。

　　"高能"是一个历史性概念。在 1900 年前后,1 MeV(10^6 电子伏)已可称为高能[2];在 1950 年前后,加速器的能量达到 1 GeV(10^9 电子伏);而到了 20 世纪末,加速器能量则已达到 1 TeV(10^{12} 电子伏),昔日的"高能"也逐渐演变为"中能",以至"低能"。当今的"高能"定位于 1 GeV 之上,这恰恰与研究基本粒子结构所需能量相当。因而,今日之"高能物理"与"粒子物理"在能量意义上大体相符。

　　现在,当人们谈到高能物理时,倾向于指高能加速器上做的物理实验和有关物理问题;而粒子物理则是相对于原子物理、原子核物理而言的微观前沿物理。虽然高能物理大部分属粒子物理,但有关高能物理探测器中的物理问题,甚至高能加速器本身的物理问题却不属于粒子物理范畴;同时,有些非高能实验,如宇宙学的研究内容却属于或涉及粒子物理内容。

---

　　① 指 1895 年伦琴(W. Röntgen)发现 X 射线、1896 年贝克勒尔(A. H. Becquerel)发现放射性现象、1897—1899 年汤姆孙(J. J. Thomson)发现电子。

然而,至今粒子物理所依据的实验结果仍主要来源于高能物理实验,而且粒子物理的重要发展常常由高能物理实验的结果所推动,并由高能物理实验所证实[3]。

本书所用术语,在涉及理论时,多用"粒子物理";而涉及实验甚或技术时,多用"高能物理";在不侧重论述学科的理论或实验领域时,亦统称为"高能粒子物理"。

谱系,一般指宗族世系或同类事物的历代系统,还表示这种系统的谱记载体。而学术谱系则是由学术传承关系关联在一起的、不同代际的科学家所组成的学术群体系统。某一学科的学术谱系,包括该学科学者群体及其所在机构、组织的形成与发展、主要学者的学缘或师承关系、学术思想的传承与学术领域的演变,以及所受到的社会、政治诸因素的影响等,也可以延拓到该学科学术传统的形成和发展。可以说,学术谱系既是学科学术共同体的重要组成单元,也是学术传统的载体[4]。

2. 为何要研究粒子物理学史

自 20 世纪中叶粒子物理学从原子核物理学中脱胎而出,形成一个独立学科以来,其作为研究最基本的物质结构和相互作用的前沿学科,经过几十年飞速发展,带动了物理学其他分支乃至多门自然科学的发展。20 世纪 60 年代建立的标准模型成功描述了弱电和强电的相互作用,且其大部分理论预言得到实验验证,推动粒子物理发展达到高峰[5-6]。这些进展不仅深刻影响了人们对于物质基本结构和作用的认识,也影响了整个自然科学的发展[7]。粒子物理的研究手段从早期仅凭宇宙线观测逐步发展到以高能加速器和大型探测器等装置为主的实验研究,粒子物理也逐步成长为一门典型的"大科学"。同时,粒子物理在材料、化学、生物、宇宙起源、天体形成和演化等领域的研究中也起到越来越重要的作用。高能加速器和粒子物理实验有力推动了高技术的发展,突显出基础科学与高科技的应用[8]。在 200 余位诺贝尔物理学奖获得者中,有 50 多位与粒子物理研究相关,这也体现出粒子物理在物理学乃至自然科学中的重要意义。

中国的粒子物理学发源自欧美、植根于本土,如今终于在世界上占有一席之地。20 世纪初期留学欧美的中国物理学家,在回国后展开了本土的科学研究与人才培养工作,并取得了卓著成就[9]。在粒子物理的研究设备方面,中国的高能加速器建设在 20 世纪历经曲折,从五六十年代研究方案的"五起五落",到 70 年代的"七五三工程",再到 80 年代初的"八七工程",最终于 1988 年建成北京正负粒子对撞机(BEPC)并取得一系列重要成就。BEPC 的建造标志着我国在大科学工程方面取得成功,其意义已经超出本身的科学价值[10-11]。如今,中国在粒子物理的理论、实验研究方面都已经形成体系,拥有良好的研究队伍,并不断取得研究成果,正处于稳步发展中。这些成就来之不易,不仅要归功于几代物理学家的执着付出,还有海外物理学家的推动与帮助,以及国家层面长期的重视与扶持。回顾中国粒子物理学发展的历程,大致经历了中华人民共和国成立前的萌芽与奠基、20 世纪 50 年代到"文革"前期的起步与加速、"文革"后期到 20 世纪 80 年代初期的挫折与复苏,以及后来的蓬勃发展[12]。在不同阶段,粒子物理学的发展各具特色;因受政治、经济诸因素的影响,也有其经验与教训,值得我们总结、归纳与借鉴。

中国的粒子物理学科已历经半个多世纪的发展,科学史研究者亟须对这段历史进行系统、客观的梳理,如实追溯中国粒子物理学发展的真实历程,还需系统、充分地论述几代粒子物理学家的研究与成就,从而反映出中国粒子物理学今天在世界上占有一席之地的来之不易。

　　半个多世纪以来,中国粒子物理学家已历经5代。不仅需要对他们的科学研究工作进行全面与深入的认识与了解,其人才培养与学术传承亦不应忽视。尤其在目前绝大部分第一代粒子物理学家已然故去,第二代粒子物理学家也年至耄耋的情况下,这个任务更加迫切。老一辈实验物理学家赵忠尧、王淦昌、张文裕等,理论物理学家张宗燧、彭桓武、胡宁、朱洪元等自欧美学成归国后投身本土粒子物理研究,在信息交流闭塞、实验条件艰苦的情况下培养了一大批有影响的物理学家,从而奠定了中国粒子物理发展的坚实基础[13]。对这些物理学家的直接学术传承人进行口述访谈,抢救性挖掘、整理、保存史料,也是物理学史研究者的义务与责任。深入挖掘老一辈物理学家的工作业绩与成就,展示于后辈学人、世界同行与其他领域学者,既是对老一辈物理学家艰苦奋斗的科学精神和爱国精神的传承,同时也能对年轻物理学家和青年学者发挥重要的激励与教育作用。

　　此外,全面系统地梳理、总结中国粒子物理学发展的历程,有助于为未来中国粒子物理的发展提供具有借鉴意义的史料。粒子物理学需要根据国际前沿发展,结合本国国情建设重大基础设施。国际合作是当前世界各国发展粒子物理实验的主流方式,大科学装置的设计和建造需要发挥各参与国的学科优势和先进管理经验[14-15]。中国高能加速器与同步辐射装置的建造有来自李政道等海外华人科学家的策划、支持与积极参与[16-17],也有国家科技政策的支持,对多个领域与部门的科技水平提高乃至经济社会发展有多方面的影响。中国粒子物理学及其学术谱系的发展史研究有助于总结这些历史经验教训,提供史料参考与借鉴,也可能有助于科教管理部门通过科学传统的塑造提高物理学学科质量和培养一流物理学人才提出对策建议,探寻更适宜我国粒子物理学的发展之路。

　　作为现代物理学发展的"热门"领域之一,粒子物理学也是收获诺贝尔奖的重要方向。在国际粒子物理学发展的大框架下,如何面向大众客观评价中国粒子物理学的发展状况与水平,如何分析、总结我国粒子物理学在过去发展中存在的经验与教训(尤其后者),是物理学史研究者所需要探索的重大课题,也是科学史工作的价值和意义所在。

　　近十余年来,学术谱系研究受到了广泛关注。中国科学技术协会发起、组织多个领域的学者,系统梳理、提炼中国各领域科学家的学术谱系,探讨中国科学技术发展的特色、经验与规律,寻找与国外的差距,以期通过优秀学术传统的培养来推动学科的发展。

　　研究梳理当代中国粒子物理学家学术谱系,解释中国粒子物理学学术传统的构建过程,通过与发达国家粒子物理学学术传统的比较,分析评估中国粒子物理学学术传统的特点、优势与不足,可能有助于科教管理部门通过科学传统的塑造提高粒子物理学学科质量和培养一流粒子物理学人才提出对策建议。

　　学术谱系研究,着眼于宏观科学群体,系统梳理其学术传承关系,研究该群体的学术传承的特点及其与社会、政治等因素的关系,这样一个新的科学史研究视角,是传统科学史研究的有益补充与重要发展。

　　通过学术谱系中各代学者在学术思想、研究纲领与方法等方面所受到前辈的显性与隐性的影响,归纳、总结学术谱系发展中可能形成的学术传统,对于学术阵营的建设与科研人才的培养都具有重要的借鉴意义。

　　综上所述,研究中国粒子物理学及其学术谱系的发展史尤为重要。

3. 国内外关于粒子物理学史的研究

早在 20 世纪 70 年代,国外就已有对粒子物理学史各种形式的研究与论述,且随着其研究深度与广度的持续增长,逐渐成为物理学各分支学科史研究中的一个热点。相对而言,高能粒子物理学家似乎更偏爱其所在学术领域的历史经验与教训的回顾与总结。他们曾举行了大规模的粒子物理学史学术交流活动,出版了文集,如 *International Colloquium on the History of Particle Physics：Some Discoveries，Concepts，Institutions from the Thirties to the Fifties*[18]。大批学者对粒子物理学史给予广泛关注,也不乏研究论著次第问世。其中,既有开建构主义物理学史先河的经典著作——皮克林的 *Constructing Quarks：A Sociological History of Particle Physics*[19],更有英雄史诗般的著作——派斯的 *Inward Bound of Matter and Forces in the Physical World*[20],还有针对高能物理学家社区所做的人类学研究专著——沙伦·特拉维克的 *Beamtimes and Lifetimes：The World of High Energy Physicists*[21],更多的是前沿物理学家的回顾与总结性的论述,如南部阳一郎的 *Quarks：Frontiers in Elementary Particle Physics*[22],莱德曼等的 *The God Particle：If the Universe is the Answer，What is the Question?*[23],温伯格的 *Dreams of a Final Theory*[24] 与 *The Discovery of Subatomic Particles*[25],埃图夫特的 *In Search of the Ultimate Building Blocks*[26],韦尔特曼的 *Facts and Mysteries in Elementary Particle Physics*[27] 等。

除专门的粒子物理学史专著之外,大型的科学史著作,如 *Twentieth Century Physics*[28],*The Modern Physical and Mathematical Sciences*[29] 中也不乏粒子物理学史篇章。此外,著名粒子物理学家的传记也是不可忽略的,如 G. 约翰孙所著的 *Strange Beauty：Murray Gell-Mann and the Revolution in Twentieth-Century Physics*[30],格里宾夫妇所著的 *Richard Feynman：A Life in Science*[31] 皆属代表性的佳作。尤为值得关注的还有一些著名粒子物理学家的自传性专著,如魏格纳的 *The Recollections of Eugene P. Wigner：As Told to Andrew Szanto*[32],朝永振一郎的《科学者の自由な楽園》[33],无论就史料性与可读性而言,都是不可多得的上乘之作。

除了公开出版的专著之外,欧美国家的部分学术机构在有关粒子物理学史档案史料方面有所积蓄,如美国加利福尼亚大学伯克利分校就有专门的量子物理学史档案(AHQP),其中包括重要量子物理学家著作的微缩胶片和对当时在世的量子物理学家的采访记录。这些资料对于研究世界粒子物理学的发展至关重要。

但非常可惜的是,国外关于粒子物理学史的论著与相关史料鲜有涉及中国的粒子物理发展,关于中国学者的成就论述很少,因而仅能作为中国粒子物理学史研究的背景资料。

相对于国外粒子物理学史研究的空前盛况,我国粒子物理学科因起步较晚,历史研究远不够繁盛、充分。但值得庆幸的是,我国的高能粒子物理学家对于自己所亲历的本学科发展史亦有着浓厚的兴趣与高度的历史责任感。赵忠尧、张文裕、胡宁、朱洪元、谢家麟、叶铭汉、戴元本、方守贤等多位物理学家在《高能物理》《现代物理知识》《物理通报》《物理》等期刊发表过有关粒子物理学史的文章。而上述 4 种期刊,尤其是办刊 12 年的《高能物理》(后更名为《现代物理知识》)对于记录与传播中国粒子物理学史而言功不可没。诸位物理学家关于亲历史实的论述,对于物理学史研究者从总体上把握我国粒子物理学史的脉络与主线至关重要。其中,宏观论述整个学科发展史的代表性文章有张文裕的《我国高能物理三十五年的回顾》[34]，戴元本、顾以藩的《我国粒子物理研究进展——50 年回顾》[35]；还有朱洪元关于层子模型发展的文章 *Reminiscences of the Straton Model*[36] 及其与宋行长、朱重远合作的同主题文章《层子模型的回顾与展望》[37]，谢家麟关于中国高能加速器建造史的文章《关于北京正负电子对撞机方案、设计、预研和建造的回忆片段》[38]，霍安祥关于中国宇宙线物理发展史的文章《宇宙线研究三十年》[39]，李华钟关于中国规范场理论发展的文章《规范场理论在中国——为祝杨振宁先生 80 大寿而作》[40] 及其续篇[41] 等。

关于中国粒子物理学家在国外所做出的具有国际影响的工作，亦有学者给予了一定程度的关注与论述，其中具有代表性的包括李炳安、杨振宁关于王淦昌、赵忠尧工作的文章《王淦昌先生与中微子的发现》[42] 与 *C. Y. Chao，Pair Creation and Pair Annihilation*[43]，冼鼎昌关于朱洪元工作的文章《一篇同步辐射应用奠基性论文诞生的故事》[44]，阎康年关于张文裕工作的文章《奇异原子的首次发现与张文裕教授》[45] 等。也有一些学者为他们所接触过的老一辈粒子物理学家写过回忆性文章。这些作者多为我国粒子物理研究的参与者和见证者，所撰文章多从自己研究的角度论述，侧重不同，相对分散，少有对科学事件与人物形成系统、全面论述者。

一些国内科学史工作者在其物理学史专著中有对中国粒子物理学史的专门论述，如戴念祖的《20 世纪上半叶中国物理学论文集粹》[46]、董光璧的《中国近现代科学技术史》[47]、申先甲的《中国现代物理学史略》[48]、王士平等人的《中国物理学史大系·近代物理学史》[49] 等；也有学者将前述派斯、温伯格、皮克林等人有关粒子物理学史的著作翻译为中文。以上工作为立足于国内开展粒子物理学史研究奠定了重要的基础。

4. 国内外关于学术谱系的研究

谱系（或系谱）研究，悠久而广泛。美国早在 1847 就发行了季刊《新英格兰的历史与家谱记录》（*The New England Historical and Genealogical Register*），并于 1903 年成立了国家谱系学会。而学术谱系，尤其是关于自然科学学术谱系的研究则相对较晚且稍显薄弱。1997 年，美国明尼苏达州立大学启动了数学谱系研究计划。这项研究于 2002 年为北达科他州立大学所继承，并于翌年得到美国数学会的支持。同期，韩国浦项工业大学的张水荣系统梳理了欧美主要物理学派的师承关系，并出版了专著[50]。

国外的谱系研究多停留于表面现象，满足于师承关系的梳理、谱系队伍的构成等方面的探讨，鲜有对学术群体的学术思想、学术传统方面的系统考察。有人研究了物理学、化学的某些分支学科的师承关系，并以学术谱系之名，将其数据库公诸互联网。但这些数据库的建立往往缺乏严谨的史料文献考证，且对于不同学者与机构的学术继承关系缺乏统一的划分标准，仅凭博士学位获得学校等依据判别学术谱系也尚乏准确、公正。而关于中国科学家的学术谱系，国外学者的研究中鲜有涉足。

中国古人对于家谱（谱牒）的编纂源远流长。殷商之时，已有简单的世系表，是家谱的雏形；而较为完备、成熟的谱牒则形成于西周；魏、晋、南北朝诸代特别注重门第，有司选举之时必稽谱牒。当然，中国不乏谱系研究的学者。

而关于学术谱系，早前零星的研究多局限于人文与社会科学领域。2009 年，乌云其其格与袁江洋开始以自然科学学术谱系为基础探讨科学传统的构建[51]。该文以科学传统为主题，论证了中国与日本这两个后发国家对于西方科学传统的跨文化移植、重构和本土化特点,通过考察一个典型的日本诺贝尔物理学奖获得者学术谱系——以研究亚原子物理见长的长冈半太郎(Nagaoka Hantaro)谱系的发展过程,进行中日对比,得出我国仍需致力于充满创造活力的科学传统构建的结论。袁江洋还与刘爱玲合作指导了中国地质大学的一位研究生题名为《中国近代地质学学术谱系》的硕士论文[52]。

2010年,中国科学技术协会推出当代中国物理学家学术谱系研究。此后几年,在中国科协的推动下,数学、化学、天文、生物等十几个学科的学术谱系研究课题次第启动,使得这方面的研究得以大范围展开。多个单位与专业学会的科学史及相关领域工作者参与了该课题研究(如表0.1所示)。如今,学术谱系已经成为当代科学史研究的一个重要方向。

表 0.1　中国科协科学家学术谱系研究项目一览

年度	项 目 名 称	承 担 单 位	负责人
2010	当代中国物理学家学术谱系研究	中国科学技术大学	胡化凯
	当代中国数学家学术谱系研究	中国科学院自然科学史研究所	刘钝
	当代中国化学家学术谱系研究	中国科学院自然科学史研究所	袁江洋
	当代中国遗传学家学术谱系研究	中国科学院科学传播中心	田洺
2011	当代中国生物学家学术谱系研究	中国科学院微生物所	李寅
	当代中国农学家学术谱系研究	中国农学会	向朝阳
	当代中国医学家学术谱系研究	中国科学技术史学会	张大庆
	当代中国药学家学术谱系研究	中国药学会	吴晓明
	当代中国天文学家学术谱系研究	中国科学技术大学	石云里
	当代中国地理学家学术谱系研究	中国地理学会	张国友
2012	当代中国植物学家学术谱系研究	中国科学院植物研究所	王锦秀
	当代中国光学家学术谱系研究	中国科学院研究生院	张增一
2014	当代中国大气科学学术谱系研究	中国气象学会	陈正洪
	当代中国力学学术谱系研究	中国科学技术大学	吕凌峰

系统梳理中国物理学家的学术谱系,探讨其学术传统,涉及物理学史研究的多个方面。前人关于中国近现代物理学史研究的诸多论著,皆为本研究的重要参考。

虽然此前并无关于中国亚原子物理学家学术谱系的专门研究,但关于中国近代物理学史与物理学家的研究却不在少数。在职业科学史学者出现之前,中国物理学家中就有多位关注科学史研究者,如吴南薰、李书华、丁燮林、查谦、叶企孙、沙玉彦、陆学善、钱临照、任之恭、王福山等先生。虽然物理学家中专门从事科学史研究者不多,但愿意撰文回顾亲身经历的物理学发展与他们曾交往的物理学家者,比比皆是。这为物理学史研究提供了大量宝贵的资料。

钱临照先生除了在中国古代物理学史研究方面贡献卓著,在现代物理学史研究方面,其所著关于物理学会发展历程的回顾、我国早期的重要物理教学科研机构与物理学家,尤其是关于胡刚复、谢玉铭、吴有训、叶企孙、杨肇燫、严济慈、陆学善、任之恭、王淦昌等著名物理学家的回忆文章,在历史发展脉络、人物生平贡献等诸多方面提供了生动翔实的资料。这类纪念性的文章还包括赵忠尧、任之恭、余瑞璜、王竹溪、钱伟长、钱三强、彭桓武、胡宁、李政道等人对叶企孙的回忆,王淦昌、张文裕、王天眷、陈芳允、葛庭燧、钱三强等人对吴有训的回忆等。

物理学家自传性的回忆论著也有很多,形成专著的有李书华[53]、任之恭[54]、王淦昌[55]、施士元[56]、杨承宗[57]、谢家麟[58]等人,以论文甚至连载的形式发表于期刊的有赵忠尧、施士元、张文裕、钱伟长、卢鹤绂、彭桓武、王大珩、程开甲、黄昆、师昌绪、杨振宁等人。在所有的自述性回忆论著中,吴大猷以20世纪上半叶中国物理发展的宏观过程为对象著述完成的《早期中国物理发展之回忆》[59]尤其具有史料价值。

在科学史界,关于中国近现代物理学史的系统性研究专著目前并不多见,而专题性的研究论文则不时见于期刊。

戴念祖先生从事中国物理学史研究数十年,除以中国古代物理学史研究见长外,在中国近现代物理学史研究方面亦贡献卓著。戴念祖于20世纪90年代初主编的《20世纪上半叶中国物理学论文集粹》一书收录了105位中国近现代物理学的先驱者、奠基人在20世纪上半叶所作的180余篇有代表性的研究论文与主要论著目录,同时还简述了这些物理学家的生平与主要学术贡献。这是科学史界对我国近现代物理学家经历与成就的首次系统梳理,为此后关于中国物理学家的系列研究奠定了坚实的基础。该书的"引论——中国近代物理学史概述"和他于1982年与钱临照先生为纪念中国物理学会成立50周年所撰写的几篇文章[60-62],从明末清初近代物理知识的传入,20世纪上半叶物理教育、研究机构、学会的创立,以及中国物理学家在各个领域的重要成就等多个方面,宏观论述了近代物理学在中国的萌芽、奠基与发展,为我国近现代物理学史系统研究之滥觞。

40年来,对中国近现代物理学史的研究有人物史、分支学科史与不同视角的通史等几个不同的方向。首都师范大学申先甲、王士平、刘树勇、李艳平,中国科学院自然科学史研究所董光璧等先生先后编撰了关于近代物理学史研究的几部专著[48-49,63-64],以著名物理学家为主线,以他们的成就为主体,论述了中国近现代物理学若干分支学科的发展历程。中国科学技术大学胡化凯先生着眼于中国近现代物理各分支学科的发展史,指导了多位研究生,系统论述了若干个物理学分支学科在中国的建立与发展[65-69]。此外,中国科学技术大学、首都师范大学、山西大学等高校,还分别以20世纪上半叶近现代物理学在中国的宏观发展为对象,指导研究生从几个不同视角论述了20世纪上半叶的中国物理学发展史[70-73]。

20世纪90年代以来,中国科技界编撰了大量科学家传记。其中包括与传主有过长期接触,具备较高史学素养的助手、弟子所撰写的优秀传记类著作,如虞昊、黄延复、葛能全、关洪等人撰写的叶企孙、钱三强、胡宁等先生的传记[74-76]就是突出的代表。而大量文学性的物理学家传记的史料价值则相对较低。除一位物理学家单独成书的传记著作之外,集合多位科学家传记于一书的著作也不少见,如卢嘉锡主编的"中国现代科学家传记"丛书[77-82]。非常具有代表性,规模也较大的有中国科学技术协会主编的"中国科学技术专家传略"丛书,其中的物理学卷[83-86]①对于中国近现代物理学史研究者而言,具有很高的参考价值。近年来,中

---

① 第5卷(中国科学技术协会. 中国科学技术专家传略·理学编·物理学卷5[M].北京:中国科学技术出版社,2022.)因出版较迟,本书未及参考。

国科学院、中国工程院与中国社会科学院组织编纂了一套"20世纪中国知名科学家学术成就概览"丛书,其物理学卷[87-89]的人物选取与论述方式与前者有相似之处,规模亦相当。

此外,北京大学、清华大学、中国科学技术大学、复旦大学、上海交通大学、南京大学等几所著名大学的物理系还先后编纂了系史专著[90-96],从多个角度相对详细地梳理了物理系在本校的发展。

综上所述,关于自然科学学术谱系与学术传统的研究在我国方兴未艾。但可资借鉴之学术谱系论著寥寥。而数十年来物理学家与物理学史家撰述了大量有关中国现代物理学史的回忆录、人物传记、学科史、机构史等论著,这都为本研究提供了重要的参考。但这些论著鲜有从学术谱系视角加以阐述的。

◆ 上　篇 ◆

20 世纪中国粒子物理学的发展

第1章　20世纪上半叶国际粒子物理研究进展[①]

20世纪上半叶,正值现代物理学蓬勃发展。自相对论与量子力学创立以来,原子物理、原子核物理相继得到飞速发展。在此基础上,粒子物理学也随之萌芽。

1.1　早期的基本粒子、场论与宇宙线研究

自20世纪30年代以来,原子核物理成为物理学最活跃的一个分支学科,其实验技术、方法日益进步,其理论也基于相对论与量子力学的发展而日臻成熟。特别是经过了第二次世界大战的有力推动,原子核物理更得到了迅猛发展。随着核物理研究的深入及其水平的提高,在其学科内部逐渐产生了一个独立的研究方向,并逐渐形成一个新的物理学分支——粒子物理学。其理论和实验技术与核物理学一脉相承,并很快成为现代物理学研究的最前沿领域之一。

1.1.1　早期原子物理、核物理研究中基本粒子的发现

1897—1899年[②],汤姆孙(J.J.Thomson,1856—1940)在实验中测出阴极射线粒子的荷质比,从而发现了电子(electron[③])。电子是人类发现的第一个基本粒子。自此之后,人们便开始了对基本粒子的研究。1905年,爱因斯坦(A.Einstein,1879—1955)提出了光量子的概念,后称之为光子(photon),并为密立根(R.A.Millikan,1868—1953)、康普顿(A.H.Compton,1892—1962)等人的实验所证实。卢瑟福(E.Rutherford,1871—1937)继1911年通过α粒子散射实验发现原子核之后,又于1914年发现了质子(proton),当时称为"H粒子",后改称质子,意为质量最小、最简单的粒子。1920年,卢瑟福为了解释原子核的组成,提出了核内存在中子(neutron)的假说,其弟子查德威克(J.Chadwick,1891—1974)于1932年通过实验证实了中子的存在。

到此为止,人们对于物质结构的认识已达到了一个新的水平。由质子、中子构成原子核,核与电子构成原子,再由原子构成实体物质,而光子可以解释电磁辐射与能级跃迁,这便足以形成自然界的物质大厦,而无须其他任何粒子了。就在这个时期,"基本粒子"的概念开

---

① 本章所涉时段延续至20世纪50年代初。
② 这里的电子发现年代从阿伯拉罕·派斯(Abraham Pais,1918—2000)的说法。
③ 1899年汤姆孙采用的这个名称,原为几年前斯托尼(G.T.Stoney,1826—1911)引入,是用来表示电荷的自然单位。

始出现。基本粒子,按温伯格(S. Weinberg,1933—2021)的解释是"表面看来不能进一步分割的微小单元"[97],这正符合当时对微观世界的认识水平。

在 20 世纪前二十年,有一个困扰物理学家多年的"β衰变连续谱之谜"。在原子核β衰变过程中,所释放出来的电子能量并不精确等于衰变前后核的能量之差,而是在不大于预算值的范围内呈连续谱。为此,玻尔(N. Bohr,1885—1962)曾怀疑能量守恒定律的普适性。而泡利(W. E. Pauli,1900—1958)则在 1930 年假定β衰变过程中同时放出一种没有观测到的粒子而解决了这一疑难。当时泡利命名该新粒子为"中子",后由费米(E. Fermi,1901—1954)改称之为"中微子(neutrino)"。直到 26 年后的 1956 年,莱因斯(F. Reines,1918—1998)和考恩(C. L. Cowan,1919—1974)才观测到从核反应堆中释放出的反中微子。

1.1.2 从量子力学到量子场论的初期发展与宇宙线研究

量子场论是粒子物理的理论基础。而自从赫斯(V. F. Hess,1883—1964)于 1912 年发现宇宙辐射以来,宇宙线研究就成为早期基本粒子研究的最重要方面。

1. 狄拉克方程与正电子的发现

牛顿力学只适用于研究宏观低速运动;牵涉到与光速可相比拟的高速运动,必须运用相对论;而研究微观现象,则要使用量子力学。微观的基本粒子大多进行高速运动,且牵涉到粒子的产生与湮灭,因而必须将相对论与量子力学有机结合起来,这就发展出了量子场论。

量子力学中的薛定谔波动方程不满足狭义相对论所要求的洛伦兹变换的协变性,克莱因(O. Klein,1894—1977)和高登(W. Gordon,1893—1939)引入的相对论性波动方程又存在着负概率的困难。1928 年,狄拉克(P. A. M. Dirac,1902—1984)分析了他们的方程,考虑到乌伦贝克(G. E. Uhlenbeck,1900—1974)和高斯密特(S. A. Goudsmit,1902—1978)所提出的电子自旋与泡利所提出的二分量波函数,引入了四分量波函数,从而得到了一个新的方程。可该方程又遇到了负能量的困难,于是他根据泡利不相容原理,提出了负能电子海的假说,预言了正电子的存在。

20 世纪早期,人们已开始关注来自天空的射线,早期称之为"超辐射"。到了 1925 年,密立根才将之命名为"宇宙射线"。1932 年,安德森(C. D. Anderson,1905—1991)从宇宙射线中发现了狄拉克预言的正电子。这是宇宙线研究中所取得的第一个重大进展。

2. 汤川秀树的核力理论与两种介子的发现

自中子被发现之后,原子核结构的问题引起了人们的重视。由一些质子与中子紧密构成的原子核未因电荷斥力而离散,必然还有一种强相互作用力将之束缚在一起,这个问题在 20 世纪 30 年代引起了海森伯(W. K. Heisenberg,1901—1976)等人的注意。1934—1935 年,汤川秀树(H. Yukawa,1907—1981)受电磁相互作用由光子传递的思想启发,提出质子与中子间的强相互作用力场同样也由一种粒子传递的理论。经过理论计算,该粒子的质量大约是电子的 200 倍,称之为"重粒子",后改称"介子(mesotron/meson)"。

1937 年,安德森与尼德迈耶(S. H. Neddermeyer,1907—1988)等人从宇宙线中果然发现了质量约为电子质量 207 倍的带负电的粒子,称之为"重电子"。后来奥本海默(J. R. Oppenheimer,1904—1967)和塞伯尔(R. Serber,1909—1997)等人指出,这个"重电子"可能就是汤川所预言的介子。这种解释广为世人所接受达十年之久,当时称该粒子为 μ 介子。1946 年底有实验证实 μ 介子与原子核之间并没有很强的相互作用力。1947 年,鲍威尔(C. F. Powell,1903—1969)等人从宇宙线中发现了另一种粒子,其质量约是电子质量的 270 倍,称之为 π 介子。至此,人们才认识到,π 介子才是汤川所预言的传递强相互作用力的粒子,而所谓的 μ 介子与电子类似,属于轻子,后改称之为“μ 子”。

1.2　粒子物理实验研究设备的发展与学科的形成

在基本粒子研究中,宇宙线独领风骚并不长久,更多的实验发现是在加速器上得以实现的,而探测器的使用则一直贯穿始终。随着理论、实验与加速器、探测器技术的发展与进步,粒子物理作为一个独立学科最终形成。

1.2.1　探测器与加速器技术的初期发展

早期的基本粒子研究对象基本局限于核反应中的放射线与宇宙射线,能量、强度受到很大限制。此外,在研究微观粒子的过程中,首先不可或缺的是探测技术的运用,而依靠验电器计数、照相底片显影等进行粒子观测的手段也越来越不能满足精确实验的需要。粒子加速与探测技术在这种需求的推动下迅速发展起来。

1. 粒子探测技术的进步

在 20 世纪上半叶粒子探测器技术的发展中,径迹室研制方面的主要进展有威尔逊云室与核乳胶照相技术;而在电子学探测器方面主要有盖革计数管与切伦科夫计数器。

威尔逊(C. T. R. Wilson,1869—1959)自 19 世纪末就开始研究云(雾)室,其师汤姆孙测定电子电荷便有他云室的功劳。1911 年,他利用云室研究 X 射线,观测到 α 粒子与 β 粒子的径迹,从而使云室受到了物理学家们的广泛关注。1927 年,斯科伯尔金(D. Skobelzyn,1892—1990)利用云室第一次观察到了宇宙线粒子——电子[98]。安德森发现正电子与 μ 子亦是通过云室实现的。1932 年,布莱克特(P. M. S. Blackett,1897—1974)与奥恰里尼(G. P. S. Occhialini,1907—1993)为解决云室照相的盲目性,发明了“符合法”,使云室摄像达到自动化,大大提高了效率。他们还在安德森之后利用云室拍摄到了更多的正电子径迹,并由此对正负电子对产生与湮灭的机制做出了合理的解释。

20 世纪初期,以溴化银晶体和明胶混合制成的乳胶胶片已用于显示核辐射,但是早期的胶片灵敏度不够高,且需要分辨率极高的显微镜,因而其作用受到了一定的限制。鲍威尔从 1938 年起着力于核乳胶的技术改进工作,后来奥恰里尼也加入了他的研究小组。正是经过他们改进的核乳胶使鲍威尔小组发现了 π⁻ 介子。后来,他们又使用乳胶照相技术陆续发现了 K 介子、π⁺ 介子和宇宙射线的电荷谱。乳胶照相的优点在于其银粒比云室中的液滴小,且固体密度又比气体大,因而探测粒子更为精确。但乳胶照相也有它的不足,就是其乳胶层的厚度有限,探测范围不大。在一段时间内,核乳胶照相术成为基本粒子研究中的主流探测手段。此后 Λ 粒子、Σ 粒子、Ξ 粒子的发现,都是通过核乳胶照相技术实现的。

在此有必要先提一笔的是,在20世纪50年代早期,一种兼备云室与乳胶照相优点的新型探测器问世了。那就是1952年格拉塞(D. A. Glaser,1926—2013)发明的气泡室,它能更清晰地分辨出粒子的种类与性质。气泡室的工作原理与云室相似,不过气泡室中使用的是加热的过热液体,而不是云室中的过饱和气体。1954年,阿尔瓦雷斯(L. W. Alvarez,1911—1988)首次用液氢充满泡室,观察到带电粒子的径迹。之后,阿尔瓦雷斯又对气泡室进行了一系列的改进,并利用它发现了一大批共振态粒子,大大地促进了对于共振态的研究工作。

盖革(H. W. Geiger,1882—1945)等人在粒子计数技术方面取得的成就对基本粒子的研究有着不可磨灭的贡献。1908年,盖革就制成了一个探测α粒子的气体放电计数管。1913年,他又制成了一个可以探测α和β粒子的计数器。1925年,盖革与博特(W. W. Bothe,1891—1957)在其计数管的基础上研制出了符合计数器。1928年,盖革又与弥勒(E. W. Müller,1905—1979)一起,在对原先的计数器试运行诸多改进的基础上,制成了盖革-弥勒计数器。

1934年,切伦科夫(Павел Алексеевич Черенков,1904—1990)观察到带电粒子以超过光在介质中的速度匀速运动时的发光现象。这一现象后于1937年被弗兰克(Илья Михайлович Франк,1908—1990)与塔姆(Игорь Евгеньевич Тамм,1895—1971)的理论阐明。切伦科夫进一步实验证实这种现象之后,提出利用这种发光效应来测量带电粒子速度的想法。以此为基础,后来产生了切伦科夫计数器。1955年,塞格雷(E. G. Segrè,1905—1989)、张伯伦(O. Chamberlain,1920—2006)就是利用了切伦科夫计数器发现了反质子。1956年,科克(B. Cork,1916—1994)等人亦是利用切伦科夫计数器,发现了反中子。

2. 加速器技术的发展

核反应难以产生高能量的粒子,而宇宙线粒子流又太微弱,因而早期的基本粒子研究极受限制。1919年,卢瑟福以α粒子束作"炮弹"轰击金属箔,实现第一次人工核反应,由此激发了人们将人工加速带电粒子作为"炮弹"的梦想。

1932年,考克饶夫(J. D. Cockcroft,1897—1967)与瓦尔登(E. T. S. Walton,1903—1995)建成世界上第一台加速器——考克饶夫-瓦尔登直流高压加速器,首次实现了用人工加速粒子进行的核反应。1933年,美国科学家凡德格拉夫(R. J. van de Graaff,1901—1967)发明了使用另一种产生高压方法的加速器——凡德格拉夫静电加速器。以上两种粒子加速器均属直流高压型,它们能加速粒子的能量受高压击穿所限,大致在10 MeV。

1924年伊辛(G. Ising,1883—1960)以及1928年维德罗(R. Wideröe,1902—1996),分别发明了利用漂移管上加高频电压原理建成的直线加速器的雏形。由于受当时高频技术的限制,这种加速器只能将钾离子加速到50 keV,实用意义不大。然而,在此原理的启发下,劳伦斯(E. O. Lawrence,1901—1958)于1932年建成了回旋加速器,并用它产生了人工放射性同位素。回旋加速器一般只能将质子加速到25 MeV左右,后将加速器磁场的强度设计成沿半径方向随粒子能量同步增长,则能将质子加速到上百MeV,这就是等时性回旋加速器。

为了对原子核的结构作进一步的探索并产生新的基本粒子,1944年维克斯勒(V. I. Veksler,1907—1966)以及1945年麦克米兰(E. M. McMillan,1907—1991),各自独立地发现了回旋加速器的自动稳相原理,实现了加速器发展史上的一次重大革命。它导致了一系列能突破回旋加速器能量限制的新型加速器的产生,包括同步回旋加速器、质子直线加速器、同步加速器等。自此,加速器的建造解决了原理上的限制,但能量提高受到了经济上的限制。随着能量的提高,回旋加速器和同步回旋加速器中使用的磁铁重量和造价急剧上升,能量提高实际上被限制在 1 GeV 以下。同步加速器的环形磁铁的造价虽然大大降低,但真空盒尺寸较大,依然需要很重的磁铁,要想用它把质子加速到 10 GeV 以上仍不现实。

以上所述主要为质子环形加速器。1940 年科斯特(D. W. Kerst,1911—1994)研制出世界上第一个电子感应加速器。但由于电子沿曲线运动时其切线方向不断放射的电磁辐射造成能量的损失,加速器的能量提高受到了限制,极限约为 100 MeV。

1.2.2 粒子物理研究规模的扩大与学科的形成

第二次世界大战以来,基本粒子的研究得到了巨大的推动。在 20 世纪 40 年代末 50 年代初,粒子物理已成为物理学中一个独立的学科分支。

1. 高能实验室与加速器建设

第二次世界大战之后,原先用于军事科学的一些实验室,如美国的洛斯阿拉莫斯、橡树岭与芝加哥(阿贡)等逐渐转向了纯粹科学的研究。随着研究规模的扩大,加速器的能量不断提高,所需经费也逐渐增长至一个大学或研究机构难以承受的程度。1946 年起始,美国东部的 9 所大学联合建立了一个区域性的核物理实验室,现称之为布鲁克海文国家实验室(BNL)。此后,在 20 世纪 50 年代初,欧洲诸国亦联合建立了一个国际性的研究机构——欧洲核子研究中心(CERN)。

由于战争的影响,战后美国在机器建设方面走在了世界的前列。至 1948 年,美国已建成 60 台高能加速器,能量自几千电子伏起始。而在世界其余各地,则只有大约 50 台高能加速器。[99]1946 年,美国加利福尼亚大学伯克利分校的辐射实验室(即今天的劳伦斯伯克利国家实验室,LBL)建成的第一台稳相加速器——同步回旋加速器,可以产生 380 MeV 的 α 粒子,能量居世界首位。1948 年,拉蒂斯(C. M. Lattes,1924—2005)在该加速器上首次探测到了人工产生的带电 π 介子。1950 年,斯坦伯格(J. Steinberger,1921—2020)、潘诺夫斯基(W. K. H. Panofsky,1919—2007)与斯特勒(J. S. Steller,1921—2010)又在伯克利的电子同步加速器上发现了中性的 π^0 介子。π 介子的人工产生,自此使人们告别了基本粒子研究基本靠宇宙射线的时代。

50 年代初,加速器已能将粒子加速到能量超过 1 GeV,如布鲁克海文的 Cosmotron 加速器,伯克利分校的 Bevatron 加速器。自 1952 年,柯朗(E. D. Courant,1920—2020)、利文斯顿(M. S. Livingston,1905—1986)和斯奈德(H. S. Snyder,1913—1962)发现了强聚集原理,实现了加速器技术发展中的又一次重大革命之后,基于该原理建成的加速器能量更上了一个新台阶。

2. 粒子物理学科的形成

关于粒子物理作为一门学科是在何时形成的,众说纷纭而莫衷一是。有人认为,自汤姆孙发现电子以来,粒子物理学便成了一门前沿的科学[100],这其实有些言过其实了。当然,如果这里所谓的"粒子"是指包括分子、原子在内的广义的微观粒子,倒也无可厚非。但按照通行的称谓,即本书中所言"粒子",专指亚原子粒子。电子是人类发现的第一个基本粒子,这当然毋庸置疑,但仅代表当时人们开始了对基本粒子的研究而已。亦有学者认为粒子物理学在20年代30年代已然诞生[47],这也值得商榷。30年代以来,进入了一个基本粒子大发现的时代,但那只是核物理研究中的副产品。既然未能独立发展,便不能算是一门学科形成了。正如杨振宁所言,1900年前后只是原子物理的黎明时期,而1930年前后则只是原子核物理的黎明时期而已[101]。

多数学者认为,20世纪40年代末50年代初是粒子物理学开始形成独立的学科并且初步给出一些重要成果的时期[102]。笔者认为,这是一种较为中肯的说法。1950年前后,宇宙射线、量子场论、加速器与探测器研究都得到了一定程度的发展。尤其重要的是,在这一时期的加速器能量已达 GeV 量级,足以打破核子而研究其内部结构。粒子物理学(或高能物理学)从理论到实验都有了一定的基础,因而其从母体——原子核物理中脱胎而出便顺理成章了。

小　　结

通过以上关于20世纪上半叶国际粒子物理学发展史的论述,可以得出以下结论:

① 粒子物理与原子核物理无论是从其理论基础(量子场论),还是从其实验手段(宇宙线、加速器与探测器)来看,都是一脉相承的。

② 作为一个独立学科的粒子物理,自原子核物理中脱胎而出,继而取得独立形态的历史时段,可以初步定位在20世纪50年代初。

③ 在中国粒子物理学的萌芽、奠基阶段,国际上核与粒子物理已形成一定规模,这样的时代背景与国际环境决定了我国的粒子物理学科在产生阶段已处于一个较低的起点。

第 2 章　中国亚原子物理的早期研究状况

20 世纪的上半叶,中国在学习西方科学的环境下,为亚原子物理奠定了薄弱的研究基础。在 20 世纪 30 年代核物理学诞生之际,中国的物理学研究尚处于起步阶段,远未达到西方对基本粒子的研究前沿。当时国内大学物理系所授课程涉及近代物理的内容除相对论与量子力学外,仅限于原子核与放射性现象的基本知识。直到 40 年代后,这种状况才有所改观。而国人在核与粒子物理学科中所做出的贡献,基本上都是由赴海外深造的一些留学生、访学人员在国外完成的。

2.1　早期中国学者的基本粒子实验研究

自近代科学传入中国以来,我国早期从欧美留学归来的物理学家中,从事实验研究者居多。如胡刚复(1892—1966)、丁西林(1893—1974)、颜任光(1888—1968)、吴有训(1897—1977)、叶企孙(1898—1977)、谢玉铭(1893—1986)、严济慈(1900—1996)等人,皆为中国实验物理研究与教学的先驱。由于受这些前辈的教育影响,20 世纪 30 年代前后主修物理的留学生大多从事实验物理研究。

2.1.1　赵忠尧与硬 γ 射线研究[①]

赵忠尧(1902—1998),1924 年毕业于南京高等师范学校,之后曾在东南大学、清华大学任叶企孙的助教,并担任过实验课教员。1927 年,赵忠尧到美国加州理工学院的研究生部攻读博士学位,师从该校执行委员会主席密立根,其论文题目为《硬 γ 射线通过物质时的吸收系数》。密立根的本意是要他通过实验来验证刚刚问世的用以计算吸收系数的克莱因-仁科(Klein-Nishina)公式的正确性,但赵忠尧通过实验测量发现,只有当硬 γ 射线在轻元素上的散射才符合公式的预言;而当硬 γ 射线通过重元素时,他测得的吸收系数比公式的结果大了约 40%。实验结果于 1930 年 5 月发表在《美国国家科学院院报》上。几乎与此同时,英国《皇家学会会刊》发表了泰伦特(G. T. P. Tarrant)的论文,德国《自然》杂志发表了迈特纳(L. Meitner,1878—1968)和赫普菲尔特(H. M. Hupfeld)的论文。他们都完成了与赵忠尧相似的工作,亦取得了相同的主要结果,但在细节上有所不同。相比而言,赵忠尧的结果是完全可信、不容置疑的。

---

① 本节内容参考:丁兆君. 中国核物理事业的先驱者和奠基人:赵忠尧[J]. 现代物理知识,2016,28(5):67-72.

完成了硬γ射线吸收系数的测定,赵忠尧继续研究硬γ射线与物质相互作用的机制。实验结果首次发现:伴随着硬γ射线在重元素中的反常吸收,还存在一种各向同性的特殊辐射,其能量大约等于一个电子的质量。他将这个新的实验结果写成第二篇论文,于1930年10月发表在美国《物理评论》杂志上。翌年,迈特纳和赫普菲尔特在德国《自然》杂志上发表文章。紧接着在1932年,格雷(L. N. Gray)和泰伦特在英国《皇家学会会刊》上发表文章,他们也做出了与赵忠尧相类似的工作。所不同的是,前一组根本没有找到附加射线,而后一组在找到附加射线的同时又得到一个令人混淆的分量。正如杨振宁所言,"他们都做得不够干净,不够准确"[1],而不如赵忠尧的结果那般确切、可靠。

1932年9月,与赵忠尧同为密立根研究生的安德森发现了正电子,并由此获得了1936年的诺贝尔物理学奖。几个月后,布莱克特与奥恰里尼又发现了更多的正电子,并对正负电子对产生与湮灭的机制给出了合理的解释。至此,人们才逐步认识到:赵忠尧与英、德的两个实验组同时发现的硬γ射线的反常吸收是由于部分硬γ射线经过原子核附近时转化为正负电子对;而赵忠尧首先发现的特殊辐射则是一对正负电子湮灭并转化为一对光子的湮灭辐射。安德森等人的发现都是建立在赵忠尧工作的基础上的,对这一点,甚至在时隔半个世纪之后,安德森与奥恰里尼仍然念念不忘当初赵忠尧的工作对他们的影响。[43]丁肇中曾向十几个国家的百余名科学家介绍赵忠尧说:"这位是正负电子产生和湮灭的最早发现者,没有他的发现,就没有现在的正负电子对撞机。"之后又说:"中国老辈物理学家能留名学史上的有赵忠尧和王淦昌先生等。"[103]

2.1.2 王淦昌与粒子探测研究[2]

王淦昌(1907—1998),1929年毕业于清华大学物理系,受教于叶企孙与吴有训。1930年,王淦昌赴德国柏林大学威廉皇家研究所,师从迈特纳,进行用β谱仪测量放射性元素β能谱的研究工作。同一时期,其清华同窗施士元(1908—2007)亦在法国居里夫人(Marie S. Curie,1867—1934)的实验室进行类似研究。

在中子被发现之前,玻特(W. Bothe,1891—1957)及其弟子贝克(H. Becker)曾于1930年用α粒子轰击铍核,用盖革计数器观察,发现了较强的贯穿辐射,但他们却将之解释为γ辐射。不久后,王淦昌在一次讨论会上听到了玻特关于这次实验的报告。他对玻特的解释表示怀疑,当即向其导师迈特纳建议,要求用其师兄菲利普(K. Philip)的云室作探测器,重新研究玻特所发现的贯穿辐射,但却没有被迈特纳接受。[55]1931年,约里奥·居里夫妇用电离室观察,发现此射线可从石蜡中打出质子,仍认为是γ射线。1932年,查德威克用电离室、计数器、云室三种探测器实验,证明该射线是和质子一样重的电中性粒子流,从而发现了中子。这时,迈特纳才向王淦昌表示遗憾。

泡利提出中微子假说之后,曾于1931年提出了测量β衰变连续谱的上限从而验证其理论预言的建议。而王淦昌于1932年发表了论文《关于RaE的连续β射线谱的上限》,以其精

---

① 著名历史学家何炳棣询问杨振宁关于赵忠尧先生的工作,杨振宁复信中有此一说,并将信转呈于赵忠尧先生之女赵维志、赵维勤。赵忠尧先生之子赵维仁向笔者提供了此信复印件。

② 本节内容参考:丁兆君,李守忱. 反西格马负超子($\bar{\Sigma}^-$)的发现前后[J]. 科技导报,2020,38(23):144-152.

确的实验结果,证实了泡利关于 β 谱有明晰上限的预言。后来,埃利斯(C. D. Ellis)与莫特(N. F. Mott)等人也完成了类似的工作,有力地支持了中微子假说。为了确证中微子的存在,实验物理学家们做了诸多努力,但实验效果一直不佳。1941 年,已是浙江大学教授的王淦昌建议避开普通 β 衰变过程末态有三体,以至于反冲元素电离效应过小的反应:A→B + e^+ + ν,而选择反应末态只有二体的 K 电子俘获过程:A + e^- →B + ν,测量反冲元素的能量即知中微子的质量。王淦昌的这篇名为《关于探测中微子的一个建议》的论文于 1942 年 1 月发表在美国《物理评论》上。2 个月之后,美国科学家阿伦(J. S. Allen,1911—1982)就按此建议做 ^{7}Be 的 K 电子俘获实验,测到了 ^{7}Li 反冲能量,初步证实了中微子的存在。这种方法此后又经阿伦与莱特(B. T. Wright)、施密斯(P. B. Smith)、罗德拜克(G. W. Rodeback)、戴维斯(R. Davis)等人的改进而得到发展。至 1956 年,莱因斯与考恩终于实验探测到了(反)中微子。

2.1.3 张文裕与多丝室及 μ 原子[①]

张文裕(1910—1992),1931 年毕业于燕京大学物理系,曾为谢玉铭的助教,1933 年获硕士学位。之后,他留学英国剑桥大学卡文迪许实验室,师从卢瑟福,并曾受教于埃利斯与考克饶夫,从事核物理研究,获博士学位回国。1941 年,张文裕再度出国,到美国普林斯顿大学的巴尔摩(Palmer)实验室工作。在这里,他与居里夫人多年的助手、长射程 α 粒子的发现者罗森布鲁姆(S. Rosenblum)合作建造了一台 α 粒子能谱仪,并利用这套仪器测量了几种放射性元素的 α 粒子能谱,用多丝 α 火花室或核乳胶片做记录。当 α 粒子进入由八根丝组成的 α 火花室时,肉眼可以看见火花,这是最早的多丝火花室探测器,世称"张室"。这种探测器的设想由罗森布鲁姆提出,张文裕进行了设计、加工,使它成为现实,并提出粒子探测的"精确定位"的概念,是粒子探测器发展史上的一次重大进步。

第二次世界大战之后,有传言称苏联在用电磁透镜聚集宇宙线中的 μ 介子,利用其强相互作用力而爆炸,从而制成威力极强的新式武器——介子弹。美国军、政界为此恐慌,授权普林斯顿大学进行此项研究,物理系主任史迈斯(H. Smyth)和巴尔摩实验室主任惠勒(G. A. Wheeler)就把这项工作交给了张文裕。于是张文裕自制一套记录宇宙线的云室系统,做 μ 子被物质吸收的研究。他所得出的第一个结论是:μ 子和原子核没有强作用;第二个结论是:当 μ 子停在薄板上时,有低能电子发出,方向指向 μ 子停止的地方,这是由于带负电的 μ 子进入原子后取代了电子并绕原子核旋转而形成 μ 子原子(人称"张原子")。μ 原子会放出 X 射线,被称为"张辐射"。张文裕由此开创了奇异原子的研究领域,后在诺贝尔物理学奖获得者休斯(V. W. Hughes)与吴健雄合编的《μ 子物理》中首次提到了他的工作。

2.1.4 20 世纪上半叶中国其他留学人员的亚原子物理实验研究

除了上述三位在基本粒子研究中获得举世瞩目的成绩之外,中国留学欧美的其他学者中仍不乏在国外取得重要成就者。

① 本节内容参考:丁兆君.中国宇宙线与高能实验物理的奠基人:张文裕[J].物理通报,2015(3):113-116.

钱三强(1913—1992)曾分别在清华大学与北平研究院(以下简称"北研院")受教于吴有训与严济慈,于 20 世纪 30 年代中期赴法国巴黎大学镭学研究所师从约里奥-居里夫妇进行原子核物理和放射化学的实验研究,获博士学位后留法工作。他曾受伊莱娜·居里派遣,赴英国鲍威尔实验室学习核乳胶技术。1946 年,钱三强领导了包括何泽慧(1914—2011)在内的一个研究小组利用核乳胶研究铀裂变,发现了举世瞩目的铀核的三分裂与四分裂现象。

吴健雄(1912—1997)毕业于中央大学物理系,受教于施士元,20 世纪 30 年代中期赴美留学,在加州大学伯克利分校师从劳伦斯攻读博士学位,其间也曾受教于塞格雷等著名实验物理学家。1944 年,吴健雄在参加原子弹研制时负责辐射检测工作,在盖革探测器的改进上起到了关键性作用。

袁家骝(1912—2003)毕业于燕京大学,受教于谢玉铭,后获硕士学位,1936 年赴美留学,在加州理工学院师从密立根攻读博士学位。1947 年,袁家骝在普林斯顿大学工作期间,对宇宙线中子成分起源的研究有重要的贡献。1949 年后,他又参加了布鲁克海文实验室的高能质子加速器的建造工程。

此外,霍秉权(1903—1988)在英国对于威尔逊云室的改进,郭贻诚(1906—1994)、梅镇岳(1915—2009)分别在美国、加拿大所从事的宇宙线研究,都取得了重要成果。

2.2　早期从事基本粒子理论研究的中国学者及其成就

在 20 世纪早期,中国虽有夏元瑮(1884—1944)、周培源(1902—1993)、王守竞(1904—1984)、吴大猷(1907—2000)等几位理论物理研究的大家,但相较实验物理研究者整体实力稍弱。在 20 世纪 30 年代之后,留学欧美的学者从事理论物理研究的,很多是因兴趣转向,或遵从导师的研究方向所致。其中,对中国粒子物理发展有较大影响的可以下述几位为代表。

2.2.1　张宗燧

张宗燧(1915—1969),1934 年毕业于清华大学物理系,受教于吴有训、赵忠尧等人,1936 年赴英国剑桥大学,师从统计物理学家福勒(R. H. Fowler),获博士学位后到丹麦哥本哈根大学理论物理研究所工作。此后,他改变了研究方向,在玻尔、泡利等理论物理大师的指导下进行量子场论研究,在回国工作的几年间也未曾中断。1945 年,张宗燧再次赴英,在剑桥大学工作。除发表多篇关于量子场论的论文外,他还应狄拉克要求,在剑桥讲授场论课程。在量子场论的形式体系的建立,特别是在高阶微商高自旋粒子的场论等方面,张宗燧做出了一些在国际上较为先进的工作。[104]

2.2.2　彭桓武

彭桓武(1915—2007),1935 年毕业于清华大学物理系,并经周培源指导于研究院学习;1938 年赴英国爱丁堡大学深造,师从玻恩(M. Born);获哲学博士学位后于 1941 年前往爱尔兰都柏林高等学术研究院薛定谔领导的理论物理所做博士后研究,与海特勒(W. H. Heitler)合作进行介子理论方面的研究工作;先后发表过有关介子散射、质子-质子碰撞产生介子、光子-核子碰撞产生介子,以及宇宙线介子理论等的论文。此后,他又回英国爱丁堡大学,与玻恩等人进行场论方面的研究工作。后他再回到都柏林高等学术研究院接替海特勒任助理教授,指导莫雷特(C. Morette)进行人工产生介子的截面的研究,还以个人名义发表了有关介子的级联产生和量子场论的研究文章。以作者哈密顿(Hamilton)、海特勒(Heitler)与彭桓武(Peng)三人姓氏缩写为代号的关于介子的 HHP 理论,发展了量子跃迁概率的理论,用能谱强度首次解释了宇宙线的能量分布和空间分布,在该理论中已经出现了后来所谓的戴森(Dyson)方程[77],在国际物理界引起了较大的反响。

2.2.3　马仕俊

马仕俊(1913—1962),1935 年毕业于北京大学物理系,并在研究生班受教于吴大猷。1937 年赴英国剑桥大学师从海特勒研究介子理论,获博士学位后回国任教。任教期间,他在国外著名学术杂志上多次发表论文,特别是在求解量子散射积分方程中发展了一种近似方法,比海特勒、彭桓武等人的近似法更为可靠。1946 年起,马仕俊先后在美国、爱尔兰等地研究院所工作。他最早发现了海森伯的 S 矩阵的多余零点,指出过费米处理量子电动力学的困难,还研究了量子电动力学中的真空极化问题、幺正算符的幂级数展开的收敛问题。[82]在量子电动力学和介子场论的研究中,马仕俊在多方面有重要影响。

2.2.4　胡宁

胡宁(1916—1997),1938 年毕业于清华大学物理系,后在周培源指导下从事流体力学方面的研究工作,1941 年赴美国加利福尼亚理工学院物理系,在艾普斯坦(P. S. Epstein)的指导下研究量子理论,获博士学位。之后,他在普林斯顿高等研究院,遵从泡利的指导从事核力的介子理论和广义相对论等研究。从 1945 年到 1950 年,他先后在爱尔兰、丹麦、美国和加拿大等国研究院所从事理论物理研究。胡宁先同约赫(J. M. Jauch)合作,检验了赝标介子和矢量介子混合的非相对论性理论,后来又计算了相对论性修正。泡利与胡宁还直接在强耦合近似下研究了标量和矢量介子对理论中的自旋相关相互作用。这都属于早期核力介子理论的经典文献。胡宁还对核与介子理论中 S 矩阵的性质进行了系列研究。他与海特勒合作,讨论了对 S 矩阵元的一些零点和极点的物理解释。他还证明了对于短程力而言,S 矩阵元在能量-动量复平面上只有一些简单的极点和零点,据此足以确定核物理学中的色散公式。此外,他还对 S 矩阵元发散性问题进行过研究。这些工作为后来强相互作用理论中色散关系理论的建立奠定了基础。1948 年,胡宁受康奈尔大学的同事费曼(R. Feynman)的影响,又投入对量子电动力学的研究,得到了很有意义的结果,亦引起了学术界的注意。[77]

2.2.5　朱洪元

朱洪元(1917—1992),1939 年毕业于同济大学机械工程系,1945 年赴英国曼彻斯特大学学习机械,之后师从布莱克特转学理论物理,研究宇宙线中的高能电子在经过大气层后是否会在地球表面产生一个特大范围的光电簇射。经过了周密的考虑与精心的推演,朱洪元最终得到了这种辐射(即今日之所谓"同步辐射")的能谱、角分布、强度、波长及极化的表达式。论文经著名物理学家巴巴(H. Bhabha)审阅,最终于 1948 年 2 月发表。在其论文被编辑部接受一个月之后,美国通用电器公司用电子同步加速器发现了同步辐射现象。1949 年 3 月,施温格(J. Schwinger,1918—1994)在研究加速器中的电子辐射的性质的基础上,亦得到了同步辐射的结论。施温格与朱洪元的工作结果相同,都是关于同步辐射应用的奠基性文章;不同的是他们的研究对象,一个针对的是加速器产生的粒子,一个针对的是宇宙线粒子。苏联人伊万年柯(D. Ivanenko)和索柯洛夫(A. A. Sokolov)也于 1948 年 3 月发表文章,公布了类似的工作。

1947 年,由布莱克特所领导的宇宙线研究组成员罗切斯特(G. D. Rochester)和巴特勒(C. C. Buttler)在曼彻斯特大学物理系地下室的云室中,拍摄到了大量宇宙线簇射粒子的照片,并从中发现了两个成 V 字形的径迹,这是由粒子衰变所形成的。对此,朱洪元最早做了估算,并指出衰变前粒子质量的下限为电子质量的 900 倍。这便是后来所谓的"奇异粒子"。[80]

2.3　关于中国人早期基本粒子研究成就的评价

20 世纪的上半叶,中国粒子物理研究的先驱们做出了令世人瞩目的成绩。在对他们所做贡献的评价方面,现代国内大多学者赞美之辞颇多,而对这些早期粒子物理研究的开拓者所做出的成就尚乏客观公正的评价。

几十年来,中国物理学乃至自然科学的发展已经跟上了西方科学发展的步调。然而国人却总有一种挥之不去的情结,那便是对当今世界科学的桂冠——诺贝尔奖的企盼。自 1901 年颁发诺贝尔奖至今,中国本土获奖者无几,这无疑成了国人心中的隐痛。截至 2020 年,215 位诺贝尔物理学奖获得者(其中 J. Bardeen 两次获奖)中,有五十多位与粒子物理研究相关。粒子物理是物理学中获诺贝尔奖最多的一个分支,最初获诺贝尔奖的几位华人学者(李政道、杨振宁与丁肇中)也都是粒子物理学家。当今我国科学界盛传的中国有几次与诺贝尔奖"擦肩而过"的遗憾,也大多与粒子物理研究相关,因而在这里有必要再回顾一下中国粒子物理研究的先驱者们的业绩。

在我国学术界中,传言与诺贝尔奖失之交臂最早的莫过于吴有训在康普顿散射实验中的贡献,之后便是赵忠尧在发现正电子方面的先驱工作。安德森作为正电子的发现者,曾受到了赵忠尧工作的影响,他们还共同商讨过用云室做实验的想法。[105]但是,由于布莱克特与奥恰里尼的引文疏忽,未能凸显出赵忠尧的贡献[103]。据说瑞典皇家学会也曾郑重考虑过授予赵忠尧诺贝尔奖,但由于迈特纳在文献上报告的结果与他的观察不同,提出了疑问。尽管后来证明,赵忠尧的结果是完全正确的,但瑞典皇家学会为了谨慎起见,没有授予赵忠尧诺贝尔奖。[106]笔者以为,上述未必就是解释赵忠尧与诺贝尔奖失之交臂的充分理由。赵忠尧作为发现正电子的先驱,自然功不可没,但他未能及时正确地认识自己的发现也是客观事实。正如吴大猷所言:"可惜,赵忠尧先生并没有把他所做的实验跟狄拉克的理论连在一起。……只可惜当时的赵先生差一点点。"[107]

关于王淦昌与中子的发现失之于交臂,今人若要不失偏颇而论,则除了遗憾之外,着实无需多言了。即便当初迈特纳答应王淦昌用云室探测贯穿辐射,也未必就能如查德威克那般幸运。约里奥-居里夫妇也曾利用云室重复玻特与贝克的实验,但在真理碰到鼻尖时,依然未能认识到所探测的贯穿辐射为中子,迈特纳与王淦昌也未必就会例外。关于探测中微子的建议,着实是王淦昌对粒子物理的卓越贡献,"极有创造性"[108],但却不至于与诺贝尔奖相联系。着手实验的阿伦也未能摘取诺贝尔奖的桂冠,提出建议的王淦昌应当也不例外。

张文裕关于"张室""张原子"与"张辐射"的杰出成就让他名扬国际粒子物理学界,但这些冠名张氏的成就却并没有得到广泛的流传与认可。如今举世公认夏帕克(G. Charpak, 1924—2010)在发明、发展多丝正比室方面的贡献,鲜有人将"张室"之成就与其相提并论。至于证明 μ 子不参与强相互作用,则非张文裕之独家发现,按杨振宁的意见,不是张文裕"首先证明",而是他"也证明了"[109]。

让钱三强、何泽慧夫妇举世闻名的关于铀核的三分裂与四分裂现象的发现虽不属于粒子物理范围,但钱三强的成名奠定了他日后在中国物理学界的一席之地,对中国核与粒子物理的发展有着深远的影响。对其科学成就,吴大猷有着非同一般的看法:"但是,这个说老实话,并不是一个很重要的发现,就像你很使劲地把一个石头扔在地上它也会裂开一样,有时候变成两个,有时候变成三个,有时候变成四个,很容易理解。"[107]此话太过直白,却也不乏道理。三分裂、四分裂的发现与哈恩(O. Hahn)等人首次关于铀核裂变的发现,其科学意义不可比拟。但毫无疑问,钱三强、何泽慧的发现更进一步深化了人们对于核裂变的认识。

在理论研究方面,国人所取得的成就相较实验研究为弱,但仍有彭桓武等人在国外取得了骄人的成绩,亦产生了深远的影响。1948 年美国科学促进会曾对百年来发生的科学大事记进行总结出版,其中所列入的华人便有王淦昌和彭桓武两人。

再如朱洪元关于同步辐射的发现,为今日同步辐射的广泛运用奠定了基础。然而,他的发现却未能得到世人的普遍认同。直到 20 世纪 80 年代,在国人的宣传下,该领域内的学者对朱洪元的贡献才有所认识,因而其奠基性工作未能对同步辐射的发展发挥很大的推动作用。

综上所述,中国粒子物理研究的先驱者们在粒子物理学科产生之前就在基本粒子的研究方面做出了卓越的贡献。但相对而论,他们当初大多是远涉重洋的学子。无论从学术经验、水平还是成就而言,他们还无法与欧美当时活跃在科学前沿的一些大师级人物(如他们的导师)相较。国人在看待他们所做出的成就时,应该冷静地认识到这一点。当然,正是这些留洋的学子,在归国之后筚路蓝缕,以启山林,开创出了一片粒子物理研究的新天地。因而,对于国人来说,他们回国后的创业远比其在国外所做出的贡献更重要。

2.4　中华人民共和国成立前中国粒子物理研究的薄弱基础

在 20 世纪 30 年代之前出国留学的叶企孙、吴有训、周培源、王守竞等中国学者基本上没有机会接触新兴的亚原子物理学。自 30 年代之后,赵忠尧、王淦昌、张文裕、霍秉权、张宗燧、马仕俊等陆续从国外学成归来,才将原子核物理及有关宇宙线与基本粒子的知识带回中国。在中华人民共和国成立之前形成的薄弱的粒子物理研究基础,大多是上述留学海外的学者归国之后所做出的努力。

2.4.1　高校有关核与粒子物理的早期教学、科研与人才培养

赵忠尧自 1932 年回国后,先后任职于清华大学、云南大学、西南联大与中央大学。在回国之初,国内核物理研究一片空白,他和清华大学物理系的同事们积极组建核物理实验室,在极其简陋的条件下,进行 γ 射线、人工放射性与中子共振等一系列前沿的、开创性的研究工作,直至在西南联大期间,赵忠尧还做一些关于核物理的实验研究。他在国外所发表的文章曾得到卢瑟福的高度赞赏,卢瑟福还在他的一篇论文前加了按语。也无怪乎周培源称他为"中国核物理的开山鼻祖"[110]。赵忠尧在德国时,曾联系聘请了一名技工到清华大学,协助制作小型云室等科研设备,而盖革计数器之类的简单设备则由其亲手制作。钱三强、何泽慧、彭桓武、张宗燧、梅镇岳等便是他在这一时期的学生。

张文裕于 1938 年回国之后不久,受南开大学之聘,也任教于西南联大。除本科课程之外,他还给研究院讲授"放射性与原子核物理",这是国内首次开设核物理课程。张文裕与赵忠尧曾想建造一台静电加速器,但由于条件限制,仅做了一个铜球与一个架子,最终只能放弃[111],后来他们就用盖革-密勒计数器做了一些宇宙线方面的研究工作。[105]张文裕带着年轻人自己吹玻璃管做盖革计数管,测量了宇宙线强度随天顶角和方位角的变化,在中国物理学会的年会上做了报告。另外,他还与妻子王承书合作进行了一些核物理研究。在联大物理系所发表核物理研究方面的全部 6 篇论文之中,就有张文裕和王承书有关 β 衰变的论文 2篇,以及张文裕有关轻核能级的论文 1 篇。[112]

马仕俊自 1941 年回国后,受北京大学之聘,亦在西南联大任教。在他所开设的课程中已有量子场论的内容,对此,李政道与杨振宁都留有很深的印象。[113]如前所述,任教期间,马仕俊依然没有停止理论研究,并多次在国外学术刊物上发表论文。

此外值得一提的是,霍秉权自 1935 年起在清华大学、西南联大任教期间,仍未放弃云室研究。他自制小云室,并在此基础上做了"双云室",以结合计数管探测宇宙射线。

由上述可见,从清华大学到西南联大,汇集了几位在国外受过扎实训练且卓有成就的核与粒子物理研究者,不仅填补了在该领域国内研究的空白,亦造就了一批优秀人才。除李政道、杨振宁外,朱光亚(1924—2011)、邓稼先(1924—1986)、萧健(1920—1984)、郑林生(1922—2014)、黄祖洽(1924—2014)、叶铭汉(1925—)等都是西南联大的学生。他们后来之所以能在科学上取得重要成就,与当初在联大所受的教育不无关系。

王淦昌于 1934 年回国后,历任山东大学、浙江大学教授。抗日战争期间,在浙江大学几度迁移中,除在课堂上讲授核物理知识之外,王淦昌始终没有放弃实验与理论研究。他积极创造条件开设实验课,还教学生吹玻璃管、抽真空、制作盖革计数管;他曾试图用中子轰击雷酸镉来引爆炸药,还与学生冒着敌机空袭的危险进行实验研究。王淦昌培养了一批优秀的物理人才,如李政道就曾在浙大受教于王淦昌,还有程开甲(1918—2018)、胡济民(1919—1998)、忻贤杰(1924—1988)、汪容(1923—2007)等,都是日后中国核与粒子物理学科的带头人。值得一提的是,1941 年王淦昌关于探测中微子的建议,经吴有训推荐,使他于 1947 年荣获第二届(也是最后一届)范旭东奖金。

张宗燧于 1939 年回国后,任教于中央大学物理系。除教学外,他仍然继续研究统计物理与量子场论,且在国外著名学术杂志上发表了多篇文章。1945 年,张宗燧经李约瑟推荐

赴英工作,至 1948 年回国后到北京大学任教,之后又在国内刊物上发表了多篇关于量子场论的论文。

2.4.2 "核物理热"对亚原子物理研究的推动

自抗日战争以来,尤其是美国在日本广岛、长崎投下的两颗原子弹展现出巨大威力之后,全世界都竞相开展核物理研究。即便是基础薄弱的中国,在一些有识之士的呼吁下,国民党当局也开始关注这一国际性的以核武器制造为目的的核物理研究热潮。1945 年,国民党政府将北研院镭学研究所改为原子学研究所。时任中央研究院(以下简称"中研院")总干事的萨本栋曾上呈关于设置近代物理研究所的方案,虽未获批准,但此后不久核物理便被列为该院物理所的重要研究专题。

1946 年夏,美国在太平洋的比基尼岛进行第二次原子弹试验,邀请反法西斯战争中的盟国中、苏、英、法派出观察员前去参观。当时任中央大学教授并兼任中研院研究员的赵忠尧被萨本栋推荐作为科学家代表前往。另外,萨本栋还委托他为中研院购置 5 万美金的核物理实验设备(主要是加速器),后来萨本栋又加寄了用于购买其他科学器材的 7 万美金。为此,在参观原子弹试爆结束后,赵忠尧便辗转于麻省理工学院、华盛顿卡内基地磁研究所等几个加速器、宇宙线实验室两年有余,一边采购、加工器材,一边进一步学习新技术。他曾访问过劳伦斯,也曾受到范德格拉夫的欢迎,还曾为几个实验室义务工作,以换取学习与咨询的方便。到 1948 年冬,赵忠尧终于结束了购买核物理实验设备的任务,还替中央大学定制了一个多板云室及配套的照相设备和一些电子学器材。中研院与中央大学还合作建造了一个原子核实验室,努力建立实验设备并广募人才,计划聘请吴有训、张文裕、吴健雄、钱三强与彭桓武等人。

1947 年,北京大学校长胡适致信当时国民政府的国防部部长白崇禧与参谋总长陈诚,"提议在北京大学集中全国研究原子能的第一流物理学者,专心研究最新的物理学理论与实验,并训练青年学者,以为国家将来国防工业之用"。胡适开列了一份"极全国之选"的名单,包括钱三强、何泽慧、胡宁、吴健雄、张文裕、张宗燧、吴大猷、马仕俊与袁家骝等 9 人(如图 2.1)。[114]

清华大学当时也计划开展核物理研究,并提前给钱三强发了聘书。钱三强还竭力提倡在北平建立一个"联合原子核物理中心"。1948 年,钱三强、何泽慧与彭桓武回国后,分别在清华大学、云南大学任教并开展研究,之后又共同积极组建了北研院原子学研究所。

国民党当局亦对核物理研究乃至原子弹制造有所计划,蒋介石曾命时任军政部长的陈诚与兵工署长俞大维秘密筹划此事。在筹建科研机构的同时,国民党当局分别遴选了三位在数学、物理与化学方面颇有造诣的学者各带两位青年学生到美国考察学习。其中物理学家吴大猷所挑选出的两个学生是李政道与朱光亚。但他们到美国后,并未能进入有关原子弹的科研机构,最后只得到大学里学习。

一场自民间到政府的核物理研究及原子弹制造的热潮,最后都因国民政府的财力匮乏而告终。但对于中国的核与粒子物理研究来说,这场核物理热具有非常积极的意义。几所高校及科研院所在这场热潮中都各自加强了原子核物理的教研活动,同时也深化了对基本粒子的了解。这对于国内学者认识正面临从原子核物理中脱胎而出从而形成独立学科的粒子物理来说,是必要的知识储备。此外,由于粒子物理的研究方法与原子核物理一脉相承,

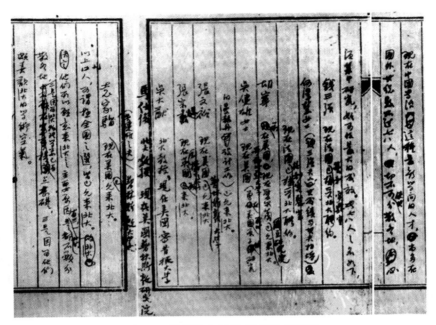

图 2.1　胡适致白崇禧、陈诚信（节选）

在这场核物理热中所筹备的研究设备，尤其是赵忠尧从美国购买的加速器原件以及探测器与电子学器材，对于日后开展核物理与粒子物理研究是同等重要的。在安装调试这些设备的过程中，不仅深化了认识，而且培养了人才。当然，这是中华人民共和国成立之后的事了。

小　　结

通过以上关于中华人民共和国成立前我国核与粒子物理处于萌芽、奠基阶段的发展历程的论述，可以得出以下认识：

① 在我国粒子物理领域卓有建树的赵忠尧、王淦昌、张文裕、彭桓武、张宗燧、胡宁、朱洪元等一些先驱人物曾在国外做出了重要的科学成就，他们在世界粒子物理发展史上的贡献不可忽略。

② 在分析、讨论上述科学人物的科学贡献的价值、影响与历史定位方面。对于国内学术界的诺贝尔奖情结，应当客观地看到虽然我国在亚原子物理方面的开拓者曾做出过一些令世人瞩目的成就，但作为留学生或访学人员，其学术经验、水平与成就还不能与当时欧美国家活跃在科学前沿的一些大师级人物相比。而对中国粒子物理学科的发展来说，这些先驱人物回国后的创业较其在国外所做出的贡献更为重要。

③ 为我国粒子物理学科的发展奠定基础的，不但有人的因素，还有政治、战争等诸因素的影响。中华人民共和国成立前我国核与粒子物理薄弱基础的形成，不仅要归功于上述一批归国的留洋学子在一些研究院所与高校展开的教育、科研与人才培养等开创性工作，第二次世界大战以来的"核物理"热对中国亚原子物理的发展亦起到了一定的推动作用。

第3章 粒子物理研究机构的建立与研究队伍的形成

中华人民共和国成立之际,适逢粒子物理作为一门学科形成。相对于欧美物理学界高能物理实验室的建立与加速器的建造盛况而言,粒子物理研究基础薄弱的中国尚处于较低的起点。但中华人民共和国成立后国家科学研究机构——中国科学院的建立为粒子物理研究形成了一个良好的环境,而其相应的研究队伍也逐渐形成。

3.1 从近代物理研究所到原子能研究所

1949年11月1日,中国科学院正式成立。通过接收原中研院和北研院的研究机构和科技人员,为中国科学院打下了初步的基础。建院之初,拟定在社会科学方面建立4个研究所,在自然科学方面建立16个研究单位(其中包括所、台、馆与筹备处)。近代物理研究所(以下简称"近代物理所"或"近物所")便是其中之一。

3.1.1 物理研究机构、人员的清点与近物所的建立

中华人民共和国成立之前,我国从事物理研究的机构与人员屈指可数。1950年2月,中国科学院曾对京、沪、宁区各研究所现有人员进行过一次统计,现针对相关各所列表,如表3.1所示。

表3.1 1950年京、沪、宁区各研究所人员统计[115]

处所 \ 职别	研究员	助理研究员	助理员	技术人员	行政人员	技工	工友	总计
原中研院物理研究所(宁)	4	1	4	5	2	2	2	20
北研院结晶学研究室(沪)	1	—	3	2	1	—	—	7
北研院物理学研究所(京)	1	1	4	9		2	4	21
北研院原子学研究所(京)	2	2	5	1	2	—	2	14

从表3.1中可以看出,中研院、北研院两院四所(室)研究员寥寥无几,加上助理研究员,仅10余人而已。可就在这4个单位的基础上,中国科学院建立了近代物理所与应用物理研究所。根据中国科学院计划局的调查,经12位专家投票,被推荐进近物所的国内外专家人选有43人,其中得票过半数者15人,尚在国外者15人。根据这些数据,我们便可以大致了

解当时中国从事近代物理研究的人员状况。

为使新建各研究单位顺利开展工作,中国科学院计划局从上海、南京、杭州、青岛等地延请专家先后到京,与在京专家会合,自 1950 年 1 月 15 日至 4 月 1 日共召开了 8 次座谈会,以各所的调整发展方向、新所的建立等问题为中心交流意见,以供科学院拟定计划参考。到会的专家共 60 多人,其中物理学方面的有丁西(燮)林、王竹溪、王淦昌、余瑞璜、吴有训、周培源、马大猷、陆学善、张宗燧、彭桓武、叶企孙、葛庭燧、赵九章、赵广增、褚圣麟、钱三强、钱伟长、钱临照、顾功叙、饶毓泰、严济慈等。这次"群英会"可算得上是当时国内物理学界群贤毕至的聚会了。座谈会中,除了有在院内工作的科学家以外,还邀请了在院外工作的专家担任各研究所科学顾问性质的专门委员。近物所的专门委员有王竹溪、周培源、张宗燧、叶企孙、赵广增等人。中国科学院决定将原北研院原子学研究所和原中研院物理研究所原子核物理部分合并,组成近代物理研究所。

经过专家们的讨论,建议近物所的研究工作可以分为理论物理、原子核物理、宇宙线和放射化学四个组。因为放射化学和原子核物理有着不可分割的关系,所以也把它放在近物所中,希望将来能提炼出放射性元素,满足所外的需要。铀矿等的分析工作,也由近物所协助进行。大家希望近物所能开设一班量子力学的讲座,训练出来的人才除研究原子核物理和宇宙线外,也可以从事理论化学的工作。[116]关于在近物所内设放射化学组,笔者以为,这可能主要来自钱三强的提议。他在法国留学的导师约里奥-居里夫妇分别主管着一个实验室:巴黎镭学研究所与法兰西学院核化学实验室。而钱三强由他们所指导的研究方向则以攻读原子核物理为主,兼做放射化学工作。考虑到钱三强回国后的地位与影响,得出这种推论也就不足为奇了。

1950 年 5 月 19 日,中国科学院"近代物理研究所"正式成立,吴有训任所长,钱三强任副所长。建所初期,人员屈指可数。来自原中研院物理所的有吴有训、赵忠尧(当时尚在美国)、李寿楠、程兆坚、殷鹏程等;来自原北研院原子学所的有钱三强、何泽慧、杨光中等,共计不过十来人。所址在北京东黄城根甲 42 号。在第一次所务会议上,近物所便初步确立以理论物理、原子核物理、宇宙线和放射化学四个领域为主要研究方向。吴有训明确提出了要使实验核物理在中国土地上生根的思想。[117]

3.1.2 从近物所到物理所——研究队伍的初步形成

鉴于核物理研究所所需设备昂贵,且当时中国从事该研究的人员稀少,为避免人力分散、设备重复,近物所在建立之初就决定先集中建立我国第一个原子核科学技术研究基地,建造相关的研究设备,并有计划地培养青年,在人力、物力上打好基础。一时间,近物所成为分散在国内外的我国核物理工作者聚集的中心。钱三强为延揽人才而四处奔波,在近物所的研究人员的组织方面起到了最重要的作用。1951 年 3 月,吴有训辞去近物所所长职务,钱三强继任所长。

近物所尚在筹建之时,钱三强便分别向清华大学的彭桓武、浙江大学的王淦昌发出邀请,终使这两位业已成名的物理学家分别于 1950 年的 2 月、4 月调入科学院,并参与了近物所的筹建工作,后于 1953 年双双被任命为近物所副所长。彼时,在美国购买完加速器元件等核物理研究器材准备返国的赵忠尧在路过日本横滨时被驻日美军羁押,正拟聘用他的钱三强与吴有训主动向科学院院长郭沫若申请,解决了赵忠尧在南京的家属生活问题。后在中国政府的抗议、国内外科学界同行的声援下,赵忠尧被释放,并于 1950 年 11 月进入近物所工作。此外,这一年先后从国外回来到近物所工作的还有理论化学家郭挺章,理论物理学家金星南、邓稼先,实验物理学家萧健等。从国内各方面调到近物所工作的科学工作者还有金建中、王树芬、肖振喜、许㮣、忻贤杰、胡文琦、孙念贻、张继恒、陆祖荫、叶铭汉、黄祖洽等。到年底,近物所的工作人员已增加至 36 人。

为聚集人才,从 1950 年起,钱三强等近物所领导做了三方面的工作:① 尽量争取科学家、教师和技术人员来所工作或兼职;② 争取在国外的中国科学家及留学生归国参加工作;③ 选拔国内优秀大学毕业生来所培训。[118] 此后的几年间(1951—1957),又有一批学有所成的科学家、留学生从国外归来,进入近物所的工作。他们之中有朱洪元、胡宁(与北大合聘)、杨澄中、杨承宗①、戴传曾、梅镇岳、谢家麟、范新弼、丁渝、张家骅、李正武、郑林生、肖伦、冯锡璋、张文裕、王承书、汪德昭等人。此外,近物所还从 1951 年、1952 年毕业的大学生中选拔了一批优秀毕业生到所工作。

1952 年,近物所制定了第一个五年计划,明确了办所方向为:"以原子核物理研究工作为中心,充分发挥放射化学,为原子能应用准备条件。"计划要求,在核物理方面,第一个五年计划内要建成高压倍加器、质子静电加速器,研制出有关的各种核探测器,争取建成回旋加速器。1952 年底,所内的研究机构做了调整,建立了 4 个大组。

第一大组为实验核物理组,组长赵忠尧,副组长杨澄中、何泽慧,其下又分 4 个小组,分别为:① 加速器组,负责人赵忠尧、杨澄中;② 探测器组,负责人戴传曾;③ 电子学组,负责人杨澄中、忻贤杰;④ 核乳胶和云室组,负责人何泽慧。

第二大组为放射化学组,组长杨承宗,副组长郭挺章。

第三大组为宇宙线组,组长王淦昌,副组长萧健。

第四大组为理论组,组长彭桓武。

1953 年,科学院决定以陈芳允为首的电子所筹备处和闵乃大负责的数学所的电子计算机部分组合并入近物所,成立了第五大组,即电子学组,陈芳允为组长。近代物理所改名为"物理研究所"(简称"物理所"),于 1954 年初迁到北京西北郊中关村新建物理大楼。

3.1.3　原子能所的建立与研究队伍的迅速增长

1955 年 1 月 15 日,毛泽东主持召开中央书记处扩大会议,讨论在中国建立核工业,发展核武器问题。出席会议的有刘少奇、周恩来、彭真、邓小平、李富春、薄一波等领导人,以及李四光、刘杰与钱三强等人,会上做出了发展中国原子能事业的决策。此后,我国与苏联签订了关于接受其援助的协议,其中包括苏联向我国出售一个 7000 kW 的重水型反应堆和直径1.2 m 的回旋加速器,并同意我国工程技术与科研人员赴苏考察学习。为此,中国决定在北京西郊坨里另建一个新的原子能科学研究基地,代号为"六〇一厂"(1959 年改称"四〇一所")。为了培养核科学技术人才,钱三强于 1955 年秋冬率领 39 名科技人员(包括在苏留学生 13 人)组成考察学习团,分两批到苏联考察学习。其中,学习加速器理论及其运行维修的有力一、王传英、谢义、吴铁龙、黄兆德、申青鹤、顾润观等人;考察学习在反应堆和加速器上

---

① 因核物理学家杨澄中(自英国归来)与放射化学家杨承宗(自法国归来)姓名相近,钱三强等人为称呼上的方便,分别称他们为"英杨""法杨"。

开展核物理研究的有何泽慧、杨祯、钱帛韵、项志遴、罗安仁、黄胜年、顾以藩等人。

1956 年 3 月,在苏联科学院核问题研究所、电物理实验室的基础上,苏联、中国等 12 个社会主义国家共同建立了杜布纳联合原子核研究所。我国承担该所经费的 20%,每年支付人民币 1500 万—1600 万元。根据该所章程,物理所自 1956 年起先后派出王淦昌、胡宁、朱洪元、张文裕、何祚庥、吕敏、方守贤、丁大钊、王祝翔、罗文宗、王乃彦等多批科技人员到联合所工作。中国政府的首任全权代表是钱三强,首届学术委员会中国委员有赵忠尧、王淦昌和胡宁,王淦昌后被选为该所副所长。

1956 年,经国务院决定,将物理所与坨里新科研基地合并,仍称“中国科学院物理研究所”。中关村部分称为所的“一部”,坨里部分称为所的“二部”。钱三强任所长,李毅、赵忠尧、郑林、王淦昌、彭桓武、罗启霖、力一、梁超任副所长。研究机构由原来的 5 个大组发展成为 8 个研究室和 2 个工程技术单位。其中,1 室从事静电加速器和其他加速器研制,以及在加速器上进行低能核物理研究工作,由赵忠尧兼任主任,梅镇岳、李正武、谢家麟任副主任;2 室从事使用反应堆、回旋加速器开展中子物理实验工作和反应堆有关工作,由钱三强兼任主任,何泽慧、力一(兼)、朱光亚、连培生(兼)任副主任;3 室从事宇宙线和高能物理方面的工作,由王淦昌兼任主任,张文裕、萧健任副主任(1956 年冬王淦昌赴苏,由张文裕代理主任);4 室从事理论物理研究工作,由彭桓武兼任主任,胡宁(兼)、王承书、胡济民(兼)、朱洪元任副主任。此外,由力一任总工程师,王传英任主任工程师,负责回旋加速器(代号“201”)的建造、运行、维修和发展方面的工作。同年末,三机部(后改为二机部)与科学院党组联席会议决定:物理所隶属科学院和三机部双重领导。同年,陈芳允、黄武汉等大部分电子学方面的科技人员调出,参加筹建科学院电子所;夏培肃、吴几(儿)康、范新弼等全体计算机组人员调出,参加筹建科学院计算机所。此外,根据周恩来关于“应在兰州设一原子核科学研究点”的指示,物理所于 1956 成立了由杨澄中为主任,金建中、王树芬、邬恩九、张恩厚、叶龙飞等人参加的兰州物理研究室,该室于 1957 年迁往兰州,后来发展成为中国科学院兰州近代物理研究所。

1958 年中,重水反应堆开始正式运转,回旋加速器也已建成。《人民日报》盛赞“它们的建成,标志着我国已经跨进了原子能时代”。经三机部与科学院决定,物理所更名为“中国科学院原子能研究所”(简称“原子能所”)。经过 1958—1959 年的大发展,原子能所的学科领域又有较大扩展,填补了大批空白学科,原来的 8 个研究室和 2 个工程技术单位发展成为 16 个研究室和 5 个技术单位。其中 11 室从事直线加速器研究工作,先由李正武,后由谢家麟任主任;13 室从事核电子学和探测器研究工作,由刘书林任主任,黄英伟、李德平任副主任。

从近物所到物理所,再到原子能所,经过几年的大发展,该所逐渐形成了一个具有一定规模的核物理研究基地,同时形成了一支实力迅速增长的研究队伍。所内经过严格科学训练的科学家,通过短训班、学术报告会等形式,从基础理论到实验技术各方面培养青年科技人员的科学素养与科研作风。物理所还曾参照苏联学位系列在所内进行了副博士考试,黄祖洽、于敏、陆祖荫与肖振喜等四人通过了论文答辩。1956 年,物理所开始招收第一批研究生,他们后来大多成为我国核与粒子物理领域的骨干力量。从 1950 年到 1960 年上半年,近物所(物理所、原子能所)的职工人数从 36 人增至 4345 人(其中科研人员 1884 人),由此可见研究队伍的迅速膨胀(人数以年底统计为准)。

基于粒子物理与核物理一脉相承的关系,中华人民共和国在成立之初大力发展原子核科学技术,从而建立起研究机构,在形成其研究队伍的同时,粒子物理的研究力量也于无形中逐渐增长,并具备了一定的规模。在从事核物理、宇宙线实验、理论物理、加速器、探测器技术与电子学研究的队伍之中,逐渐分化出部分从事粒子物理研究的人才。

3.1.4　立足于国内的实验与理论研究

近物所成立之后,很快便成为分散于国内外从事亚原子物理研究的中国学者的聚集中心。通过购买、组装一系列基本的研究设备,一批学有所成的核物理专家,带着一批青年科研人员与刚从高校毕业的学生,很快开展起实验物理研究。理论物理研究则自建所之始,再未中断过。科研人员的整体水平也随研究工作的稳步进展而逐渐提高。

在实验核物理研究方面,首要任务是加速器的研制和探测仪器设备的建造。赵忠尧自 1950 年回国之后,利用其从美国购买回的元器件,开始了静电加速器的研制工作。他与杨澄中领导建成了一台大气型 700 keV 静电加速器,之后与李正武、梅镇岳领导建成了高气压型 2.5 MeV 静电加速器。此外,由杨澄中所设计的 400 keV 高压倍加器也初步建成。1955年,谢家麟自美归国,又开始了电子直线加速器的研制。探测器研究方面,在何泽慧、戴传曾、杨澄中的领导下,研制成功对质子与电子灵敏的核乳胶、云室、卤素计数管、空气电离室、中子正比管、碘化钾(铊)、碘化钠(铊)、萘(蒽)等闪烁晶体,为我国粒子探测技术打下了基础,并开展了中子物理、辐射剂量等的研究。

在宇宙线研究方面,在王淦昌、萧健等领导下,研究人员首先利用王淦昌从浙江大学带来的直径为 30 cm 的圆云室和赵忠尧从美国带回的 50 cm×50 cm×25 cm 的多板云室,开展了宇宙线物理的研究工作;从 1952 年起,设计并建造了 30 cm×30 cm×10 cm,磁场为 7000 Gs 的磁云室;1954 年在云南落雪山海拔 3180 m 处建造了中国第一个高山宇宙线实验室,先后安装了多板云室和磁云室,开始了奇异粒子和高能核作用的研究工作。1956 年张文裕回国后也参加了这方面的研究工作。

在理论物理研究方面,彭桓武、朱洪元领导开展了原子核物理理论与粒子物理理论的研究工作。当时,近代物理所和北京大学物理系有着密切的合作关系,北京大学胡宁在近代物理研究所兼职,指导于敏的研究工作;彭桓武则在北京大学指导周光召的研究工作。

在电子学研究方面,由杨澄中、忻贤杰领导的核电子学小组从零开始,自力更生地研制探测器和谱仪用的线性放大器、计数器、计数率表、积分和微分甄别器等,并开始了多道脉冲幅度分析器,快速脉冲技术等研究工作。后来经过与以陈芳允为首的电子所筹备处和闵乃大负责的数学所的电子计算机部分合并与再发展,忻贤杰负责的核电子学组也比过去有了加强,业务范围也有所扩展。

研究所经过探索、实践和讨论,对原子核科学的发展方向有了比较一致的认识,在实验原子核物理,特别是加速器和探测器的研制方面取得了较好的成绩。自 1950 年至 1957 年,近物所(物理所)研究人员共完成原子核方面的科学研究论文与总结 50 篇,其中公开发表的 40 篇。[117] 在 1956 年度颁发的中国科学院奖金(自然科学部分)中,何泽慧及合作者陆祖荫、孙汉城以“原子核乳胶制备过程的研究”,戴传曾、李德平及合作者项志遴、唐孝威、李忠珍以“卤素计数管与强流管的制备和它们放电机构的研究”分别获得了三等奖。1959 年,在迎接国庆十周年献礼成果报告会上,原子能所被推荐到大会报告的优秀成果有 96 篇,其中对经济建设或学术上意义比较大的有 46 篇。[117]

在以上研究活动中,培养出了一批优秀的中青年骨干力量(如表 3.2 所示[①]),为以后的中国粒子物理研究储备了一批人才,且为此后的高能加速器与谱仪的建造、宇宙线物理、理论粒子物理与快电子学研究奠定了必要的知识基础。

表 3.2　近物所、物理所、原子能所培养的青年技术骨干

研究方向	培养出的技术骨干
静电加速器	叶铭汉、徐建铭、金建中、孙良方、叶龙飞、李寿楠等
直线加速器	潘惠宝、李广林、朱孚泉、顾孟平等
探测器	陆祖荫、孙汉城、王树芬、肖振喜、李德平、胡仁宇、项志遴、唐孝威、李忠珍等
宇宙线	吕敏、霍安祥、郑仁圻、郑民等
理论物理	邓稼先、金星南、黄祖洽、于敏、何祚庥等
电子学	陈奕爱、林传骝、席德明、许廷宝、方澄等

3.2　各主要高校的粒子物理学教学与研究

相对于近物所(物理所、原子能所)的核物理、粒子物理研究方面人才济济的盛况,中华人民共和国成立之初各高校在这方面都显得力量相对薄弱。根据 1951 年的一次对部分主要高校物理系的普查结果,专门开设有原子核物理、宇宙线课程的仅有燕京大学、清华大学、北京大学与浙江大学四校,而复旦大学、岭南大学(后在院系调整中并入中山大学等校)、交通大学、南京大学则只是开设了原子物理、近代物理等课程[119],有关原子核与基本粒子的知识只能穿插在这些课程中讲授。当然,这种区别为师资力量不同所致。

3.2.1　院系调整前各校物理系亚原子物理教学、研究概况

中华人民共和国成立之初,能够开设原子核物理、宇宙线课程的几所高校,主要是由于在亚原子物理领域深有造诣的几位著名物理学家及后来被调至近物所的一些年轻学者在其中担任或兼任教学与科研职务。而能独立开展相关研究的,因实验设备的缺乏,大多仅限于理论方面。

自抗日战争胜利至 1952 年学科调整,燕京大学物理系由褚圣麟任系主任,其间在此任教的有金星南、肖振喜等人,彭桓武也曾在此兼课。褚圣麟在 X 射线和宇宙线研究等方面都卓有建树,并亲自为研究生讲授原子核物理课程。[120]在清华大学执教的有钱三强、彭桓武、杨立铭、金建中、戴传曾,其间毕业生有黄祖洽、李德平、何祚庥、胡仁宇、唐孝威、周光召等人。在北京大学执教的则有胡宁、张宗燧、朱光亚、邓稼先,毕业生有于敏等人。其中,张宗燧讲授过原子核物理课程。除教学外,张宗燧还进行了相对论性场论的研究工作。在浙

---

① 名单取自:钱三强,朱洪元.新中国原子核科学技术发展简史[M]//钱三强论文选集.北京:科学出版社,1993:232-242.

江大学执教的有王淦昌、朱福炘、束星北。朱福炘曾于美国麻省理工学院宇宙射线研究所从事改进宇宙射线仪器的研究,所做的"缩短云室活门开启时间"研究对在云室中观察宇宙射线的新现象是一大贡献。而束星北对相对论和量子力学都深有造诣,在浙大讲授过群论课程,还与王淦昌合开过"物理讨论乙",介绍物理学的前沿领域,如费米的 β 衰变理论和达尔文(C.G.Darwin,生物学家 C.R.达尔文之孙,1887—1962)的狄拉克方程严格解。王淦昌利用其从美国带回的云室,做过一些实验研究。

3.2.2　院系调整后各高校核与粒子物理研究人员的重新组合

自 1952 年起,按照政务院"高等学校院系调整方案",教育部在全国范围内进行了高校的院系调整,将高校分为综合性大学、多科性工业大学和单科性学院三类。至 1953 年底,调整后的高校中,综合性大学(设文、理两个学科)仅剩 14 所[121],包括北京大学、中国人民大学、复旦大学、南京大学、南开大学、东北人民大学、山东大学、厦门大学、武汉大学、中山大学、四川大学、云南大学、西北大学与兰州大学。自此,全国各高校在物理学方面的研究机构与人员得到了重新的分配、组合与集中。例如,清华大学与燕京大学的理科全部并入北京大学,使得北大的物理教学、研究队伍的实力大大增强,其中有关亚原子物理方面的教师有褚圣麟、虞福春、胡宁、杨立铭等人;由原复旦大学数理系物理组、浙江大学、交通大学、同济大学、沪江大学、大同大学等院校的物理系合并组成复旦大学物理系,随后山东大学原子能系也并入该系,由原同济大学物理系教授王福山任系主任,在此执教的有卢鹤绂、殷鹏程、丁大钊等人;而由清华大学、北京大学等院校调余瑞璜、朱光亚、吴式枢、苟清泉、霍秉权等人,建立了东北人民大学物理系,该校于 1958 年更名为吉林大学;此外,北洋大学(现在的天津大学)物理系并入南开大学,岭南大学物理系(有郭硕鸿、李华钟等师生)并入中山大学,南昌大学物理系并入武汉大学等。经过此番调整,从事核与粒子物理教学与研究的力量相对集中了,但在中国科学院近物所建立之后,该所成为了此方面人才的聚集中心,因而大部分高校在粒子物理方面的实力相对薄弱。

自院系调整至 20 世纪 60 年代初,各高校在基本粒子物理方面的实验研究几近阙如,而理论教学与研究却在各个高校相继开展起来。1953 年,北京大学建立了理论物理教研室,授课教师有胡宁、彭桓武(兼)、褚圣麟、周光召、曹昌祺、高崇寿等人,所开设的理论物理专门化课程有量子场论、原子核理论与群论[122],并以胡宁(同时在近物所、物理所兼职)为首,成立了基本粒子理论组。在院系调整时,张宗燧由北京大学调入北京师范大学,后又于 1956 年调入中国科学院数学研究所,建立了以他为核心的理论物理研究室,张宗燧任室主任,先后培养了于敏、戴元本、朱重远、侯伯宇等几名研究生。中山大学理论物理研究室在 20 世纪 60 年代对弱相互作用及量子场论解析性的研究方面取得了一定进展。1953 年,兰州大学增设原子核物理专业,从复旦大学、南京大学抽调了几位学术带头人以及留苏归国的段一士等人,还陆续争取来一批从北京大学、清华大学等高校毕业的钱伯初等大学生、研究生,此后陆续开展起核与粒子物理教学与研究。

3.2.3　粒子物理理论的普及

1954 年,教育部聘请苏联专家苏什金(И.В.Суцткин)在北京师范大学举办理论物理进修班,培训全国 20 多所高等师范院校的骨干教师,苏联专家按苏联教学大纲讲授本科课程,而张宗燧则讲授数学、统计物理、量子电动力学及其他辅助课程,并且指导其中几位学员写出了研究论文[104]。张宗燧对量子电动力学课程的讲授,在充实各高校教师关于粒子物理的理论水平方面起到了极为积极的作用。

朱洪元除在近物所(物理所、原子能所)任职外,还兼任着北京大学的教授。1957 年,他在北京大学首次开设了"量子场论"课程,比较系统地讲授这门前沿理论课程。该课程后由胡宁(1956—1959 年间赴杜布纳联合原子核研究所工作)讲授。量子场论课程的开设使得北京大学粒子物理理论研究的实力大为增强,20 世纪 50 年代的北京大学物理系作为中国粒子物理研究人才最重要的输出基地,与此不无关系。表 3.3 罗列了自 1951 年至 1958 年入学的北京大学物理系部分本科生与研究生名单①。

表 3.3　20 世纪 50 年代北京大学物理系部分学生名单

入学年份	本　科　生	研　究　生
1951	秦旦华、邝宇平、曾谨言、侯伯元、黄念宁、孙洪洲	周光召
1952	阮同泽、冼鼎昌、赵保桓、刘耀阳、张宗烨	曹昌祺、胡慧玲
1953	阮图南、高崇寿、陆埮、罗辽复、许伯威	钱伯初、罗蓓玲
1954	时学丹、俞允强、陈时	
1955	苏汝铿、张永德	曾谨言、韩其智、黄念宁
1956	徐德之、王正行、关洪、杨国桢、宋行长	
1957	黄厚昌、黄朝商、赵光达	
1958	郁鸿源、赵志咏	

1958 年暑期,中国科学院在山东大学举办了基本粒子理论讲座,朱洪元与张宗燧为来自全国各高等院校和研究所的 60 多名学员讲授量子场论课。在 1 个月的时间内,他们把听众从最基础的出发点带领到当时量子场论发展的最前沿[123]。朱洪元在北京大学与山东大学的授课讲义后来被整理成《量子场论》[124]一书出版,成为我国几代粒子物理工作者的主要教科书和研究工作参考书。胡宁后来也著成《场的量子理论》一书。

以上粒子理论在全国范围内的普及,使中国粒子物理理论水平得到了大幅度的提高,甚至可以说培养了一代的粒子物理学家,影响广泛而深远。

3.2.4　几个物理系的创办

在 1955 年 1 月的中央书记处扩大会议之后,中央很快决定筹建北京、兰州两个物理研究室,作为专门培养核科技人才基地。在钱三强的推荐下,高教部调浙江大学胡济民、东北人民大学朱光亚、北京大学虞福春,在国务院第三办公室(负责核工业的三机部前身)领导和中国科学院物理所的协助下,由胡济民负责,开始筹建北京、兰州两个物理研究室。为此,物理所增加了一个"6 组",由胡济民、朱光亚、虞福春进行筹备工作。按照周恩来的指示,高教

---

① 名单取自:沈克琦,赵凯华.北大物理九十年[Z].内部资料,2003:185-195.

部决定在北京大学和兰州大学各设立一个物理研究室作为培训中心(后来计划变动,前文已述及兰州物理研究室的成立),并决定在北京大学和清华大学设置相关专业,以培养从事原子能的科学研究和工程技术人才。此外,高教部指定了由副部长黄松龄、清华大学校长蒋南翔等五人组成原子能人才培养小组,并由钱三强协助领导小组统一负责全国高等院校核专业设置与发展工作。

1955 年 8 月,高教部正式通知,决定在北京大学设立物理研究室,并任命胡济民为室主任,虞福春为副主任。凡有关核专业设置、招生计划、培养目标、教学计划与大纲的制订、办学经费资助等方面的问题,均由国务院三办归口指导;凡有关专业实习、技术资料、教学资料、专用设备的订购和党政管理干部调配等方面的困难,均由国务院三办所属有关机构和中国科学院物理所协助解决。此后,该室又先后调来东北人民大学陈佳洱、北京大学孙佶、复旦大学卢鹤绂等人参与创建工作。同年,从北京大学、东北人民大学、复旦大学、南京大学、南开大学、武汉大学、中山大学等校选调了 99 名物理系三年级学生到物理研究室学习。研究室开设了量子力学、中子物理、加速器、原子核理论与实验、核电子学及实验、宇宙射线等课程,并研制了核电子学和核探测仪器、盖革-弥勒计数管等实验设备。1958 年,物理研究室成为北京大学领导下的一个独立单位,后更名为"原子能系",再于 1961 年更名为"技术物理系"。

1955 年 9 月,高教部组织了一个以蒋南翔为团长,周培源、钱伟长与胡济民等人为成员的访苏代表团,了解苏联有关核专业及其他尖端专业的办学情况。访问回国后,蒋南翔报告高教部,提出要在清华大学创办工程物理系。经陈毅批准,由何东昌负责此项筹建工作,此外参加筹建工作的还有滕藤、吕应中、余兴坤等人。筹建阶段,不仅配备了主要干部和教师,而且通过从电机、机械、动能等系抽调二、三年级学生,以及在全国范围内直接招收工程物理专业的新生,从而组成了四个年级,有近 500 名学生。1956 年,经清华大学校务委员会通过,工程物理系正式成立,何东昌被任命为首届系主任。系内设核电子学、核物理、加速器、剂量防护、理论物理、同位素分离、核材料等教研组。

1958 年,中国科学院创办了中国科学技术大学。在最初设置的 13 个系中,01 系为原子核物理与原子核工程系(后更名为近代物理系),由赵忠尧兼任系主任。此外,放射化学和辐射化学系由杨承宗兼任系主任。两系的教学、实验和毕业实习等完全由物理所负责。本着"所系结合"的方针,当时的 01 系汇集了中国科学院的一批知名专家,包括严济慈、张文裕、朱洪元、彭桓武、李正武、梅镇岳、张宗烨、杨衍明等。赵忠尧会同这些专家为该系的学生开设了一系列的专题讲座,其中有赵忠尧的"原子核反应"、张文裕的"宇宙线与高能物理"、郑林生的"核谱学"、丁瑜的"分子束实验"等。此外,赵忠尧等人还着手加强实验室建设,并使教学实验与科研实验相结合,不断向新的前沿课题发展。专业实验室建成后,开设了 β 谱仪、气泡室、γ 共振散射、穆斯堡尔效应、核反应等较先进的实验,让学生参与实验室建设及教师的科研工作,使得所培养的学生理论与实验并重。

通过北京大学技术物理系、清华大学工程物理系、中国科学技术大学原子核物理与原子核工程系的创办,很快培养出了一批在原子核物理、粒子物理方面的教学、研究与管理人才。这三个以培养原子核物理人才为目的物理系在此后的发展过程中,除直接为我国核工业输送了大批优秀人才外,很大一部分多年活跃在核与粒子物理研究前沿的专家、院士都出自这三个系。在表 3.4 中列举了这三个系的早期部分毕业生名单,由此可从一定程度印证上述说法。

表 3.4　北大技术物理系、清华工程物理系、中国科大近代物理系早期部分毕业生名单

毕业院校	部分早期毕业生
北大技术物理系	冼鼎昌、王乃彦、王世绩、谢去病、陆埮、任敬儒、杜东生、吴咏时、毛慧顺、陈和生
清华工程物理系	吴济民、郁忠强、李惕碚、陈森玉、郭汉英、李小源、张闯
中国科大近代物理系	何多慧、郑志鹏、韩荣典、许咨宗、张肇西、李炳安、朱永生、闫沐霖、李卫国

除以上三系外，同期建立的与核与粒子物理相关的系科专业还包括复旦大学、南开大学、山东大学的原子能系（物理二系），兰州大学现代物理系，及南京大学、东北人民大学物理系的相关专业等。

<h1 style="text-align:center">小　　结</h1>

通过上述关于我国粒子物理学产生阶段的论述，可以得出以下认识：

① 从近物所到物理所，再到原子能所，这样一个经过几年大发展所形成的初具规模的核物理研究基地，在理论与实验研究方面，使我国粒子物理研究得以有组织地开展；同时形成的一支实力迅速增长的研究队伍，不但为我国核科学技术及核工业起到了"老母鸡"的作用，[125] 在中国粒子物理学的发展初期亦同样起到了"老母鸡"的作用，在为我国粒子物理研究培养、输送人才方面起到了奠基的作用。

② 在高能实验仪器、手段匮乏的情况下，我国粒子物理发展早期走过了一段"理论先行"的道路。张宗燧、朱洪元等在北京师范大学、北京大学、山东大学所举办的理论物理进修班、开设的量子场论课程及基本粒子理论讲座，这一系列的系统教学与培训使得有关粒子物理的知识在全国范围内得到了普及，这是我国粒子物理研究大规模开展的关键而必要的前提。

③ 北京大学技术物理系、清华大学工程物理系与中国科学技术大学近代物理系，是继近物所、物理所与原子能所之后，为我国培养、输送大批核与粒子物理研究人才的重要基地，也进一步为我国亚原子物理后来的蓬勃发展奠定了坚实的基础。

第4章　实验粒子物理研究工作的筹划与合作

在 20 世纪中叶,粒子物理从核物理中脱胎而出形成一门独立学科之时,中国由于核物理本身研究基础的薄弱,又缺乏高能物理研究必需的设备,加之国家对于发展原子能事业的高度重视,使得粒子物理在较长的一段时间内仍依附于核物理发展。这种状况一直持续到我国提出高能加速器建造规划以及参加苏联杜布纳联合原子核研究所的高能物理工作为止。自此中国粒子物理的发展有了较大的转机。

4.1　宇宙线实验基础建设与加速器预制研究

早期的宇宙线物理研究,因为其观测手段、设备大多采用低能核物理研究中的探测器,且理论分析方法相近,故而一向由核物理学家进行研究。随着 μ 子、π 介子、K 介子及其他奇异粒子等基本粒子在宇宙线中被发现,基本粒子的研究逐渐成为核物理中一个重要的组成部分。从某种程度上说,基本粒子物理学就是在宇宙线研究中产生的。随着人们所能观测到的宇宙线粒子的能量不断提高,高能粒子物理也逐渐从低能核物理中分化出来,宇宙线研究成为粒子物理中一个重要的组成部分。

加速器作为探测物质微观结构的"显微镜",其分辨能力 λ(德布罗意波长)与其所产生的束流能量相关。要超越原子核研究,从而进入基本粒子层次,加速器的分辨能力 λ 要与核子的线度相当,则其能量需超过 1 GeV。因而,要开展粒子物理实验研究,1 GeV 以上高能加速器成为必要的手段。否则,只能凭宇宙线观测,"靠天吃饭"。

4.1.1　我国第一个高山宇宙线观测站的建立

中华人民共和国成立前,我国虽有霍秉权、朱福炘、王淦昌、张文裕等一批对宇宙射线有所研究的先驱人物,但在零散研究上基本没有进展,主要受探测仪器所限。

霍秉权曾改进其导师威尔逊所发明的活塞式云室,通过橡胶膜膨胀来改变压强以获得过饱和气体,从而更适于宇宙线的观测。可惜的是,他在清华大学所制作的双云室及其附件在抗日战争爆发后被日寇掠走。[126]王淦昌在浙江大学曾经研制过云室,也研制过几种径迹室。很可惜,由于物质条件太差,研制径迹室的收效并不大。[127]直到 1949 年初王淦昌从美国加州大学访学回国时带回了一个大云室,我国才开启了宇宙线研究的计划,该计划第一步便是安装和调试云室,由忻贤杰和他的一名研究生做具体工作(后来朱福炘自美回国,也参加指导过工作)。[128]之后不久,王淦昌与忻贤杰便调离浙江大学到了近物所。张文裕在美国对于多丝火花室的设计、加工深受同行赞叹,后来他还将亲自制作的这个多丝室带回了国内。只是后来未能开展多少工作,长期放在办公桌下的多丝室也在搬家时丢失了。① 如上述,在近物所建立之前,中国在宇宙线物理及其所使用的探测器研究方面没有太大的进展。

1950年,在近物所成立之后召开的第一次所务会议上所决定的四大研究方向中,宇宙线研究便是其中之一。除了利用赵忠尧从美国带回的50 cm×50 cm×25 cm的多板云室与王淦昌带回的直径为30 cm的圆云室开展初步的研究工作外,后来在王淦昌与萧健的领导下,又设计并建造了30 cm×30 cm×10 cm、磁场为7000 Gs的磁云室。1953年,近物所经过勘察、选址,计划在云南省会泽县建造高山宇宙线实验室(500 m²),经中央文委批准列入了1953年建筑计划。宇宙线高山实验室要求建立在海拔高的地区,以减少大气层所产生的影响。海拔在3000 m以上的高山通常有半年以上的积雪,这就给科研工作及生活带来困难。而我国幅员广阔,有不少地理条件优越的地方,落雪山就是这样的地方。在王淦昌、萧健等(张文裕于1956年回国后也参加了这方面的工作)的直接领导下,1954年在金沙江畔、乌蒙山区著名的铜矿东川落雪的一个山坡上(海拔3180 m)建立了我国第一个宇宙线高山实验站。这也是我国第一个高能物理实验基地。赵忠尧所带回的50 cm×50 cm×25 cm的多板云室最先被安装到实验站中,开始进行奇异粒子——K介子和Λ^0超子的产生、衰变与其他性质以及高能强子与物质相互作用的研究。1956年,北京刚建造成功的30 cm×30 cm×10 cm磁云室及其配套设施也被安装到落雪实验站。这一套带有磁铁的云室装置成为了研究高能物理的有力工具,从而使研究范围有所扩展,我国自此展开在不同能区奇异粒子的产生截面、高能粒子与不同物质(铝和铅)的核作用截面、50—100 GeV能区高能强子作用中的多重产生和次级粒子横动量的研究以及一些稀有事例的分析。

除了两台云室之外,落雪实验站还安装了观察宇宙线强度变化的μ子望远镜和中子记录器。通过这些实验仪器设备,研究人员研究了奇异粒子的产生、衰变及其他性质,先后收集了700多个事例;除测量质量、寿命、质心坐标的动量分布和角分布外,还对Λ^0超子衰变时的宇称不守恒、Λ^0超子和K_s^0介子数目比(N_{K^0}/N_{Λ^0})随能量的变化(当时研究了两个能区:3—5 GeV和平均能量为十几个吉电子伏)以及个别稀有事例进行了测量和分析。有些结果与稍后加速器上的结果相一致。此外,他们对电磁极联曲线和电子直接产生电子对的截面进行了研究,并与理论计算结果作了比较;在研究宇宙线高能粒子与轻核作用时,观察到了在100 GeV能区,次级粒子的角分布有符合火球发射图像的现象。[39]

王淦昌等关于宇宙线的研究成果陆续发表在《物理学报》和《科学记录》等杂志上,其中由王淦昌、萧健、郑仁圻、吕敏等合作的《一个中性重介子的衰变》一文在1955年布达佩斯的宇宙线物理会议上引起了同行们的关注。鲍威尔称"这项工作与国外经验丰富的科学家几乎是同时做出的"②。后来在1956年全苏高能粒子物理会议上,王淦昌、朱洪元等人又报告了物理所关于宇宙线的研究工作成果。

1957年为太阳周期活动的峰值年,被学术界定为国际地球物理年,国际开展合作进行了一系列的观测、研究,其主要内容为日地关系的研究。这是一个研究太阳活动对银河宇宙线调制的好机会,中国参加了其中的宇宙线强度的观测与研究(后因故退出,但仍在国内按原计划进行研究),决定筹建两个观测站,一个在云南落雪高山实验室,另一个在北京白家疃

---

① 整理自张文裕的弟子何景棠研究员接受笔者访问时的录音材料。

② 出自鲍威尔1955年的访华演讲,此处转引自:范岱年,方许.王淦昌先生传略[M]//胡济民,许良英,汪容,等.王淦昌和他的科学贡献.北京:科学出版社,1987:224-268.

村。研究人员制作了一些按国际地球物理年规定的标准仪器设备,进行了一系列的观测与研究。之后,又将两个站的观测记录汇总到一起进行了分析研究,其工作结果发表在有关刊物上,并在相关学术会议上做了报告。后来在武汉也建立起了类似的装置。可以说,在 20 世纪 50 年代,我国与国外进行学术交流最多、水平与国际水平相近的物理学研究可能就是宇宙线方面的工作了。[129]

4.1.2　纸上谈兵的高能加速器建造计划

20 世纪 50 年代初,美国已经拥有相当先进的加速器。如布鲁克海文国家实验室(BNL)的 Cosmotron 加速器能量达到 3 GeV,劳伦斯伯克利实验室(LBL)的 Bevatron 加速器能量已达到 6 GeV。中华人民共和国此时尚处于零起点上。1955 年,赵忠尧利用从美国带回的部件主持建成了一台 700 keV 的质子静电加速器 V1(如图 4.1 所示),由此中国在此领域实现了零的突破。同年,谢家麟自美国回国,开始了电子直线加速器的研制。1958 年,赵忠尧又领导建成了 2.5 MeV 的质子静电加速器 V2。赵忠尧主持建造的加速器以及后来陆续建造的一些加速器,均属于低能小型加速器,仅适于做低能的核物理实验,对于高能粒子物理实验却只有"望能兴叹"。但通过建造一系列的低能或中能加速器,逐渐发展了我国的真空技术、高电压技术、离子源技术及核物理实验方法。在建立实验室和研制加速器的过程中,培养出了如叶铭汉、徐建铭、金建中、潘惠宝、朱孚泉等一批专门人才,为我国高能加速器的建造奠定了基础。

图 4.1　现存于中国科大校史馆的中国第一台 700 keV 质子静电加速器

1956 年,我国制定了第一个科学技术发展规划——《1956—1967 年科学技术发展远景规划纲要》(简称"十二年科技规划")。此前,中国科学院物理研究所成立了由王淦昌任组长的"和平利用原子能规划组",所编制的规划草案经修订构成了十二年科技规划的一部分。[117]规划明确提出:"必须组织力量,发展原子核物理及基本粒子物理(包括宇宙线)的研究,立即进行普通加速器和探测仪器的工业生产,并在短期内着手制造适当的高能加速器。"[130]同年,由苏联、中国等 12 个社会主义国家共同建立了杜布纳联合原子核研究所(后简称"杜布纳联合所")。为了落实高能物理研究计划,1957 年在王淦昌的领导下,选派了一个七人小组赴苏联学习高能加速器的设计与建造。经过一年多的努力,在苏联专家的指导下,他们完成了 2 GeV 电子同步加速器的设计,准备回国实施。

1958 年中国进入"大跃进"时期,各项建设指标纷纷提高。一些人觉得 2 GeV 电子同步加速器能量太低,且认为用电子做物理实验范围太窄,因而原定的这个作为中国发展高能物理第一步的加速器方案因"保守落后"而下马。

新的方案建议建造 15 GeV 强聚集质子同步加速器。中国的赴苏实习组在苏联当时建造的 7 GeV 质子同步加速器的基础上,经过修改,最后完成了 12 GeV 的质子同步加速器的设计。由于未能吸收欧美一些新的设计思想,该方案规模大而性能差,后来经中国科学院原子能研究所钱三强等专家研究,决定暂停。于是,这个高能加速器建设方案再次下马。

1959 年底,杜布纳联合所的科学家发明了螺旋线回旋加速器。在该所工作的王淦昌、朱洪元、周光召、何祚庥等专家建议我国建造一台比较适合我国国情的中能强流回旋加速器。经报告副总理聂荣臻,该建议被采纳。后由原子能所副所长力一带领一批人到杜布纳联合所实习和进行初步方案设计,并将加速器能量定为 420 MeV。在完成了物理设计之后,他们回国继续完善设计方案,并开展预制研究。这个建设计划被称为"205 工程"。后来经过论证,因认定建造该加速器对物理工作意义不大,加之国内工业技术条件不具备,科学水平和技术力量不够,1961 年,在"调整、巩固、充实、提高"的八字方针下,该设计方案被取消。[117]

通过在杜布纳联合所的学习和实践工作,我国培养出了方守贤等一批加速器理论与实验人才。1965 年,我国退出联合所,决定建设自己的高能物理实验基地。按照钱三强的建议,在力一的主持下,计划建造一台 3.2 GeV 的质子同步加速器,后又将能量提高到 6 GeV。在进行同步加速器的方案设计同时,还进行了选址勘察工作。1966 年"文革"开始,这个项目再次下马。

在此需要提出的是,1969 年,为了响应中央"面向实际,面向应用"的号召,部分人提出了一个直接为国防建设服务的"强流、质子、超导、直线"八字方案,计划建造一台以生产核燃料为目的的 1 GeV 质子直线加速器,被称为"698 方案"。还有人提出要建造烟圈式加速器和分离轨道回旋加速器。但后来由于原子能所关于设计方案的讨论不能达成共识,"698 方案"最后也不了了之。[131]

从中华人民共和国成立到 20 世纪 60 年代,我国先后建成了高压加速器、静电加速器、感应加速器、电子直线加速器、回旋加速器,通过这些低能加速器的建造实践,为我国高能加速器的建造培养和储备了人才,同时在技术方面也奠定了必要的基础。[34]但是,由于各种因素的影响,一系列关于高能加速器的设计方案最终都搁浅了。

4.2　$\widetilde{\Sigma}^-$ 的发现及杜布纳联合所的其他高能实验工作[①]

4.2.1　反西格玛负超子($\widetilde{\Sigma}^-$)的发现

1956 年,杜布纳联合原子核研究所内由自动稳相原理的发现者维克斯勒主持设计的 10 GeV 质子同步稳相加速器即将建成。它是当时国际上能量最高的加速器。同年 9 月,王淦昌被派往该所参加成员国全权代表会议,讨论并通过联合所章程,确定工作人员等事项,之后留在该所工作,后于 1959 年 1 月当选为副所长。他所领导的研究组,最初由两位中国籍青年研究员(丁大钊、王祝翔)和两位苏联籍青年研究人员及一位苏联籍技术员组成,后发展到 1960 年由中国、苏联、朝鲜、罗马尼亚、波兰、民主德国、捷克、越南等国二十多位科技工作者,四位技术员及十余位实验员组成的庞大研究集体(如图 4.2 所示)。

图 4.2　王淦昌研究组

注:引用自王淦昌全集(1)[M].石家庄:河北教育出版社,2004.

20 世纪 50 年代正是首批高能加速器陆续建成的时期。美国劳伦斯伯克利国家实验室先后发现反质子、反中子,正是得益于其 1954 年建成举世无双的 6 GeV 质子同步稳相加速器 Bevatron。而欧洲核子研究中心 28 GeV 的 PS 加速器正在建设中(于 1959 年完工),美国布鲁克海文国家实验室也于同期上马了 33 GeV 的 AGS 加速器(于 1960 年建成)。显然,

---

[①]　本节内容参考:丁兆君,李守忱.反西格马负超子($\widetilde{\Sigma}^-$)的发现前后[J].科技导报,2020,38(23):144-152.

杜布纳联合所的加速器只有短短几年的能量优势。在更高能量的加速器建成之前,做出重大的科学发现,是联合所内王淦昌等高能物理工作者亟待解决的事。

根据当时的各种前沿课题,王淦昌结合联合原子核研究所的优势,提出了两个研究方向:一是寻找新奇粒子,包括各种超子的反粒子;二是系统研究高能核作用下各种基本粒子(π、Λ^0、K^0……)产生的规律性。为此,他将工作分成三个小组并列进行,即新粒子研究(由王淦昌负责)、奇异粒子产生特性研究(由丁大钊负责)和 π 介子多重产生研究(由王祝翔负责)。在轻子、介子、核子的反粒子被一一发现的情况下,寻找超子的反粒子是王淦昌根据加速器的能量优势所做出的一个非常正确的研究方向选择。

在目标确定之后,王淦昌所面临的另一个棘手的问题是探测器建设。相比杜布纳联合所的最大加速器而言,当时配套的探测器建设却相形见绌,联合所只有一套确定次级粒子及其飞行方向的闪烁望远镜系统、一台膨胀云室和一台大型扩散云室,远不能发挥加速器的能量优势开展前沿课题的研究。此外还有一个问题,就是反应系统的选择。让从加速器出来的高能粒子进行怎样的反应,然后观察次级粒子的产生、飞行、相互作用或衰变的过程,也会直接影响实验研究的结果。综合考虑各种因素,王淦昌选择了气泡室作为主要探测器。因为反超子寿命极短(10^{-10} s 量级),从产生到衰变所能飞行的距离也极短,使用云室、气泡室这样能够显示粒子径迹的探测器较为适宜。相比而言,气泡室的工作液体本身就是高能反应的靶物质。选择了一类气泡室,靶物质也就随之确定了。为争取时间,王淦昌提出建立一台丙烷气泡室,因其技术上较易实现,且联合了所有研制此类气泡室的经验。如要建造质量更好的氢气泡室,就需要花费较为长久的时间,以至于错过加速器的能量优势。虽然利用反质子束打靶更易于产生超子-反超子对,但高纯度的反质子束较难从大量的 π^- 介子和 K^- 介子中分离出来,王淦昌决定用 π^- 介子产生核反应来进行研究。[132]

至 1958 年春,研究组建成了 55 cm×28 cm×14 cm 的 24 L 丙烷气泡室(如图 4.3 所示)。因其尺寸较大,足以同时观察到反超子的产生与衰变。[133]同年秋,研究人员开始用动量为 6.8 GeV/c 的 π^- 介子与核作用,采集数据;1959 年春,又用 8.3 GeV/c 的 π^- 介子开始新的数据采集,前后共收集了近 11 万张照片,包括数十万个高能 π^- 介子与气泡室工作液体丙烷中的氢和碳核作用事例。[134]

由于反超子衰变的重产物一定是反质子或反中子,湮没星是鉴别其存在的确切标准。王淦昌据此画出了 Λ^0、$\tilde{\Sigma}^-$ 存在的可能图像,要求组内研究人员在扫描照片时注意与图像吻合的事例。1959 年 3 月 9 日,研究人员终于从所扫描的照片中发现了令人兴奋的事例。如图 4.4 所示,根据对 B 点出射的 6 个带电粒子(其中 9、11、12、13 为质子,8 为 π^+ 介子,10 为 π^- 介子)的测量分析,可以推测为反中子和碳核湮没引发的反应($\tilde{n}+C\rightarrow He_2^4+4p+3n+\pi^++\pi^-+n\pi^0$)。而 3 为 π^+ 介子,由此可推知 A 点发生的衰变反应:$\tilde{\Sigma}^-\rightarrow\pi^++\tilde{n}$,也就是说 2 即为 $\tilde{\Sigma}^-$ 径迹。他们进而推出 O 点发生的最可能的初级反应为 $\pi^-+C\rightarrow\tilde{\Sigma}^-+K^0+\tilde{K}^0+K^-+p+n+\pi^++\pi^-+$ 反冲核。[135]经过计算,观测结果正与预期的一致,而且是一个十分完整的反超子"产生"的事例。

1959 年 7 月,在乌克兰基辅召开的第九届国际高能物理会议上,王淦昌小组报告了可能存在 $\tilde{\Sigma}^-$ 的发现。也就是在这次会议上,美国 L.W.阿尔瓦雷斯小组展示了一张 $\tilde{\Lambda}^0$ 粒子产生的照片。[136]1960 年 3 月,在确认了 $\tilde{\Sigma}^-$ 的发现之后,王淦昌小组正式将论文投送至苏联的《实验与理论物理期刊》与中国的《物理学报》发表。

图 4.3　王淦昌研究组建成的 24 L 丙烷气泡室（刘金岩于 2019 年 4 月摄于杜布纳）

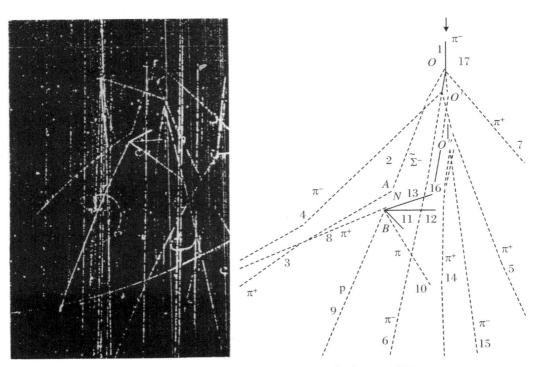

图 4.4　反西格玛负超子的产生（左为照片，右为示意图）

4.2.2　中国学者在杜布纳联合所进行的其他高能实验工作

除发现 $\tilde{\Sigma}^-$ 之外,王淦昌小组通过 π 介子与核子相互作用,取得了多方面的成果。[137]值得一提的是,王淦昌小组在 1959 年初还曾有过一个激动人心的"发现":长寿命、大质量的Д粒子(Д取自俄文"友谊"和"杜布纳"的首字母)。在基辅会议上,由王淦昌做了关于Д粒子迹象的大会报告,而 $\tilde{\Sigma}^-$ 存在的可能则由丁大钊代表研究组做了报告。二者当时孰轻孰重,显而易见。周光召在报道基辅会议的概况时,用了一大段文字叙述Д粒子,却只用一句话概括了丁大钊的报告,甚至连 $\tilde{\Sigma}^-$ 的名字都没有提到。[136]Д粒子的"发现"在高能物理界产生了很大的反响,甚至有美国物理学家"硬说"他们也发现了类似的粒子。[138]后来经过仔细的讨论分析,该迹象被确定为 K^+ 电荷交换现象,Д粒子并不存在。[55]而 $\tilde{\Sigma}^-$ 的发现最终得以确认。

1960 年底,王淦昌回国,参加原子弹研制工作。张文裕于 1961 年被派往杜布纳联合所接替王淦昌任中国组组长(直至 1964 年),并领导了一个联合研究组,其成员大多为苏联人。他们使用王淦昌等人研制的 24 L 丙烷气泡室,在 10 GeV 质子同步稳相加速器上开展了共振态的研究。张文裕把当时已知的重子共振态归纳成核子和超子的激发态,提出了一个重子能级和跃迁图,并根据这个想法对 Λ° 超子和核子散射过程进行了研究,得出散射的总截面和角分布,填补了当时在这方面的空白。

自 1956 年杜布纳联合原子核研究所成立,至 1965 年我国退出联合所,这 9 年时间内,我国先后派往杜布纳 130 多人。除王淦昌、张文裕外,一些年轻的实验工作者,如唐孝威、吕敏等也做出了一些出色的工作。此处仅以唐孝威为例。在王淦昌的提议与推荐下,唐孝威于 1956 年也被选派到杜布纳联合所参加实验研究,岗位定在"原子核问题"实验室。他与两位年轻的苏联同事一起,先后在同步回旋加速器上进行了质子吸收负 π 介子的实验和高能电子产生电磁级联簇射的实验,后来又和另一位苏联资深科学家一同研制了可控制高压脉冲供电计数器。他参加的小组率先研制成功的这种新型探测器,成为后来在高能加速器实验中广泛使用的火花室和流光室的先驱。在此期间,唐孝威还参与了全吸收谱仪和多板结构的取样式电磁量能器的研究和应用,这些都是世界上早期在这方面进行的研究工作。

4.2.3　杜布纳联合所的科学工作的意义与影响

$\tilde{\Sigma}^-$ 是人们所发现的第一个带电反超子,在科学上当然有着重要意义。它证实了此前关于该种反粒子存在的推测,加深了人们对于基本粒子的相互作用及其规律性的认识。[139]当时苏联《自然》杂志称 $\tilde{\Sigma}^-$ 的发现"在微观世界的图像上消灭了一个空白点"。[129]至此,当时人们所知的轻子、介子、核子、超子等组成物质的各类基本粒子都有反粒子被发现。从某种意义上来说,这也算是基本粒子"家族"的一种圆满。1962 年 3 月,在欧洲核子研究中心新建成的能量更高(28 GeV)的 PS 加速器上发现了 $\tilde{\Xi}^-$。该中心主任 V. F. 魏斯考普夫指出:"这一发现证明欧洲的物理学家在这一领域内已与美国、苏联并驾齐驱了。"[140]其意显然是相对于反质子和反西格玛负超子的发现而言。1972 年,杨振宁曾对周恩来说,杜布纳联合所的这台加速器上所做的唯一值得称道的工作,就是王淦昌小组反西格玛负超子的发现。[129]1982年,王淦昌、丁大钊、王祝翔获得国家自然科学一等奖。而在杜布纳联合所,$\tilde{\Sigma}^-$ 的发现被列为建所以来的第二位重要成就,[141]并特别将一条路以王淦昌命名(如图 4.5 所示)。

图 4.5　杜布纳联合所的"王淦昌路"

当然,种类众多的介子(由正反夸克构成,其反粒子不足为奇)、超子与构成物质的基元——质子、中子、电子的重要性无法相比,更早发现的正电子、反质子与反中子无疑具有更为重要的科学意义,也更为人津津乐道。[142-143]1981 年,高能物理研究所主办的《高能物理》杂志封底连载的《基本粒子物理发展史年表》中,1960 年的实验成就仅罗列了布鲁克海文国家实验室 AGS 加速器的建成和 Σ^*(1385)共振态的发现两项,1961 年的实验成就则罗列了 η、ρ、ω、K^* 等几个介子的发现(如图 4.6 所示)。[144]由此可以推测,编者当时并未认为 $\tilde{\Sigma}^-$ 的发现的重要性与这些粒子相当,故未将之列入。该杂志编辑部后将此连载的年表汇集成书,并于 1985 年出版。书中罗列的 1960 年实验成就就多出了一项 $\tilde{\Sigma}^-$ 的发现,且名列榜首(如图 4.7 所示)。[145]这可能与王淦昌等人已于 1982 年获得了国家自然科学一等奖有关。

笔者以为,王淦昌等人的发现,乃至其他中国学者在杜布纳联合所所进行的科学研究,其科学意义可在其次,尤为重要的是,这些工作打开了中外科学交流的窗口,让中国学者接触到了科学的最前沿,打开了眼界。正如周光召所说,他觉得在联合所"更接近世界最新科学的前线",可以"迅速吸收世界核子科学研究的成果"。[146]1958 年,原子能研究所在一份关于高能核物理与粒子物理研究的五年计划中明确提出任务,高能原子核实验物理要利用联合所的条件培养一定数量的干部;在 1962 年之前完成实验技术的准备;利用联合所加速器提供的材料,在国内组织高能研究队伍。而在基本粒子理论研究方面,要在第二个五年计划内,以利用联合所条件培养干部、组织队伍为先。[147]这个目标非常明确,利用联合所培养人才,事实上后来也确实达到了培养、锻炼研究人员的目的。

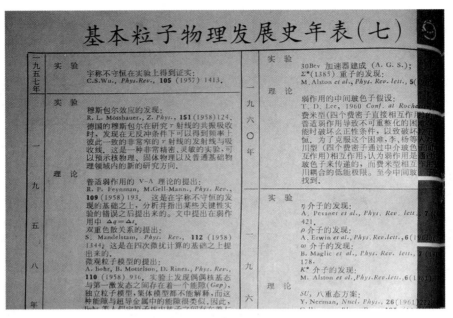

图 4.6 《高能物理》杂志连载的《基本粒子物理发展史年表》

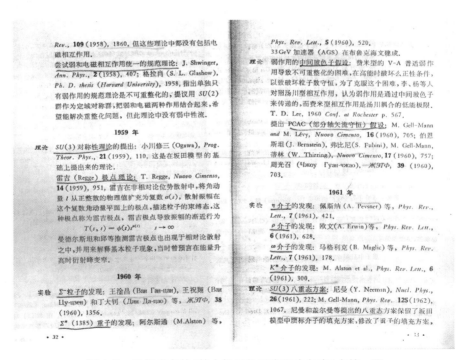

图 4.7 汇集成书的《基本粒子物理发展史年表》中的一页

在本土加速器研制方面,如前所述,无论是 1958 年的 2 GeV 电子同步加速器方案、1959 年的 12 GeV 质子同步加速器方案、1960 年的 420 MeV 中能强流回旋加速器方案,都是王淦昌等人在苏联完成的,或借鉴了苏联的方案。而在中苏关系破裂后,中国的高能加速器建设,包括 1965 年提出的 6 GeV 质子同步加速器方案、1969 年的 1 GeV 质子直线加速器方案,也都是以赴苏科技人员为主力而提出的。[10]

在"改革开放"前的 20 多年里,尤其在"文革"前的 10 年内,在中国从事核与粒子物理研究的主力军中,除赵忠尧等自欧美留学归来的第一代亚原子物理学家之外,赴苏科学家构成了重要的班底。周光召、丁大钊、王祝翔、何祚麻、吕敏、方守贤、王乃彦、钱绍钧、冼鼎昌、王世绩等后来都成为中国亚原子物理研究的骨干力量。在退出杜布纳联合所之后,中国就开始计划在本土建立高能物理研究所,一份建议书中特别提到:"几年来,先后到联合所工作的有一百四十余人,参加过有关学术会议的有二百余人,这些都是我们自己的力量。"[148] 可以说,王淦昌等中国学者在杜布纳联合所的科学工作,为此后中国本土高能粒子物理的发展奠定了坚实的知识基础与人才基础。还有很多从杜布纳联合所回国的青年学者,参与了核武器研制,默默无闻地做出了重要贡献,本书不再赘述。

小　　结

通过以上论述,可以得出以下认识:

① 我国宇宙线物理的研究虽然相对西方国家而言较为迟缓,但其发展历程却基本类同,在依附于核物理而获得不断发展的过程中,宇宙线物理与粒子物理自然结合,相伴脱离了低能核物理,从而使得宇宙线研究成为粒子物理中一个重要的组成部分。云南落雪宇宙线实验站的建立是我国宇宙线物理研究大规模开展的起点,而此前赵忠尧、王淦昌从国外带回的多板云室与圆云室为宇宙线观测提供了必要的手段,亦为此后系列云室及其他探测仪器的建造奠定了基础。

② 高能加速器的建造在经济、技术基础薄弱的中国历经曲折。自中华人民共和国成立至 20 世纪 60 年代后期,我国高能加速器建造"五起五落",始终处于"纸上谈兵"的状态。但通过一系列低能加速器的建造实践,为我国高能加速器的建造培养和储备了人才,同时在技术方面也积累了必要的经验。

③ 苏联杜布纳联合原子核研究所的成立是我国粒子物理研究与国际接轨的重要环节。王淦昌等人所做出的高能实验物理发现不仅世界瞩目,更重要的是,在参与国际合作中,我国派往杜布纳联合所的百余名学者初次接触了大型高能加速器并参与了高能物理实验研究,为我国此后的高能物理研究奠定了必要基础。

第 5 章　哲学思潮与理论创新

　　中国粒子物理理论研究的开始,主要归功于张宗燧、彭桓武、胡宁、朱洪元等几位自国外留学归来的理论物理学家。他们多受教于国际知名的物理大师,如玻恩、薛定谔、狄拉克、布莱克特等诺贝尔奖获得者,因而在留学、访学期间便接触到了理论物理研究的国际前沿。回国之后,在他们的带领下,很快形成了几支有关粒子物理理论的研究队伍并开展教学活动。20 世纪 50 年代后期,彭桓武主要从事核反应堆理论,并于 60 年代参加了核武器的研制,从而转移了研究方向。张宗燧、胡宁、朱洪元三位,分别在中国科学院数学研究所、北京大学、中国科学院原子能所工作,形成了三个较有影响的粒子物理理论研究中心。

　　20 世纪 60 年代,由毛泽东发起的"一分为二"的哲学思潮在社会上产生了广泛的影响。学术界对此亦做出反应,并以此为契机,以上述三个单位为代表,在"文革"之前掀起了以"层子模型"为主要成果的粒子物理理论创新的一次高潮。

5.1　理论粒子物理学的初步发展

　　从中华人民共和国成立之初至 20 世纪 60 年代中,我国在粒子物理的理论基础——量子场论方面的研究主要表现在数学形式方面。自杜布纳联合原子核研究所成立以来,我国除了在实验方面派出了大批研究人员之外,同时也派出了一些理论物理研究人员前往学习、研究。其中,北京大学有胡宁(1956—1959 年)、周光召(1957—1961 年)及研究生黄念宁、王佩;物理所(原子能所)有朱洪元(1959—1961 年)、汪容(1959—1961 年)、何祚麻(1959—1961 年)、冼鼎昌(1959—1961 年)等人。这一时期的粒子物理理论研究开始与当时的实验研究相联系,做出了一系列重要的成就。

5.1.1　立足于国内的初期粒子物理理论研究[①]

　　研究粒子物理的主要理论工具是量子场论,而这一阶段我国在量子场论方面已有一定的研究基础。

　　在量子场论的数学形式方面,张宗燧扩充了外斯(Weiss)理论中的波动方程,使之成为决定空间曲面上的波函数如何随曲面的任何变化而变化的方程。利用和哈密顿-雅可比(Hamilton-Jacobi)方程的比较,证明这一方程即使在含有高阶微商时也是可积的。这实际上证明了对易关系的相对论不变性,之后又利用一个接触变换引入相互作用表象。这一工

---

① 本节内容参考:胡宁,朱洪元.十年来的中国科学:物理学[M].北京:科学出版社,1966:23-27.

作使相互作用表象的理论得到更普遍的基础。

在将重正化的方法应用于具体问题的研究方面,金星南计算了电子和正电子相互散射截面的辐射修正,发现在低能碰撞时,辐射修正甚为微小。从理论意义的角度看,计算极高能量散射截面的辐射修正应该具有更大的价值。

在计算方法方面,胡宁、于敏曾经提出了新的割去无穷大的方法,以避免在相互作用包含微商时所导致的无穷多种原始发散的困难,并用以处理核子的反常磁矩等问题。

在非定域场的研究方面,张宗燧曾经比较了两种含有高阶微商的量子场论。一种是将场方程正则化,再进行量子化,另一种是将场写为许多满足二次方程的场的线性组合。结果证明,无论就对易关系或就总能量说,这两种理论都是相同的。这就证明了含有高阶微商的量子场的各种理论形式将遇到同样的困难。朱洪元讨论了一种旋量场的非定域作用运动方程。这一方程和海森伯提出的非线性场运动方程在形式上有相似之处。讨论指出,这一方程满足雅可比恒等式的不随时间而变的双线性协变式,因此有可能将这一方程写成哈密顿形式。

在强相互作用问题方面,胡宁研究了由高能核子碰撞而产生的介子簇射,认为簇射是由核子在碰撞中甩去介子云而产生的。这就定性地解释了簇射的锥形结构,簇射动量的垂直分量和碰撞能量无关,以及簇射主要由介子组成的现象。但是在定量的计算时,由于采用了布洛赫-诺塞克(Bloch-Nordsieck)的计算方法,得到的介子数过多。此后又在福克表象中用非相对论近似再处理这一问题,并采用新的实验所提供的相互作用常数,这样可以使簇射中的介子数大为减少。由于进一步讨论高自旋粒子波动方程时感觉有消除辅助条件的需要,张宗燧试图在经典力学正则方程中消去各种坐标及动量所适合的关系式,指出如果它们间的泊松(Poisson)括号都等于零,那就可以寻求到完全与上述关系无关、但又满足哈密顿方程的变数。他的另一项工作是应用狄拉克在 1938 年提出电子的古典理论时所创造的方法,讨论粒子在标量介子场作用下包含有辐射阻尼效应的经典运动方程,指出在这样的情况下粒子的静止质量必须随着运动而变化。此外,张宗燧在洛伦兹(Lorentz)群的表示方面也进行了研究。

20 世纪 50 年代后期,朱洪元、何祚庥、李文铸、冼鼎昌与陈中谟等人围绕费曼和盖尔曼(Gell-Mann,1929—2019)所提出的普适费米弱相互作用理论展开比较系统的关于基本粒子衰变和俘获现象的研究。其中关于 K 介子和超子的 22 种衰变方式的分支比和平均寿命比的计算结果和实验在数量级上相符,此外他们还指出在费米弱相互作用中只有矢量和赝矢量耦合相结合才能解释这些实验结果,因此支持了费曼和盖尔曼的理论。他们提供了一定的论据支持将强相互作用分为极强和中等强两类的看法,支持 Λ 超子和 Σ 超子具有相同的宇称的看法,指出 K 介子和重粒子之间的四项相互作用中,至少有一对是赝标量耦合。他们在另一个方面的工作是在宇称不守恒的情况下,研究一个自旋为半整数的粒子衰变为一个自旋为零和一个自旋等于 1/2 的粒子的角分布。在宇称不守恒的情况下的角分布除了同样能给出在宇称守恒的情况下角分布所能给出的有用结果以外,还能够为确定衰变机制的动力学提供论据,确定始态粒子自旋的上限,并完全确定始态的密度矩阵。朱洪元、何祚庥、冼鼎昌与戴元本还将这一理论具体应用于超子衰变产物角分布分析的结果,另外一项研究工作是关于 μ 介子为质子所辐射俘获的探讨。

5.1.2 杜布纳联合所的理论研究工作

在杜布纳联合所工作的中国理论粒子物理工作者所做出的系列研究工作中,以周光召的成就最为突出。在杜布纳期间,他在国外杂志上发表了 33 篇论文,得到了国际同行的好评,如《极化粒子反应的相对论理论》与《静质量为零的极化粒子的反应》。在散射理论中,这两篇文章最先提出了螺旋态的协变描述。《关于赝矢量流和重介子与介子的衰变》是最早讨论赝矢量流部分守恒(PCAC)的文章之一。周光召所提出的弱相互作用中的赝矢量流守恒律这一观念直接促进了流代数理论的建立,是对弱相互作用理论的一个重要推进,得到了国际上的承认和很高的评价,其成果达到了当时的世界先进水平,引起国际物理学界的普遍重视。此后,他又连续在《中国科学》等杂志上发表了 12 篇论文,其中有 4 篇在国际性的学术会议上进行了交流。在此期间,周光召较重要的学术成就可以归结为五个方面:① 他严格证明了电荷共轭宇称(CP)破坏的一个重要定理,即在电荷共轭宇称时间(CPT)联合反演不变的情况下,尽管粒子和反粒子的衰变宽度相同,但时间(T)反演不守恒,它们到不同过程的衰变宽度仍可以不相同;② 他在 1960 年简明地推导出赝矢量流部分守恒定理,这是他在强子物理的研究中做出的出色成果,对弱相互作用理论起了重大的推进作用,因此世界公认他为 PCAC 的奠基人之一;③ 为了适应分析高能散射振幅和当时的雷吉(Regge)理论的需要,他第一次引入相对论螺旋散射振幅的概念和相应的数学描述;④ 他最先提出用漏失质量方法寻找共振态和用核吸收方法探测弱相互作用中弱磁效应等实验的建议;⑤ 他还用色散关系理论对非常重要的光合反应做了大量理论研究工作。此外,周光召还在粒子物理各种现象性的理论分析方面做了大量工作,以至于国外人士称赞"周光召的工作震动了杜布纳"。[149]而在 1980 年广州从化粒子物理理论讨论会后的一次宴会上,当钱三强向邓小平介绍周光召,称他为我国新一代科学家中的佼佼者时,李政道随即补充说:"他不仅在国内同行中是佼佼者,包括我们在内在所从事的粒子物理领域内,他也是佼佼者。"[150]

自 20 世纪 50 年代中期以来,由于色散关系理论的发展,散射函数的解析性质引起了理论物理界广泛的兴趣。胡宁的研究指出,满足一定交叉条件和具有一定解析性质的散射函数的普遍形式是 Chew-Low 方程的一般解;并且由于交叉对称的不同散射函数的解析性质可以有两种,其中一种当能量取负值时散射函数不再是幺正的。在基本粒子的分类方面,胡宁将盖尔曼关于 π 介子和重粒子相互作用的数学形式扩充应用到 K 介子和重粒子之间的相互作用上去,得到的哈密顿量与普伦脱基和德斯派纳脱(Prentki-d'Espagnet)建议的哈密顿量不完全相同,但是也满足盖尔曼和西岛(K. Nishijima)所发现的规律。[151]

在杜布纳期间,朱洪元利用色散关系对 π 介子之间及 π 介子与核子之间的低能强相互作用进行了深入的研究,并与其合作者发现当时流行的角动量分波展开引入了很大的误差,指出由此方法导得的方程含有不应有的奇异性质,从而否定了这个 1959 年国际高能物理会议上著名物理学家邱(Geoffrey F. Chew)、曼德斯塔姆(Mandelstam)提出的流行一时的方案,并推导出不含发散积分的 π-π 及 π-N 低能散射方程。[80]

5.2 "一分为二"与强子结构理论

毛泽东所倡导的"一分为二"的哲学思想曾在中国得到广泛的传播,到了 20 世纪 60 年代,"物质无限可分"已为学术界普遍认同。而在这一时期,国际粒子物理学界正处于对物质结构更深层次认识的边缘。

5.2.1　国际粒子物理学界强子结构理论的发展

20 世纪中期,是粒子物理学形成独立学科并渐趋成熟之际。强子结构理论是这一时期粒子物理学蓬勃发展的一个重要方面。

1949 年,费米(E. Fermi)与杨振宁合作,提出了 π 介子是由核子与反核子组成的假说。他们的理论具有一定的合理性,不过却难以解释后来发现的 Λ 粒子等所谓"奇异粒子"的构成。1955 年,盖尔曼与西岛总结分析了奇异粒子的性质,发现它们的量子数之间满足一个统一的简单关系式。在此基础上,受费米-杨模型的启发,坂田昌一(S. Sakata)进一步把更基本的粒子数扩充至质子、中子和 Λ 粒子三种,称之为"基础粒子",认为各种介子是由基础粒子及其反粒子构成的。然而这种理论却无法解释重子的组成。1961 年,盖尔曼与纽曼(Y. Ne'eman)在坂田模型的基础上,提出了基本粒子 SU(3) 对称性的八重态方案。1964 年在对称性理论基础上预言的新粒子 Ω^- 被发现,从而有力地支持了 SU(3) 对称性理论。同年,盖尔曼与茨威格(G. Zweig)分别提出了强子(包括各种介子和重子等)由带分数电荷的粒子组成的假说。盖尔曼称这种假想的粒子为"夸克"(quark),而茨威格则称之为"艾思"(ace),后世通用"夸克"之名。夸克模型统一地解释了包括重子与介子在内的强子的组成,获得了很大的成功。截至 1965 年,已发现的"基本粒子"数目达到 107 种,这与化学元素的数目相当。"基本粒子"数目如此之多,以至于"基本"二字已名不副实了。

5.2.2　中国粒子理论研究方向的转变

20 世纪 60 年代初,以复变函数作为数学工具来研究散射矩阵元解析性质的色散关系理论是理论粒子物理研究的一个热点。北京大学、原子能所与数学所在胡宁、朱洪元与张宗燧的带领下,在这方面做了较多的工作。其中,胡宁在旅居国外期间就曾发表过几篇讨论 S 矩阵解析性的文章,是中国物理学家当中对色散关系理论做过最大贡献的一位。[152]当时,在北京大学、原子能所及朱洪元兼职的中国科学技术大学,进行粒子理论研究的本科生、研究生所做的学位论文基本上都是色散关系方面的工作。

受国际粒子物理学界的影响,胡宁认识到基本粒子对称性理论的重要性,于是他带领北京大学基本粒子理论组,率先把主要的方向转移到内部对称性即与基本粒子结构有关的研究上来,并为研究对称性而开始学习其主要数学工具——群论。到 1963 年,北京大学的物理学家们已经在基本粒子内部对称性这个研究方向上进行了卓有成效的工作。自 1964 年起始,在大约一年半的时间里,这个有十二三名研究人员(包括研究生)的小组发表和即将发表的文章有 30 多篇,其中大部分是关于基本粒子对称性和内部结构的工作。这一成绩当时在国内是领先的。[153]

从 20 世纪 60 年代开始,张宗燧、胡宁与朱洪元等几位学者经常和一些弟子、助手讨论一些粒子物理理论问题。他们讨论的内容也随着国际粒子物理学界主流理论的发展由量子场论中的色散关系逐渐转向了基于群论的粒子对称性理论。后来,他们组织了一个由中国科学院原子能研究所、数学研究所和北京大学一些对此感兴趣的人员参加的“基本粒子讨论班”,在讨论班里既举行座谈,也开展研讨活动。

5.2.3 “一分为二”的哲学思潮

1955 年 1 月 15 日,在中共中央书记处扩大会议上,毛泽东向与会的钱三强询问有关原子核及核子的组成问题。钱三强根据当时的物理学发展水平,向毛泽东解释,质子和中子是最小的、不可再分的基本粒子。毛泽东说:“我看不见得吧。从哲学的观点来看,物质是无限可分的。质子、中子、电子,还应该是可分的,一分为二,对立统一嘛! 不过,现在的实验条件不具备,将来会证明是可分的。你们信不信? 你们不信,反正我信。”[150]毛泽东关于物质无限可分的思想,引起了一些学者的注意。

1963 年,《自然辩证法研究通讯》登出了译自俄文的坂田昌一的文章《基本粒子的新概念》。坂田在文中表明,其关于基本粒子结构的思想,是遵循恩格斯关于“分子、原子不过是物质分割的无穷系列中的各个关节点”的思想和列宁关于“电子也是不可穷尽的”观点的结果。该文引起了毛泽东的注意,1964 年 8 月 18 日,他在与龚育之等一批哲学工作者谈话时,对坂田的文章表示极为赞赏,并再次阐述了物质无限可分的思想。[154]同年 8 月下旬,在北京召开了有 44 个国家与地区代表参加的“北京科学讨论会”。会议期间,毛泽东在接见作为日本代表团团长的坂田昌一时,当面称赞他:“你的文章写得好。”第二天(8 月 24 日),毛泽东即约请于光远和周培源到中南海谈话。他从坂田的文章谈起,再一次强调物质是无限可分的。[155]1965 年 6 月,《红旗》杂志重新翻译刊出了坂田的文章《关于新基本粒子观的对话》,并按照毛泽东谈话的精神,加了编者按语,明确提出物质无限可分的思想。由此引起了科学家和哲学家的热烈讨论。同年 9 月,《红旗》杂志发表了一批关于在科学技术工作中运用唯物辩证法的文章,其中包括龚育之的《关于物质的无限可分性》一文,另有朱洪元、高崇寿、徐光宪、艾思奇和于光远等人的文章。物质无限可分的思想为我国绝大多数学者普遍接受,在学术界产生了广泛的影响。

5.3 层子模型的成就与影响[①]

“层子模型”是我国粒子物理学界在 20 世纪 60 年代取得的一项理论成果,同时也是一项非常具有特色的研究工作。它体现了中国一群物理学家在当时的历史背景下对粒子物理学国际前沿领域的积极探索。虽然这一工作未能融入世界学术主流之中,但仍然产生了一

---

① 本节内容参考:丁兆君,胡化凯.“层子模型”建立始末[J].自然辩证法通讯,2007,29(4):62-67.

定的国际影响。

5.3.1 研究队伍的形成及层子模型的初建

1965 年 8 月,时任原子能研究所所长的钱三强接受了中国科学院党组书记、副院长张劲夫交待的一个任务,要他把原子能所、北京大学、数学所等几个单位的粒子物理理论工作者组织起来,根据毛泽东提出的物质无限可分思想,进行基本粒子结构问题的研究。这一任务是由中国科学院、教育部、中宣部和对外文化联络委员会共同委托的。[150]在钱三强的组织下,由原子能研究所基本粒子理论组、北京大学理论物理研究室基本粒子理论组、数学研究所理论物理研究室与中国科学技术大学近代物理系四个单位联合组成了"北京基本粒子理论组"(以下简称"理论组"),定期交流与讨论强子的结构问题(如图 5.1 所示)。通过交流、讨论,并对美国、苏联与日本等国粒子物理研究的一些主要流派进行分析批判,"理论组"确立了反对西方的实证主义和数学唯心主义观点,根据毛泽东"一分为二"的观点与方法进行基本粒子研究的方向。盖尔曼在提出夸克模型时基于夸克分数电荷的奇异特性曾说过:"考虑夸克是具有有限质量的实物粒子(而非受到无限质量限制的纯粹数学实体)是可笑的""最高能量的加速器将会证实'夸克'是没有真实意义的。"[156]这些话此时成了"理论组"批判的"靶子"。"理论组"认为:"事物都是包含内部矛盾的对立统一体,基本粒子与强子的内部要素也不例外,物质结构具有无限的层次性。"[36]朱洪元把实验发现的强子质量谱的规律与原子的元素周期相类比,指出正像元素周期表反映原子的内部结构一样,强子质量谱的规律也是它们内部结构的反映,所谓的"基本粒子"并不基本,而是由几种组元组成的。[157]

图 5.1　北京基本粒子理论组(左侧茶几后一排左起戴元本、朱洪元、胡宁)

在讨论会中,胡宁首先介绍 SU(3) 群及其群表示,以及如何利用其八重态和十重态表示对强子进行分类,后又陆续介绍了 SU(6) 群对称、$\widetilde{SU}$(12) 群及其在粒子物理中的应用。通过对大量实验资料的分析,"理论组"注意到基本粒子在中子与质子的磁矩比、核子电磁形状因子、强子质量公式与分类等方面都表现出了 SU(3)、SU(6) 或 $\widetilde{SU}$(12) 对称性质,而在散射、强作用衰变等现象中又不具有这些对称性质。从唯象的对称性理论难以理解这种"既对称又不对称"的现象。[158]因此他们面临的首要任务是找到一种新的途径、新的工具,把群论方法与结构模型思想有机结合起来,从而揭示强子结构的动力学性质。胡宁曾提出一种由处在两个 p 波状态的三个基础粒子构成重子的构想,以回避费米统计的困难。但这种设想却难以解释实验中观察到的核子电磁形状因子与 SU(6) 对称、SŨ(12) 对称的一些特点。[159]

考虑到量子力学中的量子数、本征值与几率波的概念对粒子物理实验结果分析的有效性,"理论组"认为也可以用量子力学方法描述强子的结构和状态。另外,由于基本粒子大多涉及高速过程,而当时仅有的一个能处理相对论性量子力学束缚态问题的 Bethe-Salpeter 方程(以下简称"B-S 方程")尚存争议,朱洪元因此决定不把过多的精力放在猜想和求解一些没有多少根据的运动方程式上,而是首先在理论中引入能够描述强子结构特性的内部波函数。

在探讨基本粒子内部结构波函数的形式时,根据核子电磁形状因子实验结果的启示,朱洪元提出,虽然强子的整体运动可以是相对论性的,但组成强子的"亚基本粒子"的运动速度远小于光速,是非相对论性的。"亚基本粒子"之间具有超强相互作用,它与基本粒子(强子)之间的强相互作用不同,具有 SU(3) 对称性,强子的基态还具有 SU(6) 对称性,而普通的强相互作用只有 SU(2) 对称性。[160]强子间的各种相互作用都是通过"亚基本粒子"之间及"亚基本粒子"与光子、轻子之间的相互作用来实现的。内部波函数包括反映强子角动量结构、幺旋结构和内部"亚基本粒子"相对运动三部分。"亚基本粒子"间的超强相互作用的性质和强子的具体物理条件决定了强子波函数的对称性质;而"亚基本粒子"间普通的强相互作用,及其与外场的相互作用和自身运动的相对论修正,则造成对称性的破坏。他用这种波函数在原点的数值、波函数的重叠积分以及强子组分的相互作用性质来表达跃迁矩阵元,用以统一地描述强子的一系列转化过程,而把决定波函数的力学规律和运动方程这样深入的问题留待以后去探讨。

在原子能所,朱洪元、何祚麻与汪容是强子模型理论的研究骨干。汪容曾提出一套束缚态场论方案,但后来因其理论含有不可克服的困难而被放弃。强子模型的最初构想主要由朱洪元与何祚麻完成,而模型的推导和演算则首先由朱洪元给出。他们采用了一种"原子核方法",就是把原子核研究中处理束缚态的场论方法做相对论推广,在基本粒子的形状因子趋于一个点时趋向于一般的量子场论。[161]

为解决 SU(3) 体系波函数的全对称性与结构模型理论中自旋为 1/2 的"亚基本粒子"组成的费米系统波函数的全反对称性的矛盾,朱洪元和何祚麻等人了解到国外学者曾提出过一种 Para 统计。用此概念,不仅介子,而且重子也可以有 SU(6) 对称,三个"亚基本粒子"都处在 s 态。若"亚基本粒子"服从费米统计,就必须引入新的自由度。中国科学技术大学的刘耀阳完成了这项工作,引入了后来被称为"颜色"的量子数。这样一来,不论"亚基本粒子"服从哪种统计,所得的结果都能成立。朱洪元成功地构造了一个关于介子的 SU(6) 模型后,又指导中国科学技术大学、原子能所的青年研究人员学习置换群的群表示论,并利用这种方法求出了静止状态的重子 SU(6) 对称的波函数。在此基础上,朱洪元又对这些"静止"的波函数进行相对论性改进,从结构的观点解释了强子为什么具有 SŨ(12) 对称性。由此他们初步建立了一个描述强子内部结构的波函数理论。这种理论能够较好地解释介子与重子体系的 SU(3)、SU(6)、SŨ(12) 对称性。[162]

5.3.2 层子模型理论体系的完成

强子内部结构波函数的建立,为层子模型的完成打下了坚实的基础。

自"北京基本粒子理论组"初建,到最终层子模型理论体系的完成,构成理论组的四家单位乃至其内部就一直是合作与竞争并存的。朱洪元作为原子能所理论物理研究室的主任,同时又兼任中国科学技术大学近代物理系教授,负责理论物理教学与研究工作,因而原子能所与中国科学技术大学之间的合作关系自然较为密切。北京大学与数学所也由于开展科研工作的需要而联合起来。四个单位形成了两个相对集中的学术团体,相互之间既有密切的合作,亦有学术竞争。

在原子能所,朱洪元与何祚庥组织一些年轻研究人员利用已知正确的结果使用波函数进行了一些粒子实验过程的计算,并与实验值进行比较。为了不使理论过于唯象和粗糙,在计算出结果之后,朱洪元又将其改写为 B-S 方程的协变形式。在何祚庥的组织下,一批研究生和年轻的研究人员根据模型的计算方法,对于电磁相互作用和弱相互作用领域中的十多个较有代表性的实验现象进行了定量的理论研究。理论计算结果绝大部分和实验数据符合得很好,不但能给出过去对称性理论所得到的结果,并赋予这些结果以结构的内容,还得到了一些由单纯群论方法所得不到的结果,找出了更多实验现象之间的内在联系。就这样,原子能所在模型建立中先行了一步。他们将第一批计算结果发表在 1966 年 3 月出版的《原子能》杂志第 3 期上,后一批成果发表在该杂志的 7-8 期上。

北京大学以胡宁为首的基本粒子理论组在国内最早实现了主攻方向由色散关系理论向有关强子结构的对称性理论的转移。在与其他三个单位正式组成理论组专攻强子结构之前,他们已完成了一系列有关粒子对称性与内部结构的研究工作,为后期的合作攻关奠定了坚实的基础。北京大学与数学所在早期调研时做了较多的工作,宋行长、刘连寿与戴元本等人阅读了大量的国外文献,并在理论组中做过多次报告,大家都努力钻研建立模型所需的基础理论。当朱洪元与何祚庥将原子能所的计算结果报告理论组之后,北京大学与数学所受到激励,于是两单位联合起来,在扎实的理论基础之上,分析了有关强子性能的其他物理现象,运用 B-S 方程,把理论做得更为精细。北京大学的研究人员熟练地掌握了群与群表示理论的技巧,他们把 SU(6)、S̃U(12) 对称的波函数写成了简练而明确的形式。数学所的戴元本在量子场论的研究方面有较深的造诣。他和其他研究人员一起将这一相对论性结构模型改写成协变场论的形式,并写下用以计算的一些费曼规则。[162] 北京大学与数学所的研究成果发表在 1966 年 5 月出版的《北京大学学报(自然科学)》第 2 期上。而中国科学技术大学近代物理系的研究人员,由于在竞争中"处于十分不利的地位",所以"决定不参与解方程的竞争,而另找方向"。结果,刘耀阳在国内率先引进了后来被称为"夸克颜色"的量子数。[163]

经过不到一年的认真工作,由 39 人组成的"北京基本粒子理论组",在三期杂志上共发表了 42 篇研究论文(综述性文章不计在内),提出了关于强子结构的理论模型。

国际物理学界称强子的亚结构粒子为"夸克"或"艾思"。"理论组"在三期专刊上所发表的文章中使用了"夸克""亚基本粒子""元强子"和"基础粒子"等名称,始终未能统一称谓。1966 年 7 月下旬,在北京举行了北京科学讨论会——暑期物理讨论会,来自亚洲、非洲、拉丁美洲和大洋洲国家及一些地区的 140 多位代表参加会议。为了准备此次会议,在北京民族饭店召开了预备会。在这次预备会议上,大家一致认为"夸克""元强子"等名称不能反映毛泽东关于物质的结构具有无限层次的哲学思想。钱三强提议用"层子"这个名字代替"夸克""元强子"等,大家都觉得这更能确切地反映物质结构的层次性,层子这一层次也只是人类认识的一个里程碑,也不过是自然界无限层次中的一个"关节点",因而大家一致接受了这个名字。[123]之后国内学术界即把"理论组"提出的关于强子结构的理论统称为"层子模型"理论。在很长一段时间内,"层子"之名响彻中国,"夸克"则很少再被人们提起了。学者们认为,"层子"是我们中国科学家命的名,应当积极宣传和使用。[164]

北京科学讨论会举行期间,"理论组"共提交了 7 篇有关层子模型的论文,并在会上宣读,引起了很大的反响。日本代表团团长早川幸男回国后说,中国粒子物理研究人才辈出,达到了日本朝永振一郎活跃时期的景象。[165]

5.3.3 层子模型的影响及评价

层子模型在建立之初就与物质无限可分的哲学思想联系在一起,而其科学意义却不为多数人所知。后世对于层子模型的评价毁誉参半,这与其时代背景和科学意义的交叉影响有关。

在北京科学讨论会结束的当晚,毛泽东、刘少奇、周恩来等国家领导人接见了各国代表,周恩来举行了招待宴会。与会的巴基斯坦著名物理学家、1979 年诺贝尔物理学奖获得者萨拉姆(A. Salam)在会上高度评价层子模型:"这是第一流的科学工作!"会后,他把层子模型的结果带到了同年在美国召开的第 13 届高能物理国际会议上。[166]他还积极提倡开展"亚层子"问题的研究。另一位诺贝尔物理学奖获得者格拉肖(S. L. Glashow)在不同场合都曾强调物理学家像剥洋葱一样一层一层地深入物质结构,并且提议把构成夸克与轻子的下一级结构成分命名为"毛粒子"(Maons),以纪念已故的毛泽东,因为他一贯主张自然界有更深的统一性。[167]与萨拉姆、格拉肖同一年获得诺贝尔奖的温伯格(S. Weinberg)也曾提到:"北京的理论物理学家小组长期以来一直偏爱某个夸克理论,但他们却称之为'层子',而非夸克,因为这些粒子比寻常强子代表着更深层的现实。"[168]

层子模型初成之时,适逢"文革"之初,此后国内的理论研究以及与国外学术界的交流几乎中断,层子模型的深入探讨到此便告一段落。由于没有后继工作,加之中外交流的中断,虽然理论组的工作曾为部分国际同行认可,但绝大多数人却都不甚了了,因而未能在国际上引起较大的反响。

此时国际粒子物理学的发展呈现出日新月异的万千气象。电子-核子深度非弹性散射实验确切地显示了核子内部的结构特征,费曼据此提出核子结构的"部分子(parton)模型",被后世认为与盖尔曼的夸克模型有异曲同工之妙;丁肇中与里克特(B. Richter)发现了 J/ψ 粒子,使人认识到夸克并非只有三种,从而夸克家族又多了一个新成员——粲(或美)夸克 c(harm);佩尔(M. L. Perl)发现了独立于电子(e)与 μ 子之外的第三个轻子 τ;温伯格与萨拉姆提出弱电统一理论,并在埃图夫特(G. 't Hooft)关于规范场可重整性的工作下使该理论广为世人接受;格罗斯(D. J. Gross)、维尔切克(F. Wilczek)与波利策(H. D. Politzer)提出了量子色动力学(QCD)的"渐近自由"现象;盖尔曼正式引入了夸克的"颜色"量子数概念;格拉肖等提出了基于弱电统一理论与量子色动力学的大统一理论……粒子物理学经此阶段的大发展,作为一个独立的学科,已臻于成熟。而上述工作,基本上都是建立在盖尔曼的夸克模型基础之上,中国的层子模型理论便更无几人知晓或再提及了。

在特殊的时代背景下,层子模型在很长一段时间内被认为是毛泽东思想指导或运用于自然科学研究之典范。1978 年,层子模型获得了中国科学院重大成果奖与全国科学大会奖。1980 年初,在广州从化召开了粒子物理国际会议。朱洪元代表当年的"理论组"在会上做了题为《关于层子模型的回忆》[36]的报告,原"理论组"中有25位学者在这次会上做了学术报告。李政道、杨振宁都对这次会议所提交的以层子模型为代表的论文给予了高度评价。[169]1982年,层子模型理论获得了国家自然科学奖二等奖。当初的"理论组"成员中先后有几人当选为院士,其余人员后来大多活跃在理论粒子物理学领域,成为各方粒子物理研究的学术领导人。可以说,通过创建层子模型的研究会战,不仅取得了系统的研究成果,而且培养了一大批从事粒子物理理论研究的人才。

在国内学术界,层子模型工作几乎是尽人皆知,而对其价值评定,却是众说纷纭,褒贬不一。既有人认为层子模型"是强子结构研究的重要开拓"[170],已"非常接近最后的结果",属于接近诺贝尔奖的工作;[166]也有人认为层子仅仅是夸克的另一种说法,层子模型并没有给物理学留下有积极意义的东西[153],也没有取得突破性的成果。[171]对层子模型产生不同评价的原因是多方面的。鉴于层子模型建立时的政治、哲学背景,许多人将其看作物质无限可分思想在科学界的体现。在夸克禁闭现象被发现之前,国内学术界普遍对物质无限可分的观念深信不疑,深受这种观念影响的层子模型也自然受到青睐。而且人们坚信,随着实验条件的发展,终会证明层子也是可分的。随着物理学领域夸克禁闭的确证,物质是否无限可分逐渐成了一个颇有争议的话题。越来越多的人对物质无限可分说提出了质疑,这自然会影响人们对层子模型的看法。20世纪60年代,夸克模型只限于讨论由对称性能够得出的强子分类、新粒子预言和粒子的质量、自旋、电荷、磁矩等静态性质;[170]而层子模型不但考虑了对称性,还考虑了强子的高速运动,包含层子动力学的某些信息,是相对论协变的,这些都是其胜于当时的夸克模型之处。但随后几年国际粒子物理学飞速发展,夸克模型不断得到完善和提高,很快成为国际科学界普遍接受的一种正统理论,而层子模型已经成为止步不前的历史陈迹。这也影响人们对于层子模型历史地位的客观认识。另外,科学界的一些人际关系矛盾也影响了对这一理论学术价值的公正评价。

层子模型研究工作是在国家支持下,集中了一群科学家的智慧,并吸收了国外有关理论和思想,集体创造而完成的。它在理论、方法上都有创新,研究结果也得到了一些国际同行的认可和好评,是当时我国粒子物理理论研究领域取得的一项重要创新性成果。层子模型的研究工作也为我国粒子物理学的发展奠定了坚实的知识基础和人才基础。这是一个理论创新的典型案例。在大力提倡科技创新的时代,回顾和总结层子模型建立的历史,可以获得多方面的启示。

小　　结

通过以上我国粒子物理在"文革"之前理论研究方面的论述,可以得出以下认识:

① 中华人民共和国成立前后,我国一些学者的零散研究还仅限于亦步亦趋地追随国际潮流的发展。而在加入杜布纳联合所之后,我国的粒子物理理论研究才开始与实验相结合,从而得以在不断加强的中外交流中获得健康发展。结合实验研究的成就,我国学者在杜布纳的工作对于提高我国在国际粒子物理学界的知名度方面起到重要作用。

② 在胡宁等人的带动下,我国理论粒子物理学界适时地实现了将主攻方向向基于群论的强子对称性理论的转变是非常重要的一步,为此后的理论创新做了必要的准备。而"一分为二"的思潮对我国粒子物理发展产生了深刻的影响。层子模型理论的创立是我国理论粒

子物理发展史上最突出的闪光点之一。

③ 层子模型遭遇众多非议的原因主要有以下几个方面:首先,由于层子模型在建立之始,就树立了一个靶子,直接针对盖尔曼,这就让很多人相信,层子模型与夸克模型是针锋相对的两套理论,其科学意义截然不同。加之夸克模型之成功,如今已成为粒子物理学的理论基础,层子模型则不免为一些人所轻。其次,鉴于层子模型建立时的政治、哲学背景,在很多人眼里,它就成了物质无限可分说在科学界的代言人。随着时间的推移,无论从哲学还是科学角度,越来越多的人对物质无限可分说提出了质疑,甚至提出了反对意见。而层子模型,也就自然地受此牵连,甚至被一些人置入伪科学之列。此外,层子模型还与科学界的诸多矛盾交织在一起。无论是粒子物理学界内部,还是与其他学界同仁之间,甚至与非科学界,不同性质的矛盾导致了层子模型时常受到不同的非议。这些对于层子模型的负面评价,其缘由虽然各自不同,但批评者们却大多具备一个共同的特征——对层子模型本身科学意义的不了解。当然,也有少数例外。

④ 在特定的历史背景与国际环境下,北京基本粒子理论组开中国粒子物理理论创新之先河,通过大规模的集体协作,得出一套系统的强子结构模型理论。所采用的基本方法,"虽然远不是完善的,也仍然是可取的"。[37] 通过理论组的工作,使得当时一直处于跟踪学习阶段的中国理论粒子物理学界的研究风气焕然一新。同时,以几位大师为主导的强强联合的协作方式亦符合现代大科学发展的趋势,并为中国理论粒子物理学的新近发展奠定了坚实的知识基础与人才基础。如今不应仅凭层子模型的政治、哲学背景而否认其科学价值,更不应苛求该短期促成的不完善理论与经过多年反复修正、提高的现代夸克模型相比。诚然,对于层子模型的纯科学意义亦不应过高估评。立足于正确理论基础之上的层子模型,走上了不同于他人的发展道路,理论夭折之故不在于"此路不通"的确证,而在于长期的停滞不前。

第 6 章　高能物理研究基地的建成
与宇宙线研究的进展

　　中华人民共和国成立后的十余年间,在奋起直追中,中国粒子物理学的研究已基本跟上了国际粒子物理学的发展。但自理论创新的高峰——层子模型之后,中国的粒子物理学在几年之中一直止步不前。直至 20 世纪 70 年代初高能物理研究所的成立之后,高能加速器建造被排上日程,宇宙线研究也有了新的进展,规范场理论的研究也在杨振宁的带动下开展起来,粒子物理,抑或高能物理研究此时才有所复兴。

6.1　高能物理研究所的成立与"七五三工程"

　　基于全世界对原子核科学技术的重视,且中华人民共和国成立之初对原子能,尤其是对原子弹技术的高度关注,从近物所到物理所,再到原子能所,中国的核物理研究及其技术应用水平显著提高,1964 年原子弹的研制成功就是有力的说明。而中国的粒子物理学长期依附于核物理而获得发展,直到其专门研究机构——高能物理研究所成立之后,这种依附状况才有所改观。

6.1.1　高能物理研究所的成立

　　早在 1965 年,我国决意退出杜布纳联合所之时,原子能所就曾向二机部提出了"关于建立中国科学院高能物理研究所的建议",其中提到"建造一台 30 亿电子伏的高能加速器,并初步建成高能物理研究所"。[172]可随后,该计划被搁置。

　　1972 年 8 月,张文裕、朱洪元、谢家麟等 18 人联名,先后致信国务院总理周恩来、二机部副部长刘西尧和中国科学院院长郭沫若。信中提到"高能物理工作十几年以来五起五落,方针一直未定"的状况,再次强调发展高能物理的重要性,并指出发展高能物理不能仅依靠宇宙线,必须建造高能加速器。此外,信中还提出,考虑到当前中国高能物理技术力量薄弱且经济力量有限,因而不主张马上建造高能加速器,但必须抓紧时间进行有关高能加速器的预先研究。[173]同年 9 月 11 日,周恩来在给张文裕和朱光亚的回信中指示:"这件事不能再延迟了。科学院必须把基础科学和理论研究抓起来,同时又要把理论研究与科学实验结合起来。高能物理研究和高能加速器的预制研究,应该成为科学院要抓的主要项目之一。"(如图 6.1所示)[174]几天之后,在朱光亚的召集下,二机部、国防科委、科学院、北京大学等有关方面的负责人就如何贯彻周恩来的回信精神进行了讨论。之后,中国科学院与二机部及有关单位经过研究,提出了建设高能物理实验基地的初步方案,包括成立高能物理研究所,建设高能加速器和附属设备。这个方案报告得到了周恩来的批示同意。[175]

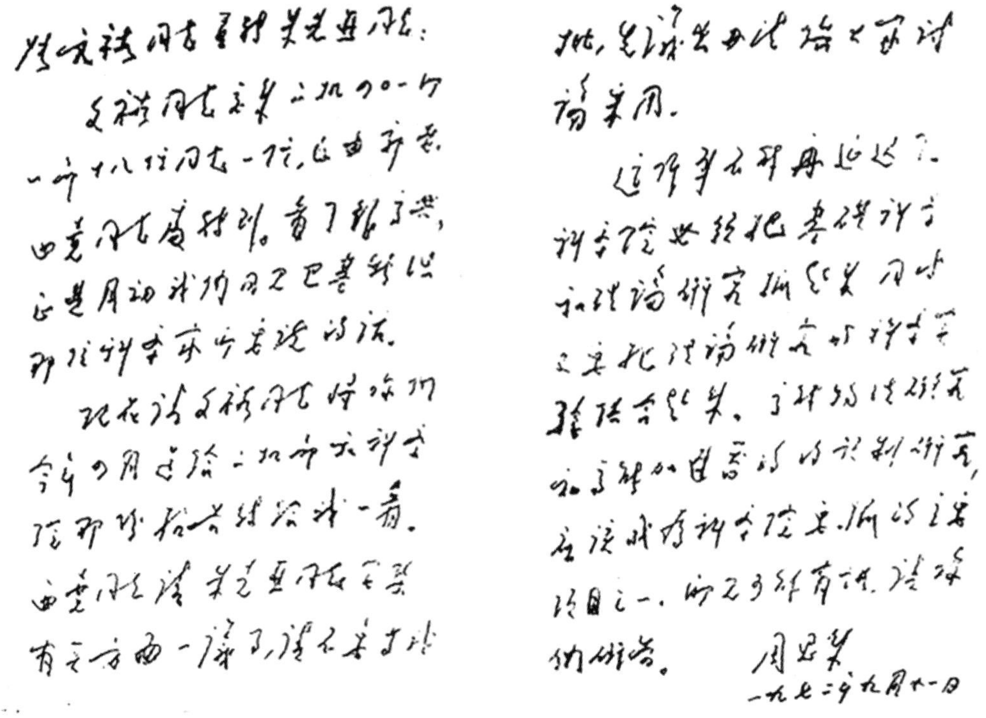

图 6.1 致张文裕、朱光亚的回信

1973 年初,二机部决定将原子能所赵忠尧、彭桓武、张文裕、何泽慧、苏振芳等副所长与中关村分部(一部)全体人员连同仪器、设备、房屋资产等全部从原子能所分出,交给中国科学院组建高能物理研究所。[117]由苏振芳任党组书记,张文裕任"革委会"主任,冯国彦、赵忠尧、彭桓武、何泽慧、李彬、郭维新任副主任。其下设机构包括办公室、政治部、业务一处、业务二处、行政处、实验工厂、核物理研究室、加速器研究室、宇宙线研究室(包括云南站)、理论物理研究室、化学研究室、超导研究室。[172]

6.1.2 "七五三工程"

1973 年 3 月 13 日至 4 月 7 日,中国科学院在北京香山召开了高能物理研究和高能加速器预制研究工作会议。全国 36 个单位的 119 位代表参加了会议。朱洪元、霍安祥、王祝翔、郑林生、叶铭汉等 18 位代表在会上做了报告。会议分析了当前高能加速器正向高能与强流两个方向发展的趋势,决定预制项目中作为高能加速器模型的中能加速器由一个直线的(利于强流)和一个圆形的(利于超高能)常规加速器组成,初步设想高能加速器的预制研究阶段为 1973—1980 年。会议建议充实有关大学理论物理、核物理与加速器方面的专业,建议一机部、二机部、冶金部、四机部等单位分工负责,配合完成与高能加速器相关的各方面研制任务。为了学习国外的经验,1973 年 5 月至 7 月间,以张文裕为首的中国高能物理考察组赴美对 9 个相关研究单位进行了考察,回国途中顺访了欧洲核子研究中心(CERN)和德国电子同步加速器研究所（DESY）。考察组回国后对香山会议制订的方案做了进一步补充和修改，并设想了 6 种具体方案，其中包括向美国购买一台刚关闭不久的 6 GeV 剑桥电子同步加速器（CEA）以及新建一台 40 GeV 的质子同步加速器。[176]可能是对这次考察的讨论一时未能形成定论的缘故，9 月份科学院向国务院提交的关于香山会议的结果与建议的报告中并未论及这几种方案。[177]科学院的报告明确提出要预研制一台质子环形（同步）加速器（包括直线注入器），能量为 1 GeV 或更高，流强争取超过国际现有的同类加速器，约需耗资 3 亿元。[178]同年 12 月 4 日，国务院副总理李先念对此做出同意批示，建议工程选址不一定放在北京，并原则同意进口一台高速度大容量计算机。[179]

1974 年，高能加速器预制研究计划被搁置。

1975 年初，中国科学院和国家计委再次向国务院上报了关于高能加速器预制研究和建造的计划，计划在 10 年内经预制研究建造一座能量为 40 GeV，流强为 0.75 μA 的质子环形加速器，约需经费 4 亿元，并要求为高能所增补专业人员 600 人。[180]该报告经华国锋批示，由时任国务院副总理兼国家计委主任的余秋里转呈周恩来与邓小平圈阅批示同意（1975 年 3 月）。[181]经中国科学院建议，国家计委同意把高能加速器研制工程列为国家重点科研项目，代号定为"七五三工程"。[182]当时的政治背景对高能加速器的建设产生了消极的影响。尽管 1976 年，由杜东生等人所组成的以学习加速器建设为目的的中国高能物理考察组再次赴欧洲核子研究中心进行访问考察；同年，美国斯坦福直线加速器中心（SLAC）主任潘诺夫斯基（W. K. H. Panofsky）应邀来中国科学院高能所进行学术交流，并为我国发展高能加速器提出建议方案。[150]但在"文革"的政治背景下，"七五三工程"并未能顺利实施。在 1977 年，北京市有关部门在高能加速器建设工程即将开工之际还表示抵制。张文裕、赵忠尧等 36 人为此特地写信向时任中共中央第一副主席兼国务院总理的华国锋汇报，针对一些反对意见提出反驳[183]，可他们终究还是未能挽回"七五三工程"搁浅的命运，该工程甚至"连一锹土也没有动"[184]。

6.2 落雪山上的收获与岗巴拉山乳胶室的建立

1953 年，在王淦昌、萧健等人的领导下，在云南落雪山海拔 3180 m 处建立起宇宙线观测站，中国便具备了第一个宇宙线物理实验基地。在高能加速器建成之前，它也是我国第一个高能物理实验基地。落雪宇宙线实验站的主要观测仪器是云室，随着云室技术的改进与规模的扩大，宇宙线实验站的工作也相应地取得了突出的进展。在"一个可能的重质量荷电粒子事例"的带动下，中国又建立了世界上海拔最高的高山乳胶室。

6.2.1 落雪山大云室组的建立

在落雪宇宙线实验站建立之初，先后安装了 50 cm×50 cm×25 cm 的多板云室与 30 cm×30 cm×10 cm，磁场 7000 Gs 的磁云室。利用这两台云室，实验站的研究人员做出了一系列与国际前沿水平相当的成绩。

1958 年，原子能所决定建立一个大型的云室组。为此，在距离原落雪实验室 9 km，海拔

3222 m 处又筹建新的宇宙线观测站。1964 年 3 月,原子能所建立以萧健、陈美乾为正副主任的"311"(云南宇宙线观测站)筹备处,全面领导大云室建造的"311"工程[172]。高能所成立之前,在原子能所从事宇宙线工作的研究人员大部分都在这个实验室工作过[185],1965 年底,大云室组安装、调整完毕。经过此番搬迁,落雪实验室以大云室为主的探测设备规模与性能大大增强。高能所成立后,经中国科学院党组会议决定,以云南站现有人员为基础,在高能所设立宇宙线研究室。根据任务,研究室的工作人员采用轮换的办法分批到云南站工作。此后新分配到高能所的科研人员,会抽出部分先到云南站工作一段时间[186]。

云南站的大云室组由从上至下放在一条铅垂线上的三台云室组成。上面是 70 cm × 120 cm × 30 cm 的上云室;中间是 150 cm × 150 cm × 30 cm,磁场 7000 Gs 的磁云室;下面是 150 cm × 200 cm × 50 cm 的多板云室。这种安排可以在宇宙线观测中获得比较全面的信息,上云室用来观测簇射高能粒子的荷电性质、空间位置和它与靶粒子作用产生的次级荷电粒子的多重数、角度等,磁云室是整个大云室组的中心,其照明区为 150 cm × 150 cm × 30 cm。为了密封和照相,前方有一块 6 cm 厚几百公斤重的大平板玻璃。整个云室放在强度约 7000 Gs 的恒定磁场中,电磁铁重 200 吨,线圈重 30 吨,这是当时世界上最大的磁云室。磁云室主要用来测量粒子的电荷符号和动量大小。数水珠可以测量粒子的游离损失,确定粒子的速度。有了动量和速度,就能推算出粒子的质量。下面的多板云室里放 13 块铜板,大约有 17 个核作用长度,16 个辐射长度。有了这个云室,在前两个云室中一般观测不到的中性粒子,在这里大多能观测到。就是在磁云室已观测过的荷电粒子,也可以从它们在多板室中的作用情况,提供更多的资料进行分析辨认。

在大云室组的建造过程中,1956 年回国的张文裕起到了积极的促进作用,他从国外带回来的一些实验仪器为云室的建造奠定了一定的基础。此外,为建立宇宙线高山实验站,全国许多单位试制、加工了上千吨的各种设备、器材,克服交通不便的困难,运到乌蒙山巅的高山站,如内冷式大线圈、大容量脉冲高压电容、大功率高压闪光灯等。由于高山上空气稀薄,温度低,对设备性能要求高,所以承制单位都是专门研制的。因而有人说:"大云室……是全国大协作的成果。"[187]

6.2.2 "一个可能的重质量荷电粒子事例"

大云室组及其外围设备安装、调整完毕之后,即刻被用来进行宇宙线观测实验。研究人员开始 24 小时昼夜不停地收集数据,拍摄了大量的云室照片。在搜集了近一万套事例照片之后,1972 年,在站长霍安祥的领导、组织下,云南站的工作人员终于用磁云室发现了一个令人振奋的事例。

在一组磁云室的照片上,显现有三个能量很高的粒子径迹 a,b,c,是一个超高能核作用事例(如图 6.2 所示)。尤其引起落雪实验站研究人员注意的是,其中的 c 粒子在六千多高斯的强磁场中飞行了一米多的距离但未因磁场作用而使其径迹略显弯曲,显然其动量很高。此外,相对 a,b 而言,c 径迹单位长度上的水珠密度又明显偏小。由于在速度接近光速的相对论性区域中,水珠密度与速度成正比,因而可以判断 c 粒子速度相比 a,b 偏小。动量大而速度小,说明 c 粒子的质量较大。经过研究人员的测量分析,a 粒子是 π 介子,b 粒子可能是普通强子,而 c 粒子很难用已知粒子来解释,其质量小于或等于质子质量的概率小于千分之二,它可能是一个质量大于 10 GeV/c^2(质子质量的 10 倍以上)的重质量粒子[188]。

云南站的观测结果确认之后,就是否发表、如何发表的问题,经过了长久讨论,并上报了各级领导,周恩来也对此十分关注。在征求李政道的意见后,他主张应该发表。此外,钱学森等科学家也赞成将文章发表。1972 年 10 月,云南站的文章"一个可能的重质量荷电粒子事例"终于在《物理》杂志第 1 卷第 2 期上发表,引起了国内外的重视。在 1973 年 10 月周恩来接见吴健雄、袁家骝夫妇时,还专门讨论了此事。据袁家骝所言,新西兰用电子学方法在宇宙线研究中也找到了两个与云南站所发现的基本相同的重粒子,但发现时间稍晚,且因其观测方法所限,缺乏云南站粒子径迹的可见性。在该年夏举行的第 13 届国际宇宙线会议上,国际同行们对此讨论十分热烈。可惜的是,这个唯一的事例太过稀少,观测工作虽在继续,但却找不出另一个相同的事例。根据这种情况,周恩来指示张文裕等人:"那怎么办呢? 总得想个办法。稀少,能不能多设几个点?"[189]这句话再次极大地鼓舞了我国高能物理研究者的热情,并实际促进了我国宇宙线物理在此后一个阶段的发展。

在此需要预先提到的是,在加速器能量达到 10 GeV 之后,并未发现落雪实验站所观测到的"可能的重质量荷电粒子"。因而当时所"发现"的这个粒子可能是实验观测上的误差所致。①时隔二十多年后的 20 世纪 90 年代中,何祚庥、高崇寿、霍安详、丁林恺、陈和生等十数位粒子理论、实验工作者又多次发表文章,以宇宙中存在着冷暗物质的可能成分之一——尚未观测到

图 6.2　"可能的重质量荷电粒子"水珠照片,自左至右 3 条径迹分别标为 a,b,c

的稳定的中性超对称重粒子被高能质子撞击的反应来解释昔年云南站所表现的可能的重质量荷电粒子事例,并以 1974 年以来印度、日本和苏联学者在印度南部的 Kolar 金矿所进行的系列宇宙线观测中探测到的几个奇特事例相佐证[190-191]。当然,这种假说仍需要理论与实验的确切验证。好在当初发表文章只说是可能的粒子,而未确认它的存在,这种说法还是比较中肯的。1978 年,高能所"一个可能的重质量荷电粒子事例和高山大型云室及自动化装置"获得中国科学院重大成果奖及全国科学大会奖。

1974 年,高能所上报中国科学院党组,要求在昆明建立一个宇宙线实验基地,该基地与高山站统称云南站[192];不久高能所又要求建立"中国科学院高能物理研究所昆明分所"[193]。1976 年初,国家计委同意"五五"期间在高能所宇宙线研究室的基础上,集中有关科研力量,在昆明组建 250 人的高能所云南宇宙线分所[194]。1978 年,中国科学院又上报国家科委、国家计委,建议将宇宙线分所改为由中国科学院与云南省双重领导(以中国科学院为主)的"中国科学院云南宇宙线研究所"[195]。得到批准后,昆明宇宙线研究所于 1979 年 4 月正式成立。但之后该所因故停建,而成立了由高能所与中国科学院昆明分院双重领导(以高能所为主)的"云南宇宙线工作站"。

---

① 整理自叶铭汉院士在接受笔者访问时的录音材料。

6.2.3 高山乳胶室的建立

乳胶室是研究超高能粒子相互作用的有效探测器,它结构简单,建造迅速,无需电源、水源,也不用人员看守维护,可以长时间放置,连续观察,大面积铺置。它还具有花钱少、探测能量高、分辨本领高、观察细致等优点。我国在 20 世纪 70 年代中,从无到有,逐渐发展起了自己的乳胶室。

为建立起乳胶室,高能所的研究人员采用国产材料,做了大量实验准备工作。1973 年下半年开始做地面实验,1974 年在云南宇宙线站进行了小规模实验,首次装设了面积为 0.3 m^2 的乳胶室,1975 年发展到面积为 5 m^2 的乳胶室。根据周恩来所批示的宇宙线研究要"多设几个点"的指示,高能所开始了在西藏选点、设立高山站的准备工作。在解放军官兵和当地藏民的支援下,首次于 1976 年在"世界屋脊"5500 m 的高山(岗巴拉山)顶上设置了面积为 0.3 m^2 的乳胶室,又于 1977 年建成面积为 13.5 m^2、用铅 13 吨(1979 年扩充到 43 吨)的世界上最高的乳胶室。此外,还于 1978 年在珠峰海拔 6500 m 处设置了面积为 0.1 m^2 的乳胶室。至 1984 年,岗巴拉山高山乳胶室已建成 300 吨铁组成的厚室,面积为 50 m^2 和 80 多吨铅板组成的薄室。参加乳胶室建设工作的除以高能所为主外,山东大学、郑州大学与重庆建筑工程学院等也参加了合作,各大学都自备了一套简单的观测设备[196]。

人们间接探测到的宇宙线粒子的最大能量达 10^{21} eV,但其流强极其微弱,在 1 m^2 的面积上,能量为百万亿电子伏(10^{14} eV)的粒子,每小时大约只有 1 个从宇宙空间射向地球大气层表面。大约粒子的能量每升高 10 倍,流强就要下降 1/50 以下[197]。如果将能量大于 1000 GeV 的强子在海平面的强度定为 1,那么云南站的强度就是 20,岗巴拉山的强度就超过 120。因此,人们为了用宇宙线进行超高能物理实验,总是把观测站设在尽可能高的山顶上,这样可以得到更多高能粒子照射的机会[198]。虽然我国的工业基础、技术水平以及国民经济与世界发达国家相比有较大差距,但却有许多高山,有利于开展高能物理实验。相对而言,日本虽然工业技术发达,但缺乏条件,日本最高的富士山只有拉萨市的海拔那么高,同样规模的乳胶室在岗巴拉山(海拔 5500 m)工作一年,相当于在富士山(海拔 3760 m)上工作三年半。因此,日本宇宙线工作者来华谋求中日合作[199]。

1977 年,日本宇宙线学者代表团一行 5 人应邀到北京、昆明、广州、上海等地进行学术交流和参观访问,其间专程参观了云南落雪高山宇宙线站。1979 年,中国科学院批准了高能所《关于与日本合作进行宇宙线研究的报告》,中日宇宙线合作研究开始进行。由中日两国首次合作建成的乳胶室分为室内、室外两部分,室外部分是建立在 1000 m^2 的水泥台上,装在 7 个大铁皮箱中,总面积为 5.6 m^2,其中有 2 m^2 放入富士 ET7B 型原子核乳胶,其余的感光材料由中国上海 5F 型 X 光片、日本樱花牌高速工业 X 光片、富士 100 型 X 光片组合构成。另外一部分,建在山顶的解放军营房中(房顶是铁皮的)。这部分由 15 层 1 cm 厚的铅板与感光材料交替叠合组成,面积为 9.2 m^2。这个乳胶室的建立,标志着中日乳胶室方面的合作已迈出了实质性的一步[200]。

除建立高山乳胶室之外,高能所与大气物理研究所等其他几个单位于 1977 年开始着手高空科学气球的研制工作。高能所承担高空气球工程会战中球体研制的任务,力一兼任技术总体组组长,顾逸东任副组长。先后发放的几次试验球体性能的气球中,1000 m^3 的气球升到 26 km 至 29 km 的高空。此外,经过几年的研制,还建成了由 10 个闪烁体组成的小型广延空气簇射阵列。每个闪烁体的灵敏面积为 0.28 m²，脉冲幅度分辨率为 70%，其全面积上响应的非均匀度为 11%，小型阵列的记录由自制的模数转换电路自动完成。

利用试验性乳胶室给出的实验结果，研究人员对 3200 m 高山和 5500 m 高山上能量大于 2 TeV 的 γ 光子的能谱和 γ 的天顶角分布进行了测量，其结果与其他实验室的结果相一致。对 1977 年 5500 m 高山的宇宙线粒子径迹照片进行了初步分析之后，得到三个能量为 10^{14} eV 的事例，其中一个事例的能量为 445 TeV。另外，利用小型广延空气簇射阵列，初步测量了广延大气簇射的电子密度谱，其谱指数在 1.5—1.6 之间。此外，对超高能宇宙线强子在水库中和电子直线加速器的电子束在水中可能产生的效应进行了初步观察[39]。

1980 年 4 月，由任敬儒等人完成的"建成高山乳胶室，找到一个大横动量的超高能事例"获得中国科学院 1979 年重大科技成果奖二等奖。此后于 1986 年，任敬儒等人关于"大面积高山乳胶室建成及超高能核作用"工作又获得了中国科学院科技进步奖二等奖。

小　　结

通过以上论述，可以得出以下结论：

① 高能物理研究所的成立是我国粒子物理学科发展中最重要的转折点。从此，我国粒子物理摆脱了依附于核物理发展的束缚，取得了独立形态。这主要由于我国在退出杜布纳联合原子核研究所之后，出于发展民族科学的动机，从而使得建设我国自己的高能物理实验基地很快被排上了日程。

② 在周恩来、邓小平等领导人的重视下，"文革"尚未结束之时便启动了"七五三工程"，为我国高能加速器建设带来了转机。虽然工程最后下马，但这一时期所获得的国家领导人的关注却是此后我国高能加速器最终建成至关重要的保障。

③ 在"大跃进"精神鼓舞下建成的大云室组是保证"文革"期间宇宙线物理实验研究不断线的重要因素。而"一个可能的重质量荷电粒子"的发现则为我国宇宙线物理增添了新的活力。同样是在领导人的重视下，新的发现为宇宙线研究带来了转机，并为研究规模的扩大（如高山乳胶室的建立）奠定了基础。

第7章　理论研究与高能加速器建造的新进展

"文革"期间,我国粒子物理研究几乎中断,除云南站的"一个可能的重质量荷电粒子事例"给人带来一时的喜悦之外,仅有零星的理论研究工作。"文革"结束后,此前"我国粒子物理理论研究和国际先进水平之间正在缩小的差距一下子又拉大了"。[201]在20世纪70年代后期短短几年的时间内,我国粒子物理理论研究工作迅速恢复开展,国内学术交流也日趋增强。规范场理论是这一阶段粒子物理蓬勃发展的一个方面。经过全国科学大会、广州粒子物理理论讨论会等一系列会议的召开,我国粒子物理理论研究的各方面都得到了较快的发展,甚至有些工作已达到了国际水平。尤其值得一提的是,1978年,中国科学院成立了全国性的理论物理中心——理论物理研究所。我国的粒子物理研究在80年代初再次达到了一个新的发展高潮。这一时期,中国高能加速器建造(计划)规模更是达到了历史的最高点,以50 GeV质子同步加速器建造为核心的"八七工程"一时间成了全国科学界瞩目的焦点。

7.1　粒子物理理论研究的恢复

20世纪70年代初,国内的粒子物理理论研究的禁锢状态已略有松动。尤其是中美关系局部"解冻"以来,李政道、杨振宁等著名美籍华裔物理学家多次回国,给封闭已久的国内粒子物理学界的沉闷气氛中注入了新鲜的空气。

7.1.1　杨振宁与中国的规范场研究

在海外华裔学者所做的科学贡献当中,有关粒子物理理论方面最著名的莫过于1956年李政道、杨振宁提出的弱相互作用中的宇称不守恒。该理论经1957年吴健雄的实验验证之后不久,李政道、杨振宁就获得了诺贝尔物理学奖,从此声名大振,对我国理论粒子物理学的发展产生了极为积极的影响。此外,杨振宁与米尔斯(R. L. Mills)于1954年所提出的非阿贝尔规范理论在世界粒子物理理论的发展中亦产生了重要的影响。1962年格拉肖循此思路提出了$SU(2) \times U(1)$规范理论,但却因未能解决矢量介子的质量问题而不能重整化,后来埃图夫特与韦尔特曼(M. Veltman)于1972年证明了具有自发破缺的规范场论的可重整化与幺正性。1964年,希格斯(P. W. Higgs)引入了将标量场耦合到非阿贝尔规范场而使定域规范对称自发破缺的希格斯机制,成功解决了规范场量子的质量问题、重整化问题。此后温伯格于1967年,萨拉姆于1968年又分别引入了弱相互作用与电磁相互作用统一的模型。如今,建立在定域非阿贝尔规范理论基础之上的弱电统一理论成为粒子物理学的理论基础。20世纪70年代初,杨振宁、吴大峻又将规范场理论与纤维丛数学结合,试图以磁单极来对物理系统作整体描述,从而使非阿贝尔规范理论在另一个方向获得了发展。在杨振宁的带动下,后来中国的理论粒子物理学家也在此方向做出了一定的工作。

自 1971 年杨振宁首次回国探亲之后,他频繁来往于中美之间,为两国学术交流做出了积极的贡献。在规范场研究方面,杨振宁曾在不同场合,如 1972 年在北京、1973 年在广州、1974 年在上海做过相关的学术报告,从而吸引了国内一大批物理学家、数学家从事相关的研究。其中,中国科学院数学研究所的陆启铿早在 1972 年就开展了有关纤维丛与规范场关系的研究,他求出了非阿贝尔规范场中磁单极的严格解,证明杨振宁的规范场的积分定义等价于沿一曲线的平行移动。1974 年,杨振宁到上海寻求进行微分几何研究的合作者,从而结识了谷超豪、夏道行等数学家。[202] 在一次与复旦大学教师的讨论中,杨振宁提出了若干值得研究的问题,谷超豪、胡和生夫妇很快就做出了研究成果,并与杨振宁合作完成了一系列有关规范场数学结构的研究。

除了以上规范场在数学方面的研究外,北京、广州、西安与兰州等地都开展了规范场在理论物理方面的研究。北京方面,郭汉英、吴咏时、张元仲等人研究了一种以洛伦兹群为规范群的引力规范理论;戴元本、吴咏时开展了规范场在粒子理论中的应用,计算了高阶微扰 QCD;杜东生参与了杨振宁、吴大峻的磁单极研究。广州方面,中山大学李华钟、郭硕鸿与高能所冼鼎昌合作开展了规范场整体表述的研究,发展了纤维丛的一个物理模型的磁单极理论,研究了规范场真空的整体(拓扑)性质,其中吴咏时也参加了部分合作。兰州大学的段一士及其弟子葛墨林与西安西北大学的侯伯宇合作完成了希格斯场的拓扑性质和规范场的拓扑学微分几何的分析,此后四川大学的王佩与内蒙古大学的侯伯元也参加了西北大学的研究工作。除了这些之外,在 20 世纪 70 年代后期关于规范场理论的研究还有周光召与中国科学技术大学的阮图南关于陪集规范场的研究、中国科学技术大学赵保恒与阎沐霖关于非阿贝尔规范场正则量子化的研究、谷超豪与胡和生关于球对称规范场的研究、李华钟与郭硕鸿关于瞬子集团的研究等。[40] 1982 年,谷超豪、胡和生、李华钟、郭硕鸿、侯伯宇、段一士、葛墨林等人因"经典规范场理论研究"被国家科委授予国家自然科学三等奖。

7.1.2　李政道与粒子物理理论的普及

在 20 世纪 70 年代中美关系松动之后,李政道几次来华访问,受到毛泽东、周恩来等领导人的会见。他关心国内的科学技术与教育事业,在中国粒子物理发展与科技人才培养等多个方面做出了重要贡献。

鉴于当时国内年轻的粒子物理研究者基础知识的不足,李政道决心回国为他们补课,并得到了严济慈、钱三强等老一辈物理学家的赞赏与支持。[203] 1979 年 3 月,李政道应中国科学院邀请,偕夫人秦惠䇹来华,为中国科学技术大学研究生院(北京)讲授"统计力学"与"粒子物理"两门研究生课程。为此,他做了大量的准备工作,提前几个月就寄来了讲课的提纲手稿,其中补充了许多 1977—1978 年间这两门学科发展的最新内容。此外,他还收集了一百多篇文献资料和书刊,其中包括很多国内没有的贵重书籍,供听课人员参考。在中国科学院理论物理所何祚庥、高能物理所冼鼎昌、中国科学技术大学研究生院汤拒非组成的讲学接待小组向李政道详细介绍了此次讲课的准备和组织情况之后,他们共同商定了 7 周课时的具体安排:"统计力学"每周授课 2 次,每次 3 小时,共 42 学时;"粒子物理"每周授课 3 次,每次 3 小时,共 63 学时。听课人员除了中国科学技术大学研究生院相关专业的研究生外,还有来自全国各地 63 所高等院校和 23 个科研单位的教学科研人员约 480 人。[①] 李政道的每次授课都进行了录像、录音,由中国科学技术大学研究生院组织 5 名研究生按李政道所提出的要求,及时整理出笔记,再经李政道本人审阅修改后交由科学出版社出版。著名物理学家赵忠尧、张文裕、彭桓武、朱洪元、胡宁等也参加了这次讲学活动。严济慈高度赞扬了李政道热爱祖国、关心祖国四化建设的精神。[204]

7.1.3 关于粒子物理理论的一系列会议的召开

自北京科学讨论会 1966 年暑期物理讨论会召开后,包括粒子物理在内的学术研究与交流几乎完全中断,1973 年遵照周恩来的指示精神所召开的讨论高能加速器建造方案的香山会议算得上是"文革"以来与粒子物理相关的首次大规模的学术聚会了。

1975 年 11 月,中山大学物理系以李华钟、郭硕鸿为首的基本粒子理论研究组邀请北京高能所的粒子理论者到广州召开了一次基本粒子理论讨论会。何祚庥做了一次公开的学术报告,论述基础研究之重要。[123] 此后,中国科学院建立了一个粒子理论组,负责领导组织全国粒子理论研究学术活动,由朱洪元任组长,胡宁、何祚庥、张厚英、李华钟任副组长,在钱三强的领导下,由中国科学院二局具体领导这项工作。[41] 1977 年 4 月,中国科学院召开了高能物理会议,决定尽快把我国高能物理和自然科学基础理论研究抓起来。[205] 同年 8 月,第一次全国粒子理论座谈会在黄山召开,这是"文革"后第一次全国规模的粒子理论学术会议。与会代表们交流了中断多年的层子模型研究的发展及关于新粒子的理论研究、高能弱相互作用等几个方面理论研究所取得的一些成果与进展,同时也介绍了国外相应的工作情况,并讨论了之后理论研究的主攻方向。杨振宁参加了这次会议,并做了关于磁单极子和规范场的学术报告。[206]

1978 年,对于中国粒子物理学来说,是名副其实的"科学的春天"。3 月份召开了全国科学大会,邓小平在大会的讲话中明确指出"现代化的关键是科学技术现代化""知识分子是工人阶级的一部分",重申了"科学技术是生产力"这一观点,从而澄清了长期束缚科学技术发展的重大理论是非问题,打开了"文革"以来长期禁锢知识分子的桎梏。大会通过了《1978—1985 年全国科学技术发展规划纲要(草案)》。这一年,粒子物理学界的学术活动空前频繁,较大的全国性的会议包括 5 月份在广州召开的全国规范场专题讨论会、8 月份在庐山召开的中国物理学会年会、10 月份在桂林召开的微观物理学思想史讨论会。中山大学已成为开展经典规范场研究的一个中心,广州规范场讨论会就是在李华钟的组织下召开的。会议报告内容包括欧氏空间和闵氏空间中 SU(2) 规范场经典解、赝粒子物理、色动力学、规范场的重整化、点阵规范理论、规范场的动力学自发破缺等多个方面,到会的六十多人通过十多天的集中讨论、学习,对规范场理论的认识显著提高。[207] 在庐山召开的中国物理学会年会是自"文革"以来第一次召开,同时也是中华人民共和国成立以来全国物理学界一次空前的盛会,与会代表达 600 人,分固体物理、核物理、粒子物理与统计物理四个分会分别进行,其中粒子物理分会代表 84 人(如图 7.1 所示)。杨振宁做了关于规范场理论的介绍与 p—p 碰撞理论的新进展的报告。基本粒子分会学术报告主要内容是对强子结构的进一步探讨与述评,也对近年来国外强子结构理论的进展做了报告。此外还有一些高能强作用现象的分析和新粒

---

① 按柳怀祖的文章,有 78 所高校、33 个研究单位共 1000 多人参加听课。

子研究的报告。中国物理学会理事长周培源、副理事长钱三强和高能所所长张文裕都在开幕式上发言,鼓励与会代表努力促进中国粒子物理的发展。[208]桂林微观物理学思想史讨论会由钱三强主持,出席会议的有老、中、青三代知名的物理学家、数学家和自然辩证法理论工作者,包括卢鹤绂、彭桓武、胡宁、朱洪元、周光召、戴元本、何祚庥、李华钟、谷超豪等 40 余人。通过讨论,会议明确了近一两年的主攻方向为"强子结构及其动力学机制的场论研究"和"若干可能具有重要发展前景的新现象、新问题、新概念、新领域的研究"。钱三强发表了关于"百花齐放、百家争鸣"方针与集中主要力量攻重点的关系及学习外国和独创的关系的意见。[150]周光召做了题为"粒子物理研究的方法论问题"的发言,强调了关于总结物理学实验与理论成果、如何选择课题、对待新理论的态度、普遍性和特殊性等几个问题。[209]值得一提的是,1978 年 8 月,朱洪元、胡宁、戴元本、叶铭汉与黄涛等 5 人代表中国粒子物理学界参加了在日本举行的第 19 届国际高能物理会议,朱洪元在会上做了题为"关于中国高能物理初步规划"的报告。在闭幕式上,国际纯粹与应用物理联合会委员、国际未来加速器委员会主席高德瓦沙在演讲中说:"这次会议有两件事值得祝贺,第一件事是国际高能物理会议首次在亚洲地区召开,第二件事是北京来的同行们参加了这次会议。"[210]

图 7.1　1978 年中国物理学会年会基本粒子分会

1980 年 1 月,在广州从化召开了广州粒子物理理论讨论会(如图 7.2 所示)。这是华人学者的一次盛会,经过近两年的酝酿,在 1979 年由中国科学院、国务院港澳办公室、外交部和教育部四个部门向国务院提出报告,经批准后召开。为筹办这个会议,中国科学院、中山大学和广东省做了大量的工作,先于 1979 年 3 月成立了由钱三强任主任的筹备委员会,同年 10 月与 12 月先后在合肥和北京对会议的学术活动做了十分细致的安排。来自海外四大洲 50 余位华裔、华侨和港澳学者与来自全国各地的一百多位同行共同讨论粒子理论的最新进展,这次会议在我国理论物理发展史上是一个重要的里程碑,首开"文革"后在国内进行中外学术交流之先河,其规模此前只有 1966 年的北京科学讨论会可相比拟。[169]在该会上,朱洪元代表当初北京基本粒子理论组做了题为"层子模型的回顾"的报告,李华钟总结了1975—1979 年在国内期刊上发表的 60 余篇关于规范场研究的文章,报告了"关于经典规范场论的若干研究"。[40]李政道、杨振宁、彭桓武、周光召等也都相继在会上做了报告。从化会议为国内外从事粒子理论研究的华裔科学家提供了一个深入讨论的场合,也促进了科学家们对彼此工作的相互了解,初步建立起个人的友谊和合作关系,打开了一定的国际交流渠道。会议之后不久便出现了中国粒子物理学家出国访问交流的第一次高潮,许多人作为访问学者到国外的高等学校或研究机构进行了较长时间的合作访问。这次兴起的出国访问交流高潮对我国理论粒子物理学家走出国门,了解国外研究发展方向,融入国际研究的大潮起到了积极的作用。这个高潮在国内的附带结果之一是有两年未办成大型的全国性粒子物理综合学术会议。[211]会后,邓小平接见并宴请了与会的海外学者与大陆学者代表。杨振宁当着邓小平的面,称赞我国一批 40 多岁的科学家能力很强,这其中有很多人是当初参与层子模型会战的年轻研究人员。[326]

图 7.2　从化会议上钱三强、杨振宁、周培源、张文裕、李政道等合影

7.1.4　理论物理研究所的成立

1962 年,国家制定《1963—1972 年全国科学技术发展规划(草案)》,其中言明:"……1967 年之后,考虑在北京建立一个理论物理研究所,以集中人力发展理论物理的研究工作。""这个所的任务,除了负责执行理论物理的研究计划之外,还作为全国各地理论物理工作者来讲学,进行聚会和进行学术交流的中心。这个所应有一定的房屋,有重要的期刊等资料,有一架电子计算机。"该规划的理论物理部分由王竹溪主持起草,只是后来未能实行。后来,在 1977 年制定的《1978—1985 年全国基础科学发展规划(草案)》中的"物理学发展规划纲要"再一次明确规定:"在北京筹建科学院理论物理研究所""这个研究所以少部分的专职研究人员为骨干外,吸收一批其他研究单位和高等学校的兼职研究人员,开展量子场论……

基本粒子理论……等方面的研究……目的是解决重大和国家急需的问题,培养年轻人才,加强国际交流,促进学科之间的交流和渗透。"1978 年 5 月下旬,邓小平、方毅、万里、王震等中央领导批准了成立理论物理研究所的报告。

1978 年 6 月,中国科学院理论物理研究所正式成立。第一批研究人员分别来自中国科学院物理研究所①、高能所、数学所,其中包括彭桓武、何祚庥、戴元本以及稍后由二机部九院九所调入的周光召等一些理论物理学家,由彭桓武、何祚庥分别任正、副所长,下设两个研究室,其中第一研究室从事粒子物理与场论等领域的研究工作,由戴元本、郭汉英分别任正、副主任,胡宁亦在此兼职。在庐山召开的物理学会年会期间,曾专门召开了关于理论物理所的座谈会。而在筹办广州从化粒子物理理论讨论会之时,理论物理所与高能所、北京大学同是主要的筹办单位。[212]

理论物理研究所集中了国内粒子物理理论研究的众多人才,除上述几位外,还有朱重远、安瑛、陈时、李小源、张肇西、吴咏时、赵万云、黄朝商等研究人员,一时间成为当时国内较大的一个理论粒子物理研究中心,为此后有关粒子物理的理论研究建立了一个良好的平台,并为中国理论粒子物理学的发展奠定了一定的基础。

7.2　"八七工程"始末

"文革"期间,美国已相继建成了 33 GeV 的电子直线加速器(SLAC,1966)、12 GeV 的电子同步加速器(Cornell,1967)、2×4 GeV 的 SPEAR 正负电子存储环对撞机(SLAC,1972)、400 GeV 的质子同步回旋加速器(FNAL,1972);欧洲 CERN 先后建成了 2×31 GeV 的质子-质子存储环对撞机 ISR(1971)、400 GeV 的 SPS 质子加速器(1976);德国电子同步加速器研究所(DESY)建成了 2×5 GeV 正负电子存储环对撞机 DORIS(1973),并正在兴建 2×23 GeV 的 PETRA 正负电子存储环对撞机(1978 年完工);苏联建成了 76 GeV 质子同步回旋加速器(Serpukhov,1967);日本建成了 12 GeV 的质子加速器(KEK,1976)。而中国的高能加速器建设却依然处于纸上谈兵的阶段。"文革"后,中国的高能物理研究水平与欧美国家的距离更大了。

7.2.1　"八七工程"的起步

1977 年 8 月至 10 月,邓小平先后接见了美籍华裔诺贝尔物理学奖获得者丁肇中(如图 7.3 所示)、欧洲核子研究中心总主任亚当斯(J. B. Adams)和美国费米国家实验室(FNAL)的加速器专家、美国最大高能加速器的设计者美籍华人邓昌黎(如图 7.4 所示)。邓小平十分重视高能物理发展,对高能加速器的建设做了一系列重要的指示。在一次同中国科学院副院长方毅、吴有训等人的谈话中,邓小平强调:"这件事(指七五三工程)现在不要再拖了。我们下命令,立即开工,限期完成。"[213]在接见丁肇中时,他提出派 10 人去 DESY 参加丁肇

---

①　此物理研究所系原"应用物理研究所"于 1958 年更名,而由"近代物理研究所"更名的物理研究所于 1958 年再度更名为"原子能研究所"。

中的高能物理实验组工作,丁肇中当即表示接受。[214]之后不久,由唐孝威带队的10人小组赴 DESY 丁肇中实验组进行了一年多的工作,这是中华人民共和国成立以来首次参加西方国家大规模国际合作实验研究。在会见亚当斯与邓昌黎时,邓小平与他们分别商定派人赴西欧与美国工作和学习,同时他强调虽然建造高能加速器耗资巨大,但从长远看很有意义,"非搞不行"[215]。

图 7.3　1977 年 8 月,邓小平会见丁肇中[216]

图 7.4　1977 年 10 月,邓小平会见邓昌黎[10]

邓小平几番接见欧美高能物理专家,体现了国家对于高能物理研究与高能加速器建设的高度重视。之后不久,国家科委、国家计委联合向华国锋、邓小平等中央领导请示报告,要求加快建设中国的高能物理实验中心,并将建设步骤划分为三个阶段:首先建造一台30 GeV 的慢脉冲强流质子环形加速器,能量达到 20 世纪 60 年代世界水平,流强达到 70 年代世界水平;到 1987 年底,建成一台 400 GeV 左右的质子环形加速器,并完成相应的实验探测器的建造,建成中国高能物理实验中心,规模相当于当时的欧洲核子研究中心(400 GeV 的 SPS 质子加速器)或美国费米实验室(400 GeV 的质子同步回旋加速器);到 20 世纪末建成世界第一流的高能加速器,在实验物理和理论研究方面的人才与成果达到世界第一流水平。按照该报告计划,在十年内,实验中心的建设投资约需 10 亿元,此外尚需外汇 3000 万美元左右。[217]该报告经邓小平批示"拟同意",然后又经华国锋、李先念等领导人圈阅批示同意(如图 7.5 所示)。[218]这标志着中国的高能物理进入了一个新的发展阶段。高能物理实验中心建设自此排上了日程,工程指挥部旋即成立,由国家科委副主任赵东宛任总指挥,国家建委副主任张百发、北京市建委副主任林春荣、中国科学院副秘书长钱三强、一机部副部长孙有余、四机部副部长王士光、高能所党组副组长季诚龙等 6 人任副总指挥。工程代号定为"八七工程",谢家麟被任命为加速器总设计师,徐建铭为副总设计师,方守贤等 9 人为主任设计师。[172]

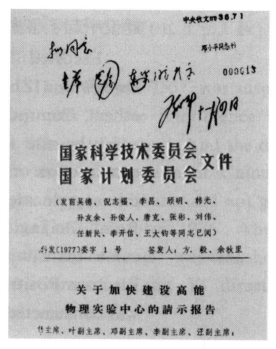

图 7.5　邓小平、华国锋等批示同意建设高能物理实验中心

7.2.2　"八七工程"规模的扩大与中美高能物理联合委员会

"八七工程"原先确定加速器的能量是 30 GeV,与欧洲 CERN 的 PS 加速器(能量为 28 GeV)、美国 BNL 的 AGS 加速器(能量为 33 GeV)相近。在工程开工之际,丁肇中、亚当斯等人来电来信,建议提高新建加速器的能量,否则建设意义不大。邓昌黎也曾提出过类似建议。李政道、袁家骝与吴健雄也曾联名致信张文裕,认为建造高能质子加速器的步子要跨大一些。听取这些国际专家的意见后,经各方反复研究,1978 年 3 月,高能所再次向上级汇报,要求将待建的 30 GeV 质子同步加速器的能量指标提高到 50 GeV。另外,报告中还提到,在较快发展超导技术的前提下,原定方案第二步建造的 400 GeV 加速器能量可能跃升为 1.2 TeV,可以赶超美国费米国家加速器实验室(FNAL)在建的 1 TeV 超导加速器 Tevatron。[219]这个提高能量的要求再次为邓小平等领导人所批准。50 GeV 质子同步加速器(简称 BPS)的建造一时成为万众关注的焦点。在《1978—1985 年全国科学技术发展规划

纲要(草案)》中,高能物理被列为国家"八个影响全局的综合性科学技术领域、重大新兴技术领域和带头学科"之一。该《规划》明确提出要在"五年内建成能量为 30—50 GeV 的质子加速器,十年内建成 400 GeV 左右的质子加速器",并且将此列为重点科学技术研究项目中的自然科学理论方面的第一项。[220]

由于中国在高能加速器建设方面缺乏实践经验,在初步完成"八七工程"理论设计之后,工程指挥部派出了两个考察组出国考察,深化设计。何龙和方守贤赴欧洲 CERN;而谢家麟、钟辉等 6 人前往美国 FNAL,由邓昌黎负责安排。鉴于 BPS 与美国 BNL 的 AGS 加速器能区相近,谢家麟等人在 FNAL 完成深化设计后,在李政道与袁家骝的建议下,又到 BNL 进行了短期工作学习,并与该所相关专家商讨适合 BPS 的探测器与计算机制造等问题。[38]为了加强与国际同行的学习交流,截至 1978 年 9 月底,我国先后派出考察和学习人员 5 批 32 人,请进相关专家 10 多批;[221] 1979 年派往欧(CERN、DESY)、美(ANL、BNL、FNAL、LBL、SLAC)、日(KEK)各大高能物理实验室考察与学习的人员更是多达百余人。尤为重要的是,1979 年 1 月,邓小平率中国政府代表团访美期间,与美国签订了"在高能物理领域进行合作的执行协议",并成立了中美高能物理联合委员会。同年 6 月,中美高能物理联合委员会第一次会议在北京召开。中国方面参加会议的有林宗棠、张文裕、朱洪元、胡宁、谢家麟与萧健等人,美国方面有李政道、袁家骝、潘诺夫斯基及几个高能物理国家实验室的其他代表。双方签订了上述执行协议的附件与一年内高能物理技术合作项目,邓小平在人民大会堂接见了委员会成员(如图 7.6 所示)。中美高能物理联合委员会的成立无论是在培养中国高能物理和高能加速器建设人才方面,还是引进先进技术与仪器设备方面,都发挥了重要的作用。

图 7.6　1979 年 6 月,邓小平接见中美高能物理联合委员会第一次会议代表

7.2.3　"八七工程"的下马

"文革"刚刚结束时,中国面临的建设任务十分繁重,经济压力很大。1979 年进入国民经济三年调整时期,中央提出了"调整、改革、整顿、提高"的新八字方针,高能物理实验中心的建设进度也相应做了调整。根据国家科委与中国科学院 1979 年 5 月的一份报告显示,原计划第一期工程竣工日期由 1982 年延至 1985 年,人员编制由 4500 人调整至 3000 人,解决入京户口由 500 户减少至 300 户,建筑面积由 52 万米^2 缩减至 39 万米^2。即使经过如此调

整,一期工程的建设投资仍尚需 7.5 亿元。[222]1979 年底,上报国家的一期工程任务书,将建设规模和投资额度再度进行了压缩。[223]在第五届人大、政协会议召开期间,一些人大代表、政协委员对高能加速器建设提出了反对意见。针对这种情况,时任"八七工程"指挥部总工程师的林宗棠在这次会议上详细汇报了工程耗资、用电、选址、党中央的一贯重视与国内外知名科学家的赞同与支持等情况,强调:"只要认真学习国外的先进技术,经过艰苦努力,是完全可以在自力更生的基础上,建造高能加速器的。"[224]

在国民经济调整,基本建设紧缩的大趋势下,"八七工程"面临下马的可能。高能物理实验中心的设计任务书先后三次上报国家计委均未获批准,国内外也不断有人对我国建设高能加速器提出反对意见。1980 年 5 月,张文裕、赵忠尧等 39 人就此问题致信方毅并转呈华国锋、邓小平、胡耀邦等中央领导,希望高能物理不要下马,尽快批准高能物理实验中心的设计任务书。邓小平对此做出批示:"此事影响太大,不能下马,应坚决按原计划进行。"[172]在邓小平"从速处理"的批示下,国务院终于对高能物理实验中心第一期工程建设批复同意。随即,国家计委批准了"八七工程"的设计任务书。根据两次"调整"的结果,1987 年前完成第一期工程,建成一台能量为 50 GeV,流强为 $1×10^{13}$ 质子/脉冲的同步加速器,建设总投资为 5.4 亿元,建筑面积 28 万米^2,人员编制 2300 人。同年 6 月,在美国 FNAL 举行的中美高能物理联合委员会第二次会议上,张文裕与林宗棠就国内高能加速器建造计划的调整与美方进行了交流。[225]国家批准"八七工程"建设后,国内外仍不断有反对的呼声。如聂华桐等 14 位美籍华裔科学家曾联名致信邓小平等中央领导,认为建造 50 GeV 质子同步加速器耗资大,技术水平只相当于国际上 20 世纪 50 年代末的水平,没有明确的物理目标,做出有意义的研究结果的可能性十分渺茫。[226]1980 年底,在国民经济调整的大局下,中央有关部门最终还是决定"八七工程"缓建。此后,各项工作中断,工艺设计告一段落,资料存档。

与此前的几次仅限于纸上谈兵的高能加速器建造计划不同的是,"八七工程"取得了一些实质性的进展。从 1978 年到 1980 年的高能加速器预制研究阶段,做了大量的工作:选定了实验中心的建设地址,完成了工程前期的勘探和实验中心的规划设计;建成了北京玉泉路预制研究基地,包括 6 个实验大厅和 1 个装备一流的实验工厂;从全国各地调入约 200 名工程技术人员及管理骨干,开展了加速器主要部件的预制研究;建成了 10 MeV 质子直线加速器,与国际同行建立了广泛的交流,这些工作都为后来的高能加速器建设奠定了坚实的基础。[226]

7.3　粒子物理学科的建制化与中外交流

作为一门独立的学科,粒子物理学在中国的发展,到 20 世纪 80 年代初已臻于成熟。在其建制化过程中,最关键的一步在于其专门研究机构——高能物理研究所的成立,接着便是其学术刊物的创办、学会的成立,而其成熟的最后一个重要标志则在于其科研装置——北京正负电子对撞机的建成。

7.3.1　学术刊物的创办

1976 年,由高能所主办的《高能物理》杂志创刊,定位为我国物理学科的一份中、高级科普性期刊,主编为朱洪元。该杂志信息量大,知识面广,所发表文章具有很强的科学性、知识性和趣味性,在传播和普及高能物理知识方面起到了积极的作用,也为高能物理教学与科研提供了可靠的参考资料,在高能物理界和教育界有着普遍的感召力和广泛的影响面。1989年,《高能物理》更名为《现代物理知识》,并由季刊改为双月刊。

1977年,高能所主办的另一杂志——《高能物理与核物理》创刊。该刊为专业性学报,主编亦为朱洪元。此前,国内核物理与粒子物理学界的学术论文多发表于由中国物理学会主办的《物理学报》上,自《高能物理与核物理》创刊之后,粒子物理学界就有了专门的学术刊物,这对于我国粒子物理学科的建制化有着十分重要的意义。《高能物理与核物理》主要发表粒子物理、核物理、宇宙线物理、加速器及同步辐射等学科在理论、实验与应用方面的研究论文,反映了我国上述学科的研究水平,推动学科的发展与人才的成长,并促进国内外的学术交流。1981年由美国物理联合会编译出版的《中国物理》(*Chinese Physics*)以及《物理学报》《物理》《天体物理学报》《高能物理与核物理》《原子核物理》等12种刊物中的学术论文被选译在该刊发表,《高能物理与核物理》是摘译篇数最多的刊物。[228]在国内期刊中,该刊是发表论文被引用次数最多者之一。1987年底,《高能物理与核物理》英文版出版,1989年又由双月刊改为月刊,很快成为物理类和原子能类核心期刊之一。

7.3.2 学会的成立

在1978年庐山中国物理学会年会期间,召开了理事会。由于物理学范围很广,随着科研工作的迅速发展,学术活动日益增加,根据中国科协"成熟的学科分支可以独立成立分会"的精神,理事会建议成立"高能物理"和"核物理"分会,分别由高能物理研究所张文裕和原子能研究所王淦昌负责筹备,并挂靠在两所。1979年2月,按照中国物理学会党组的意见,成立了高能物理学会筹备小组,张文裕为组长;同年4月,在第一次高能实验物理讨论会期间成立了筹备委员会,并开始发展会员。1981年7月,高能物理学会在承德召开了第一届会员代表大会,选出第一届理事会36人,张文裕为理事长,副理事长胡宁、朱洪元、谢家麟,秘书长郑林生。截至2022年,高能物理学会共召开了十一届会员代表大会,其理事会主要成员如表7.1所示。

表7.1 高能物理学会历届理事会主要成员①

届次	任 期	理事长	副 理 事 长	秘书长
一	1981.7—1985.8	张文裕	胡宁、朱洪元、谢家麟	郑林生
二	1985.9—1989.10	叶铭汉	胡宁、谢家麟、郑林生	霍安祥
三	1989.10—1994.5	郑林生	戴元本、霍安祥、王承瑞	郑志鹏
四	1994.5—1998.4	戴元本	郑志鹏、霍安祥、刘连寿	黄涛
五	1998.5—2002.10	戴元本	郑志鹏、刘连寿、黄涛、陈和生	黄涛
六	2002.10—2006.10	陈和生	郑志鹏、黄涛、邝宇平、苏汝铿	李卫国
七	2006.10—2010.4	陈和生	赵光达、李卫国、鲁公儒	王贻芳

---

① 整理自高能物理学会官网信息。

续表

届次	任　　期	理事长	副　理　事　长	秘书长
八	2010.4—2014.4	赵光达	李卫国、鲁公儒、王贻芳	邹冰松
九	2014.4—2018.6	赵政国	王贻芳、吴岳良、邢志忠	赵强
十	2018.6—2022.8	王贻芳	赵政国、高原宁	赵强
十一	2022.8—	王贻芳	高原宁、赵政国	赵强

　　自 1981 年高能物理学会正式成立,至 2002 年,已拥有 74 个会员小组 998 位会员。作为从事高能物理研究的全国科技工作者的群众性学术团体,高能物理学会是国家发展高能物理事业的一支重要的社会力量。几十年来,学会开展了丰富多彩的学术活动,营造了"百花齐放,百家争鸣"的活跃的学术氛围。

　　除了成立高能物理学分会之外,1980 年,中国物理学会还成立了粒子加速器分会,挂靠在高能物理研究所。截至 2020 年,粒子加速器学会共召开了十一届会员代表大会,其理事会主要成员如表 7.2 所示。

表 7.2　粒子加速器学会历届理事会主要成员①

届次	任　　期	理事长	副　理　事　长	秘书长
一	1980.10—1984.9	力一	谢家麟、王传英	方守贤
二	1984.10—1988.9	谢家麟	王传英、方守贤	徐建铭
三	1988.10—1992.9	谢家麟	方守贤、刘乃泉、陈佳洱	梁岫如
四	1992.10—1996.9	方守贤	陈佳洱、刘乃泉、杨天禄	王书鸿
五	1996.10—2000.9	方守贤	何多慧、杨天禄、林郁正、赵渭江	王书鸿
六	2000.10—2004.10	方守贤	何多慧、樊明武、林郁正、赵渭江	张闯
七	2004.10—2008.10	何多慧	张闯、林郁正、赵红卫、郭之虞	刘祖平
八	2008.10—2012.10	何多慧	张闯、赵红卫、赵振堂、郭之虞	张闯
九	2012.10—2016.10	樊明武	张闯、赵红卫、赵振堂、郭之虞	唐传祥
十	2016.11—2020.11	夏佳文	赵振堂、潘卫民、刘克新、唐传祥	苏萍
十一	2020.11—	夏佳文	潘卫民、刘克新、唐传祥,冷用斌	苏萍

　　此外,中国物理学会于 1995 年又成立了同步辐射专业委员会,由冼鼎昌任主任。这些组织在中国高能物理的发展过程中都起到了重要的促进作用。

7.3.3　李政道与粒子物理中外交流

　　自 1972 年首次回国访问,李政道与大陆就一直保持着密切的联系,并在科技、教育方面不遗余力地为中国提供帮助。其中,中美联合招考物理研究生项目的发起和中国高等科学

---

　　① 整理自《粒子加速器学会第六届全国会员代表大会暨学会成立 20 周年学术报告会文集》与中国物理学会官网信息。

技术中心的创办与中国粒子物理学科的发展关系尤为密切。

中美联合招考物理研究生项目（China-United States Physics Examination and Application,简称 CUSPEA）项目的发起始于 1979 年春,李政道在中国科学技术大学研究生院讲授"统计力学"与"粒子物理"课程期间发现了一些优秀的学生。之后,他联系所任教的哥伦比亚大学物理系的教授,请他们出一份能达到该系研究院入学标准的试题,寄至北京。通过笔试和面试,李政道选拔了 5 名学生,将他们的试卷和履历寄至哥伦比亚大学,请该校决定是否录取他们为研究生并承担所需费用,直至他们获得博士学位。由于这 5 名学生成绩优良,很快获得了哥伦比亚大学物理系的同意,顺利入学。[229] 后来经李政道的努力,在中国政府和各大学的支持下,参加 CUSPEA 的美国和加拿大的大学增加到了 97 所。10 年间,CUSPEA 共计招收了 915 名赴美深造的物理研究生,其中有多位从事粒子物理研究者,如后来回到高能所工作的李卫国、许榕生、漆纳丁、王平,都在 BEPC/BES 建设中做出了重要贡献。李卫国参加了北京谱仪的工作,后负责 BESⅢ 的建造;许榕生承担了北京谱仪的软件分析,主持了高能所计算中心的互联网工作;漆纳丁是 τ 质量测量实验的主要参与者之一;王平参加了北京谱仪的物理分析,在推动理论与实验的结合方面做了很多工作。[230]

中国高等科学技术中心的创办缘于 1986 年李政道与时任中国科学院副院长的周光召同时在欧洲核子中心访问期间的交流。他们共同构想在中国建立一个由世界实验室资助的学术机构,以促进国内科学界与世界同行的交流,从而使中国学者及时得到世界科学发展的最新信息,并建立激励机制,稳定和培养国内基础科学人才。同年 10 月,中国高等科学技术中心成立,由李政道任"终身主任"。在改革开放之初,该中心是国内少有的面向国内外开放科学交流的学术机构。中国高等科学技术中心以物理学研讨为主,为粒子物理的发展发挥了重要的推动与促进作用。后来该中心改由高能物理所领导。[231]

7.3.4　中国高能物理学家在国外取得的成就

如前文所述,为建设高能加速器并顺利开展实验工作,中国高能物理学家加强了与国际同行的学术交流。20 世纪 70 年代末,中国已派出多批研究人员、学生到欧、美各大实验室考察、实习。在这些出国人员当中,不乏在国外做出重要成就者,这里仅以唐孝威等人赴 DESY 参加丁肇中的实验工作为例做一说明。

1978 年 1 月,我国首次派出进行国际合作的 10 人科学实验小组到了 DESY,在丁肇中所领导的马克-杰（MARK-J）组工作,在当时世界上最大的 PETRA 正负电子对撞机上做研究。1979 年,高能所招收了一批以丁肇中为导师的研究生,其专业方向包括理论物理、快电子学、数据处理、在线分析、低温和超导磁体以及新实验技术和新探测器等六个方面。考生在国内参加统一考试,由丁肇中出题和判分,口试由丁肇中与唐孝威共同负责。[232] 该年度被录取的研究生经挑选后,其中的 15 人于 4 月份赴 DESY 实习。这两批赴德研究人员一直由唐孝威带队,其中包括后来分别任高能所第四、五任所长的郑志鹏与陈和生,马克-杰组的工作包括两阶段,首先是马克-杰探测器的设计、研制、安装和调试,然后是利用该探测器进行正负电子对撞实验并测量和分析数据。唐孝威对原先设计好的实验方案进行初步了解之后,发现探测器的核心部分——电磁量能器的设计有所欠缺,提出了改进建议:用 A、B、C 三种取样精度的不同单元取代原来的单一取样精度的量能器。但由于实验进度的关系,组内其他人对此有很大争论,而丁肇中觉得唐孝威提出的改进建议非常重要。最终讨论的结果,电磁量能器按照唐孝威的建议做了修改[233]，由唐孝威所负责的这项工作进展得很快。图 7.7 为当时赴 DESY 合作的中国实验小组成员（2 名女性除外）。

图 7.7　中国实验小组成员合影

在 PETRA 正负电子对撞机运行后，投入实验的马克-杰探测器很快获得了一批重要的实验数据。1979 年初，唐孝威代表马克-杰组，到美国参加了美国物理学会的年会，并在大会上做了研究成果报告。主持会议的琼斯（L. Jones）介绍说：“这是来自新中国的物理学家第一次在这里向大会作学术报告。”1979 年 6 月，马克-杰组在分析实验数据时，发现了强子三喷注现象，结果和量子色动力学理论的预期值相符，确证了这个现象来自硬胶子的发现，从而首次显示了胶子喷注的存在。正如丁肇中所评价的那样，唐孝威在胶子的发现中，“做出了重要的贡献”。[234]除唐孝威、郑志鹏、陈和生之外，当初到马克-杰组参加实验工作的高能所研究人员朱永生、童国梁、马基茂、许咨宗、吴坚武、郁忠强、张长春等，此后都成为中国高能实验物理研究的骨干力量。

小　　结

通过以上论述，可以得出以下认识：

① 从 20 世纪 70 年代初杨振宁在国内发起规范场理论研究，至 1980 年广州从化会议的召开，标志着我国理论粒子物理研究的一个新纪元。自层子模型创立以来，由于“文革”的影响而导致的理论研究的中断在这一阶段得到了复兴。在规范场研究中，北京、广州、上海、西

安与兰州等地的理论工作者陆续参与该项研究,使我国的理论研究工作得以在大范围内展开。但相对而言,其理论成果不如层子模型那般突出,对后世的影响也没有层子模型那般深远。

全国科学大会、从化会议等一系列有关粒子物理学术会议的召开,使得我国粒子物理研究全面复苏。理论物理研究所的成立则在集中粒子理论研究人才方面起到了重要作用,为我国理论粒子物理研究的大规模开展与广泛交流提供了良好的学术平台。

② "八七工程"是我国高能加速器建设的一个重要环节,脱离实际的"超高能"目标激发了一代高能物理工作者的热情。50 GeV 的 BPS 虽然未能最后建造成功,但有别于此前几次仅限于纸上谈兵的高能加速器建造计划的是,在 BPS 的预制研究阶段做了大量的先期工作,为此后北京正负电子对撞机的实际建成奠定了坚实的基础。

③《高能物理》《高能物理与核物理》两个学术刊物的创办,以及高能物理学会、粒子加速器学会两个物理学会分会的成立,是我国粒子物理走向建制化与学科成熟的标志。中外交流的复苏,尤其是我国粒子物理学家在国外做出的令世人瞩目的成就,是我国粒子物理学在 20 世纪 80 年代后蓬勃发展的前夜。

第 8 章　北京正负电子对撞机的建成与成就

至 1980 年底,中国的高能加速器建设,经过了中华人民共和国成立之初低能加速器研制过程的知识积累与人才培养,又经过仅限于纸上谈兵的高能加速器预制研究方案的五起五落,直至高能物理研究所成立及"七五三工程"上马,才出现了较大的转机。"八七工程"虽未成功,但却在各方面奠定了重要的基础,是中国高能加速器建造过程中至关重要的一步。经过了七次高能加速器建造项目的下马,第八次上马的北京正负电子对撞机(简称 BEPC)最终建造成功。我国高能加速器的建造历史被称为"七下八上",较准确地反映了这一曲折过程。之后,在对撞机上所做的一系列物理实验工作,使得中国的实验高能物理研究终于在世界同行中占据了一席之地。

8.1　北京正负电子对撞机的建成

1981 年初,邓小平在对聂华桐等人来信的批示(如图 8.1 所示)中,要求方毅召集一个专家会议进行论证,重新讨论高能加速器的建造方案。[216]"八七工程"下马已成定局,可如何处理丢下的"半拉子工程"和预研经费成为一个亟待解决的问题。经调研、论证,中央决定利用"八七工程"预制研究剩余的部分经费进行较小规模的高能物理建设。

图 8.1　邓小平对聂华桐等人来信的批示

8.1.1　高能加速器建造方案的最终确定

　　原计划定于 1981 年 6 月在北京举行的中美高能物理联合委员会第三次会议召开在即，而中国的高能加速器建设计划却遇波折，李政道来电询问关于下一步中美高能物理合作事宜。由于李政道既是中美高能物理合作的推动者，也是具体的牵头人和组织者，于是中国科学院派朱洪元和谢家麟会同当时在美国访问的叶铭汉在李政道的协调下到美国 FNAL 与中美高能物理联合委员会的几个成员实验室的所长、专家进行了非正式会晤，通报中国高能加速器调整方案，并听取他们的建议（如图 8.2 所示）。潘诺夫斯基提出中国可以建造一台 2.2 GeV 正负电子对撞机的建议。[235] 后来，严武光等学者又提出建造一台 3—5 GeV 正负电子对撞机的建议；诺贝尔奖获得者里克特也提出建造一个能在 5.7 GeV 能区工作的对撞机的方案。

图 8.2　朱洪元(中)与谢家麟(右一)在国外考察高能物理实验基地建设时与吴健雄(右二)讨论

　　朱洪元、谢家麟回国后，中国科学院数理学部与国家科委"八七工程"指挥部在北京联合召开"高能物理玉泉路研究基地调整方案论证会"，同意建造一台 2.2 GeV 正负电子对撞机的方案，同时将原先建成的 10 MeV 质子直线加速器能量扩大到 35.5 MeV。此后又经多次会议讨论与论证，多数人认为，建造一台 2×2.2 GeV 的正负电子对撞机，不仅可以使我国高能物理的研究进入世界前沿，而且还可以利用电子储存环产生的同步辐射开展生物、化学、医学、材料科学、固体物理等方面的研究工作，直接为其他学科和国民经济服务。1981 年底，李昌、钱三强致信中央领导，请求批准正负电子对撞机方案。邓小平批示："这项工程已进行到这个程度，不宜中断。他们所提方案比较切实可行，我赞成加以批准，不再犹豫。"（如图 8.3 所示）[236]

　　自 20 世纪 70 年代以来，对撞机已逐渐成为占主导地位的高能加速器。因而对撞机，尤其是正负电子对撞机的建设，已成为国际高能物理学界加速器建设的主流。除了前述 ISR、SPEAR、DORIS、PETRA 等对撞机之外，美国又相继建成了 CESR（2×8 GeV，Cornell，1979）、PEP（2×18 GeV，SLAC，1980），苏联 Novosibirsk 建成了 VEPP4（2×7 GeV，1979），欧洲 DESY 建成了质子-反质子对撞机 SPPS（2×300 GeV，1982）。日本 KEK 后来也建成了 TRISTAN（2×35 GeV，1987）。相对固定靶加速器而言，对撞机建造技术要求高，如束流

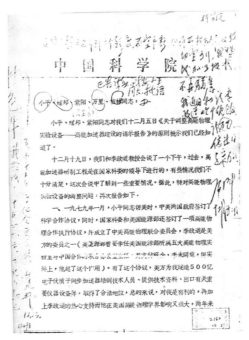

图 8.3　邓小平对正负电子对撞机方案的批复

不稳定性和超高真空都是建造过程中的困难问题。对于从无高能加速器建造经验的中国来说,一起步就建造难度较大的正负电子对撞机,是否能够成功? 当时国内外很多人都持怀疑态度。另外,中国对于大科研工程的组织管理缺乏经验;资金有限,"八七工程"的预研经费只剩下大约 9000 万元;有美国 SLAC 的 8GeV 电子对撞机 SPEAR 在先,难以预料将来建成的北京正负电子对撞机是否还有研究工作可做;进行高能物理实验需要的尖端测试仪器和处理数据的快电子学元件及先进的计算机系统等国内尚不能生产,而进口又面临着诸多困难。这一系列问题的存在,使得 BEPC 的建造举步维艰。

8.1.2　"八三一二"工程

1982 年,BEPC 工程总体组及各分总体组成立。总体组由谢家麟、朱洪元、萧健、郑林生、徐建铭、叶铭汉等组成;电子直线分总体组由周述、朱孚泉、潘惠宝等组成;电子储存环分总体组由徐建铭、方守贤、严太玄等组成;对撞机谱仪分总体组由叶铭汉、萧健、章乃森等组成。[237]高能所完成了 BEPC 预制研究方案的初步设计,基本确定了加速器的主要参数,为下一步开展扩初设计和技术设计打下了良好基础。在 1982 年度中美高能物理联合委员会第三次会议期间,潘诺夫斯基强调了 2.8 GeV 能区粲重子方面有大量工作可做,希望中方在建造加速器时注意该能区研究工作的开发,力争束流高亮度和对强子探测的高效率。[238]后来,经谢家麟向中国科学院副院长钱三强汇报,决定将 BEPC 的能量由 2.2 GeV 延伸至 2.8 GeV,以扩展其研究领域,延长其使用寿命,于是即将 BEPC 的能量指标定为 2.2/2.8 GeV。

根据中美高能物理合作执行协议,高能所和美国五个高能物理国家实验室(ANL、BNL、FNAL、LBL、SLAC)建立了技术合作关系,并在美国设立了办公室,负责协调双方的合作项目和在美国采购高能工程急需的仪器和元器件。1983 年 4 月,万里、方毅、张劲夫、姚依林等批示同意了《关于 2×22 亿电子伏正负电子对撞机建设计划的请示报告》，BEPC 工程从此正式立项，总投资 9580 万元。同年 12 月，中央书记处会议决定将 BEPC 列入国家重点工程建设项目，并成立由中国科学院新技术局局长谷羽、国家计委副主任张寿、国家经委副主任林宗棠以及北京市副市长张百发组成的工程领导小组(亦称四人领导小组)，在中央书记处的直接领导下，对 BEPC 工程实施领导。后来 BEPC 建造工程被定名为"8312 工程"。

　　1984 年初，"8312 工程"四人领导小组向中央汇报，要求调整工程建设方针为"一机两用，应用为主"，将同步辐射应用研究直接编入对撞机工程的扩初设计。在一次与李政道的会谈中，邓小平了解到，当时中国共有三台加速器正在建设，一台在北京(正负电子对撞机)，一台在合肥(同步辐射加速器)，另一台在台湾(同步辐射加速器)，这三者都准备在五年左右建成。在另外一次与丁肇中的谈话中，邓小平表示一定要将北京与合肥的加速器赶在台湾的前面建成。1984 年 6 月底至 7 月初，在北京举行了关于 BEPC 与合肥同步辐射实验室扩初设计审查会，会议建议国家对这两项工程采取特殊措施和政策，确保其保质保量按期完成。[239]邓小平还为此专门批示："我们的加速器，必须保证如期甚至提前完成。"(如图 8.4 所示)同年 9 月，国务院批准了国家计委关于审批 BEPC 建设任务和规模的报告，明确了"一机两用"的方针，增加了同步辐射光实验区的建设。批准总投资为 2.4 亿元。[240]1984 年 10 月 7 日，BEPC 工程在玉泉路高能所内破土动工，邓小平等中央领导人参加了奠基仪式(如图 8.5 所示)。他在奠基仪式上说："我相信，这件事不会错。"[241]10 月底，国务院重大技术装备领导小组和 BEPC 工程领导小组召开了"研制北京正负电子对撞机工程设备会议"，决定将这套工程设备列入国务院重大技术装备领导小组的工作范围，成立"8312 工程"设备协调小组。[242]

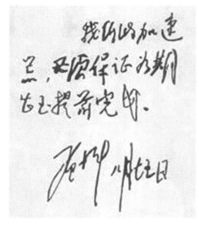

图 8.4　邓小平为加速器建造题词

图 8.5　1984 年 10 月，邓小平为 BEPC 工程奠基

　　对于 BEPC 的最终建造成功，作为国家领导人的邓小平的决策起到了关键的作用。当时，不仅科学界对建造对撞机存有疑虑，中央领导人的意见也不统一。正是邓小平的一贯支持，才使得 BEPC 建造得以顺利进行。BEPC 作为一个大科学工程，"既有工程的规模，又有科研的性质"。1984 年 2 月，谢家麟和方守贤分别被任命为工程项目经理和副经理。为了保证工程的顺利实施，谢家麟等人发展并推广了国外对于大科学工程所采用的临界路程方法(CPM)来指导工程进展。通过对技术问题的全面分析和对完成时间的正确估计，输入准确、可靠的数据，使得 CPM 起到了较好的指导作用。此外，谢家麟还提出了六条设计指导思想：

① 以保证高亮度为首要考虑；② 采用经过考验的先进技术；③ 设计中强调简单、可靠；④ 采用能达到性能指标的最经济的技术路线；⑤ 设计中保留以后改进的余地；⑥ 设计中保留一机多用的可能。这些指导原则，对解决设计中多种因素的制约关系，使各系统统一口径、协调匹配起到了积极的作用。[38]

1988 年 10 月 16 日，BEPC 首次实现正负电子对撞。《人民日报》称"这是我国继原子弹、氢弹爆炸成功、人造卫星上天之后，在高科技领域又一重大突破性成就""它的建成和对撞成功，为我国粒子物理和同步辐射应用开辟了广阔的前景，揭开了我国高能物理研究的新篇章"。10 月 24 日，邓小平参观了北京正负电子对撞机，并发表了讲话，强调"中国必须在世界高科技领域占有一席之地"。他说："说起我们这个正负电子对撞机，我先讲一个故事。有一位欧洲朋友，是位科学家，向我提了一个问题：你们目前经济并不发达，为什么要搞这个东西？ 我就回答他，这是从长远发展的利益着眼，不能只看到眼前。"[246]

短短几年所完成的"8312 工程"，除对撞机（BEPC）本体外，还相继建成了大型通用探测器——北京谱仪（BES）与北京同步辐射装置（BSRF）。BEPC/BES 的建成，为 τ-c 物理实验研究提供了一个极为重要的手段，其亮度为同能区加速器 SPEAR 的四倍。为此，美国SLAC 决定停止 SPEAR 的物理运行，从而使得 BEPC 成为世界上唯一工作在这一能区的正负电子对撞机；BES 包括多个探测器，由内向外依次为：中心漂移室（CDC）、主漂移室（MDC）、飞行时间计数器（TOF）、电磁簇射量能器（SC）、μ 子计数器（MUC）和亮度探测器。[244] 而 BSRF 是一台可提供较宽波段 X 光的光源装置，可提供多学科用户开展同步辐射应用研究与实验研究。1991 年，国家计委正式批准成立北京正负电子对撞机国家实验室（如图 8.6 所示）。

图 8.6　北京正负电子对撞机国家实验室

8.1.3　李政道、杨振宁对中国高能加速器建造的态度对比

作为世界粒子物理学界的大师级物理学家，李政道与杨振宁对中国高能加速器建造的态度举足轻重。在中国的高能方案"七下八上"的过程中，李政道、杨振宁也在其中产生了不同的影响。了解这两位华裔学者对中国高能加速器建造的态度，对了解我国粒子物理学史

是不无裨益的。

在 1972 年张文裕等 18 人致信周恩来之前,曾举行了一次关于"高能物理发展与展望"的座谈会(1972 年 7 月 4 日),杨振宁、张文裕、徐绍旺、汪容、何祚庥、严太玄、冼鼎昌等人参加了座谈会。在会上,杨振宁力排众议,"舌战群儒",不赞成中国花费上亿美元的代价建造高能加速器及全力发展高能物理实验研究的计划。杨振宁说:"中国应当对人类有较大的贡献,但我不觉得应当是在高能加速器方面""如果有 1 亿美元,为什么不拿来造计算机,发展生物化学,培养更多的人才? 而一定要拿来研究高能加速器?""造贵的加速器与目前中国的需要不符合。"[245]1978 年 8 月,杨振宁受到邓小平和方毅接见后,在与张文裕、周培源、吴有训、钱三强等物理学家座谈时,依然表示不赞成中国急于建造大型加速器,认为大型加速器的建造对中国的四个现代化建设并不重要,"三十年内对农业的影响很小,对工业和国防的影响也不太大……到本世纪末,中国如果在国防上不能保卫自己,即使在高能物理上很先进,也没有一点用处"[246]。1980 年初,在广州从化召开粒子物理国际会议期间,众多海外华裔物理学家共同参与草拟了一封致中国政府支持 BPS 建造的信,参与者一致签名表示赞同。杨振宁则避开了这次活动。之后在一封公开信中他再次表明了自己的立场。他在信中提到"八七工程"在中国有很强烈的反对意见,BPS 建造计划"被认为是一个'超级强权',而其他的领域是'第三世界'"。他表示:"我不能够无愧于心地去签署这一个文件,因为我认为真正需要的不是我的签名,而是中国人民的签名。"[247]他坚持认为,建造耗资巨大的高能加速器,不是中国当时急需要做的事情。但是,自从北京正负电子对撞机建造工程上马后,杨振宁的态度大有转变,他赞同进行同步辐射的应用研究。

李政道对于中国的高能物理事业给予了积极的支持。1972 年,周恩来在接见首次回国的李政道时,提出了如何发展中国的高能物理事业问题。此后,李政道一直思考,在中国高能加速器建造中,怎样才能将基础和应用研究相结合。1976 年,他通过美国国家加速器实验室(SLAC)寄给中国一份成套的关于电子对撞机及有关同步辐射的资料。1977 年,李政道回国时提出建造一台二三十亿电子伏的正负电子对撞机的建议。后来吴健雄、袁家骝夫妇建议中国建造质子加速器,被邀联名的李政道在建议书上加了一个关于电子加速器的附录,强调小型电子加速器的价值。在"八七工程"下马之后,李政道提出了建造兼顾同步辐射的小型电子对撞机的方案。[248]事实上,李政道对于"八七工程"这种"超高能"加速器建设计划也并不十分热心,只不过出于对祖国的热爱和对国家领导人的尊重,他一直努力帮助中国,尽力促成高能加速器建造的早日实现。北京正负电子对撞机建设工程耗资比较低,而且性能比较先进,因此李政道热心予以支持。

李政道和杨振宁对于中国高能加速器建设所持的态度虽然有所不同,但都反映了他们对祖国科技事业的关心和支持,体现了高度的责任心和使命感,其精神是令人敬佩的。

8.1.4 对"七下八上"的中国高能加速器建造的反思

纵观我国高能加速器建设的历史可以看出,出现"七下八上"的原因,既与我国科学技术发展水平的制约有关,也与政治、经济因素的影响明显有关。20 世纪中叶,在世界范围内掀起了研制核武器的热潮,原子核科技和高能物理受到世界各国的重视。中华人民共和国成立之初,我国根本没有条件建造高能加速器。但鉴于它的技术及应用可能与核工业有关,[34]在国家第一个科技发展规划中即计划"在短期内着手制造适当的高能加速器"。高能加速器作为一种大型基础研究设备,从中国相当一段时期的科技水平和发展状况来看,其建造的必要性和现实性可能确实不大。杨振宁即坚持这种认识。聂华桐等美籍华人在致邓小平等中央领导反对 BPS 建造的信中,所陈述的第一条理由也是认为高能物理并不是一门影响全局的学科,在 20 年内也不大可能会引起如 20 世纪 40 年代核能所引起的重大科技突破。我国国家领导人对这项事业的长期大力支持,主要是从国家发展的长远策略考虑。据说周恩来在病危之际还再三嘱咐邓小平,一定要在中国搞一个加速器的高能物理研究基地。[247]

经济条件的限制是致使中国高能加速器建造"七上七下"的一个重要因素。建造一台大型高能加速器,需要巨额的投资。这对于经济实力相对薄弱的中国,是一笔不小的开支。撇开三年困难时期与"文革"时期不谈,仅以"八七工程"为例,1978 年我国国内生产总值仅 3000 亿元,吃饭问题尚未完全解决。而"八七工程"需耗资 10 亿元,这显然是与当时的经济条件不相称的。美国曾投资 20 多亿美元建造 20 TeV 超导超级对撞机(SSC),但最终还是因耗资过多而于 1994 年被国会勒令下马。

高能物理对于微观粒子和基本相互作用的研究可揭示物质深层次的规律,且为各门自然科学研究提供必要的基础。作为一个大国,从事高能加速器建造对于中国发展高能物理研究和基础科学及应用技术都是非常重要的,但要实现这一目标,需要考虑国家的经济条件和基本国情。北京正负电子对撞机是一台适合中国国情、规模适中的高能加速器。除了做出一批令世人瞩目的物理成就外,BEPC 的建成对我国机电工业技术的发展也起到了重要的促进作用,有力地推动了我国在微波和高频技术、快电子学技术、超真空技术、高精度电磁铁与高稳定度电源技术、同步辐射光学工程技术等方面的进步和新产品的开发。[249]同步辐射装置已经成为我国物理学、化学、生物学、医学、农学、材料科学、微机械和电子工业在研究与应用方面的一个强有力的工具。

"七下八上"的中国高能加速器建造,历经 30 年的艰难曲折,终于取得了北京正负电子对撞机的建设成功。在政治、经济因素与科学技术发展水平的交互制约下,中国最终选择了一条符合时代背景、国际环境与实际国情的高能物理发展之路。此后,在 BEPC/BES 上所做出的一系列成就证实了这一选择的正确性。

8.2 在 BEPC/BES 上做出的系列实验成就

进入 20 世纪 90 年代,基于加速器实验的国际高能物理朝着两个前沿方向发展,其一是高能量,目标为寻找、发现如标准模型(包括弱电统一理论与量子色动力学)所预期的希格斯(Higgs)粒子等新粒子,检验标准模型和探索超出标准模型的物理规律;其二是高流强、高精度,目标是在已经发现的粒子中寻找、观察如 CP 破坏效应等新现象,以此来检验标准模型。前者的代表是西欧核子研究中心的 LHC 工程计划,后者的代表是美国和日本的 B 介子工厂建造计划。[250]

自 BEPC/BES 建成之后,由于其特有的在 τ-c 能区的亮度优势,不仅使中国的高能实验物理工作者终于有了用武之地,同时也吸引了国外的高能物理同行参加 BES 上的实验合作。美国 SLAC 关闭了因 BEPC 的存在而已处于劣势的 SPEAR 对撞机之后,也加入了

BES 合作组。世纪之交的 BES 合作组已包括中、美、英、日、韩等国的 100 多位物理学家。十余年间,他们在 τ 轻子与粲物理研究方面取得了一批具有国际先进水平以及国际领先的物理成果。

8.2.1　τ 轻子质量的精确测量

根据粒子物理的标准模型,τ 轻子、μ 子、电子和它们相应的中微子 ν_τ, ν_μ, ν_e 构成三代轻子家族,具有完全相同的弱电统一相互作用。通过研究 τ 轻子衰变到 e, μ 的过程,测出 e 与 μ 的两个带电弱作用耦合常数之比 $\dfrac{g_{\mu\nu}}{g_{e\nu}}$ 与标准模型的预期值 1 一致,可以检验 e 与 μ 之间的普适性。但当人们观察 μ 与 τ 的两个耦合常数之比 $\dfrac{g_{\tau\nu}}{g_{\mu\nu}}$(同 τ 轻子的寿命 τ_τ、质量 m_τ 和衰变分支比 B_τ 直接相关)时,却发现存在着可能的不一致(2.4 个标准偏差)。20 世纪七八十年代所测出的 τ 质量世界平均值 $m_\tau = 1784.1^{+2.7}_{-3.6}$ MeV,90 年代据此得出 $\dfrac{g_{\tau\nu}}{g_{\mu\nu}} = 0.941 \pm 0.025$,与 1 相差较大。通过进一步精确测量,$\tau_\tau$ 的值有所下降,而 B_τ 改变甚微[251],τ 轻子质量 m_τ 值的精确测定从而成为检验轻子普适性原理最关键的一步。

1992 年,BES 合作组开展了 τ 轻子质量的测量工作。他们把 BEPC 的能量设在 τ 轻子产生阈值附近获取实验数据,采用最大似然法跟踪实验点的选取和数据分析,采用近阈、远阈相结合和双参数拟合等实验与分析方法,最终得到了精确的 τ 轻子质量值。其值为 $m_\tau = 1776.9^{+0.2}_{-0.2}$ MeV,比原先的世界平均值下降 7.2 MeV,测量精度高于国外 10 倍。这一结果也推动了 τ 轻子寿命和衰变分支比的进一步实验测定。[252] 根据 BES 合作组的测量结果,得出 $\dfrac{g_{\tau\nu}}{g_{\mu\nu}} = 0.995 \pm 0.006$,①已非常逼近标准模型的预期值 1,对于确定轻子普适性的成立起到了关键的作用。同一时期德国 ARGUS 组及后来美国 CLEO 组亦发表了他们对于 τ 轻子质量的测量数据,但都没有达到 BES 组的测量精度。

τ 轻子质量的测量,被国际公认为"1992 年高能物理领域中最重要的成果之一",在国内被评为世界十大科技新闻之一。[253] 李政道在 1993 年的一次演讲中强调:"最近两年粒子物理最重要的发现是在北京,是北京正负电子对撞机的 τ 质量的测量。"[8] 当然,对此也有不同意见的存在。譬如杨振宁就认为,如果从物理科学的意义来说,北京电子正电子对撞机的物理结果,事实上在物理方面没有真正重要的意义。[247]

8.2.2　关于 $\psi(2S)$、DS、J/ψ 等粒子的实验研究

τ 轻子质量测定之后,在 BES 上又进行了一些其他居于国际高能物理前沿的实验研究。主要有关于 $\psi(2S)$ 粒子及粲夸克偶素物理的实验研究、D_S 物理的研究、J/ψ 粒子共振参数的精确测量、J/ψ 衰变的实验研究、2—5 GeV 能区 R 值精确测量等。

---

① 　根据郑志鹏 2005 年报告的测量结果,$m_\tau = 1776.96^{+0.30}_{-0.27}$ MeV,$\dfrac{g_{\tau\nu}}{g_{\mu\nu}} = 1.0005 \pm 0.0069$。

在 $\psi(2S)$ 粒子研究方面,BES 合作组首次测量了 $\psi(2S) \to \tau^+ \tau^-$ 衰变分支比 $B_{\tau\tau}$,开展了 $\psi(2S)$ 强衰变以二体衰变道为重点的系统研究及 $\psi(2S)$ 辐射衰变为普通介子过程的研究,所获得的实验结果丰富了人们对粲偶素族粒子的认识,展现了 $\psi(2S)$ 衰变不能从其基态 J/ψ 简单地定量外推的重要性质,向原有解释 $\psi(2S) \to \rho\pi$ 衰变疑难的几个理论模型提供了一系列的实验反证,向粲偶素强衰变理论提出挑战,由此推动了新的一轮理论研究。

在粲介子 D_S 衰变的研究方面,BES 合作组采用 4.03 GeV 的质心系能量进行 D_S 的实验观测,首次实现了对 $D_S \to \varphi\pi$ 衰变绝对分支比的直接测量,并基于观测到的 3 个 D_S 纯轻子衰变候选事例,得到 $D_S \to \mu\nu$ 的衰变宽度,从而导出了 D_S 介子衰变常数 f_{D_S}。该结果不依赖于亮度及 $D_S\overline{D}_S$ 产生截面,且不依赖于任何理论模型,是首次对 f_{D_S} 的绝对测量,对 B 介子物理中估算 CP 破坏效应有重要的意义。

在 J/ψ 物理研究方面,BES 合作组测定的 J/ψ 粒子的衰变总宽度 Γ,衰变为轻子对的宽度 Γ_e 与 Γ_μ,以及衰变为强子末态的宽度 Γ_h,为国际上最精确的测量值。

8.2.3　R 值的精确测量

在理论粒子物理中利用标准模型进行精确计算时,受非微扰效应的限制,通常采用实验上测量的强子产生截面(参数化为 R 值)作为输入参数,因此,降低非微扰区 R 值的实验误差对于标准模型的精确检验具有非常重要的物理意义。R 值定义为正负电子 $e^+ e^-$ 经单光子湮灭产生强子的总截面与产生 $\mu^+ \mu^-$ 对的 Born 截面的比值,即 $R = \dfrac{\sigma(e^+ e^- \to \gamma^* \to 强子)}{\sigma(e^+ e^- \to \gamma^* \to \mu^+ \mu^-)}$。世界上许多实验组都进行过 R 值的测量,但在不同能区的测量误差却有所不同,高能区的 R 值误差较小,而低能区的误差却较大,理论计算的精度受到该误差很大的制约。

20 世纪 90 年代中期,BEPC/BES 进行了一次升级改造,从而使其整体综合性能大幅度提高。在 1998—1999 年间,BES 合作组在 2—5 GeV 能区进行了两轮 R 值扫描实验,共测量了 91 个能量点的 R 值,使其平均误差降低到 6.6% 左右,精度比原实验提高一倍以上。报道测量结果的两篇文章发表在国际权威物理杂志《物理评论快报》(*Physical Review Letters*)上。欧洲核子研究中心的物理学家引用 BES 的 R 值数据,对电弱数据重新进行了整体拟合,结果表明,希格斯粒子的质量中心值由 60 GeV 上升到 90 GeV,上限由 170 GeV 增大到 210 GeV,这对希格斯粒子的实验寻找具有重要的指导意义。

BES 的 R 值测量得到了国际高能物理学界的重视与高度评价,其测量结果被国际同行频繁引用,并且多次应邀在重大国际会议(如国际高能物理会议、国际轻子－光子会议、国际强子谱大会等)上报告。2000 年 7 月,R 值测量的初步结果在日本大阪举行的第 30 届国际高能物理大会上报告时,得到了与会物理学家的极大关注和赞赏,被大会多个报告引用。关于标准模型的理论总结报告将 BES 的 R 值结果列为近年来国际高能物理研究的重大成果之一。法国科学院院士 M. Davier 称之为"北京革命"。[254]

十多年来,在北京谱仪上所做的实验工作,很多结果都被国际高能物理学界所接受。国际权威的粒子数据手册(PDG)上很多数据被 BES 上的测量结果刷新,截至 2000 年,已经有

116 项 BES 上的测量数据载入 PDG(如表 8.1 所示[①])。BES 的重大物理成果引起国际高能物理界对 τ-c 物理实验研究的高度重视,使之成为一个新的热点。美国康奈尔大学正负电子对撞机 CESR 原先运行在 10 GeV 的 B 介子能区,因受 τ-c 物理实验研究的重大意义所影响,随即计划安装多个超导扭摆磁铁,并将能量降到 τ-c 能区。俄罗斯 Novosibirsk 的 VE-PP-4M 也有类似的计划。

表 8.1　截至 2000 年,粒子数据手册(PDG)引用 BES 结果

年度／粒子	1994	1996	1998	2000
τ	1	2	2	2
D_s		3	5	5
J/ψ		8	13	33
$f_2'(1525)$			2	2
$f_J(1710)$			4	7
$f_J(2220)$			10	11
$\eta(1440)$				3
$\eta(1870)$				2
$f_2(1950)$				2
$\chi_{c0}(1P)$				13
$\chi_{c1}(1P)$				8
$\chi_{c2}(1P)$				12
$\psi(3836)$				1
$\eta_c(1S)$				1
$\psi(2S)$				12
$D^\pm$				2
总计	1	13	36	116

在取得重要成就的同时,BEPC/BES 也获得了多项由国家、中国科学院、北京市颁发的科学奖项,如表 8.2 所示[①]。

表 8.2　BEPC/BES 所获奖励

成　果	奖　项	获 奖 人
北京正负电子对撞机和北京谱仪	国家科技进步特等奖、中国科学院科技进步特等奖	谢家麟、方守贤、叶铭汉等
北京正负电子对撞机上实验束的研制	中国科学院科技进步二等奖	郑林生等

① 表 8.1、表 8.2 数据取自 2004 年 4 月 30 日中国科学院高能物理研究所副所长李卫国在 BEPC/BES 十五年庆祝大会上的报告:《北京谱仪(BES)十五年的成就和 BESⅢ》。

续表

成　果	奖　项	获奖人
北京谱仪——τ 轻子质量的精确测量	国家自然科学二等奖、中国科学院自然科学一等奖	郑志鹏、李金、郁忠强、王泰杰、漆纳丁等
	中国物理学会吴有训奖	李金、漆纳丁、薛生田
$\psi(2S)$ 粒子及粲夸克偶素物理的实验研究	国家自然科学二等奖、中国科学院自然科学一等奖	顾以藩、李新华、苑长征、白景芝、陈宇等
北京谱仪 D_S 物理的研究	中国科学院自然科学一等奖	张长春等
J/ψ 粒子共振参数的精确测量	中国科学院自然科学二等奖	朱永生等
J/ψ 衰变物理的实验研究	中国科学院自然科学二等奖	祝玉灿等
2—5 GeV 能区正负电子对撞强子反应截面的精确测量	国家自然科学二等奖、中国科学院杰出科技成就奖、北京市自然科学一等奖	赵政国、黄光顺、胡海明、陈江川、吕军光等
北京谱仪的数据获取和数据处理技术	中国物理学会胡刚复奖	王泰杰、李卫国、许榕生

小　结

通过以上关于北京正负电子对撞机的建设及其上所做成就的论述,可以得出如下几点结论:

① 北京正负电子对撞机在 30 年中经历了"七下八上"的高能加速器方案反复变动之后最终建成,是中国高能物理获得蓬勃发展的关键性一步。它彻底改变了我国粒子物理实验研究仅凭借宇宙线观测,或者依托中外交流的局面。

② BEPC 的建造成功是国家经济、政治及科技水平等因素合力作用的结果。在政治方面,国家领导人的重视与四人领导小组的强有力的组织领导起到了关键的作用;在经济方面,务实的高能建设规模正与我国的国情相符;在科技方面,此前"七上七下"高能加速器预制研究与一系列中小型加速器的建造为 BEPC 奠定了人才与知识基础。除了以上内部因素之外,李政道的一贯支持、潘诺夫斯基的合理建议、中美高能物理联合委员会的合作交流等外部因素也对 BEPC 的建设起到了极大的推动作用。

③ τ 轻子质量、R 值的精确测量等研究成果使得我国高能物理受到了世界的关注,从此我国在国际高能物理学界占据了一席之地。高能物理在经过几十年迅猛发展,速度已趋于平缓我国的高能物理工作者也已经做出了一流的工作,并得到了国际同行的广泛认可。事实证明,规模适中的北京正负电子对撞机的建成掀开了我国高能物理发展的新篇章,标志着一个新时期的成功的开始。

第 9 章　中国粒子物理研究的新进展

自 1980 年从化会议之后,国内外从事理论粒子物理研究的学者对彼此工作的相互了解大大加深,初步建立起一定的合作关系,打开了一定的国际交流渠道,并出现了我国粒子物理学家出国访问交流的高潮。这对于我国学者了解国外研究发展方向,进入国外研究的大潮流产生了极为积极的影响。同时,在实验粒子物理方面,非加速器物理,特别是宇宙线研究方面的国际合作也有所增强。

9.1　与国际接轨的理论粒子物理研究

20 世纪 80 年代之初,正是粒子物理中的标准模型理论建立和确认的时期,电弱统一理论已获得明显的成功,需要进一步检验和发展;量子色动力学理论则刚建立不久,正在检验和发展。我国粒子物理学家逐步走到了这一领域的前沿,围绕着标准模型的检验和发展进行了深入而系统的研究。

9.1.1　粒子理论研究的蓬勃发展

在从化会议上,李政道、杨振宁、彭桓武、胡宁和朱洪元等 5 人提出了利用假期在中国举办粒子物理讲习班的建议。1981 年 1 月,讲习班筹备会议在北京召开,参加会议的有高能物理所、理论物理所、中国科学技术大学、北京大学等单位。会议决定,在"中国科学院粒子物理学术小组"的基础上成立粒子物理讲习班筹备组,由朱洪元、张厚英、胡宁、彭桓武、任知恕等负责,下设学术小组负责日常工作,以高能所为主,理论物理所为辅,中国科学技术大学和北京大学参加。学术小组由朱洪元、杜东生、郭汉英、刘耀阳、赵光达等人组成,会务等工作由中国科学技术大学负责。[255]

经过筹备组精心组织,全国第 1 届粒子物理讲习班于 1981 年暑期在合肥成功举办。参加讲习班的有来自 42 所高等院校和近 40 个研究机构的中外粒子物理学家和研究人员 160 多人,有老一辈的物理学家,也有后起之秀。其中有来自美国与加拿大的华裔粒子物理学家董无极、颜东茂、戴自海、胡斑比、李灵峰、蓝志成、徐一鸿与姚若鹏。国际著名物理学家,美国物理学会会长马夏克(R. E. Marshak)亦专程前来做了学术报告。[256]这一期讲习班从基础方面对当时基本粒子研究的主要领域进行系统的授课,对前沿的课题也做了介绍。中外学者进行了学术交流,展开了热烈的讨论。讲习班系统讲授了量子色动力学、弱电统一理论和大统一理论等。通过教学,使包括 50 名研究生在内的听课人员从物理图像到具体计算,从基础到最新动态,都有了比较全面的了解,为国内粒子物理学科的教学和研究生的学习创造了一个良好的条件。

从化会议是"文革"后中国理论粒子物理研究蓬勃发展的开端,此后又被称为"第 1 届全国粒子物理理论会议"。自此以后的 20 年间,有关粒子物理理论乃至实验的学术会议一直绵延不断,表 9.1 列出了截至 2000 年所举行的部分会议(有关宇宙线物理的除外)。

表 9.1　粒子物理有关学术会议①

时　　间	会　　议	举办单位	举办地点
1980 年 1 月 5 日至 10 日	广州粒子物理理论讨论会	中国科学院	从化
1982 年 3 月 21 日至 4 月 1 日	粒子物理讨论会	华中师范大学	武昌
1982 年 6 月 1 日至 5 日	"核内夸克"工作讨论会	高能物理学会	北京
1982 年 9 月 26 日至 30 日	第二届全国粒子物理理论会议	浙江大学	杭州
1983 年 10 月 21 日至 25 日	第二届全国高能实验物理讨论会	高能物理学会	石家庄
1984 年 6 月 30 日至 7 月 8 日	第三届全国粒子物理理论会议	西南交通大学	成都
1985 年 9 月 2 日至 9 月 7 日	粒子物理和核物理国际讨论会	北京大学	北京
1986 年 8 月 19 日至 8 月 24 日	第四届全国粒子物理理论会议	高能物理学会	大连
1987 年 5 月 21 日至 6 月 2 日	格点规范及其非微扰理论讨论会	高能物理学会	北京
1987 年 6 月	粲物理讨论会	高能物理学会	北京
1988 年 11 月 27 日至 12 月 2 日	第四届全国核电子学与探测技术和第三届全国高能实验物理会议	高能物理学会、核电子学学会	西安
1989 年 3 月 16 日至 17 日	粲粒子和 t 轻子物理讨论会	高能物理学会	北京
1989 年 8 月	CP 破坏和弱作用国际研讨会	高能物理学会	北京
1989 年 9 月	第五届全国粒子物理理论会议	高能物理学会	北京
1990 年 10 月 4 日至 5 日	全国粲粒子物理讨论会	高能物理学会	北京
1991 年 10 月 12 日至 15 日	第四届全国高能实验物理会议	高能物理学会	北京
1992 年 4 月 14 日至 20 日	第六届全国粒子物理理论会议	云南大学	昆明
1995 年 6 月 5 日至 9 日	第一次全国高能物理实验技术会议	高能物理学会	贵阳
1995 年 8 月 10 日至 15 日	第 17 届国际轻子光子会议	高能所	北京
1996 年 9 月 10 日至 16 日	第七届全国粒子物理理论会议	高能物理学会	奉节
1999 年 8 月 24 日至 28 日	第八届强子谱学国际会议	高能所	北京
1999 年 10 月 18 日至 24 日	第八届全国粒子物理学术会议	高能物理学会	重庆
2000 年 5 月 15 日至 20 日	非微扰方法与格点量子色动力学国际研讨会	中山大学	广州

① 参考自:高能物理学会廿年(1981—2001)[Z].内部资料,2001.

通过以上理论粒子物理学术会议的召开,我国粒子理论工作者之间的学术交流大大增强,同时也促进了国内粒子物理学界的理论研究与国际前沿的接轨。除以弱电统一理论与量子色动力学为中心的唯象理论研究之外,随着世界理论物理的发展,我国的理论粒子物理学家对量子场论的反常性质、格点规范理论、超对称理论、超弦理论、拓扑量子场论等各方面的研究都紧跟国际理论发展的潮流。自北京正负电子对撞机建成之后,我国有了自己的高能物理实验基地,为我国粒子理论工作者与实验工作者密切合作创造了条件。对于 BES 组的实验,我国理论粒子物理学家在物理问题的选择、辐射修正的计算、J/ψ 实验的理论分析方法和实验结果的物理解释方面都做了不少工作。与我国实验工作者的讨论也为粒子理论工作者深入和及时了解实验结果提供了可能。

9.1.2 我国理论粒子物理学家的前沿工作

在"文革"尚未结束之时,作为层子模型工作的继续,戴元本等人对强相互作用过程进行了一系列研究;冼鼎昌发展了用解析延拓和选择特殊坐标的方法,解决从欧氏空间延拓到闵氏空间的问题,从而利用 B-S 方程研究介子的波函数及其电磁形状因子;何祚庥、张肇西和谢怡成则应用层子模型研究了深度非弹性散射。

"文革"以后,由于中国粒子理论工作者与国际同行有了较广泛的学术交流,他们在国际合作和竞争中逐渐做出了一批在国际上有影响的工作。比较有代表性的有:

20 世纪 80 年代初,邝宇平和颜东茂合作提出了重夸克偶素激发态的强跃迁过程的合理模型和计算方案,在解释 γ 激发态的衰变宽度等方面相当成功。1983 年,朱伟、沈建国、邱锡钧、张肇西等人开始研究核子内的夸克分布,指出 EMC 效应涉及两个不同层次的夸克概念。他们提出核内组分夸克模型的初步理论,预言核内海夸克不可能增强。1986 年,BC-DMS 国际协作组在第 24 届国际高能物理会议上公布的实验结果,支持了朱伟等人所提出的组分夸克模型。1990 年 5 月,美国费米实验室 E772 国际协作组公布的实验结果证实,朱伟等人提出的核内组分夸克模型中所做出的预言是正确的,即核内海夸克没有增强。他们还进一步发展了胶子聚变机制和阴影-反阴影理论,提出了核内阴影与反阴影共存的观点。1984 年,周光召、郭汉英、侯伯宇、宋行长、吴可、侯伯元和王世坤用微分几何方法研究规范场论的大范围性质,导出了手征有效的拉氏量中的反常项和 Jacobi 恒等式的反常等结果。1987 年,徐湛、张达华、张礼发展了一种多胶子过程螺旋度振幅的方法,使原本很复杂的计算大为简化。1986 年,杜东生首先对 B 介子的非轻子衰变中的 CP 破坏效应做了较广泛的分析,并预言顶夸克的质量大于 50 GeV。1990 年,李重生与 E. Braaten 等人合作对一系列有兴趣的物理过程计算了量子色动力学和超对称理论的圈图修正。1992 年,邝宇平、何红建、李小源指出文献中原有结果的错误,给出了对称性破缺理论中的等价定理的正确形式和严格证明,这个定理对研究电弱对称性破缺机制颇为有用。1992 年,张肇西、陈裕启指出,对 BC 介子的产生过程起决定作用的一种碎裂函数是可以计算的,并首先给出了它的正确公式。此外,还有赵光达在 ξ(2.2),即 f_J(2220) 粒子的胶球解释和非相对论 QCD 中的色八重态理论方面,黄涛在大动量转移的介子遍举过程方面,庆承瑞和何祚庥在 β 衰变中微子质量实验的理论分析方面,朱伟在深度非弹性过程方面等一批工作在国际上也受到关注。我国还有一支人数众多的队伍工作于数学物理领域,他们做了不少有影响的工作,其中一部分与粒子物理有着密切的关系。[35]

9.2　宇宙线物理与同步辐射技术的发展

随着北京正负电子对撞机的建成,我国粒子物理基于加速器的实验研究取得了丰硕的成果。与此同时,宇宙线研究也取得了一定的进展,其主要标志便是羊八井宇宙线观测站的建立。在同步辐射方面,中国也逐步跟上了国际发展的潮流,几套光源设备的建立,使我国在同步辐射技术的应用方面取得了大幅进步。

9.2.1　羊八井宇宙线观测站的建立及其成就

因宇宙射线流强的微弱,随着高能加速器技术的进步,宇宙线观测已成为粒子物理研究的辅助手段。但由于宇宙射线中具有加速器无法提供的高能粒子,因而人们仍将宇宙线观测作为粒子物理研究的一个重要手段,继续深入发展传统的宇宙线研究。中国自从在落雪山、岗巴拉山等地建成宇宙线观测站以来,宇宙线研究一直稳步进展。而在高空探测气球发放之后,中国又发展了空间硬 X 射线探测技术及空间数据采集、传递、遥测与姿态控制等技术。至 20 世纪 80 年代,地面宇宙线研究出现了再次发展的形势,国内也先后建造了怀柔、梁王山、羊八井和郑州四个广延大气簇射(EAS)阵列,建造了漂移扫描式和自动跟踪式两套观测大气切伦科夫光的甚高能 γ 望远镜,并引进国外天文卫星的 X、γ 天文数据库,建立了先进的数据分析设施,开展了天体物理数据分析方法和高能天体物理的研究。[257] 尤其是 90 年代以来,中日合作的羊八井宇宙线观测站的建设及其成就引起了全世界的瞩目。

中日羊八井宇宙线合作实验是中日合作岗巴拉山乳胶室实验的发展和继续。羊八井是在拉萨市西北 90 km 念青唐古拉山主峰脚下的一片长约 70 km,宽 7 km 至 15 km,海拔约 4300 m 的山间平地,具有气候温和(冬天几乎无积雪)、交通便利等独特的自然地理优势,因而在 1984 年高能所的宇宙线研究人员首次进藏考察时,就选中了羊八井作为宇宙线观测站点。1986 年,高能所参加主办的国际宇宙线超高能作用讨论会在北京召开,这是中国筹办的第一次宇宙线国际会议。中国向国际宇宙线学界推出了“西藏计划”,提出国际合作的建议。同年,中日双方开始商讨在羊八井建造先进的广延大气簇射阵列,开展超高能 γ 天文研究的计划,其主要物理目标是探索超高能宇宙 γ 射线源,研究在天体环境中发生的能量最高的物理过程,解决高能宇宙线的起源和加速这一基本问题。[258] 1988 年,中日 ASγ 合作计划正式开展,并开始了基地建设。中日双方的合作方式为:日方提供探测器、在线计算机和一些特殊器材等高技术设备,中方负责观测站建设与设备的日常维护、运行、管理和长年观测;观测得到的原始数据双方各执一份,独立进行物理分析并密切协商,共同署名发表研究成果。[259] 至 1990 年初,羊八井的大气簇射阵列已大体建成(如图 9.1 所示),开始记录超高能宇宙线引发的簇射事例。至此,北半球最高也是世界上常年观测站中海拔最高的羊八井宇宙线观测站初步建成。

初建的观测站在约 8000 m² 的地面上建成一个由 45 个野外探测器组成的小型 EAS 阵列-ASγ-Ⅰ,首次把 EAS 的探测阈能自 100 TeV 降至 10 TeV,随后不久即测出了蟹状星云在 10 TeV 的 γ 射线流上限,填补了此能区的数据空白,为解释蟹状星云的 SSC(Synchrotron

图 9.1　羊八井宇宙线观测站外景

Self-Compton)模型的确立提供了证据;在国际上首次观测到了宇宙线太阳阴影相对于太阳几何位置的偏移,并显示了其与太阳行星际磁场变化乃至其扇区结构的关联。此后,ASγ 探测器几乎两年一发展:1994 年,ASγ-Ⅰ阵列扩建成 ASγ-Ⅱ阵列,$0.5~m^2$ 闪烁探测器增至 221 个,覆盖面积达 $36900~m^2$;1996 年又增加了 77 个探测器;至 1999 年建成的 ASγ-Ⅲ阵列又增加了 255 个探测器,规模大为扩大。[260]

　　羊八井观测站建立后的十余年间,日本东京大学宇宙线研究所等 13 个研究所和大学的研究人员参加了合作实验,而国内则有来自中国科学院、西藏大学、云南大学、山东大学、西南交通大学、郑州大学和香港大学等多个单位的学者。在中日羊八井宇宙线合作实验取得进展的基础上,2000 年,中国与意大利合作的羊八井 ARGO(Astrophysical Radiation at Ground-based Observatory)计划又正式启动。同年,科技部正式将羊八井观测站列为 25 个国家重点野外台站试点之一。

　　值得一提的是,同期中国除在羊八井进行国际合作的宇宙线地面观测实验之外,还参与了丁肇中所领导的在宇宙空间用磁谱仪进行反物质、暗物质探测的大型国际合作实验组——AMS 实验组。1998 年 6 月,阿尔法磁谱仪搭乘美国发现号航天飞机成功地进行了首次飞行。由高能所负责组织在北京为阿尔法磁谱仪研制的大型永磁体系统成为人类送入宇宙的第一个大型永磁体系统。由陈和生等人完成的"阿尔法磁谱仪(AMS)永磁体系统(含反符合计数器初样)"先后获得了中国科学院科技进步奖一等奖、国家科技进步奖二等奖。

9.2.2　同步辐射应用技术的发展

　　在实验室中,同步辐射早于 1947 年在美国纽约州斯卡奈塔第(Schenectady)县的通用电器公司实验室中就被发现,而使用同步辐射光作为其他学科的研究工具则是在 20 世纪 60 年代以后才开始的。同步辐射加速器发展到目前已历经三代:第一代是为高能物理目的而建造的正负电子对撞机储存环兼作同步辐射光源,称为兼用光源。70 年代中期开始有专用光源的建造,这是同步辐射光源发展的一个重要里程碑,从此把同步辐射研究推向了高潮,加速器领域也出现了一个很大的分支,同步辐射光源的数量超过了正负电子对撞机。这种专用的第二代光源在很长时间内都是同步辐射光源的主力。在 80 年代前期,同步辐射光源从使用弯铁同步辐射为主转变为以使用波荡器(undulator)辐射为主,这是专用光源发展史上的又一个里程碑,此后将使用波荡器辐射为主的专用光源列为第三代。此后,物理学家又讨论、计划了第四代光源的设计与建造。

1977 年 9 月,为准备全国科学大会的召开,在北京举行了全国自然科学学科规划会议,与会者包括中国科学技术大学派出的 33 人代表团。基于同步辐射在基础科学中的重要作用,中国科学院物理所、生物所等单位提出了建造同步辐射光源的要求,而中国科学技术大学对同步辐射光源建造任务的申请得到了科学院有关领导的肯定与鼓励及与会专家、代表们的大力支持。此后,同步辐射光源的建造被列入了国家自然科学学科规划,同步辐射光源的建造任务由中国科学技术大学负责。该校近代物理系加速器专业的教师们开始对国外同步辐射的发展进行广泛的调研、改进,充实和完善了规划会议上提出的技术草案。[261]

1981 年 7 月,合肥同步辐射加速器的物理设计和四项预研制工作全部完成。这项工作获得了中国科学院 1981 年度重大科技成果一等奖。1983 年,国家计委正式批准在合肥建立国家级同步辐射实验室,工程定名为"八三四八"工程。国家同步辐射实验室(NSRL)正式立项。这是国家计委批准建设的中国第一个国家级实验室。与此同时,北京的正负电子对撞机建造也投入了筹备工作。该工程于 1984 年改为"一机两用,应用为主",在开展高能物理实验的同时,进行同步辐射应用研究,从而建成了一个能量较高的兼用同步辐射光源。1984年召开的扩初设计审定会上,合肥和北京的加速器工程同时被审定通过。合肥 800 MeV 的同步辐射加速器(HLS)于 1989 年 4 月建成并首次出光。高能所的 BSRF 亦于同一时期引出同步光,并开始光束线的安装、调试。BSRF 属于第一代兼用光源,偏于 X 射线领域;而HLS 属于第二代专用光源,偏于软 X 射线(SX)及真空紫外光(VUV)领域,二者在同步辐射的应用研究上相互补充,相互衔接。此后,台湾新竹建成 1.3 GeV 的第三代同步辐射装置(SRRC),性能更为优越。

自从合肥与北京的两个同步辐射装置在 20 世纪 90 年代初陆续运行后,越来越多的用户通过它进行了大量的研究应用工作。如高压下的物性研究、光电子谱学应用、在地矿及环保科学中的应用、亚微米光刻技术及用于微系统加工的 LIGA 技术等。更重要的是开辟了一些新的领域,如 X 射线吸收谱精细结构的应用。同步辐射基本上已经代替了常规的实验室 X 射线源,用户除了来自传统的物理和化学领域之外,还扩展到包括地矿、生物、催化、化工等相当广泛的领域;高压物理的研究因同步辐射的使用而从长期停顿的状态中走了出来;一个具有巨大前途的微机电系统的生产工艺研究,国外正在急速发展的超细微加工(LIGA)技术也因为有了同步辐射而得以在国内开展。[262]

虽然 HLS 与 BSRF 接连投入使用,在性能上不断改进,但是广大用户的需要和实际能够提供的机时一直是国内同步辐射应用的主要矛盾。为此,丁大钊、方守贤与冼鼎昌于 1993年建议再建设一台第三代同步辐射光源。1995 年 2 月,谢希德、杨福家等政协委员在上海市政协八届三次会议上提交了"在上海建造第三代同步辐射光源"的提案,随后中国科学院组织建立了上海同步辐射装置(SSRL)可行性研究工作组,并于 1996 年 9 月完成了上海光源装置总体设计报告。在总体设计报告经国际评审会评审之后,中国科学院和上海市政府共同向国家提出了进行上海光源预制研究的申请。1997 年 6 月,国家批准了上海同步辐射装置工程预制研究项目。1999 年 1 月,SSRL 预研工作全面启动,上海光源落址于浦东张江高科技园区,[263]总投资高达 12 亿元。

同步辐射是对科技发展起重要作用的一种先进手段,改进及提高中国已建成的同步辐射设施的效能,并建造一个最先进的同步辐射中心,将对此后中国高科技发展起关键性推动作用。

9.3 学科队伍的分布及其教学、研究概况

自从脱胎于核物理形成一独立学科以来,作为一门基础科学,粒子物理已被列为各高等院校物理系及相关专业基础课程的一部分。而作为自然科学中最前沿学科之一,粒子物理学始终是人们关注的焦点。由于早期粒子物理相对于核物理长期处于依附关系,且中国的粒子物理学相对欧美而言起步较晚,相应地,中国粒子物理学科的成熟亦有所滞后。北京正负电子对撞机建成之后,中国实验粒子物理才真正获得了稳步的发展。而全国各高等院校、研究所在粒子理论研究方面已率先形成气候,部分实验研究多采取合作的方式,进行诸如探测器的研制与实验数据分析之类的工作。

9.3.1 全国粒子物理研究队伍分布概况

经过半个世纪的发展,到 21 世纪初,中国在粒子物理研究方面,已具有几个重要的相对集中的研究、教学中心。尤其是理论粒子物理,已在全国很多高校中呈"遍地开花"之状。

在粒子物理实验研究方面,以高能所为依托的北京正负电子对撞机国家实验室及宇宙线实验站无疑成为全国的中心,很多高校都参与其中。在理论粒子物理方面,除理论物理所与高能所外,中国科学技术大学、北京大学、中山大学、西北大学、兰州大学、山东大学、华中师范大学等校的教学与研究都较为活跃。在诸高校中,就粒子物理理论、实验教学与研究的综合实力而论,以中国科学技术大学为最。第六届高能物理学会(2002—2006 年)会员已近千人,现将占据较大人数比例(10 人以上)的单位罗列如表 9.2 所示,从中可以管窥我国粒子物理研究队伍的实力分布概况。

表 9.2 高能物理学会成员单位人数统计[①]

单 位	人数	单 位	人数	单 位	人数
高能物理所	271	云南大学	27	山东大学	17
中国科学技术大学	103	清华大学	25	武汉大学	16
北京大学	45	河南师范大学	20	南开大学	14
理论物理所	44	中山大学	18	浙江大学	14
华中师范大学	40	西北大学	18	兰州大学	12
原子能科学研究院	37	广西大学	18	复旦大学	10
郑州大学	29	南京大学	17	四川大学	10

① 统计自第六届高能物理学会(2002—2006 年)会员名单。

以下简要阐述几所高校的粒子物理研究状况。

9.3.2　中国科学技术大学的粒子物理教学与研究

自 1958 年建校以来,中国科学技术大学的近代物理系就一直是国内核与粒子物理研究最活跃的阵地之一,赵忠尧、张文裕、朱洪元、梅镇岳等在近代物理系的成长、壮大过程中起到了重要的引领作用。1963 年,朱洪元、梅镇岳分别在理论(基本粒子理论)与实验(γ、β 放射性研究)两个方向开始招收研究生,[264]此后该系陆续培养了大批优秀的核与粒子物理专门人才,如许咨宗、周邦融、范洪义、马文淦、井思聪等。从 20 世纪 60 年代中参与创建层子模型始,近代物理系已步入国内粒子物理(理论)研究的前沿。"文革"期间,中国科学技术大学迁至合肥,教学与科研都遭重创,但在曲折中依然有所发展。至 70 年代中,近代物理系已拥有如表 9.3 所示的门类较为齐全的 9 个教研室、实验室。[265]在这一时期的核物理教学与研究中,近代物理系开始强调高能物理的重要性。如 1974 年的招生专业简介中提及:"近年来对物质结构的研究,已由原子物理学、原子核物理学深入到高能粒子物理学的研究……本专业(实验原子核物理)培养学生能从事原子核和高能粒子物理的实验研究……"[266]翌年,校"革命委员会"上报中国科学院与安徽省教育局,要求将原"理论核物理"专业更名为"理论物理"专业,高能物理理论研究人才的培养已列为其培养目标的首位。[267]此后,中国科学技术大学(以下简称"中国科大")近代物理系的主攻方向逐渐由原子核物理转向高能物理,在这个"转型"过程中起主要作用的有朱洪元、王祝翔等人。

表 9.3　20 世纪 70 年代中国科大近代物理系的教研室/实验室及其负责人

教研室/实验室名称	负　责　人
原子核物理教研室	梅镇岳
核物理实验室	陈宏芳
原子核电子学物理教研室	杨衍明、孙良方
电子学物理教研室	金尚宪
加速器物理教研室	孙良方
原子核工程教研室	顾维藻
热工实验室	顾维藻
中子实验室	肖振喜、李力行
原子核理论物理教研室	刘耀阳

1978 年"科学的春天"来临之后,该系又加强了粒子物理方面的国际交流,先后聘请了杨振宁、李政道、丁肇中、吴健雄、袁家骝等担任名誉教授,萨拉姆、丁肇中与埃图夫特还先后被授予中国科大名誉博士学位。1978 年由唐孝威率领赴德的 10 人实验小组之中,就有中国科大近代物理系的 2 位教师——许咨宗与杨保忠。在马克-杰组,许咨宗参加了亮度监测器的工作,而杨保忠则参加了漂移室的工作。20 世纪 80 年代初,日内瓦 CERN 的 LEP 对撞机正在建设之中,中国科大作为其中一员,陆续选派了几批人员参加由丁肇中领导的 L3 国际合作组的实验研究。相应地,近代物理系也建立起相关的实验室,进行物理数据分析及新

探测器的研究工作,后来又成立了高能物理联合研究所,进一步加强了中国科大在高能物理方面的国际合作,使之成为较为活跃的一个学科。在国内,中国科大近代物理系与高能所等单位也有着密切的合作关系。据笔者统计,自 1983 年底至 1991 年中,近代物理系的研究生学位论文导师多达 80 余位,其中有多位来自外单位的兼职教授,如徐建铭、唐孝威、方守贤等人。在教学方面,近代物理系在师资力量不断增强的基础上,逐渐丰富、完善了其课程设置。表 9.4 列出了 1988—1989 学年该系的研究生课程[268-269],以此为例,可以看出该系课程设置之周全。

此外,这一时期中国科大还开设了规范场理论及有关高能物理实验的加速器物理学、加速器磁场建造、束流光学、加速器高压实验技术、电子储存环物理等课程。当然,这些课程的设置与中国科大 HLS 的建造不无关系。随着 HLS 的建成,由近代物理系分离出部分人员,成为国家同步辐射实验室的骨干。

表 9.4　1988—1989 学年中国科大近代物理系的研究生课程

课　　程	教　　师	课　　程	教　　师
近代电子实验	杨衍明、虞孝麒、王砚方	计算机在核信息处理中的应用	周永创
粒子物理理论	井思聪	应用核技术	沈激、汪晓莲
量子场论	张永德、井思聪	高级核物理实验	王明谦等
接口与总线	王砚方	快电子学	王砚方
高等核电子学	虞孝麒、焦敦庞	重离子核反应理论	肖臣国
场论专题——超对称问题	刘耀阳	重离子核物理实验方法	沈文庆
计算物理	马文淦	物理学和对称性	朱栋培
亚原子物理	许咨宗	高等量子理论	张永德
近代物理专题	奚富云	核信息处理技术	杨衍明

在参与创建层子模型的会战中,中国科大近代物理系在粒子物理理论研究方面曾做出了出色的工作,其中刘耀阳率先在国内提出的夸克颜色的概念已广为人知。而在高能物理实验研究方面,特别值得一提的是关于高能探测器的建造。1963 年,中国科大就建成了一个 30 cm 长的试验氟利昂泡室。自 1975 年起,中国科大与高能所同时开展了多丝室的工作,在杨衍明的带领下,成功研制出 0.5 m×1.5 m 的多丝室,采用非标准的逻辑系统实现在线读出。在 20 世纪 70 年末 80 年代初,杨衍明就将多丝室与计算机连接进行数据处理,这在国内属于较为领先的工作,他甚至还考虑过计算机的并行用法,但由于条件所限而未能实现。①

9.3.3　北京大学的粒子物理教学与研究

同期创办的北京大学技术物理系与清华大学工程物理系不像中国科大近代物理系一

———

① 整理自韩荣典教授接受笔者访问时的录音材料。

样,很快将主攻方向转向高能物理,而是保持其核物理研究与教学。北京大学偏重于重离子物理,故在粒子物理方面,这里仅阐述其理论方面的发展。建立于 1953 年的北大理论物理教研室,于 1981 年主持设立了理论物理专业博士点和硕士点。至 1984 年,在教研室的基础上,成立了北大理论物理研究所,其历届主任(所长)分别为王竹溪、胡宁、高崇寿、秦旦华与赵光达。自设立硕士、博士学位点以来,理论物理教研室(研究所)在 20 世纪 60 年代开设的专门化课程的基础上,又相继开设了系统的高等量子力学、量子场论、群论等研究生必修基础课以及粒子物理学、李群和李代数、量子规范理论、粒子理论专题、量子场论专题等选修课程。授课教师有高崇寿、曹昌祺、彭宏安、李重生、赵光达、赵志泳等人。

理论物理专业设立后的 20 年间,有胡宁、高崇寿、曹昌祺、曾谨言、宋行长、赵光达、彭宏安、吴崇试、李重生等多名博士生导师。高崇寿还曾分别与斯坦伯格(J. Steinberger)、李政道联合指导、培养了几名博士生。在教学实践和科学研究的基础上,理论物理教研室(研究所)人员撰写了一系列研究生教材、参考书和学术专著,如邹国兴的《量子场论导引》、韩其智与孙洪洲的《群论》《李代数李超代数及在物理中的应用》、秦旦华与高崇寿的《粒子物理学概要》、高崇寿与曾谨言的《粒子物理与核物理讲座》、高崇寿的《粒子世界探秘》等。

自 1972 年以来,北大理论物理教研室(研究所)在粒子物理领域开展了以下研究:

在粒子理论和高能相互作用的唯象理论方面,深入开展了与实验紧密结合的唯象理论研究,在粒子的对称性理论、量子色动力学和强作用动力学、强子结构理论、多夸克态、胶球、混杂子的唯象分析和动力理论、相互作用的规范理论、电弱相互作用统一理论、大统一理论、亚夸克理论、重味物理和超高能物理、TeV 物理、超对称标准模型、高能碰撞和多粒子产生理论、相对论性重离子碰撞理论等粒子理论探索的重要前沿方向上都开展了研究。

在量子规范场理论和共形场论方面,根据场论理论发展的新动向,在规范场的基本理论、超对称理论、超对称标准模型、超对称大统一理论、超引力理论、非线性场论、反常理论、规范场的大范围性质、超弦理论、共形场论等方面都进行了深入的探索。

在超对称性和李超代数方面,对李群和李代数、李超代数及其表示理论,粒子物理中的超对称性理论以及原子核结构中的超对称性理论展开研究。随着计算机科学的发展,出现了运用计算机实现符号运算的方向,也开展了这个方向的李代数、李超代数表示理论的研究。[122]

北大理论物理教研室(研究所)师生先后当选为中国科学院院士的有胡宁、彭桓武、周光召、朱洪元、赵光达、冼鼎昌、霍裕平等人。

9.3.4 华中师范大学的粒子物理研究

在华中师范大学(原为华中师院,以下简称"华中师大")粒子物理研究队伍的形成过程中,刘连寿的组织领导是至关重要的。刘连寿早年研究生毕业于北京大学,师从胡宁教授,曾参与层子模型创建工作,此后一直任职于华中师大,从事粒子物理研究。20 世纪 80 年代以来,华中师大逐渐成为中国粒子物理研究中比较活跃的基地。1980 年,该校与北京大学共同主持在武汉召开了一次强子结构讨论会。如果说该年初的广州从化会议标志着一个阶段的完成,那么在武汉举行的这次讨论会则标志着一个新阶段的开始,其特点是会议上的许多报告及相关讨论都与当前的实验(如核子的深度非弹性散射、强子喷注、高能强子碰撞等)密切结合,这与此前"闭门造车"的纯理论研究相比,是一个积极的发展趋势。[201]1982 年,华中师大又主持召开了武汉粒子物理讨论会。主要讨论了层子与轻子的结构、超对称性和超引力理论、格点规范理论和大统一理论等方面的内容。

20世纪70年代后期，李政道曾在位于北京的中国科学技术大学研究生院做过一次关于通过高能重离子碰撞解除夸克禁闭的报告。这是为当时美国BNL建造相对论性重离子对撞机(RHIC)所做的先期理论研究工作，刘连寿深感这是一个很重要的新研究方向。1982年，刘连寿到德国柏林自由大学进行高能碰撞的理论研究，并于翌年参加了在德国比勒费尔德(Bielefeld)市召开的第一届国际夸克物质会议。在这次会议上，他结识了刚开展温度场论研究的美国华盛顿大学的拉里·麦克莱伦教授，并邀请他到华中师大系统地介绍温度场论。此后，刘连寿到瑞典隆德大学访问了奥特伦德教授的"宇宙线与亚核物质"实验室，参观了他们利用核乳胶探测重离子碰撞的实验设备，他认为用核乳胶进行重离子碰撞实验的设备要求并不过高，国内的大学也可能负担得起。刘连寿回国后，于1983年10月在华中师大主持召开了"相对论重离子碰撞与夸克物质研讨会"，这是国内在这个领域内的首次会议。刘连寿报告了在国外合作关于高能碰撞的三火球图像研究，来自全国各地的与会者也报告了各自的新近研究工作。特别是来自美国的麦克莱伦教授，讲授了数日的温度场论，并在回美后将其讲稿整理印刷，寄给了中国的同行。通过这次报告，一些人对这个新领域内的新理论产生了兴趣，并被吸引到这个领域中来，如华中师大的李家荣和复旦大学的苏汝铿两位教授。[270]

1986年，刘连寿与李家荣、蔡勖等人在华中师大创建了粒子物理研究所，刘连寿任所长。自该所成立以来，广泛地开展国际、国内合作，先后参加了国内高能原子核乳胶实验协作组、CERN/SPS/EMU01、EMU12、NA49、NA22、美国BNL/AGS/E815、E863以及世纪之交的RHIC/STAR与LHC/ALICE大型离子对撞机实验国际合作组，与美国、法国、德国、荷兰、挪威、波兰等多个国家的研究所或大学建立了合作交流关系。在高能碰撞多粒子产生及有关的非线性物理、夸克胶子等粒子物理、有限大小系统的临界性质、相对论性重粒子碰撞物理、高能实验数据处理、非线性动力学等领域都做出了很有影响的工作。

除了以上三所高校及其粒子物理研究人才之外，其他一些高等院校在粒子物理方面亦有不同程度的教学、研究工作，且或多或少地各有其学术带头人。如清华大学的张礼、邝宇平，南京大学的陆埮、王凡，内蒙古大学的罗辽复，北京工业大学的谢诒成，中国科学技术大学研究生院的侯伯元、周邦融，同济大学的殷鹏程，复旦大学的苏汝铿、倪光炯，山东大学的王承瑞、谢去病，南开大学的葛墨林、李光谐、陈天仑，浙江大学的汪容、李文铸，武汉大学的黄念宁，中山大学的李华钟、郭硕鸿，吉林大学的吴式枢、苏君辰，西北大学的侯伯宇、王佩，兰州大学的段一士等，他们各自在粒子物理的不同领域、不同方向，或教学，或科研，都做出了具有一定影响力的工作。但从整体的学术氛围而论，各高校在粒子物理研究方面大体是少数人孤军作战，难以在一定范围内形成气候。如北京大学自胡宁去世之后，队伍凝聚力便有所削弱；而兰州大学自徐躬耦调出后，本来从事亚原子物理研究的人员大多风行雨散，该校原先在该领域内的优势几乎丧失殆尽。此外，各高校普遍存在的问题是粒子物理研究人才的"断层"，这当然与"文革"不无关系，但也不能忽略各校学术领导人在人才培养方面的疏忽。

小　　结

通过以上论述,可以得出以下认识:

① 相对基于北京正负电子对撞机的高能实验物理而言,我国在理论粒子物理研究方面已完全融入世界大潮中,难以体现鲜明的本国特色。自从化会议之后,我国的粒子物理理论研究迅速完成了与国际粒子理论研究的接轨。"粒子物理讲习班"及此后一系列有关粒子理论会议的举办,使我国在该领域内的研究稳步进展,水平逐渐提高,原先"闭门造车"的理论工作者已紧紧跟上国际粒子理论发展的潮流。

② 在当今观测设备精度不断改进、规模不断扩大,宇宙线研究的代价也不断提高的形势下,开展富有成效的国际合作当为宇宙线研究的明智选择。对于工业基础、技术水平与经济条件相对薄弱的我国来说,这一点尤为重要。羊八井国际宇宙线观测站的建立,以及在该站开展的中日、中意合作研究,是宇宙线物理国际合作的成功典范,也是我国宇宙线物理持续健康发展的一个良好开端。

③ 同步辐射的发现及其应用研究的开展是高能物理在工业、科技领域诸多副产品中表现最突出的一个方面。我国在这方面虽然起步较晚,但发展很快。作为兼用光源的 BSRF 使北京正负电子对撞机在高能物理实验研究之余又提供了为多学科服务的平台,而作为专用光源的 HLS 更使得同步辐射应用研究在我国实现了独立于高能实验物理研究之外的蓬勃发展。SSRL 的建设进一步增强了我国同步辐射应用研究的潜力,并确证了同步辐射在物理学、化学、生物学、医学、农学、材料科学、微机械和电子工业等多领域内的重要性。

④ 我国的粒子物理研究队伍在广泛分布的同时又相对集中,作为粒子物理研究"国家队"的高能物理研究所与理论物理研究所在实验、理论两方面起着一定的导向作用。而研究实力相对较强的中国科学技术大学、北京大学、华中师范大学等高校的教学、研究则各有特色。在各高校中,就粒子物理研究的综合实力而论,以中国科学技术大学为最。北京大学长于粒子理论,而华中师范大学则偏重于高能重离子核乳胶实验研究,其余各校大多在某个方面有所专长,但一时难成气候。从事粒子物理研究的人才培养仍是值得关注的一个方面。

第 10 章　世纪之交中国粒子物理的回顾与前瞻

从 20 世纪中叶始,粒子物理学取得了突飞猛进的发展。在很长一段时间内,可以说粒子物理是前沿尖端科学的代表。而在 21 世纪的今天,其迅猛发展的势头已趋于平缓。生命科学、信息科学等竞相成为本世纪科学发展的主流。我国作为粒子物理学界的后起之秀,适才追上国际发展的步调,在当今粒子物理渐趋低潮的时代背景下,又面临着学科发展的一个新的关头。

10.1　20 世纪中国粒子物理学史的分期、脉络及特点

在前面各章讨论的基础上,本节将 20 世纪分为四个阶段,阐明我国粒子物理及其各分支的发展脉络,并论述 20 世纪我国粒子物理发展各阶段、各分支的特点。

10.1.1　历史分期

1949 年,中华人民共和国成立,中国科学院随后成立,国内从事物理学研究的机构与人员得到重组与集中,海外的华裔物理学家也陆续回国,为粒子物理学科在中国的形成奠定了基础。1966 年,同其他学科一样,粒子物理在科研、教学方面都被迫停顿。1976—1977 年,《高能物理》《高能物理与核物理》相继创刊。至 1981 年高能物理学会成立,粒子物理学在中国逐渐完成了其建制化过程。由此,笔者以中华人民共和国成立、"文革"爆发与高能物理学会成立为坐标事件,将 20 世纪分为四个阶段。

1. 萌芽、奠基阶段(1900—1949 年)

这一时期(对应本书第 1 章、第 2 章),粒子物理在我国尚依附于核物理而获得发展,尤其受到了"核物理热"的推动。而其主要成就则是由赴海外深造的留学生、访学人员完成的。"非独立性"是这一阶段我国粒子物理的主要特点。

2. 起步、加速阶段(1949—1966 年)

这一时期(对应本书第 3 章至第 5 章),我国粒子物理并没有如西方一样适时形成一门独立学科,但却获得了较快的发展。不论是机构、队伍的建立,还是教学、科研的开展;不论是理论的普及与创新,还是实验的筹划与合作,都实现了质的飞跃,与国际的差距日渐缩减。"奋起直追"是这一阶段的主要特色。

3. 挫折、复苏阶段(1966—1981 年)

这一时期(对应本书第 6 章、第 7 章),我国粒子物理虽然历经曲折,并未取得重要成果,但却终于从核物理中脱胎而出,并完成了学科的建制化,为下一步的蓬勃发展奠定了基础。"气候初成、局面渐开"是这一阶段的主要特点。

4. 蓬勃发展阶段(1981—2000 年)

这一时期(对应本书第 8 章、第 9 章),我国粒子物理学科终于度过了"少年期"而发展成熟。虽姗姗来迟,未能登上国际学科发展的高峰而取得硕果,却也小有所成,在国际同行中拥有了一席之地。随着改革开放与科技全球化的进程,我国粒子物理学科在实验(及其装置建设)方面除与国际同行携手并进之外,尚具有"小而精"的特点,而理论方面则已完全融入世界粒子物理学科的发展大潮中而鲜有特色了。

10.1.2　各分支领域的特点

20 世纪的中国粒子物理学,见证了西方近代科学传入我国以来本土化色彩的浸染,直至在全球化趋势下逐渐融入世界科学大潮这一跌宕起伏的发展历程。

粒子物理自核物理中脱胎而出,从而取得独立形态的历史时段为 20 世纪 50 年代初。而我国的粒子物理是伴随着中华人民共和国一起成长、壮大的,对于核物理有着更为密切、持久的依附关系。从近物所到物理所再到原子能所,是长期依附于核物理的粒子物理在我国产生、发展的温床。

通过对 20 世纪中国粒子物理学各分支发展过程的系统考察,可以得出一些粗浅的认识。

1. 宇宙线物理

云南宇宙线观测站的建立是我国宇宙线物理大规模研究的开端。1972 年,"一个可能的重质量荷电粒子"的发现是重要的历史转折点,自此我国的宇宙线研究走上了健康发展的道路。此后,高山乳胶室的建立,羊八井国际宇宙线观测站的中日、中意合作研究,使得我国的宇宙线研究迈入了国际前沿行列,也是我国宇宙线物理持续健康发展的一个新的良好开端。

2. 加速器物理

"七下八上"的高能加速器建设过程如实地反映了我国政治、经济与科技水平的演变。一系列低能、中能加速器的建造提供了高能加速器建造的技术与人才基础。"七五三工程"为我国高能建设带来了转机,"八七工程"激发了我国高能物理工作者的热情,同时为后期建设做了重要铺垫。规模适中的北京正负电子对撞机在符合我国国情及领导人的一贯重视下得以顺利建造成功。这是在"以自力更生为主,争取外援为辅"的大原则下,我国政治、经济与科技等诸方面因素通力合作的结果。

3. 理论粒子物理

在成长过程中,理论物理大师们的领导、示范作用显得尤为重要。层子模型的创立是我国粒子理论研究的第一个高潮。在政治、哲学思潮的影响下,我国粒子理论工作者抓住了契机,他们通力合作,在夸克模型的基础上建立的层子模型就运用了当时国际上领先的强子结构理论。尤为重要的是,通过层子模型的创建,为我国粒子物理学的发展奠定了坚实的知识与人才基础。从化会议的召开是中国理论粒子物理研究的转折点,也打开了粒子物理领域中外交流的大门。此后的中国理论粒子物理研究完全融入了世界粒子物理研究的大潮。

4. 基于加速器的高能实验物理

杜布纳联合原子核研究所的成立为我国高能物理工作者提供了一个接触国际高能物理前沿并展示国人才华的重要平台。王淦昌等人的实验成就的重要意义不仅在于其科学贡献,还体现在科学之外。高能物理研究所的成立是我国高能物理发展史上最重要的转机,而北京正负电子对撞机的建成最终使我国高能实验物理走上了蓬勃发展之路。τ轻子质量、R值的精确测量等实验工作使我国高能物理在世界同行中占据了一席之地。这些科学成就在当今高能物理高潮期已过的平缓发展时期已属于世界一流的工作。

10.2 世纪之交国际粒子物理的发展

在 20 世纪,物理学的研究取得了巨大的进展,尤其是人们在相对论与量子力学的基础上对物质结构的认识,经历了从分子、原子到原子核再到基本粒子几个层次的飞跃。世所公认,20 世纪是物理学的世纪。而粒子物理,则是 20 世纪最为活跃的物理学分支。自 1901 年诺贝尔奖首次颁发始,截至 2020 年,215 位诺贝尔物理学奖获得者中,有 50 多位与粒子物理研究相关,是物理学中获诺贝尔奖最多的一门分支。笔者根据其研究方向的不同,按理论、实验、技术领域将部分与粒子物理研究相关的获奖者罗列如表 10.1 所示:

表 10.1 与粒子物理相关的诺贝尔奖获得者

年份	获奖者	领域
1927	威尔逊(C. T. R. Wilson)	技术
1935	查德威克(J. Chadwick)	实验
1936	赫斯(V. F. Hess)	实验
	安德森(C. D. Anderson)	
1939	劳伦斯(E. O. Lawrence)	技术
1948	布莱克特(P. M. S. Blackett)	技术
1949	汤川秀树(Hideki Yukawa)	理论
1950	鲍威尔(C. F. Powell)	技术

续表

年份	获　奖　者	领域
1951	考克饶夫(J. D. Cockcroft)	技术
	瓦尔顿(E. T. S. Walton)	
1954	博特(W. Bothe)	技术
1957	李政道(T. D. Lee)	理论
	杨振宁(C. N. Yang)	
1958	切伦科夫(P. A. Chelenkov)	技术
	弗兰克(I. Flank)	理论
	塔姆(Игорь Евгеньевич Тамм)	
1959	塞格雷(E. G. Segrè)	实验
	张伯伦(O. Chamberlain)	
1960	格拉塞(D. A. Glaser)	技术
1961	霍夫斯塔特(R. Hofstadter)	实验
1963	维格纳(E. P. Wigner)	理论
1965	朝永振一郎(Sinitiro Tomonaga)	理论
	施温格(J. S. Schwinger)	
	费曼(R. P. Feynman)	
1968	阿尔瓦雷斯(L. W. Alvarez)	技术
1969	盖尔曼(M. Gell-mann)	理论
1976	丁肇中(S. C. C. Ting)	实验
	里克特(B. Richter)	
1979	格拉肖(S. Glashow)	理论
	萨拉姆(A. Salam)	
	温伯格(S. Weinberg)	
1980	克罗宁(J. W. Cronin)	实验
	菲奇(V. L. Fitch)	
1984	鲁比亚(C. Rubbia)	实验
	范德米尔(S. van der Meer)	技术
1988	莱德曼(L. Lederman)	实验
	施瓦茨(M. Schwartz)	
	斯坦博格(J. Steinberger)	
1990	弗里德曼(J. I. Friedman)	实验
	肯德尔(H. W. Kendall)	
	泰勒(R. E. Taylor)	

年份	获奖者	领域
1992	夏帕克（G. Charpak）	技术
1995	佩尔（M. L. Perl）	实验
	莱茵斯（F. Reines）	
1999	埃图夫特（Gerardus't Hooft）	理论
	韦尔特曼（M. Veltman）	
2002	戴维斯（R. Davis）	实验
	小柴昌俊（M. Koshiba）	
2004	维尔泽克（F. Wilczek）	理论
	格罗斯（D. J. Gross）	
	波利泽（H. D. Politzer）	
2008	南部阳一郎（Yoichiro Nambu）	理论
	小林诚（Makoto Kobayashi）	
	益川敏英（Toshihide Maskawa）	
2013	恩格勒特（F. Englert）	理论
	希格斯（P. W. Higgs）	
2015	梶田隆章（Takaaki Kajita）	实验
	麦克唐纳（A. B. McDonald）	

注：表中技术领域部分人员除了在加速器或探测器的发明或改进上有所贡献之外，还做出了相关的实验成就，并因其总体成就而获奖。

在半个世纪迅猛发展的基础上，粒子物理置身于世纪之交，无论是理论研究，还是实验探索，都面临着一个新的发展关口。

10.2.1 理论粒子物理的发展

经量子电动力学的启发与非阿贝尔规范场理论的奠基，将量子色动力学与弱电统一理论相组合而建立起来的 SU(3)×SU(2)×U(1) 规范理论，即描述强、弱和电磁三种相互作用的标准模型，是 20 世纪粒子物理理论最辉煌的成就。

在描述、计算、预言微观粒子世界的几乎所有现象方面，标准模型是非常成功且有效的。只需输入几个精确测量的物理量，利用标准模型便可以计算得出达到当今世界最高水平的测量精度，且与实验相符合的结果。但是，标准模型中含有至少 19 个像粒子质量、相互作用耦合常数以及混合角等理论不能预言的参数，还存在一些实验中尚待确认的，如中微子质量是否为 0、希格斯粒子是否存在等问题，此外还存在着一些它无法回答的关于粒子物理的基本问题，如为何只存在三代费米子，轻子和夸克是否有内部结构，能否将四种基本相互作用都统一起来，CP 破坏是怎样产生的，是否存在由反粒子构成的反物质天体，暗物质是否存在等。李政道认为，粒子物理跨世纪的两大难题就是对称性自发破缺与夸克禁闭。[271]

由于存在以上诸多问题,物理学家对标准模型并不满意,很多人认为标准模型可能不是描写高能粒子现象的完备理论,而只是一个完备理论的低能近似,并相信一定存在着超标准模型的新物理。理论物理学家们进行了一些非标准模型的理论探索,构造这种理论的一个共同原则是在低能下给出标准模型的结果。这些超标准模型都是在量子场论和规范原理的框架下,基于粒子可能存在的内部结构,或者基本相互作用可能具有的对称性的考虑来构造的,相继出现了人工色理论、水平对称性、左右对称性、弱电强大统一理论、超对称大统一以及粒子复合理论。虽然这些理论大多能回答标准模型无法回答的问题,但由于它们会产生出新的问题,或者给出与实验不符的预言,至今没有一个能成为描写高能粒子现象的完整理论。

唯一例外的是格林(M. Green)、施瓦兹(J. H. Schwarz)等提出的超弦理论,它用一维弦代替原来量子场论中的点,理论中只有一个参数,且能统一地描写所有粒子和包括引力在内的所有基本相互作用。尤其吸引人的是,只有在十维时空的情况下,超弦理论才能自洽地描写所有相互作用,且仅存在五种模型。它们之间存在着某种联系,因而一些理论研究者认为可能存在一种非微扰量子场理论——M 理论,它可以统一地描写这五种模型。研究和寻找 M 理论成为这个方向研究的热点,也是目前基本理论最活跃的领域。[272]

10.2.2　高能加速器与高能实验物理的发展

标准模型取得了巨大的成功,以至于几次诺贝尔物理学奖都授予了与其相关问题的研究。20 世纪在标准模型尚未证实的问题中,最突出的莫过于希格斯场和粒子的问题。全面、系统且精确地检验标准模型、搜寻希格斯粒子是世纪之交高能物理实验的最主要目标,基于加速器的高能物理向两个方向发展——高能量与高精度。为获得高能量、数目多的事例以研究与中间玻色子 $W^{\pm}$ 与 Z^0、t 夸克和希格斯有关的物理问题,人们设计、制造了高亮度的粒子对撞机(FNAL、CERN);而为了获得数目多、本底少的"干净"事例以适应精确检验和对稀有事例的研究需要,人们又设计、制造了阈能在含 b 夸克的 B 介子产生阈的正负电子对撞机——B 工厂(美国 SLAC、Conel、日本 KEK),其中一个重要的目的是研究 CP 破坏问题,此外还有 Φ 工厂(意大利弗瑞斯卡蒂)、τ-c 工厂以及用来仔细探测强子结构以检验 QCD 的 ep 对撞机(DESY)。

2012 年,欧洲核子研究中心(CERN)的科学家利用大型强子对撞机 LHC 发现了令人期待已久的希格斯粒子。该发现于翌年得到确认后,提出该理论的两位科学家当年即获得诺贝尔奖。

粒子物理的另一个发展方向是关于非加速器物理的研究。它利用设计制造性能独特的探测系统来探测宇宙线,期望从中发现新现象。例如,观测太阳中微子与大气中微子的设备、在水中布设体积庞大的探测系统以探测超高能中微子的设备,以及安装在卫星上探测宇宙中反物质的 α 磁谱仪。中微子物理实验研究在近年来取得了重大突破,实验发现中微子有质量,不同的中微子之间有振荡,精确测量中微子混合参数的实验研究是很长一段时间内国际粒子物理研究的热点。

自 1932 年考克饶夫与瓦尔登建成世界上第一台直流高压加速器以来,几十年间,正如著名的"利文斯顿图表"(如图 10.1 所示),高能物理研究的等价束流能量每隔 7 年要增长 10 倍,至 20 世纪末已有 9 个数量级的惊人增长。[273]而在造价方面,由于加速器技术的改进,每单位能量的造价降低了约 4 个数量级。[274]一种加速器被发明之后,经过改进、提高,能量逐年有所上升,但曲线逐渐趋于平缓,说明已达到该型加速器在原理上、技术上或经济上的限度,将为新型的机器所代替。在新建与在建的高能加速器中,美国 BNL 的相对论性重离子对撞机 RHIC 于 2000 年正式运行。该加速器驱动两束金离子束流对撞,制造出“夸克胶子等离子体”,物理学家们试图利用它来研究宇宙起源的最初状态。而欧洲 CERN 的大型强子对撞机 LHC 束流能量达到 2×7 TeV,被设计用于发现希格斯粒子和超对称粒子。环形正负电子对撞机在向高能区发展时遇到了同步辐射能量损失随束流能量的 4 次方增长的困难,因而直线型正负电子对撞机得到了世界各国的重视。20 世纪末,世界上已有一台线型正负电子对撞机(即美国 SLAC 的 SLC)在运行中,另有四台能量为 2×250 GeV 的线型电子对撞机在设计研究中,分别是美国 SLAC 的 NLC、日本 KEK 的 JLC、德国 DESY 的 TES-LA 与欧洲 CERN 的 CLIC。[275]高能加速器耗资巨大,以至于单独一个大学或研究所很难承受大型高能加速器的建造,故而走向了多单位甚至多国合作的道路,BNL、CERN 就是很好的范例。

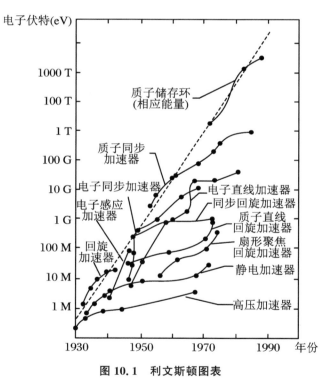

图 10.1 利文斯顿图表

10.3 世纪之交中国粒子物理的新发展

中国作为国际粒子物理研究的后起之秀,在 20 世纪 90 年代获得了蓬勃发展,从而在国际粒子物理学界占据了一席之地。随着经济实力的日渐增强,21 世纪的中国在高能实验物理的装置建设与实验方面有了可观的进步。

10.3.1　基于加速器的高能实验物理与高能装置建设

高能所如今已成为世界八大高能加速器中心之一。在 BEPC/BES 上所取得的重大成果表明,τ-c 能区仍具有诱人的物理前景,从而成为国际高能物理精确测量前沿的热点之一,以至于竞争日趋激烈。美国康奈尔大学甚至将其加速器 CESR 的能量降至 τ-c 能区(称为 CESRc)与 BEPC 竞争,这是由中国的重大研究成果所产生的国际基础研究罕见的热点。

2003 年 7 月,北京谱仪国际合作组宣布:在 5800 万 J/ψ 事例的数据分析中,发现了一个新的共振态粒子,质量为 18.59 亿 eV,自旋为 0。这个重要发现引起了国际高能物理界的高度重视。德国著名强子谱学专家 E. Klepmt 教授将该粒子称为"北京谱仪粒子",并将这一研究成果列入研究生教材。欧洲核子研究中心的著名理论物理学家 J. Ellis 和美国斯坦福直线加速器中心的理论物理学家 S. J. Brodsky 分别在有关文章和国际会议报告中称最近这些新发现"令人惊异""增强了发展强相互作用理论的必要性",说明了"进行 e⁺e⁻ 对撞实验的重要性"。李政道也致信高能所表示祝贺,信中评价称:"这是一个十分重要的成果,也是物理学上很有意义的工作。"[276]

2005 年,BES 实验明确地发现一个新粒子并观测到其完整共振峰结构,质量和寿命与质子-反质子末态测量值一致,该粒子暂被命名为"X1835"。该发现有力地支持了"质子-反质子"束缚态存在的理论解释,在国际会议上报告后,立刻引起非常强烈的反响。国际轻子-光子大会主席 Tord Ekelof 教授认为:"这可能是首次观测到物质和反物质可以通过强作用力形成束缚态的证据,因而非常重要。"[277] 实验结果所整理成的文章被《物理评论快报》直接收录。

此外,BES 合作组曾在 2004 年发现"质子-反Λ重子"质量阈值奇特增长结构、"K 介子-Λ 重子"质量阈值的奇特增长结构,观测到 σ 粒子和 κ 粒子,后来又在"K 介子- K 介子"质量阈值附近和"ω 介子- φ 介子"质量阈值附近发现了新的共振结构,它们有可能来自多夸克态和混杂态粒子。这一系列成果是北京谱仪实验首次发现新粒子和新的奇特物理现象,说明中国在多夸克态粒子研究这一国际最前沿热点领域已处于领先地位。

在同步辐射应用研究方面,中国科学院生物物理所和清华大学结构生物学研究室合作,于 2003 年利用 BSRF 生物大分子晶体学实验站,首次绘制出 SARS 病毒蛋白酶大分子结构,极大促进了 SARS 防治与药物研究。中国科学院生物物理研究所、植物研究所于 2004 年初利用 BSRF 合作完成的"菠菜主要捕光复合物(LHC-II)2.72 分辨率的晶体结构"研究成果在《自然》杂志上以主题论文的方式发表,该晶体的结构彩图被选作该期杂志的封面照片。近来,BSRF 已被多个学科越来越多的研究项目选作创新研究的重要手段。

随着在国际高能物理界学术地位的不断提高,中国相继承办了多次与高能物理相关的国际会议,如第 17 届国际轻子光子相互作用会议(1995 年)、第 19 届国际自由电子激光会议(1997 年)、第 32 届国际高能物理会议(2004 年)等。

自 1984 年投资总额达 2.4 亿元的 BEPC 破土动工之后,国家又于 1994 年投入 3500 万元对其进行改造,并于 1999 年通过鉴定。改造后的加速器峰值亮度提高了 1 倍,而探测器亦由 BES 升级至 BESⅡ,其性能有了较大提高。国家科教领导小组自 1999 年将年度运行费从 2700 万元增加到 5000 万元,并在三年内提供了 9000 万元的改进经费。

在国际高能物理学界基于加速器的高能实验物理向高能量与高精度两个方向发展的局

势下,中国紧紧跟上了国际发展的步调。在高能量的方向上,中国积极参与国际未来加速器委员会大型正负电子直线对撞机的国际合作,开展其方案与技术的研究工作。而在高精度的方向上,中国则以 BEPC/BESⅡ 为基础,开始对之进行大幅度的升级改造。

为了在包括胶子球寻找和粲夸克偶素谱研究等 τ-c 物理前沿课题取得具有世界领先水平的重大物理成果,需要获取 10^9 数量级 J/ψ、ψ′ 事例。而若按 BEPC/BESⅡ 的运行高度来推算,需要百余年,显然不现实。这就需要对撞机的高度有数量级的提高,同时相应提高探测器的精度、高度。[278] 同时,由于美国康奈尔大学 CESRc 加速器的竞争,BEPC 在国际上 τ-c 物理实验研究中一枝独秀的局面即将成为历史。面对着激烈国际竞争的严峻挑战,中国高能物理学家自 20 世纪 90 年代中期便开始讨论、计划对 BEPC 进行改造。2003 年,国家发展和改革委员会批准了中国科学院提出的《关于审批中国科学院北京正负电子对撞机重大改造工程项目建议书的请求的通知》。该项目对 BEPC/BESⅡ 进行重大改造,建成性能优越的 BEPCⅡ/BESⅢ,在对撞机现有隧道内新建了一个储存环,采用多束团、大交叉角对撞方式,使北京正负电子对撞机成为当前国际上最先进的双环对撞机,其正、负电子对撞的束团数目从单环时的 1 对增加到 97 对,亮度提高约 2 个数量级;BESⅢ 提高测量精度,减少系统误差,并适应 BEPCⅡ 的高计数率运行要求。BEPCⅡ 的建造保持现有同步辐射的光束线和实验站,改造期间将基本做到年同步辐射光专用运行时间不减少。整个工程总投资预算为 6.4 亿元(其中申请国家投资 5.4 亿元,中国科学院通过包括国际合作在内的多种途径筹集资金 1 亿元),于 2009 年投入运行。BEPCⅡ 的物理目标是在 τ-c 能区进行精确测量,探索新的物理现象。采用双环方案改造后的北京正负电子对撞机,亮度是康奈尔大学 CESRc 对撞机设计亮度的 3 至 7 倍,使中国成为继美国、日本、意大利之后第四个拥有双环对撞机的国家。

BEPCⅡ/BESⅢ 建成后开展的重要研究包括寻找胶子球、夸克-胶子混杂态和奇异粒子等新粒子;精确测量 CKM 矩阵元;探求粲夸克偶素谱及衰变性质;研究轻强子谱和重子激发态等。根据专家当时预计,BEPCⅡ 建成后的科学寿命至少在 15 年。此外,工程建设大量采用射频超导、高功率微波、高精度电磁场、超高真空、高性能大型超导磁铁等一系列国际上最先进的高精尖技术。这些技术的引进、发展和推广,也大大提高了中国相关高科技产业的水平。

在本土的高能研究之外,中国科学家也参与了国际高能物理领域的最前沿研究,包括欧洲核子研究中心 LHC 上的 CMS、ATLAS、AMA 等实验[279],并做出重要贡献。

在 LHC 发现希格斯粒子之后,2012 年 9 月,高能所所长王贻芳提出了环形正负电子对撞机-超级质子对撞机(CEPC-SPPC)的设想。该方案很快引起国内外高能物理界的极大兴趣。2013 年,高能所联合国内多所高校与科研机构的 120 多名物理学家成立 CEPC-SPPC 工作组,以缜密调研该方案的可行性。此后,以美国普林斯顿高等研究院物理学家尼玛·阿卡尼-哈米德为主任的未来高能物理中心在北京成立,旨在帮助建立大对撞机所需的物理案例。

2016 年以来,高能物理所关于 CEPC-SPPC 的建造计划在科学界引发了史无前例的激励争论。杨振宁、丘成桐等多位著名华裔科学家与世界各地多位诺贝尔奖级物理学家参与了这场到底要不要建造耗资千亿元、可能使中国成为世界高能物理中心的巨型加速器的争论。这场争论不仅反映出公众对于国家科学事业的关心,也反映出中国对于大科学工程建设决策日趋理性、公开与公正。

10.3.2　非加速器物理

在非加速器粒子物理方面,中国除了在西藏羊八井国际宇宙线观测站与日本、意大利开展合作以及参加丁肇中所领导的阿尔法磁谱仪国际合作组等研究工作之外,也将注意力投向中微子物理实验方面,特别是利用大亚湾核电站的优越条件开展此方面的研究。

2006 年,依据在羊八井宇宙线观测站的"西藏大气簇射探测器阵列"所获得的积累近 9 年之久的 400 亿个观测事例的实验数据的系统分析,中日两国物理学家在《科学》杂志合作发表了有关高能宇宙线各向异性以及宇宙线等离子体与星际间气体物质和恒星共同围绕银河系中心旋转的最新结果。该项成果被《科学》杂志誉为宇宙线研究领域的里程碑式的重要成果。

大亚湾实验站于 2003 年开始计划建造,经过了 4 年的酝酿与 4 年的建设,于 2011 年正式开始运行取数,并于 2012 年 3 月 8 日发现了一种新的中微子振荡,以前所未有的精度,测得其振荡大小为 0.092,误差为 0.017,无振荡的可能性仅为千万分之一[279]。这是高能物理研究的重大成果,得到了国际科学界的热烈反响。《科学》杂志将其评为 2012 年十大科学突破之一,此成果也获得了 2016 年度国家自然科学一等奖。随后,大亚湾实验站又分别于 2016 年和 2017 年在"反应堆中微子反常"领域取得重大研究成果[280]。经历了 10 年的运行取数后,大亚湾中微子实验站于 2020 年 12 月停止工作。

在暗物质探测方面,位于四川雅砻江锦屏水电站的"中国锦屏地下实验室"于 2010 年 12 月建成。清华大学、上海交通大学等单位的实验物理团队先后入驻该实验室。其中,由上海交通大学牵头,上海应用物理研究所、山东大学、北京大学以及美国的密歇根大学、马里兰大学,与雅砻江流域水电开发公司联合参与的 PandaX 项目利用液氙探测暗物质;而清华大学牵头的 CDEX 项目则利用高纯锗探测器探测暗物质。该实验室的工作引起了国际同行的广泛关注。

中国高能物理的最新重大研究计划就是江门中微子实验和大型高海拔大气簇射观测站(LHAASO)。江门中微子实验是由中国主持,国际多方参与的大型中微子实验,2008 年提出方案,于 2015 年 1 月启动建设,2022 年 6 月完成探测器主结构安装,设计科学寿命 30 年,江门中微子实验吸引了 300 多位国际合作者参加,该实验的目标是利用反应堆中微子振荡确定中微子质量顺序,对高能物理的研究具有重大意义,同时也是中国在重大核心科学问题上展开的一次激烈国际竞争。LHAASO 是"十二五"期间启动的国家重大科技基础设施项目。2015 年 12 月获得国家发改委批准立项,总投资约 12 亿元,由中国自主研发。整个观测设施由电磁粒子探测器阵列、缪子探测器阵列、水切伦科夫探测器阵列、广角切伦科夫望远镜阵列等组成,目标是捕捉宇宙中飞来的高能粒子。2017 年 6 月 LHAASO 在四川稻城开始动工建设,由于其超高的灵敏度和优秀的建造质量,部分探测器运行半年之后,就在伽马天文方面获得重要成果,展现了其巨大的科学发现潜力。LHAASO 和江门中微子实验建成后将使中国在宇宙线和中微子研究方面达到国际领先水平。

10.3.3　理论粒子物理

相对于高能实验物理,中国在理论粒子物理研究方面已完全融入了世界大潮中,难以表现出鲜明的本国特色。中国的粒子理论工作者已紧紧地跟上国际粒子理论发展的潮流,在标准模型的唯象理论研究、格点规范理论、超对称理论、超弦理论、拓扑量子场论等各前沿方面都做出了一定的贡献。尤其是在 BEPC 建成之后,又进一步加强了中国粒子理论工作者与实验工作者之间的密切合作。

处于世纪之交的中国粒子物理学,正如高能所前所长陈和生所言,应当面向世界科学前沿,结合中国的国情,认真制定中国粒子物理的发展战略。在国内利用 BEPC 的基础,开展投资相对较少的粲物理精确测量前沿的研究。同时,选择有特色非加速器物理实验,如粒子天体物理实验、宇宙线观测、中微子物理实验等。建设好羊八井国际宇宙线观测站,力争取得重大物理成果。尽快实现硬 X 线调制望远镜巡天,寻找硬 X 射线点源。应大力加强国际合作,加强规划和组织,坚持"有所为,有所不为",增加投入,重点搞好 LHC 实验,并积极部署大型直线对撞机的国际合作。高能物理研究基地还应积极为其他学科提供先进手段和大型平台,例如同步辐射装置、散裂中子源、自由电子激光等。[281] 当然,这里主要指的是实验粒子物理。

就科学技术本身的发展状况而论,高能物理经过几十年高潮迭起的发展,已进入了一个相对平缓的发展时期,近年已鲜有激动人心的理论或实验或技术上的重大发现或发明,这也或多或少地影响了人们对于高能物理的热情。但作为自然科学领域内最前沿的基础学科之一,高能物理对于微观粒子与基本相互作用的研究可为人们揭示物质深层次的规律,且为各门自然科学提供必要的基础。而将高能物理与天体物理相联系,更能深化人们对宇宙本身发展与演化规律的认识。进行高能物理研究仍然十分重要,作为一个大国,从事高能加速器建造与高能物理研究对于中国发展基础科学来说也是不可或缺的,不过这需要结合经济条件量力而行。北京正负电子对撞机正是一台适合中国国情、规模适中的高能加速器。在世界范围内高能物理平缓发展的状况下,BEPC/BES 上所做出的成就已算得上是硕果累累了。

除了在高能物理实验研究方面取得了重要进展,使中国在国际高能物理研究领域占有了一席之地之外,BEPC 等大科学设备的建成对我国的机电工业技术的进展也起到了极其重要的促进作用,大幅度推动了中国在微波和高频技术、快电子学技术、超真空技术、高精度电磁铁与高稳定度电源技术、同步辐射光学工程技术的进步以及专项技术的转移和新产品的开发。此外,高能物理研究所开通了我国第一条国际计算机高速通信线路,使中国与欧、美、日等国的高能物理国际合作研究组之间通过国际计算机网络进行及时快捷的联络。在国内最先为上千位科学家提供了电子邮件服务,且在我国信息高速公路工程中起到了先驱作用。[249] 特别是同步辐射装置已经成为物理学、化学、生物学、医学、农学、材料科学、微机械和电子工业在研究与应用方面的一个强有力的工具,并形成了一个多学科交叉、融合的中心,其重要性已经广为科技界所认可。

中国的粒子物理学科,经过 20 世纪上半叶的萌芽与奠基、中华人民共和国成立至 20 世纪 60 年代中期的起步与加速、"文革"至 80 年代初的挫折与复苏,直至后来的蓬勃发展,走过了一条基于自力更生的曲折发展之路。通过几代"高能人"的努力,中国终于在国际高能物理学界占据了一席之地。可以预料,我国在经济发展的基础上,通过广泛开展国际合作与自主创新相结合,必将逐渐缩小与发达国家的差距,最终步入国际粒子物理研究的前列。

小　结

通过对世纪之交中国粒子物理学发展的考察,可以得出以下认识:

① 以中华人民共和国成立、"文革"爆发与高能物理学会成立为坐标事件,将 20 世纪分为四个阶段,并分别以"萌芽、奠基""起步、加速""挫折、复苏""蓬勃发展"予以概括。可以看出,各阶段中国的粒子物理发展各有特色。前三阶段表现为"非独立性""奋起直追""气候初成、局面渐开",而第四阶段则因融入国际,实验方面"小而精",理论方面已鲜有特色。

② 在宇宙线物理、加速器物理、理论粒子物理、基于加速器的高能实验物理等各分支领域,20 世纪中国粒子物理都获得了不同的发展,也各有其不同的经验与规律。

③ 粒子物理学是 20 世纪最为活跃的物理学分支,获得了迅猛的发展。理论方面以标准模型为代表,呈逐步突破标准模型的趋势。实验方面,基于加速器的高能物理向高能量与高精度两个方向发展;非加速器物理则以宇宙线观测为代表,中微子研究尤其突出。

④ 世纪之交的中国粒子物理在多方面取得了重要成就。加速器物理方面,随着 BEPC/BES 的升级改造,实验研究获得了大批有意义的成果;非加速器物理方面,无论是中日、中意合作的羊八井实验,还是中微子、暗物质探测,都建成了系列的研究装置。尤其在中微子振荡方面,获得了举世瞩目的重要成果。中国在宇宙线和中微子研究方面逐渐达到了国际领先水平。而在理论粒子物理研究方面,中国学者稳步前进,已完全融入国际大潮。

◆ 下　篇 ◆

中国粒子物理学家的学术谱系与学术传统

第 11 章　留学归国的物理学先驱与早期的学术谱系

韩国学者张水荣曾言,在 20 世纪早期,美国物理学家如果没有在欧洲学习 1—2 年的经历,就会认为自己所受的教育是不完整的。[50]这反映出美国物理学家的学术谱系对于欧洲的承继。与此相似,中国物理学家的学术谱系发源自欧美,植根于本土。

11.1　20 世纪前 20 年物理学留学生的回归

早在 17 世纪,中国就有人赴欧洲留学。至 19 世纪上半叶,已有约百人远赴欧洲学习。[282]19 世纪下半叶,清政府开始向海外派遣留学生,其中尤以 19 世纪 70 年代派遣的 4 批留美幼童影响最大。但这些留学生,基本上与物理学无关,饱受西方列强坚船利炮之苦的清政府,着力培养的是工矿、铁路、航运、电报等领域的先进技术人才,而非基础科学研究者。其间偶有曾学习物理者,如杨德望、高类思①[283]二位,凤毛麟角,但他们并未能使其所学物理知识在中国土地上开花结果。这种状况,直到 20 世纪初才有所改变。

11.1.1　中国本土物理本科教育的开始

至清朝末年,已有近 10 位中国学子赴欧、美研习物理(如表 11.1 所示)。② 其间学成归国的,从笔者所掌握的资料来看,仅有李复几(1908 年)、何育杰(1909 年)二位。作为第一位获得物理学博士学位的中国人,李复几回国之后并未从事物理学教学与研究工作,因而对我国物理学发展未能产生重要影响,[284]本书也未将其列入主要讨论范围。而何育杰为此后中国物理学的建立与发展发挥了重要的作用,严济慈曾将其与夏元瑮同尊为"我国最早而最好的物理大师"[285]。回国后,何育杰任母校京师大学堂格致科教习。1912 年,京师大学堂改为北京大学,格致科也随之改为理科,而何育杰的教习之职也相应地改为教授。他是国内最早开设量子论课程的人。[286]就在 1912 年,夏元瑮自德回国,担任理科学长和物理学教授。翌年,中国本土的物理本科教育从北京大学开始。彼时两位电气工程专业毕业的留学生张大椿、张善扬来到北京大学,他们任教几年后离开[90],也就此告别了物理界。上述几位正是我国第一批物理本科生的培养者。1914—1915 年,梅贻琦、李耀邦先后回国,分别任教于清华学堂与南京高等师范学校,开展两校的物理教育。此后于 1918—1919 年,胡刚复、丁燮林

---

① 杨德望与高类思二人皆于 1751—1765 年间留学法国,曾学习物理并做过实验。
② 除表 11.1 所示之外,在 20 世纪初赴海外学习物理的大学生还包括李复几(1901 年赴英国伦敦国王学院)、文元模(1906 年赴日本东京帝国大学)等。

二位物理留学生又先后回国。胡刚复到南京高等师范学校接替离任的李耀邦；丁燮林到北京大学，使该校的物理学科实力得以增强。

表 11.1　20 世纪前 20 年自欧美留学归国的物理学家

姓　　名	生卒年	国内就读学校	出国年	国外就读学校及所获学位	回国年	回国工作单位
何育杰	1882—1939	京师大学堂	1904	英国维多利亚大学，学士	1909	京师大学堂、北京大学
夏元瑮	1884—1944	南洋公学	1905	美国伯克利学校、耶鲁大学，德国柏林大学，学士	1912	北京大学
梅贻琦	1889—1962	保定高等学堂	1909	美国伍斯特理工学院，学士	1914	清华学堂
李耀邦	1884—1939	不详	1903	美国芝加哥大学，博士	1915	南京高等师范学校
胡刚复	1892—1966	震旦学院预科	1909	美国哈佛大学，博士	1918	南京高等师范学校
丁燮林	1893—1974	南洋公学	1904	英国伯明翰大学，学士	1919	北京大学
张大椿	1883—1978	复旦公学	1905	美国耶鲁大学，学士	1909	中国公学、北京大学
张善扬	1888—？	复旦公学	1908	美国康奈尔大学，学士	1912	北京大学

在上述欧美留学生归国之前，中国的基础物理教育在一定程度上，要归功于自日本学成归来的物理留学生。除在大批师范学校、学堂与中学任教的留日学生之外，还有多位在高等师范以及后来的大学开展物理教育，并产生重要影响者(如表 11.2 所示)。[287-288]民国时期著名的六大高等师范学校①讲坛，多由留日学者执掌。尤其需要提出，作为北京高等师范学校物理学科的开创者，张贻惠在国内率先教授"原子构造论"课程，开创我国高校原子物理教学之首。周昌寿则就职于商务印书馆，致力于物理学著作的编译工作，较早地翻译了相对论的文章并在国内传播，最早、最全面地介绍了量子论的成就[288]189-190。

表 11.2　20 世纪前 20 年自日本留学归国的物理学家

姓名	生卒年	出国年	日本就读学校	回国年	回国工作单位
黄际遇	1885—1945	1902	东京高等师范学校	1906	天津高等工学堂、武昌高等师范学校
杨立奎	1888—？	1904	东京高等师范学校	1912	北京高等师范学校
吴南薰	1881—1962	1905	东京帝国大学	1913	武昌高等师范学校
郭鸿鎏	不详	不详	京都帝国大学	1914	成都高等师范学校

---

①　包括南京高等师范学校、北京高等师范学校、武昌高等师范学校、广东高等师范学校、成都高等师范学校、沈阳高等师范学校。

姓名	生卒年	出国年	日本就读学校	回国年	回国工作单位
张贻惠	1886—1946	1904	东京高等师范学校、京都帝国大学	1914	北京高等师范学校
蔡钟瀛	1887—1945	1905	东京帝国大学	1915	北京高等师范学校
周昌寿	1888—1950	1906	东京帝国大学	1919	商务印书馆
赵修乾	不详	不详	东京帝国大学	1919	沈阳高等师范学校
柳金田	不详	1901	东京帝国大学	1919	广东高等师范大学

在 20 世纪的前 20 年,自国外学成归来,为中国物理学开辟草莱的主力,仅上述数位先驱。

11.1.2　归国留学生的专业背景与此后的工作

从表 11.1 可以看出,这些在国内仅受中等教育然后留学欧美的中国物理学拓荒者中,在国外得到博士学位者在比例上并不占优势,仅有到南京高等师范学校(以下简称"南京高师")任教的李耀邦与胡刚复二位。李耀邦留美十余年,在博士阶段,他师从密立根从事电子电荷测定的实验研究,通过改进密立根以油滴实验测定电荷值的设备,使之普遍适用于测定各种固体微粒的基本电荷。其实验结果令人信服,证明了电子的普遍存在,加深了密立根工作的意义。[289] 而胡刚复赴美亦近十载,在杜安(W. Duane)指导下从事 X 射线光谱研究。他首次精确地测定了金属物质的临界吸收频率、临界电离频率和特定 X 射线系相关的最高特征辐射频率,并论述了三者之间的关系。他还首次在 X 射线频率范围内测定光电子在不同方向的速度分布和 X 射线散射的空间分布及其光谱特性,明确了选择性光电效应和选择散射的存在,确定了 X 射线光电子的最大发射速度。这些成果对于确定 X 射线谱项结构、揭示原子发射 X 射线的机制、理解原子芯电子构造具有重要意义[83]。从事最前沿的物理学研究,使得他们具备了宽广的学术视野。正因很多(后来的)物理留学生具有与李耀邦、胡刚复二位相似的背景,才使得中国物理学虽起步较晚,但起点不至太低。

李耀邦在南京高师教授物理时间不长,2 年后即离任转入宗教领域。但无疑,他为南京高师的物理教育带来了一个良好的开端。之后接任的胡刚复则在几年之内(1918—1925 年)奠定了该校物理学科百年基业,为以后的发展立下不世之功,也成就了他一代宗师的地位。他在南京高师首开物理实验课程,领全国风气之先。当然,胡刚复在发展中国物理学方面的不朽功勋绝不仅限于在南京高师(东南大学、第四中山大学)的几年。他还为上海大同大学(1918—1950 年)、厦门大学(1926—1927 年)、中研院物理研究所(1928—1931 年)、交通大学(1925—1926 年,1931—1936 年)、浙江大学(1936—1949 年)、天津大学(1949—1952 年)、南开大学(1952—1960 年)等各单位的物理教学与研究做出了重要贡献。特别是在人才培养方面,他启蒙了我国物理学发展早期至关重要的一批物理学家。张绍忠(1919 年毕业于南京高师)、吴有训(1920 年毕业于南京高师)、严济慈(1923 年毕业于南京高师)、赵忠尧(1924 年毕业于南京高师)、施汝为(1925 年毕业于东南大学)、何增禄(1927 年毕业于东南大学)、顾静徽(1923 年毕业于大同大学)、钱临照(1929 年毕业于大同大学)等,就是其中的杰出代表。吴有训就是在"胡刚复教授的指导下,对 X 射线研究产生浓厚兴趣"[290],也为他以后的伟大成就埋下了伏笔。严济慈当时也"受益匪浅"[291],并且在毕业后得到胡刚复的资助而赴法国留学。[292]

在表 11.1 中,有 5 位先驱回国后即刻或不久到京师大学堂、北京大学任教。留学英伦之时,何育杰在曼彻斯特大学曾先后求学于著名物理学家舒斯特(S. A. Schuster)与后世称为"原子核物理学之父"的卢瑟福,打下了近代物理学的基础。而夏元瑮先后留学美、德,曾受业于量子论的开创者普朗克(M. Planck),同样学术功底扎实。虽然他们并未在留学期间获得博士学位,但因为受到了名师的教育,修得优秀的学术素养,由他们二位掌舵的北京大学物理学科很快就奠定了一个良好的基础。

在何育杰、夏元瑮开创基业之后,张大椿、张善扬即刻加入。此外还有王鎏、李祖鸿等人,但他们于几年之内离开,这里不再重点讨论。丁燮林于 1919 年到校,适时补充了师资。而于 1916 年毕业的第一届本科生孙国封、丁绪宝也先后留校任助教,但为时较短。毫无悬念地,北京大学当时的物理师资力量之雄厚,居全国之首。事实上,当时的中国,开展物理学高等教育的学校仅有北京大学与 6 所高等师范学校而已。其中,也仅有胡刚复所领衔的南京高师能与北京大学相提并论。何育杰、夏元瑮二人都曾主讲过"原量论"(即量子论)课程,夏元瑮还曾开设原子构造论、波动力学、相对论等课程。[90]

表 11.2 中留日学者大多在国外的时间相对较长,在日本完成了高中教育后进入大学,本科毕业后返国,成为几所高等师范学校物理教学的主力。从京师大学堂师范馆独立出来的北京高师,师资力量尤其强大。同中国一样,日本的现代物理学移植自西方,甚至在 19 世纪中后期,主要借助于汉译物理书籍引进物理学。但在甲午战争之后,这种方向发生了逆转。清政府不仅聘请了大批日籍教师到各新兴学堂任教自然科学,也同时派出了大批赴日留学生,待他们学成归国后取代之前引进的日籍教师。但相比较而言,20 世纪早期,日本仍然处于向西方学习的阶段,其科学、教育水平远未达到与欧美比肩的程度。因此,赴日留学生比起赴欧美的留学生而言,所受教育培养与科学训练也显逊色。因而他们的科学成就与人才培养之功在中国现代物理学史上不如欧美留学生醒目。但在科学启蒙时代的中国,这些分布于各中等学堂和高等师范的留日学者,在教育教学上的贡献,着实功不可没。张贻惠就是其中的一个典型代表。除长期执掌北京高师(北京师范大学)物理学科(1915—1922年、1924—1928 年、1929—1933 年)之外,他还在中央大学(1928—1929 年)、北平大学(1933—1937 年)、西北大学(1937—1946 年)、西北师范学院(1937—1941 年)等多所高校任职,为这些学校的物理学科发展立下了荡荡之勋。他不仅为国内开设原子物理课程的第一人,还在引介相对论等国外最新物理理论,将现代物理知识引进国内做出了贡献。[83]需要指出的是,1922—1924 年间,张贻惠曾访学欧美,因而也得到了西方科学传统的浸染。

11.2 1932 年之前归国物理学者队伍的扩大

进入 20 世纪 20 年代之后,自海外留学归来的物理学者逐渐增多。在 1932 年中国物理学会成立之前,中国物理学家已形成了一定的规模。此时,国内的物理教育、科研机构也有所发展,中国物理学科的百年基业已初步奠定。

11.2.1　先驱者的陆续回归

从 20 世纪 20 年代开始,归国的物理留学生络绎不绝,到 1930 年,那些堪称中国物理学先驱者的物理学家们大部分已经回归(如表 11.3 所示)。他们大多在国外获得了博士、硕士学位,有些人还具有一定的国外教学、科研经历。回国之后,他们很快撑起了中国物理学的一片天。

表 11.3　1920—1932 年留学归国的物理学家

姓名	生卒年	国内就读学校	出国年	国外就读学校、所获学位	回国年	回国工作单位
颜任光	1888—1968	不详	1912	美国康奈尔大学、芝加哥大学,博士	1920	北京大学
文元模	1893—1947	不详	1906	日本东京帝国大学,学士	1920	中央大学、北平师范大学、北京大学、辅仁大学
饶毓泰	1891—1968	南洋公学	1913	美国芝加哥大学、普林斯顿大学,博士	1922	南开大学、北研院、北京大学、西南联大
李书华	1889—1979	直隶高等农业学校	1913	法国图卢兹大学、巴黎大学,博士	1922	北京大学、中法大学、北平大学、北研院
杨肇燫	1898—1974	上海工业专科学校	1918	美国麻省理工学院,硕士	1922	南京高等师范学校、北京大学、中研院、山东大学
查谦	1896—1975	金陵大学	1920	美国明尼苏达大学,博士	1923	金陵大学、中央大学、武汉大学、华中工学院
叶企孙	1898—1977	清华学校	1918	美国芝加哥大学、哈佛大学,博士	1924	东南大学、清华大学、西南联合大学
孙国封	1890—1936	北京大学	1916	美国康奈尔大学,博士	1924	东北大学
熊子璥	1896—1979	湖滨大学	1922	美国海德堡大学、宾夕法尼亚大学,硕士	1924	湖滨大学、金陵女子大学
丁绪宝	1894—1991	北京大学	1918	美国芝加哥大学、克拉克大学、哈佛大学,硕士	1925	东北大学
赵修鸿	1896—1969	圣约翰大学	1918	美国芝加哥大学,博士	1925	圣约翰大学、交通大学
吴有训	1897—1977	南京高等师范学校	1922	美国芝加哥大学,博士	1926	江西大学、中央大学、清华大学、交通大学

续表

姓名	生卒年	国内就读学校	出国年	国外就读学校、所获学位	回国年	回国工作单位
谢玉铭	1893—1986	协和大学	1923	美国哥伦比亚大学、芝加哥大学，博士	1926	燕京大学、唐山交通大学、厦门大学
卞彭	1901—1990	清华学校	1920	美国布朗大学、哈佛大学、麻省理工学院，博士	1926	东北大学、华中大学
戴运轨	1897—1982	宁波四中	1917	日本京都帝国大学，学士	1927	北平师范大学、中央大学、金陵大学、四川大学
严济慈	1901—1996	南京高等师范学校、东南大学	1923	法国巴黎大学，博士	1927 1931	大同大学、中国公学，暨南大学、中央大学、北研院
张绍忠	1896—1947	南京高等师范学校	1920	美国芝加哥大学、哈佛大学，硕士	1927	厦门大学、南开大学、浙江大学
萨本栋	1902—1949	清华学校	1922	美国斯坦福大学、伍斯特理工学院，博士	1928	清华大学、厦门大学、中研院
周培源	1902—1993	清华学校	1924	美国芝加哥大学、加州理工学院，博士	1929	清华大学、西南联合大学、北京大学
王守竞	1904—1984	苏南工业专科学校、清华学堂	1924	美国哈佛大学、哥伦比亚大学，博士	1929	浙江大学、北京大学
李庆贤	1902—1987	东吴大学	1928	美国伊利诺伊大学，博士	1931	东吴大学
束星北	1907—1983	之江大学、齐鲁大学	1926	美国拜克大学、加州大学，英国爱丁堡大学，硕士	1931	浙江大学、交通大学、之江大学、山东大学
赵忠尧	1902—1998	南京高师、东南大学	1927	美国加州理工学院，博士	1931	清华大学

注：表中所列高等院校与研究机构，其名称可能有过多次演变，此处仅以其在一段时间内较有影响的称谓表示。本书中其他表格中的称谓亦循此例。

需要说明的是，上表中的人物并非该时期归国物理学家的全部，而只是部分较有影响者。此外还有一些后来主要从事无线电电子学、电机工程、天体物理、地球物理等领域研究的著名物理学家未能一一收录。

这一时期的归国留学生，很多是中国近代物理学的开拓者。

饶毓泰在美国普林斯顿大学师从 K. T. 康普顿（K. T. Compton，此处区分于本书中的 A. H. 康普顿），研究气体导电过程，对低压汞弧的激发电压远小于汞的电离电势以及电弧的维持电压又远小于激发电压这一现象的机理进行了深入细致的研究,获得了理论与实验相一致的明确结论。[83]

查谦在美国明尼苏达大学研究院学习时,曾在密立根实验室从事光电效应研究。他通过实验澄清了当时光电现象研究中所观察到的不对称现象,消除了因不对称现象而引起的与量子论的矛盾。[83]

叶企孙在美国哈佛大学时,在杜安的指导下,用 X 射线精确地测定普朗克常数 h,得出当时用 X 射线测定 h 值的最高精确度。其测量数据在科学界至少沿用了 9 年之久。[87]

吴有训在美国芝加哥大学参与康普顿的 X 射线散射研究的开创工作时,以精湛的实验技术和卓越的理论分析,验证了康普顿效应,发展和丰富了康普顿的工作。[83]

周培源在美国加州理工学院从事广义相对论研究,建立起一套在广义相对论框架中借助牛顿势确定任意轴对称物体表态引力场的方案,并给出了爱因斯坦方程的满足牛顿近似的几种解。[87]

王守竞在美国哥伦比亚大学发表了三篇开创性的量子力学论文,成为参与量子力学初期发展并获得重要结果的唯一的中国物理学家。[87]

赵忠尧在美国加利福尼亚州理工学院师从密立根从事硬 γ 射线通过物质时的吸引研究,观察到了正负电子对的产生与湮灭,使其成为发现正电子的先驱。

由于庚子赔款的因素,这一时期赴美国留学的中国学子居多。谢玉铭、吴有训、魏学仁与周培源就曾同时在芝加哥大学求学(如图 11.1 所示)。正如前期中等教育与高等师范教育中的留日学者占主导地位一样,这一阶段的留美学者在国内高校物理教育中占据了重要地位。他们中的很多人在美国著名大学得到了系统的前沿科学教育与训练,因而回国之后很快就能挑起大梁,播下近代物理的种子。

图 11.1　1926 年芝加哥大学物理实验室师生合影

注:一排左五密立根、左七迈克逊①、左八康普顿,二排左八谢玉铭,四排右一魏学仁、右二周培源、右三吴有训。

_____

①　迈克逊(A. A. Michelson,1852—1931),芝加哥大学物理系首任系主任,1907 年诺贝尔物理学奖获得者。

钱临照先生曾指出,1932 年之前,在国内领导和组织我国物理教育和科研工作的物理学者包括夏元瑮、魏嗣銮、何育杰、李耀邦、颜任光、温毓庆、胡刚复、李书华、张贻惠、文元模、叶企孙、丁燮林、饶毓泰、吴有训、严济慈、萨本栋、王守竞、周培源、赵忠尧、任之恭、张绍忠、束星北、魏学仁、桂质廷、谢玉铭、丁绪宝、卞彭、孙国封、徐仁铣、康桂清、朱物华、方光圻、祁开智、查谦、涂羽卿、杨肇燫、龙际云、阮志明等。他们或从事于物理教学,或在本土开展第一批物理研究,或因陋就简制作物理仪器,推动了我国物理学的进展。"他们在物理学的发展中可以称之为筚路蓝缕,以启山林的拓荒者。"[60]本书重点关注其中对我国后来的亚原子物理的发展产生影响者。

11.2.2　国内物理教育、科研机构的建立

在 20 世纪 20 年代之前,如前所述,国内仅有少数几所高等院校,其中尤为重要的是当时所谓的"一大六高"——1912 年由京师大学堂更名的北京大学与六大高等师范。最负盛名的当然是北京大学。在格致科改称理科之初,作为学长的夏元瑮负责筹划与领导,何育杰负责教科书与教学大纲的主编和二、三年级物理理论课程的教学,王鎏负责一年级物理课及物理学史与本科实验教学,张大椿、张善扬、李祖鸿则负责理预科教学。1918—1919 年,王鎏、李祖鸿、张善扬先后离开,夏元瑮又休假赴德国,一时造成了物理师资的极度紧张。所幸1919 年丁燮林到校,紧接着,1920 年颜任光到校,1922 年李书华到校,1923 年无线电学家温毓庆到校,师资力量得以增强。[90]

1919 年,北京大学废除文、理、法诸科,改设系,何育杰、张大椿先后任物理系主任。颜任光与丁燮林到校后,分别执掌物理系和理预科。他们注重实验室建设,购置系列实验仪器并自制仪器,编写实验讲义,安排实验课程,使学生的课堂理论学习与实验相结合,以培养学生的动手能力。在他们的努力下,北大物理系的教学质量大大提高。[83]钱临照先生曾言,"自胡刚复、颜任光从美国回来之后,分掌南京高等师范学校和北京大学,开始在两校建立物理实验室,从此我国物理教学走上正轨,当时有南胡北颜之誉"。[60]

北京大学的物理系辉煌的景况并不长久。颜任光于 1924 年休假出国后于翌年离任,丁燮林于 1926 年离任,何育杰、温毓庆于 1927 年离任,杨肇燫于 1928 年离任,物理系只凭时任系主任李书华与外校聘请的兼职讲师与本校青年教师"苦撑局面"。直至 1929 年夏元瑮返校接任系主任,聘请张贻惠、文元模为教授,龙际云为副教授,张佩瑚为讲师,吴有训、沈宗汉、梁引年、蔡钟瀛为兼任讲师,北京大学物理系的师资才又恢复强盛。1931 年,夏元瑮离系,由王守竞接任系主任。[90]

1912 年,中央临时教育会议便提出了"师范区制"的设想。[293]1913 年,教育部公布《高等师范学校规程》,将全国分为六大师范区。1912—1918 年,北京高等师范学校(1912)、广东高等师范学校(1912)、武昌高等师范学校(1913)、南京高等师范学校(1914)、成都高等师范学校(1916)、沈阳高等师范学校(1918)先后开办。其中,以南京高师最为著名,与北京大学相提并论,时称"北大南高"。物理学在六大国立高等师范学校中自然都属于必开科目,那些修习物理的归国留学生,特别是留日学生发挥了重要作用。如表 11.1、表 11.2 所示,杨立奎、张贻惠、蔡钟瀛在北京高师,柳金田在广东高师,吴南薰在武昌高师,李耀邦在南京高师,郭鸿鎏在成都高师,赵修乾在沈阳高师,分别执掌几所高师的物理教学。20 世纪 20 年代之后,六所国立高师纷纷演变成为大学,并很快发展壮大。北京高师于 1923 年更名为国立北

京师范大学,同年成立物理系;南京高师于 1923 年并入同源的国立东南大学,其物理学系早于 1920 年已成立;沈阳高师于 1923 年改称东北大学;广东高师于 1924 年与他校合并为国立广东大学,后于 1926 年改称国立中山大学;武昌高师于 1925 年更名为国立武昌大学,后于 1928 年扩充为武汉大学;成都高师于 1927 年改称为成都师范大学,后于 1931 年与他校合并为国立四川大学。这几所大学迅速崛起,成为中国高等教育的中坚。

就在"一大六高"如日中天之时,另一所高校异军突起,呈后来居上之势。那就是由依托美国退还的部分庚子赔款于 1911 年建立的留美预备学校——清华学堂(翌年更名为清华学校)升格而成的清华大学。该校于 1925 年改制,设立大学部,开始招收四年制大学生,1928 年更名为"国立清华大学"。梅贻琦为首批庚款留美学生,也是清华物理学科的元老。1915 年回国后,梅贻琦应清华学校之聘,担任物理、数学两科教学,后又再次赴美。在清华改制之后,梅贻琦任物理专任教授。已任学校教务长的他开始着手延聘师资,这时,叶企孙进入了他的视野。1924 年 3 月回国的叶企孙,应胡刚复之聘,任东南大学物理系副教授,讲授力学、电子论和近代物理等课程。翌年 9 月,应梅贻琦邀请,叶企孙携当年毕业的 2 名学生——赵忠尧与施汝为前往清华就任。1926 年,清华学校设立物理系,叶企孙任系主任,同年聘请了 1915 届南京高师的毕业生郑衍芬来校任教。2 名教授(梅贻琦、叶企孙),2 名教员(郑衍芬、赵忠尧),1 名助教(施汝为),还有 2 名教辅人员[90],物理系人数虽不算多,但也已小有规模。(如图 11.2)。叶企孙不仅重视学生的培养,对教学工作严格要求,同时还关心青年教师的成长,"既使用又培养"。[294]赵忠尧与施汝为先后于 1927 年、1930 年赴美留学。其间他们在东南大学的同届同学沙玉彦于 1929 年来清华任教。

图 11.2　1926 年清华学校物理系全体教职工合影

注:一排左起郑衍芬、梅贻琦、叶企孙、贾连亨、萧文玉,二排左起施汝为、阎裕昌、王平安、赵忠尧、王霖泽。

正如梅贻琦所言:"所谓大学者,非谓有大楼之谓也,有大师之谓也。"为建设清华物理系,叶企孙在延聘名师方面不遗余力。执掌物理系之初,他先后以高于自身待遇的薪资拟聘颜任光、温毓庆、余青松、桂质廷,均未如愿。胡升华将之归因为这一时期"清华学校在学术界地位低下,加之教授在学校的地位不高"[70],不无道理。在清华学校升格为清华大学后,情况大有改观。在叶企孙的努力下,1928 年吴有训、萨本栋到清华物理系任教,1929 年周培源亦来清华任教,1932 年赵忠尧也回校任教。至此,清华大学物理系实力大增,国内高校已少有比肩者。

吴有训 1926 年回国后,先参与了江西大学的筹备工作,然后到母校①投奔老师胡刚复,任物理系副教授兼系主任。翌年,已得知吴有训消息的叶企孙通过胡刚复向吴有训发出邀请,终使他北上清华任教。彼时胡刚复已于 1925 年离任去上海,后又于 1926 年受聘为厦门大学理学院院长。连续三年,叶企孙、胡刚复、吴有训先后离去,这使东南大学物理学科损失惨重。吴有训到清华后,在讲授近代物理学的同时,积极倡导、组织并参与近代物理学的研究,创建了国内第一所近代物理实验室。他从理论上探讨 X 射线的气体散射,先后在国内外发表论文十余篇。严济慈称其开了"我国物理学研究的先河"[83]。

叶企孙、吴有训、周培源、萨本栋、赵忠尧,当时被称为"清华大学五大教授"。这一时期,清华大学因梅贻琦、叶企孙的领导而人才济济,一时成为国内物理界翘楚。

除前述北京大学、清华大学及由六所高师升格而成的国立大学外,到 1932 年,设立了物理系或数理系的大学还包括以下诸所:国立大学有浙江大学、北平大学、交通大学、山东大学、北洋工学院;省立大学有河南大学、安徽大学、广西大学、山西大学、湖南大学、云南大学;私立大学有燕京大学、南开大学、辅仁大学、复旦大学、厦门大学、中法大学、大同大学、光华大学、大夏大学、金陵大学、金陵女子文理学院、齐鲁大学、华中大学、东吴大学、震旦大学、岭南大学、福建协和学院和华西协合大学。此外,无论国立、省立还是私立大学,几乎所有理工科大学和综合大学都开设了物理学课程[62]。前述各位先驱,分散在这些大学之中,或教学或科研,播下了我国物理学的种子。

除各高等学校外,这一时期还成立了两个重要的科研机构——中研院与北研院。两院都分别设立物理研究所,北研院后来还另设镭学研究所。

中研院物理研究所成立于 1928 年,由丁燮林任所长多年。长期的专任研究员包括丁燮林、杨肇燫、陈茂康等人,短期内在该所工作的还有胡刚复、严济慈、潘承浩、吴维岳、康清桂等人。由于对中国亚原子物理学的发展相对影响较小,因而该所的成就未列入本书的重点讨论范围。

北研院物理研究所成立于 1929 年,起初由副院长李书华兼任所长。严济慈于 1931 年回国后继任所长,并连任多年。1932 年,北研院与中法大学合作设立镭学研究所,所长亦由严济慈担任。陆学善、钱临照、钟盛标等多位著名物理学家皆出自北研院。在物理学人才培养与本土物理学研究的开拓上,该院功不可没。其近代物理研究工作,以镭学研究所的放射性等研究为主。

---

① 1927 年 6 月,国立东南大学与其他几所高校合并组建为国立第四中山大学,1928 年 2 月更名为"国立江苏大学",1928 年 5 月再更名为"国立中央大学",1949 年 8 月更名"国立南京大学",1950 年定名"南京大学"。现东南大学为 1952 年院系调整时以原南京大学工学院为主体,先后并入复旦大学、交通大学、浙江大学、金陵大学等校的有关系科。在中央大学本部原址建立的南京工学院于 1988 年 5 月更名为东南大学。以原南京大学、金陵大学两校的文、理学院为主,在原金陵大学校址成立新的南京大学。吴有训毕业于南京高师,后回到中央大学任教。

11.2.3　本土物理学"前谱系"的形成

中国物理学由西方传入,物理学家学术谱系的源头自然也在西方。留学归国的学子在本土传道授业,逐渐形成各个领域的学术谱系,亚原子物理也不例外。但学术谱系的形成并非自留学生归国就开始的。在草莽初辟之时,先驱者们学术的传承仅限于基础教育,远谈不上学术研究。那些在国内经过物理学启蒙的学生,除去脱离物理界者不论,大多不免要像他们的老师一样远赴重洋,到科学发达国家接受物理学的前沿教育与训练,获得学位,甚至经过一段时间的研究工作之后再回国。他们回国之后,可能仍像他们的老师一样只是从事基础教育,为物理学在中国大地上的普及而努力(如图 11.3①所示);也有可能在国内条件已具备的情况下,指导已本科毕业的学术助手或研究生在本土开展某个方面的研究(如图 11.3②所示)。后一种情况,如果学生此后也致力于在国内开展研究并教育培养下一代学生,而无须再出国留学,甚至会改变学术方向,即可谓学术谱系的发端。而前一种情况,虽然仅限于学术启蒙,也会对学生的学术生涯或将来的研究兴趣产生影响,吴有训在胡刚复的指导下对 X 射线研究产生兴趣就是一例,我们权且称之为"前谱系"(如图 11.3 所示)。虽然都属学术传承,但谱系要求为师者指导学生进行物理学研究,如杨振宁在王竹溪引领之下一直对统计物理"深感兴趣"[295],以至于一生中有三分之一的时间投身于其中[296]就是一例(与吴有训情况不同的是,杨振宁已在国内接受研究生教育)。而"前谱系"中老师仅对学生进行过基础教育。

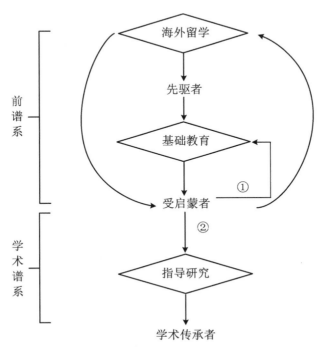

图 11.3　早期中国物理学家的学术谱系与前谱系

梳理中国物理学家的"前谱系",首先当然要考察那些归国留学的先驱者及他们所工作的学术机构。钱临照先生曾记述了 1930 年左右国内已设立物理系的 25 所高校和 2 个物理研究所,并根据其"接触和记忆"写出早期在国内领导和组织我国物理教育和科研工作的 38 名物理学者[60]。作为我国较有影响力的老一辈物理学家,钱临照先生亲历了物理学在中国的建立、发展与壮大。他还是我国物理学史研究的开创者与奠基人之一,自然他所书面记述的物理机构与物理学家大多是最重要也最具有代表性的。为反映物理学家在各学术机构中的分布,我们列表将之关联起来(如表 11.4 所示)。为简化起见,对于难以查明详细信息的部分物理学家(如涂羽卿、魏学仁、祁开智、康桂清、阮志明),此处略去;而学术机构则只保留部分影响较大者,其余(云南大学、北洋大学、金陵大学、金陵女子文理学院、福建协合大学、华西协合大学、岭南大学、中法大学、辅仁大学、光华大学)略去。表中各单元格中数据表示某学者在某学术机构中的起止年份①。

表 11.4　20 世纪早期物理学家在各学术机构中的分布

单位 / 学者	北京大学	中央大学	清华大学	北平师范大学	武汉大学	中山大学	四川大学	东北大学	燕京大学	南开大学	浙江大学	交通大学	厦门大学	大同大学	大夏大学	中研院物理所	北研院物理所
何育杰	09-27							27-31									
夏元瑮	12-23 29-31			21-23								24-27			24-27 37-44		
李耀邦		15-17															
张贻惠	29-30	28-29		15-22 24-28													
颜任光	20-25																
李书华	22-31															43-45	29-48
孙国封	16-17							23-31									
饶毓泰	33-68									22-29							32-33
胡刚复		18-25 27-28									36-49	25-26 31-36	26-27	18-50	25-26	28-31	
丁燮林	19-27															28-48	
谢玉铭									21-23 26-37			39-46					
文元模	29-30			26-34													
龙际云	23-37																
丁绪宝	17-18	34-37						25-31			44-52						
魏嗣銮							30-39										
桂质廷				39-61				27-28									
查谦		19-20 23-27 29-32			32-53												

①　为节省表格空间,年份只保留后 2 位数字,如"1909"略为"09"。下同。

续表

学者＼单位	北京大学	中央大学	清华大学	北平师范大学	武汉大学	中山大学	四川大学	东北大学	燕京大学	南开大学	浙江大学	交通大学	厦门大学	大同大学	大夏大学	中研院物理所	北研院物理所
温毓庆	23-27																
张绍忠		19-20								35-36	28-35 36-47		27-28				
吴有训		27-28 45-48	28-45														
叶企孙		24-25	26-41 43-52													41-43	
杨肇燫	25-28															28-47	
严济慈		27-28												27-28		27-28	31-49
卞彭								35-?									
朱物华	33-46					27-?											
赵忠尧		45-46	26-27 32-45														
萨本栋	32-33		28-37 46-47										37-45			45-48	
周培源			29-43 47-52														
王守竞	31-33										29-31						
任之恭			34-45														
束星北											32-35 36-52	35-36					
方光圻			27-28														

　　从表 11.4 中可见,在 17 个学术机构中,北京大学、中央大学(包括其前身南京高师、东南大学、第四中山大学、江苏大学)与清华大学的归国物理学者占有率呈遥遥领先之势。事实上,就人才培养而论,这一时期所培养的学生在后期成长为有重要影响的物理学家的学校中,此三校也毫无悬念地居三甲之位。

　　中央大学(及其前身)在李耀邦、胡刚复等人的努力下,所培养的毕业生除前述张绍忠、吴有训、严济慈、赵忠尧、施汝为外,还有倪尚达、郑衍芬、方光圻、葛正权、章昭煌(元石)、张宗蠡、霍秉权等著名物理学家。

　　北京大学在何育杰、夏元瑮、颜任光、丁燮林、李书华、王守竞等多位先驱的领导下,培养了大批毕业生,其中后来成为著名物理学家的有孙国封、丁绪宝、龙际云、王普、岳劼恒、郭贻诚、钟盛标、赵广增等。

清华大学(及其前身)虽于 1925 年才成立大学部,但在叶企孙、吴有训等人的经营下,也在短短几年间培养了多位后来成为著名物理学家的毕业生,包括王淦昌、周同庆、施士元、冯秉铨、龚祖同等人。

除了这三所学校之外,这一时期,饶毓泰等在南开大学培养了郑华炽、吴大猷等毕业生,谢玉铭等在燕京大学培养了孟昭英、褚圣麟、张文裕、袁家骝等毕业生,胡刚复等在大同大学培养了顾静徽、钱临照等毕业生,张贻惠等在北京师范大学(及其前身)培养了汪德昭等毕业生……

至此,中国本土的物理学者已初具规模。按照钱临照先生的说法,在 1930 年前后,当时的物理学工作者约有 300 人。[60]。在为数不多的几位先驱者的努力下,多个不同的高等院校培养了多位物理人才,在物理学于中国本土完成其体制化之前,这种基本局限于基础教育而形成的"前谱系"对于此后中国物理学的发展至关重要。这一时期先驱者在启蒙者心田中撒下的物理学火种不久即生根发芽并茁壮成长,最终长成一片茂密无边的森林。

11.3 物理学体制化之后中国近代物理学家学术谱系的崭露

一门学科的体制化,要满足有一定规模的学者在相关学术机构中专事该学科领域的教学与研究工作,且彼此之间通过一定的学术团体、学术刊物相互交流与沟通等若干条件。如前述,到 20 世纪 30 年代初,中国物理学者与物理教研机构已经初具规模。在朗之万(P. Langevin)的建议与促进下,1931 年 11 月,北平物理界邀约全国各地共 39 位同仁为发起人,终于 1932 年 8 月成立了中国物理学会。翌年,学会主办了我国第一个高级物理类综合性学术期刊——《物理学报》。在 30 年代中,物理学在中国基本完成了体制化。关于中国物理学会的创办过程与物理学在中国的体制化,已有学者做过相关研究[60,72-73,297],本书不再详加讨论。我们要考察的是,在完成物理学在本土的体制化之后,中国的近代物理学家群体是如何构建起其学术谱系的,该谱系在特定的时代背景与社会环境下表现出了何种形态,又获得了怎样的初期发展,对后世又产生了什么样的影响。

在这里,笔者觉得有必要将中国物理学会的发起人[297]及其工作单位(与当时的变动情况)罗列如下,他们是:

北平大学的夏元瑮和张贻惠,清华大学的叶企孙、吴有训、周培源、萨本栋、赵忠尧、梅贻琦,北研院的严济慈、李书华、饶毓泰(曾留学德国莱比锡大学),北京大学的龙际云、王守竞,北京师范大学的文元模,燕京大学的谢玉铭,东北大学的丁绪宝、阮志明、孙国封(调任国民政府督学),中研院的丁燮林、杨肇燫,中央大学的方光圻、涂羽卿(曾留学芝加哥大学)、查谦(赴任武汉大学),浙江大学的张绍忠、徐仁铣、束星北(由中央陆军军官学校调入),国立成都大学的魏嗣銮,华中大学的桂质廷、卞彭(曾留学麻省理工学院),光华大学的颜任光,交通大学的胡刚复,金陵大学的魏学仁,唐山交通大学的朱物华,财政部(任参事)的温毓庆,国立编译馆的康桂清,在故里疗养的何育杰,已从商的李耀邦,还有在哈佛大学学习的任之恭、祁开智(回国后到安徽大学任教)。

这些先生是中国物理学事业真正的开拓者与奠基人,也是中国物理学家学术谱系、"前谱系"的创始者。

11.3.1　1932 年之后络绎归国的近代物理学家

在中国物理学体制化(本书以 1932 年中国物理学会的成立为主要标志)完成之前,赴欧、美、日留学的物理学者不拘在国外学习内容与研究方向如何,在归国之后,如前所述,都充当了中国物理事业奠基人的角色,筚路蓝缕,以启山林,在不同的高等院校或科研院所传道授业,开创了中国物理学的"前谱系"。而这一时期的物理学研究,多数高校基本付之阙如,两个物理研究所尚属起步阶段。正因为前期各大学都主要从事着基础教学,教师原先的专业背景所发挥的作用并不显著。

在本土物理学发展渐成气候之后,留学归国人员也日益增多,物理本科教育在深度与广度上都逐步发展,在国外积累了丰富科研经验的年富力强的教师开始指导学生或他们的年轻同事因陋就简地进行物理学研究,个别学校甚至开展了研究生教育。各领域的物理学家在这一时期方才表现出其专业的分化,我们的关注点也从前期不拘专业的拓荒者进一步聚集到从事原子分子物理与亚原子物理研究的学者身上(如表 11.5 所示)。之所以将归国时间下限定为 1941 年,是因为从抗日战争后期直至之后的几年内战,都鲜有重要的近代物理学家归国。直至 1949 年中华人民共和国成立前后,这种局面才有所改变。表中空缺处为信息不详。

表 11.5　1932—1941 年留学归国的近代物理学家

姓　名	生卒年	国内读书、工作单位	出国年	国外就读学校、所获学位	回国年	回国工作单位
任之恭	1906—1995	清华大学	1926	美国麻省理工学院、宾夕法尼亚大学、哈佛大学,博士	1933	山东大学、清华大学、西南联大
施士元	1908—2007	清华大学	1929	法国巴黎大学,博士	1933	中央大学
郑衍芬	1893—1979	南京高师,南京高师、清华大学	1929	美国斯坦福大学,博士	1934	浙江大学、大同大学、同济大学、四川大学
熊子璥	1896—1979	湖滨大学,湖滨大学	1922	美国芝加哥大学,博士	1934	华中大学、金陵女子大学
王淦昌	1907—1998	清华大学,清华大学	1930	德国柏林大学,博士	1934	山东大学、浙江大学
吴大猷	1907—2000	南开大学,南开大学	1931	美国密歇根大学,博士	1934	北京大学、西南联大
郑大章	1904—1941	北京高师附中	1920	巴黎大学,博士	1934	北研院
叶蕴理	1905—1984			巴黎大学,博士	1935	中山大学、交通大学、厦门大学
褚圣麟	1905—2002	之江大学、燕京大学,岭南大学	1933	美国芝加哥大学,博士	1935	岭南大学、同济大学、燕京大学、辅仁大学、中国大学

续表

姓名	生卒年	国内读书、工作单位	出国年	国外就读学校、所获学位	回国年	回国工作单位
霍秉权	1903—1988	中央大学,中央大学	1930	英国伦敦大学、剑桥大学,学位不详	1935	清华大学
陆学善	1905—1981	中央大学、清华大学,北研院	1934	英国曼彻斯特大学,博士	1936	北研院、暨南大学
胡乾善	1911—2004	清华大学、清华大学	1934	英国伦敦大学,博士	1937	东北大学、四川大学、武汉大学、中央大学
余瑞璜	1906—1997	中央大学、清华大学	1934	英国曼彻斯特大学,博士	1938	西南联大
沙玉彦	1903—1961	东南大学、清华大学	1934	德国马丁·路德大学,博士	1938	云南大学、中央大学
钟盛标	1908—2001	北京大学、清华大学,北研院	1934	法国巴黎大学,博士	1938	北研院物理研究所
张文裕	1910—1992	燕京大学、燕京大学	1934	英国剑桥大学,博士	1938	南开大学
王普	1902—1969	北京大学、中研院,青岛大学	1935	德国柏林大学,博士	1939	辅仁大学、北平临时大学北大分校、山东大学
郭贻诚	1906—1994	北京大学、中法大学、山东大学	1936	美国加州理工学院,博士	1939	浙江大学、燕京大学、燕京大学、山东大学
周长宁	1912—	清华大学	1934	英国剑桥大学,学位不详	1939	厦门大学
张宗燧	1915—1969	清华大学,清华大学	1936	英国剑桥大学,博士	1939	中央大学、北京大学
赵广增	1902—1987	北京大学、北京大学	1936	美国密歇根大学,博士	1940	中央大学、中央大学
王福山	1907—1993	光华大学	1929	德国哥廷根大学、莱比锡大学,博士	1940	光华大学、圣约翰大学
马仕俊	1913—1962	北京大学	1937	英国剑桥大学,博士	1941	西南联大
卢鹤绂	1914—1997	燕京大学	1936	美国明尼苏达大学,博士	1941	中山大学、广西大学、浙江大学

这一批"术业有专攻"的近代物理学家,为我国此后亚原子物理的发展以及亚原子物理学家学术谱系的形成发挥了至关重要的作用。从中国物理学体制化初步完成直至20世纪40年代中后期,多个单位开展起近代物理研究,初步形成了一定的学术谱系,并为此后的亚原子物理发展奠定了基础。

11.3.2　初步形成的近代物理学家学术谱系

学术谱系的形成,有赖于科研工作中的师徒相授。正是由于多个学术单位自 20 世纪 30 年代起陆续开展近代物理的研究工作,建立在此基础之上的近代物理学家学术谱系自然也初步形成。这也体现在诸多中国近代物理的先驱者在科研工作中对年轻人才的细致培养上。

严济慈曾言,立足于国内从事物理学研究"最早而最有成绩",且在国外学术期刊发表研究论文的,首推吴有训。[285] 早于抗战前,清华大学物理系就已将研究工作集中于 X 射线、原子核物理、相对论及电路与无线电学等几个方面。吴有训带着助手把 X 射线在单原子气体中散射的公式推广应用到多原子气体,并计算了某些双原子气体对 X 射线散射的强度。这都是吴有训在国外工作的延续。[92] 这一阶段他指导过的助手包括后来成为著名物理学家的陆学善(1930 级研究生,论文题名为《多原子气体所散射 X 线之强度》)、余瑞璜(助教)。在吴有训的介绍下,他们二人都于 1934 年赴英国曼彻斯特大学,在 W. L. 布拉格主持的 X 射线晶体学研究中心攻读博士学位,回国后为我国晶体物理、金属物理等领域的发展发挥了重要的作用。稍晚一些指导的研究生还有钱伟长(1935 级,论文题名为《晶体对于 X 射线之散射》)、黄席棠(1936 级,论文题名为《液体对于 X 射线之散射》)[298],但此二人因时局恶化,未能如期完成学业;另一名研究生张宗燧(1934 级)也因后来赴英留学而未完成论文。

除吴有训指导的 X 射线研究外,清华大学物理系的原子核物理研究由赵忠尧、霍秉权二人指导。如赵忠尧指导的研究生龚祖同(1932 级)对伴随硬 γ 射线反常吸引的不同于康普顿散射的二次 γ 辐射进行了深入研究,文章发表在英国《自然》杂志上。此外,赵忠尧还和傅承义(1933 级研究生)、王大珩(1937 级研究生)合作,在该刊发表了关于银、铑、溴原子核内的中子共振能级间距的实验研究文章。这是国内最早的原子核物理研究工作,赵忠尧也因而被公认为"中国核科学的鼻祖"[92]。但龚祖同、王大珩、傅承义之后赴国外留学,先后转入应用光学、地球物理研究,因而对我国此后的亚原子物理发展都未能发挥重要作用。由此也可以看出,在本土初步形成的学术谱系此时未能稳定传承,相比源自欧美的学术谱系,远不占优势。

霍秉权于 1935 年在国内首先制成了威尔逊云室,翌年又在此基础上制成"双云室",用来进行宇宙线粒子的探测。至于他是否指导清华大学物理系研究生或年轻助手从事该领域研究,根据现有资料尚无法判断。

北京大学物理系自 1931 年起先后由王守竞、饶毓泰执掌,获得了迅速发展。王守竞与助教一起建立了真空系统、阴极溅射设备。饶毓泰则将原子、分子的结构及其光谱的研究确定为北京大学物理系的主要研究方向。饶毓泰、吴大猷和郑华炽等带领助教江安才、沈寿春、薛琴访等对多原子分子光谱及拉曼光谱进行了研究。吴大猷还带领 1931 级本科生马仕俊进行了氢激发态的理论研究。

抗日战争全面爆发后,清华大学、北京大学、南开大学经长沙而至昆明,组成西南联合大学,三校的物理系也合并为一个全国实力最强的物理系。在西南联大期间,吴有训指导胡玉和、孙珍宝进行了 X 射线吸收的研究,赵忠尧指导杨约翰进行了中子共振吸收与核能级间隔的实验和理论研究,马仕俊指导薛琴访、虞福春进行了介子理论和量子场论的研究,饶毓泰、吴大猷和郑华炽则继续指导青年师生江安才、沈寿春、薛琴访、虞福春、黄昆、苟清泉等在原子、分子的结构及光谱方面开展了大量的研究工作;而由南开大学聘请的张文裕则与夫人王承书开展了 β 蜕变数据分析研究。[90]

燕京大学经郭察理(C. H. Corbett)、安德森(P. A. Anderson)、谢玉铭的经营,到 20 世纪 30 年代已经硕果累累。1932—1941 年间,由班威廉(William Band)任系主任,并由他任主要导师,培养了多位硕士研究生。除此前毕业的 1931 届孟昭英、褚圣麟外,这一时期燕京大学培养的物理研究生包括 1933 届张文裕,1934 届袁家骝、陈尚义、周朋三、徐献瑜、冯秉铨、李文江、毕德显、吴国璋,1935 届陈仁烈、徐允贵,1936 届许宗岳、高墀恩、王承书,1937 届杜连耀、王润生,1938 届程利昌、莫文泉,1940 届郑观森、谢民生、葛庭燧、曾泽培、马振玉、程京,1941 届冯树功、武金铎等多位。其中,褚圣麟、张文裕、袁家骝、王承书等几位对之后的亚原子物理发展发挥了重要作用。他们毕业后都曾在该系工作过一段时间,尤其是褚圣麟。他曾指导孙德耑进行 X 射线方面的研究工作,指导乐嘉树进行宇宙线的测量工作。[299]

在抗日战争之前,浙江大学已有胡刚复、张绍忠、何增禄、王淦昌、束星北、朱福祈等 6 位教授,之后又有朱正元、丁绪宝、卢鹤绂、周北屏等人的不断加入,实力不断增强。在抗日战争时期的颠沛流离中,王淦昌不仅取得了重要的科学成就,也在教学与人才培养方面卓有建树。他指导程开甲进行了五维场论的研究,指导蒋泰龙进行了以荧光体记录射线径迹的研究,指导曹萱龄进行了核力与重力关系的研究,指导张泽琏、韩康琦、张粹新进行感光胶的制作,指导忻贤杰进行用机械方法产生荧光效应的研究。

中央大学在抗日战争前就已有方光圻、施士元、周同庆、丁绪宝等多位教授,在抗日战争中迁至重庆后,又有张宗燧、赵广增、王恒守等人的不断加入。战争甫一结束,吴有训、赵忠尧先后到任校长、系主任,实力更是大增。施士元开展了 X 光散射与光谱分析的研究,张宗燧开展了二次量子化的理论研究,赵广增则开展了电子多次散射的研究。但笔者未发现有经他们指导的研究生或年轻助手而形成学术谱系的线索。

中研院从设立起,直至抗日战争结束,其研究方向基本都与近代物理无关;北研院的物理研究所亦大致如此。而由北研院与中法大学合作设立的镭学研究所则是一个专事放射性物质研究的机构,在其 16 年(1932—1948 年)的发展历程中,开创了我国放射性物理研究的新领域,并且培养了一批优秀的物理学家。为此后中国亚原子物理的发展奠定了坚实的基础。文献[66]对此有详细研究,本书不再详加讨论。

在中国物理学体制化完成之后,几所大学的物理系与北研院镭学研究所在近代物理的多个方面展开了研究工作,也培养了多位此后在中国物理学发展史上产生重要影响的弟子,从而初步形成了中国近代物理学家的学术谱系。但可惜的是,这一时期形成的学术谱系并未得到持续传承。

11.3.3　战乱对中国近代物理学术谱系形成的影响

从现在来看,多年的战乱,对于中国近代物理学家学术谱系的形成,起码产生了三个方面的影响。

首先,如前述,因为战乱,20 世纪 40 年代归国的物理学家锐减。直至中华人民共和国成立前后,这个局面才得以改观。这从源头上阻隔或减缓了学术谱系的形成与发展。

其次,战乱使得早期初步形成的学术谱系未能健康发育而持续传承下去。很大一部分物理学研究工作因战乱而被迫中止,在此基础上形成的学术谱系自然也难得传承。从学术传承人而言,因为国内战乱,学术之路难以为继,他们之中有志于治学而又有条件或能把握住机会(如庚款留学等)的,多选择赴国外继续深造,并因而追随国外导师选择新的研究方向,中断了原先国内的学术谱系链条。

最后,在抗日战争结束之后兴起的"核物理热"对亚原子物理此后在中国的发展产生了重要的推动作用。第 2 章已对此有所论述。

北研院、中研院、北京大学、清华大学等几个单位在这场核物理研究的热潮中相继成立了原子核物理研究机构,组织了人员,拟订了相关的研究计划,各自加强了原子核物理的教学与研究。在这场核物理热中所筹备的研究机构、设备与人员,对于日后开展亚原子物理研究,以及在此基础上建立起中国的亚原子物理学家学术谱系来说,都是非常重要的。当然,这是中华人民共和国成立之后的事了。在此之前,仅有少数几位物理学家自国外学成归来(如表 11.6 所示),但却对中国此后的亚原子物理发展发挥了重要的作用。在之后的章节中将对他们详加讨论。

表 11.6　第二次国共内战期间留学归国的亚原子物理学家

姓　名	生卒年	国内读书、工作单位	出国年	国外就读学校、所获学位	回国年	回国工作单位
彭桓武	1915—2007	清华大学	1938	英国爱丁堡大学,博士	1947	云南大学、清华大学
汪德熙	1913—2006	清华大学	1941	美国麻省理工学院,博士	1947	南开大学
钱三强	1913—1992	清华大学	1937	法国巴黎大学,博士	1948	清华大学
何泽慧	1914—2011	清华大学	1936	德国柏林大学,博士	1948	清华大学
朱福炘	1903—2003	南京高师、东南大学	1946	美国加利福尼亚大学伯克利分校、麻省理工学院,进修	1948	浙江大学、之江大学
胡济民	1919—1998	浙江大学	1945	英国伯明翰大学、伦敦大学,博士	1949	浙江大学
王谟显	1907—1973	浙江大学	1947	英国剑桥大学,博士	1949	浙江大学

小　　结

通过以上对于自海外留学归国的物理先驱的创业历程与早期学术谱系的论述,可以得出以下认识:

① 中国本土的物理学科建立归功于一批自欧、美、日归国的物理留学生。草莱初创之时,这些留学归国学者的专业背景并不要紧,他们对国人物理科学的"扫盲"才是至关重要的。何育杰、夏元瑮之于北大,梅贻琦之于清华,李耀邦、胡刚复之于南京高师,他们对物理学科的建立发挥了开山鼻祖的作用。当然,在国外取得较高学术成就者,回国开坛授业时处于一个较高的起点,有利于学生的迅速成长和兴趣的培养。胡刚复就是一个典型的例子。

② 六大高等师范除南京高师以外,物理学科多由留日学者执掌。张贻惠、杨立奎、蔡钟瀛在北京高师,吴南薰在武昌高师,郭鸿鉴在成都高师,赵修乾在沈阳高师,柳金田在广东高

师分别开创了物理教育。这批留日物理学者大多在日本学习多年,基本上都是从基础教育开始到本科毕业为止,学术造诣与欧、美归国的留学生不可比拟,但他们对于物理学在中国大地的广泛传播功不可没。

③ 随着归国物理学者队伍的扩大,也正由于这些中国物理学先驱者的努力,国内涌现了一批重要的物理学阵营。"一大六高",尤其是"北大南高"遥遥领先,清华则后来者居上。这种学术单位之间的强弱差距正是作为稀有人才的物理先驱们的分布决定的。彼时,多所国立、省立与私立大学都开设了物理学课程,中研院与北研院还先后开设了物理研究所,无论水平高低,都是归国物理先驱们撒下的物理"火种"。这对于将来中国物理发展的贡献都不可估量。

④ 虽然物理学在中国自建立起就意味着师生关系的出现,但并不代表学术谱系与学科本身的历史一样悠久。以基础教育为主的课堂教学与以科研训练为主的师徒相授有着本质的不同。前者至多只能形成无可传承的"前谱系",受启蒙者多数重复了其老师的学术成长之路,无可提高。后者才是学术谱系产生的根源。

⑤ 中国物理学体制化,在 20 世纪 30 年代完成。为此,一批物理学先驱者发挥了重要的作用。此后,中国物理学家队伍不断扩大,对后世亚原子物理学家学术谱系与学术传统产生较大影响的,当为其中的近代物理学家。他们从物理学体制化完成到 40 年代中后期在多个学术单位进行教学科研,也初步形成了一定的学术谱系。但由于时代所限,这些初期的学术谱系基本未能传承。

⑥ 长期的战乱对早期的近代物理学术谱系产生了很大的影响。第二次世界大战中核武器作用的发挥使得亚原子物理学科受到了前所未有的重视。在这场核物理热中,几所大学与两个研究院纷纷(计划)建立了自己的核物理研究部门,并且广延人才,为中华人民共和国成立后亚原子物理学术谱系的建立奠定了基础。

第 12 章　中国亚原子物理研究机构的建立与团队的形成

历经多年战乱,中国大地满目疮痍,学术谱系自然也难以发育健全。这种情况在中华人民共和国成立之后,得到了彻底改观。尤其是国家研究机构的建立,使得亚原子物理学术谱系很快在中国大地上生根、成长。

12.1　中国科学院近代物理所亚原子物理学术谱系的发端

在 1932 年之前,我们关注所有留学归国的物理学家,因为他们是中国物理学事业的开创者与奠基人;而在这一阶段之后,直至 1949 年,我们只关注近代物理学家,因为他们对后世亚原子物理的发展产生了重要影响;而在 20 世纪下半叶开始后,由于专门研究机构的建立及学科建设的不断完善,使得我们可以只关注以原子核物理学家为主体的亚原子物理学家;此后,我们再从中抽离出高能粒子物理学家。

12.1.1　从近代物理研究所到原子能研究所

中华人民共和国成立之后,为发展原子核物理,1950 年,中国科学院将原北研院的原子学研究所和中研院的物理研究所原子核物理部分合并,在北京东黄城根建成近代物理研究所(简称“近物所”)。为发展核物理实验研究中所必需的电子学,1953 年,科学院又将电子研究所筹备处和数学研究所的电子计算机部分组合并到近物所,研究所更名为“物理研究所”(简称“物理所”),并于翌年初迁到北京西北郊中关村。1955 年初,毛泽东主持召开中央书记处扩大会议,讨论在我国建立核工业,研发核武器问题,会上做出建立中国原子能事业的决策。此后,我国与苏联签订关于接受其援助的协议,包括由苏联向中国出售一个重水型反应堆和一个回旋加速器。为此,我国决定在北京西郊坨里新建一个原子能科学研究基地。1956 年,物理所与坨里新科研基地合并,中关村部分称为所的“一部”,坨里部分称为所的“二部”。1958 年,物理所更名为“中国科学院原子能研究所”(简称“原子能所”)。(这一过程,及此后相关内容,详见第 3 章。)

建所之初,人员屈指可数。来自原中研院物理所的有吴有训(初期兼任所长)、赵忠尧(当时尚在美国)、李寿枬、程兆坚、殷鹏程、陈耕燕等,与来自原北研院原子学研究所的有钱三强、何泽慧、杨光中等,仅十余人。

在钱三强的组织领导下,清华大学的彭桓武、金建中,浙江大学的王淦昌、忻贤杰先后来所,王淦昌、彭桓武后来担任副所长职务。一年内,自海外归国到近物所工作的,除了在美国采购仪器的赵忠尧,还有理论物理学家朱洪元、胡宁(与北大合聘)、金星南、邓稼先,实验物理学家萧健、杨澄中、戴传曾,放射化学家杨承宗、郭挺章等。从国内各单位调到近物所工作的还有黄祖洽、肖振喜、王树芬、陆祖荫、李德平、叶铭汉、于敏、许㮰、胡文琦、孙念贻、张继恒等。到1950年底,近代物理研究所的工作人员增至36人(如图12.1所示)。

图 12.1 1951 年近物所合影

注:图中王淦昌、朱洪元、王树芬、金星南、叶龙飞等5人缺席。

为聚集人才,以钱三强为首的近物所领导从1950年起,尽量争取暂在国外的中国科学家与留学生归国来所工作,同时也争取国内不同单位的科学工作者、教师和技术人员来近物所工作或兼职,此外还从国内选拔优秀大学毕业生来近物所培训。[118] 在1951—1957年间,又有多位学有所成的科学家、留学生,包括梅镇岳、谢家麟、李正武、范新弼、丁渝、张家骅、张文裕、王承书、汪德昭、郑林生、肖伦、冯锡璋等人,从国外归来,参加该所工作。

从近代物理研究所到物理研究所,再到原子能研究所,经过几年大发展形成的这样一个初具规模的原子核物理研究基地,使我国亚原子物理研究得到了有组织地开展,同时也形成了一支实力迅速增强的研究队伍,为我国亚原子物理研究培养与输送人才起到了至关重要的奠基作用。

12.1.2 学术谱系的形成

近代物理研究所成立不久,就通过第一次所务会议确定了实验核物理、理论物理、宇宙线物理和放射化学等4个主要科研方向;之后又于1952年制定了第一个五年计划,明确办所方向为:"以原子核物理研究为中心,充分发展放射化学,为原子能应用准备条件。"[300] 为此,1952年底,所里建立了4个大组,包括赵忠尧、杨澄中、何泽慧任正副组长的实验核物理组,杨承宗、郭挺章任正副组长的放射化学组,王淦昌、萧健任正副组长的宇宙线组,以及彭桓武任组长的理论组。其中,第一大组——实验核物理组又分为4个小组,包括赵忠尧、杨澄中负责的加速器组,戴传曾负责的探测器组,何泽慧负责的核乳胶和云室组,以及杨澄中、忻贤杰负责的电子学组。1953年研究所更名后,在第一大组电子学小组的基础上又成立了由陈芳允任组长的第五大组,即电子学组。

几年内,一大批自海外归国的物理学家,带领年轻的毕业不久的大学生开展起中国本土的亚原子物理研究,也就此形成了本学科的学术谱系。

在加速器物理方面,赵忠尧、杨澄中、李正武领导叶铭汉、徐建铭、金建中、孙良方、叶龙飞、李寿枬、邬恩九、张恩厚等先后建成了 700 keV、2.5 MeV 质子静电加速器与 400 kV 高压倍加器;谢家麟领导潘惠宝、李广林、朱孚泉、顾孟平等进行了电子直线加速器的研制。

在探测器物理方面,何泽慧、戴传曾、杨澄中领导陆祖荫、孙汉城、胡仁宇、王树芬、肖振喜、项志遵、唐孝威、李忠珍、彭华寿、罗开元、李德平等研制成功对质子与电子灵敏的核乳胶、云室、卤素计数管、空气电离室、中子正比管、碘化钾(铊)、碘化钠(铊)、萘(蒽)等闪烁晶体,为中国粒子探测技术打下了基础,并开展了中子物理、辐射剂量等方面的研究。

在谱仪研制方面,梅镇岳、郑林生带领徐英庭、翁培焜、朱善根等建造了单透镜 β 谱仪,以及中间成像谱仪、永磁式 180°β 谱仪、闪烁晶体 γ 谱仪、β-γ 符合谐仪等,并开始做核能谱学实验。

在宇宙线物理方面,王淦昌、萧健、张文裕带领吕敏、霍安祥、郑仁圻、郑民等建造了中国第一个高山宇宙线实验室,并先后安装了多板室和磁云室,开始了奇异粒子和高能核作用的研究工作。

在理论物理方面,彭桓武、朱洪元领导邓稼先、王承书、金星南、黄祖洽、于敏、何祚庥等开展了原子核物理理论以及粒子物理理论的研究工作,并开始注意反应堆、同位素分离、受控热核反应等应用性的理论。

在电子学方面,杨澄中、忻贤杰领导陈奕爱、林传骝、席德明、许廷宝、方澄等自主研制探测器和谱仪用的线性放大器、计数器、计数率表、积分和微分甄别器等,并开始了多道脉冲幅度分析器,快速脉冲技术等研究工作。[118]

在原子能研究所,开始了系统的亚原子物理研究,多位自海外留学归国的物理学家在这里传道授业,培养他们的学术接班人。事实上,这批大多数刚从大学毕业到所工作的青年学者也确实挑起了未来中国亚原子物理研究的大梁,实现了承上启下的学术传承。所以我们可以说,中国亚原子物理学家学术谱系,自此发端。

12.2　发展核工业宏观布局下亚原子物理研究机构的发展

从 1955 年决定建设核工业开始,在苏联的援助下,中国在铀矿勘探、原子核物理研究等筹备核武器研制的多个方面开展了工作。亚原子物理研究机构也随之经历了发展、壮大与分化、调整的过程。

12.2.1　原子能研究所"老母鸡"作用的发挥

自 1950 年成立,经过 10 年左右的大发展,从近物所到物理所,再到原子能所,作为中国第一个亚原子物理研究基地,该所在理论与实验的多个领域有组织地开展研究,同时形成了一支实力迅速增强的研究队伍,在为我国亚原子物理研究培养、输送人才方面起到了奠基作用。从表12.1可以看出该所研究队伍的迅速膨胀情况。

表 12.1　1950—1960 年近物所（物理所、原子能所）人员统计①

年　份	1950	1951	1952	1953	1954	1956	1957	1958	1959	1960
职工人数	36	50	76	156	170	638	800 余	1753	3586	4263
科研人数②	—	—	51	88	90	377	560	840	1493	1971
高级人员	—	—	—	—	—	19	20	15	25	44

注：表中"高级人员"多为自海外留学归国的学者。

原子能所的这种规模上的膨胀在20世纪60年代并未得到持续。随着国家核工业建设提上议事日程，尤其是在中苏关系破裂之后，原本以基础研究为主的原子能所的研究方向与研究队伍很快发生了变化。

1958年下半年，包头核燃料元件厂、兰州铀浓缩厂、酒泉原子能联合企业与西北核武器研制基地等中国核工业首批主要工程项目陆续开工。1959年，在核燃料生产与核武器研制两个系统完成了数万人的调集与队伍组建。[301]上述四厂与湖南衡阳铀水冶厂，再加上湖南、江西的3个铀矿，这"三矿""五厂"构成了中国核工业体系的基本框架。[302]此外，在"大家办原子能科学"的号召下，各省市建立了一批新的核科研机构，如上海原子核研究所、兰州近代物理研究所、哈尔滨东北技术物理研究所、太原华北原子能所、四川物理研究所等。作为中国第一个核物理研究机构，原子能研究所为核工业各部门的机构组织和队伍组建提供了重要的人才支持。

1956年11月，中华人民共和国第三机械工业部（1958年2月改称第二机械工业部，简称"二机部"）成立。该部成立不久，就与中国科学院召开党组联席会议，决定对物理所实行双重领导，以部为主。物理所所长钱三强担任副部长，为此后中国原子能事业的统筹、布局与人事、机构调动、调整发挥了重要的作用。他曾凭记忆绘制了一张中国核科学技术机构沿革草图（如图12.2所示），以反映原子能研究所在我国核工业机构建设中所发挥的重要作用。他还以"老母鸡"来形容"生"了多个核科学机构的原子能所。[75]375-376

为更确切反映出原子能所在中国核科技机构建设中所发挥的"老母鸡"作用，笔者通过表12.2展示出该所（包括内设部门）及其派生与援建的核科技机构。图12.2明确了各机构的2种归口（二机部、中国科学院），而表12.2则侧重区别了原子能所在各机构的建设中发挥的2种不同作用（派生、援建）。一图一表可相互参照。

---

①　数据统计自《中国原子能科学研究院简史（1950—1985）》与葛能权所著《钱三强年谱》（山东友谊出版社，2002年版）。

②　科研人数＝正研究员＋副研究员＋助理研究员＋研究实习员，如1953年科研人数为13＋10＋19＋46＝88。

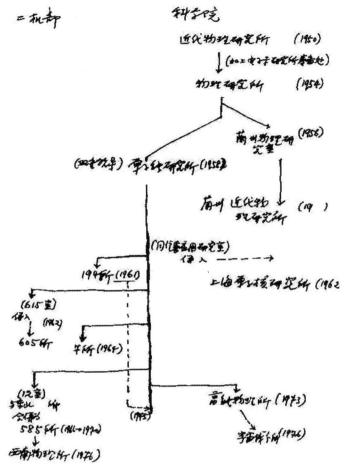

图 12.2　钱三强手绘的中国核科学技术机构沿革草图

12.2.2　中国核科学技术机构的"谱系"

图 12.2 与表 12.2,尤其是后者,大体反映了中国核科技机构的"谱系"主干。

原子能研究所从前述建所之初确定的 4 个主要科研方向,到 1952 年底的 4 个大组,再到 1953 年的 5 个大组,到 1956 年已发展为 8 个研究室与 2 个工程技术单位,也就是表 12.2 原子能所内设机构的左侧部分,1—8 室与专门负责苏联援建的反应堆(101)、加速器(201)二室。仅过了 2 年后,1958 年,该所又发展为 16 个研究室和 4 个技术单位(增加了表 12.2 中原子能所内设机构的右侧部分),之后又由苏联援建了专门为兰州气体扩散厂进行技术培训的 615 室。① 原子能所的规模与科研力量很快达到了其自建所到"改革开放"近 30 年间的巅峰。

---

① 原子能研究所内的研究室设置及其名称此后仍有变化,不再赘述。

表 12.2　原子能研究所及其派生机构与援建机构

派生机构	原子能研究所	援建机构
1956：兰州近代物理研究所（西北 203所）杨澄中、金建中、王树芬、邬恩九、张恩厚、叶大飞等40余人	1. 低能核物理 赵忠尧、梅镇岳、李正武、谢家麟等	1958—1965：核武器研究所（9所）邓稼先、朱光亚、王淦昌、彭桓武、黄祖洽、于敏、胡仁宇、唐孝威、王方定、林传骝、储连元、郑绍唐、蔡少辉、王乃彦、吴当时等40余人
1961：辐射防护研究所（7所）梁超、童汉雄、李德平、李振平、秦苏云等129人	2. 中子物理 钱三强、何泽慧、力一、朱光亚、连培生等	1961：北京铀矿选冶研究所（6所→5所）杨承宗、邓佐卿等7人
1962：西南物理研究所（585所）李正武、王金才、丁厚昌、林兴炎等198人	3. 高能基本粒子 王淦昌、张文裕、萧健等	1962：国防科委交验基地研究所（21所）忻贤杰、陆祖荫、吕敏
1964：理化工程研究院（华北605所）吴征铠、王承书、钱皋韵等238人	4. 理论物理 彭桓武、胡宁、王承书、胡济民、朱洪元等	1962：上海原子核研究所（华东 230所）张家骅、林念芸等22人
1964：反应堆工程研究所（194所）连培生、胡国春、戴传曾、徐佳效等423人	5. 放射化学 杨承宗、郭挺章、刘静宜等	1962：核燃料元件厂（202厂）锂同位素研究室和工艺研究室 刘允斌、张永禄等73人
1965：四川909堆工基地（194＋715）彭士禄、赵仁恺、李乐福、韩铎等60余人	6. 金属物理 王竹溪、李林、吴乾章等	1963：上海专用材料研究所（8所）曹其行、桂业伟等
1973：高能物理研究所 赵忠尧、彭桓武、张文裕、何泽慧、力一、谢家麟、冯锡璋、丁渝、叶铭汉、方守贤等679人	7. 放射生理学 贝时璋、孙湘等	1974：北京核仪器厂（261厂）探测器室的光电倍增管组
	8. 同位素应用 杨承宗、冯锡璋、张家骅等	
	9. 稳定同位素分离 汪德昭、何泽慧、戴传曾等	
	10. 铀钚化学 刘允斌、刘静宜等	
	11. 直线加速器 李正武、谢家麟等	
	12. 反应堆工程 连培生、王承书、屈智潜等	
	13. 电子学探测器 刘书林、黄秀伟、李德平等	
	14. 受控热核反应 王承书、李正武等	
	15. 分析化学 陈国珍、朱培基等	
	16. 放射性同位素制备 肖伦等	
	101. 重水堆运行 连培生、籍孝宏、陈维敬、符德番等	
	201. 回旋加速器运行 力一、王传英等	
	301. 三废处理 刘清怀	
	615. 气体扩散（理化研究部）吴征铠、曹本熹等	
	技术安全 董汉雄、李德平等	

但原子能研究所从迅速崛起到盛况空前,只维持了 10 年,此后很快急转直下,从巅峰滑落。仅 1960 年 7 月至 1962 年 12 月,一年半内,原子能所"为贯彻中央精简机构的指示",精简职工达 1975 人,占全所职工总数的 45.9%。[300] 随着中国核军事工业布局的展开,作为"老母鸡"的原子能研究所,实力遭到不断削弱。但也正因为此,中国核科学技术人才才得以在大范围内重新分布,从而从一定意义上来说,形成了以原子能研究所为源头的中国核科学技术机构的"谱系"。

1959 年,中苏关系开始恶化。当年 6 月 20 日,苏联以苏、美、英正在谈判核禁试条约为由,暂缓提供原子弹教学模型和图纸资料。在华苏联专家自此以休假为名一去不返。至翌年 7 月 16 日,苏联政府照会中国,撤回包括核工业系统 233 名专家在内的全部苏联专家,此后又停止供应一切设备、原料与技术资料。这给中国刚开始建设的核工业带来了灾难性的打击。当时中国的铀矿山正准备开采,铀水冶厂才开始安装,铀浓缩厂也刚基本建成,钚生产堆则只完成了堆本体的地基开挖和混凝土地板的浇注,后处理厂的工艺路线还有待确定,核武器研制基地也还只有初步的设计资料。[302] 这些工程,原计划应在苏联专家的指导下建成,此时却突遭搁浅。

为突破原子核研制难关,二机部于 1960 年初,从各地区、各部门选调了郭永怀、程开甲、陈能宽等 105 名高中级科研与工程技术人员到京参与核武器研制工作。其实早在 1958 年,二机部为接收和消化苏联提供的原子弹技术资料而筹建核武器研究所(9 所)之时,身兼二机部副部长与原子能研究所所长的钱三强就选送了原子能研究所的青年核理论工作者邓稼先到 9 所担任原子弹的理论设计工作。翌年,在苏联拒绝提供原子弹教学模型与图纸资料之后,钱三强又选送了原子能研究所的中子物理研究室副主任朱光亚到 9 所担任副所长。朱光亚与邓稼先同龄,时年 35 岁。这些参加核武器研究所筹建工作的科技人员比较年轻,便于向苏联专家学习。[302]

为部署科研力量,攻克原子弹难关,二机部在工作安排上,要求各科研单位,"首先是原子能所,要转向为核武器研制和核工业建设服务的轨道"。[301] 在此方针下,原子能所不仅将研究方向调整到紧密配合原子弹研制方面,而且开始了大规模的核工业人才培养与输出。

1961 年,钱三强又将原子能研究所 2 位年富力强的著名核物理学家、在建所之初分别从浙江大学与清华大学"挖"来担任副所长的王淦昌、彭桓武抽调到 9 所担任副所长,使得该所实力大增。此外,早于 1960 年,钱三强组织原子能研究所黄祖洽、于敏等理论研究人员,提前做热核材料性能和热核反应机理的探索性研究,为氢弹研制做理论准备。后于 1965 年初,这部分理论研究人员(共 31 人)全部被抽调到 9 所。[118] 其他先后抽调到 9 所的原子能所研究人员还有胡仁宇、唐孝威、王方定、林传骝、王乃彦等人。此外,9 所还曾派出数十人到原子能研究所实习与合作。可以说,原子能研究所为 9 所提供了最为重要的人才支持,为其输出了一批核科技骨干力量。9 所与其主管单位于 1962 年后迁至青海海晏 221 厂核武器研制基地成为九院,又于 1969 年迁往四川,1990 年定址绵阳,如今名为中国工程物理研究院。

除 9 所之外,核工业多个重要单位都得到了原子能所的人才支持。[302]

早在 1956 年,原子能研究所的前身物理研究所根据周恩来关于在兰州设一个点的指示,成立了一个兰州物理研究室。翌年,杨澄中带领金建中、王树芬、张恩厚、郇恩九、叶龙飞等 40 余人迁至兰州,成立近代物理研究所。该所于 1962 年与筹建苏联援建的 1.5 米回旋加速器的兰州 613 工程处合并为隶属于二机部的近代物理研究所(西北 203 所)。1973 年,该所划归中国科学院。

1958 年由冶金部划入二机部的铀矿选冶研究所(北京第五研究所),先是选调了原子能研究所的邓佐卿;在苏联专家撤走之后,杨承宗等 7 人又于 1961 年调入该所支援,原本身兼原子能所放射化学(5 室)与同位素应用(8 室)两研究室主任的杨承宗改任五所副所长。

1961 年,国防科委开始筹建试验基地研究所,程开甲领衔组织了这项工作。原子能所被要求从 1、2、3 室分别抽调出忻贤杰、陆祖荫与吕敏 3 名研究人员。

同在 1961 年,二机部以原子能研究所的 7 室(放射生物研究室)为主,加上 2 室(中子物理研究室)和技术安全室的一部分,在山西太原组建华北工业卫生研究所。原子能所副所长梁超与李德平、李振平、秦苏云等 129 名科研人员于 1964 年搬迁到太原。该所后来发展为辐射防护研究院。

1962 年,原子能研究所 8 室(同位素应用研究室)的全部与 5 室(放射化学研究室)的一部分,共 22 人,在张家骅的带领下搬迁至上海,与上海理化研究所组建成为二机部与中国科学院双重领导、以二机部为主的原子核研究所(华东 230 所)。1978 年,该所划归中国科学院与上海市双重领导。

同在 1962 年,原子能研究所 14 室(受控核聚变研究室)整体及回旋加速器室和基建处的一部分,搬迁至四川乐山,建设受控核聚变基地,成立了西南物理研究所(585 所)。李正武、丁厚昌、林兴炎等 198 人全部划归该所。585 所后来发展为西南物理研究院。

1962 年,包头核燃料元件厂(202 厂)借调原子能研究所刘允斌与 9 室(稳定同位素分离研究室)的科研人员支援组建该厂的锂同位素研究室,后来又改借调为正式调入。同时,二机部还将原子能研究所 6 室(金属物理研究室)元件研究组并入 202 厂,成立一个核燃料元件工艺研究室,原子能研究所的张永禄等 73 人及其研究设备一并划归该厂。

1963 年,原子能研究所 615 室(气体扩散研究室)的扩散分离膜研制攻关小组曹其行、桂业伟等部分人员与协作单位合作,后来发展成为上海专用材料研究所(8 所)。

1964 年,二机部在原子能所物理化学研究部的基础上,成立华北 605 研究所,吴征铠、王承书、钱皋韵等 238 人及其研究设备划归该所。605 所后来迁至天津,发展为理化工程研究院。

1964 年,二机部设立北京反应堆工程研究所(194 所),其人员构成以原子能研究所的 12 室(堆工研究室)与尚未全部建成的 49-2 轻水堆研究人员为主体。[①] 后又将原子能所 6 室(金属材料物理研究室)与 45 室(反应堆物理研究室)划入 194 所。原子能所 12 室主任连培生与胡国春、戴传曾、徐传效等先后任 194 所副所长。因 194 所与海军潜艇动力工程研究设计所(715 所)一度在二机部核工程研究设计院的领导下,联合筹建反应堆基地——909 基地[②],连培生等 423 人迁至四川夹江。几经分合,使得原子能研究所原有核反应堆方面研究力量一分为二,一部分在四川的 909 基地(后发展为中国核动力研究设计院),另一部分回到原子能研究所,在该所改制为院以后,成立堆工研究所。

---

① 中国核反应堆技术的发展,始于 20 世纪 50 年代中后期利用低息贷款从苏联引进多用途实验反应堆——7 MW 的 101 堆。为掌握反应堆和加速器的实验技术与理论工作,1955 年 11 月,原子能研究所派出 26 人赴苏联,会同在苏的 13 名留学生,接受培训实习。其中,考察学习反应堆物理及其运行维修的有彭桓武、冯麟、连培生、籍孝宏、黄祖洽、屈智潜、左湖、符ة璠、刘允斌、沈俊雄、胡华旦、李乐福、范迪之等人。[300] 他们是当之无愧的中国核反应堆事业的先驱者。在 101 堆之后,1964 年,原子能研究所又建成第一座工程试验堆 49-2 游泳池式轻水堆。

② 因 194(所) + 715(所) = 909(基地),故得名。

　　此外,原子能研究所还援建了北京核仪器厂(261 厂)等核工业多家单位。甚至在后来,其中关村分部直接分离出去,发展成为高能物理研究所。

　　如前所述,中国核工业诸多重要单位由原子能研究所分建或援建而成。如果可以将核工业各单位都纳入一个"谱系"的话,原子能研究所毫无疑问是这个"谱系"的源头。但如此过度的人才输出,使得原子能研究所元气大伤。压倒性的核军工任务,也严重冲击、削弱了该所本来的基础研究。再经随后而至的"文革",原子能研究所已严重萎缩,从过去体魄健壮的"老母鸡"沦为一只"跛脚、贫血"的"老母鸡"。[302]到 20 世纪 80 年代之后,原子能所(1984年 12 月更名为"中国原子能科学研究院")的这种窘况才有所改观。至 20 世纪末,原子能院才算走出谷底。

12.3　各高等院校亚原子物理专业人才队伍的初步发展

　　中华人民共和国成立之初,相对于近代物理研究所亚原子物理研究方面人才济济的盛况,各高校都显得力量薄弱。随着国家大力发展核军事工业,大学所培养出的亚原子物理研究人才又源源不断地向核工业输出。但无论如何,高等学校中仍然存在一定的亚原子物理研究力量。而且随着国家高等教育的发展,这股力量也逐渐得到了壮大。

12.3.1　高校亚原子物理专业与人才的早期分布

　　据 1951 年的一次调查,当时在各高校物理系中,专门开设核物理、宇宙线物理等课程的仅清华大学、燕京大学、北京大学与浙江大学 4 所,此外有复旦大学、交通大学、岭南大学、南京大学等校开设了原子物理、近代物理等课程[119],有关核与粒子的知识就只能穿插在这些课程中讲授。这种区别当然为师资力量不同所致。因为亚原子物理学家本来就人数稀少,加之中国科学院近代物理研究所对于该领域人才的强力集聚,使得这一阶段的大部分高校因实验设备的普遍缺乏,多仅限于开展理论方面的研究工作。

　　从抗日战争胜利到 1952 年学科调整,燕京大学物理系主任一直由褚圣麟担任,在校任教的有金星南、肖振喜等人,彭桓武也曾在该校兼职。褚圣麟开设了原子核物理研究生课程。[299]该时期在清华大学任教的有钱三强、彭桓武、杨立铭、戴传曾、金建中等人,所培养的毕业生则有黄祖洽、何祚庥、李德平、唐孝威、胡仁宇、周光召等人。同期在北京大学执教的有张宗燧、胡宁、邓稼先、朱光亚,而毕业生中的佼佼者则有于敏等人。其间张宗燧开设了核物理课程,还开展了相对论性场论的研究。在浙江大学执教的则有王淦昌、束星北、朱福炘等几位。束星北开设了群论课程,还与王淦昌共同开设了"物理讨论乙",专门介绍费米的 β 衰变理论和 C. G. 达尔文的狄拉克方程严格解等一些物理学前沿问题。王淦昌还曾利用从美国带回的云室做过一些实验研究。

　　自 1952 年起,在全国范围内进行了高等学校的院系调整,各高校被分为综合性大学、多科性工业大学与单科性学院三类。到 1953 年底,在院系调整后的各高校中,设文、理两个学科的综合性大学仅剩北京大学、复旦大学、中国人民大学、南京大学、南开大学、山东大学、东北人民大学、厦门大学、中山大学、武汉大学、四川大学、西北大学、云南大学与兰州大学等 14

所。[121]各高校的物理学研究机构与教学、科研人员被重新分配、组合和集中。清华大学、燕京大学两校的理科全部并入北京大学,使其物理教学、研究队伍实力大增,亚原子物理领域的教师有褚圣麟、胡宁、虞福春、杨立铭等多位。原复旦大学数理系物理组与交通大学、浙江大学、同济大学、大同大学、沪江大学等校物理系合并组成复旦大学物理系,山东大学原子能系也随后并入,由原同济大学物理系王福山任系主任,教师有卢鹤绂、丁大钊、殷鹏程等人。由清华大学、北京大学等校调霍秉权、余瑞璜、吴式枢、朱光亚、苟清泉等人,建立东北人民大学(1958 年更名为吉林大学)物理系。此外,北洋大学(1951 年更名为天津大学)物理系并入南开大学,而南昌大学物理系被并入武汉大学,岭南大学物理系则并入中山大学等。经此番调整,从事亚原子物理教学与研究的人员得到了相对集中,但比起中国科学院近代物理研究所,绝大部分高校在此领域的实力仍相对薄弱。因而各高等院校未能如近代物理研究所一样很快建立起亚原子物理学术谱系。

12.3.2 高校亚原子物理专业的迅速发展

院系调整后的北京大学物理系,长期由来自燕京大学的、我国最早开展宇宙线研究者之一[91]褚圣麟执掌,历时 30 年("文革"期间除外)。专职教师则包括来自北大的饶毓泰、赵广增、虞福春、胡宁、黄昆等教授,来自清华的叶企孙、周培源、王竹溪等教授与杨立铭副教授,此外还有彭桓武等兼职教授。1956 年,北京大学物理系曾成立了一个由褚圣麟兼任主任的辐射物理教研室,负责大三年级的原子物理与原子核物理课程教学。1958 年后,该教研室撤销。原子物理与核物理的理论教学划归理论物理教研室负责,实验教学则归入中级物理实验。自院系调整至 1958 年,新的北京大学物理系因课程教学与实验室建设、教材建设任务繁重,分散了教师们的主要精力。其间虽也有一定的科研活动与研究生培养,但相对而言,成果不算特别突出,也未能培养出多少对后世亚原子物理发展起重要影响的研究生。

自 1955 年初的中央书记处扩大会议决定建立中国的核工业之后,中央随即决定在北京、兰州两地分别筹建物理研究室,作为专门培养核科学技术人才的基地。按照周恩来的指示,高等教育部决定在北京大学和清华大学设置与核科技相关的专业,以培养从事原子能事业的科研和工程技术人才。此外,高等教育部还指定由副部长黄松龄、清华大学校长蒋南翔等 5 人组成原子能人才培养小组,由钱三强协助该小组统一负责全国高等院校核科学技术专业的设置与发展。

1955 年 8 月,高等教育部正式决定在北京大学设立物理研究室,由胡济民任室主任,虞福春为副主任。此后,该室又先后调来东北人民大学陈佳洱、复旦大学卢鹤绂、北京大学孙佶等人参与创建工作。1958 年,物理研究室成为北京大学的一个独立单位,后更名为"原子能系",1961 年又更名为"技术物理系"。

1955 年 9 月,高等教育部组织了一个以蒋南翔为团长,成员包括周培源、钱伟长与胡济民等人的访苏代表团,赴苏联了解有关核科学技术专业及其他尖端科学专业的办学情况。访问回国后,蒋南翔提出要在清华大学创办工程物理系。1956 年,该系正式成立,首任系主任由何东昌担任。

1958 年,中国科学院创办中国科学技术大学。在该校最初设置的 13 个系中,1 系为原子核物理和原子核工程系(此后更名为近代物理系),系主任由赵忠尧兼任。根据"全院办校、所系结合"的方针,该系汇集了中国科学院的一批知名物理学家,包括赵忠尧、严济慈、张文裕、梅镇岳、彭桓武、李正武、朱洪元等人。

北京大学技术物理系、清华大学工程物理系、中国科大近代物理系创办后，很快培养出了一批在亚原子物理方面的教学、研究人才。这三个物理系不仅直接为核工业输送了大批优秀的科技人才，还培养了很多后来活跃在亚原子物理研究前沿的专家、院士（如表 3.4所示）。

院系调整后新成立的复旦大学物理系教师阵容堪比北京大学物理系。其中有来自同济大学的王福山、周雄豪，来自交通大学的周同庆、方俊鑫、华中一，来自浙江大学的卢鹤绂、殷鹏程、赖祖武，来自沪江大学的周世勋，原复旦大学数理系物理组的王恒守、叶蕴理、江仁寿等。新成立的复旦大学物理系在几个领域开展了一定的研究工作，如原交通大学物理系与东北卫生部合作的 X 光管研制项目，于院系调整后，在复旦大学由周同庆、方俊鑫负责，蔡祖泉、华中一等参加，成功研制出我国第一支医用 X 光管。[93]

在"大跃进"中，复旦大学师生开始提出建造加速器的设想，并很快付诸行动。物理系党总支组织卢鹤绂、赖祖武等几位教师与杨福家、黄祥豫等四年级学生，把建设核物理专业作为工作目标，开展起 MeV 级电子感应加速器和 25 MeV 静电加速器的研制。至 1958 年8 月，核物理专业实验室基本建成。同年 10 月，学校决定将初具规模的核物理专业实验室从物理系中分出，与放射化学专业一起，建成原子能系，又称物理二系。王零任系主任。

根据周恩来的指示，兰州大学与北京大学同年开始筹建原子核物理与放射化学两个专业。至 1958 年建成"兰州大学物理研究室"，并开始招收学员。该室隶属二机部，代号为"505"研究所，翌年更名为"兰州大学现代物理系"。

与复旦大学类似，1960 年 6 月，南开大学也在物理系原子核专业和化学系放射化学专业的基础上成立了原子能系，并于翌月正式命名为物理二系，由陈天池教授担任系主任。1965年，该系合并入兰州大学现代物理系。

在大办原子能的热潮下，山东大学也将其物理系 1960 年新办的核物理专业独立出来，成立物理二系（原子能系），专门从事亚原子物理的教学与研究。但该系创办 2 年后又作为一个专门化并回物理系，简称"原子组"，学生并到复旦大学物理系。

在 1958 年"大跃进"中，南京大学物理系也建立起原子核物理教研室，原来负责金属物理教研室的施士元、程开甲被调到原子核物理专业作为学术领导。该室先后创建了核物理、核电子学、探测器、加速器与计算机等几个实验室。

1952 年院系调整之际，新创建的东北人民大学（后更名为吉林大学）物理系吸纳了多位著名物理学家，政务院先后从清华大学、北京大学等院校调入余瑞璜、朱光亚、吴式枢、苟清泉、霍秉权、郑建宣、高墀恩、黄振邦、解俊民等人。该系后来大力发展原子核物理专业，也培养了大批亚原子物理学家人才。

除上述几所大学外，解放军军事工程学院①、四川大学、北京师范大学、中山大学、广西大学、郑州大学、武汉大学、西北大学等其他一些高校也先后设置了与核物理有关的系科专业。到 1959 年，全国设有原子核物理专业的高等院校已增加到 27 所。是年，北京大学、清华大学、南京大学等院校已开始招收核物理专业研究生。至 1964 年，经中央专门委员会决

---

①　解放军军事工程学院建于 1953 年，因校址在哈尔滨，所以又简称哈军工；1966 年更名为哈尔滨工程学院；1970 年后内迁，其主体划归七机部迁往长沙，成立长沙工学院；1978 年改建为解放军国防科学技术大学。

定,对核专业进行调整,全国保留 18 个核专业系。[301]

需要指出的是,在 20 世纪下半叶的前 10 余年内,也就是中国科学院原子能研究所的鼎盛时期,一些高等院校虽然开始着力发展亚原子物理学科,也为核工业培养了一批优秀人才,但这并不代表亚原子物理的学术谱系已在大学内普遍形成,因为这些大学大多仅限于本科基础教育而缺乏科研训练的环境,不可能如原子能所那样很快形成亚原子物理各分支的学术谱系。

小　　结

通过本章对中国亚原子物理研究机构与团队成立的论述,可以得到以下认识:

① 因与国防军工关系密切,亚原子物理国家研究机构的成立是学科学术谱系建成的重要保证。从中国科学院近代物理研究所到原子能研究所,经过 10 年突飞猛进的发展,中国亚原子物理学家的队伍迅速组建并得到极大的发展。这是一般自然科学学术群体所无法比拟的。一大批自海外归来的亚原子物理学家在加速器物理、探测器物理、宇宙线物理、理论物理、谱仪研制、电子学与放射化学等多个领域组建起研究队伍,也就此形成本学科的学术谱系。这是政治、军事影响科学发展的一个典型案例。

② 在国家发展核工业的宏观布局下,经过 10 年迅速发展的原子能研究所发挥了"老母鸡"的作用,分建、援建了一批核科学技术研究机构,从而奠定了中国核工业的基础。与亚原子物理学家群体的学术谱系相似,中国的核科学技术机构形成了以原子能研究所为主要源头的"谱系"。但毕竟机构不同于人,在多年过度输出之后,曾经一枝独秀作为中国核工业渊薮的原子能研究所元气大伤。其基础研究水平大为削弱,原先以此作为学术大本营的亚原子物理学术谱系从此散落四方,大部分隐没于核工业的幕布后,难以追寻与把握。

③ 院系调整使得分散于各高等院校中的亚原子物理人才出现了大规模的流动,由此形成了几个在亚原子物理领域实力相对较强的物理系。北京大学、清华大学、中国科学技术大学创办的亚原子物理系科为此后学术谱系提供了重要的人才库。而"大跃进"时"大办原子能",几所高校迅速上马的"原子能系""物理二系"等核物理相关系科也为中国亚原子物理学科培养了大批人才,构建了中国亚原子物理学术谱系的基础。

第 13 章　核物理学家谱系与高能粒子物理学家谱系的分袂

相对于经典物理学而言,20 世纪,尤其是下半叶以来,近代物理学的发展日益蓬勃。从 20 世纪初兴起的原子分子物理,到 30 年代的原子核物理,再到 50 年代的高能粒子物理,近代物理学科不断扩大,又不断分裂,其从业者群体自然也经历了同样的过程。作为近代科学后发国家,中国在此方面的发展稍微迟缓,但其发展趋势则并无二致。我们所要讨论的中国亚原子物理学家的学术谱系也正与此相应。

13.1　第一代中国亚原子物理学家群体的分布

关于中国物理学家"代"的划分,业内学者见仁见智,各有不同的方法与标准。本书所谓的"第一代"亚原子物理学家,并非单纯按年龄划分,而是指那些在国内并未受过系统的亚原子物理教育与科研训练,出国留学后才接受亚原子物理的系统学习与研究,回国后从事教育、科研工作,培养出数量可观且有一定影响力的弟子者。

在 20 世纪上半叶,虽有多位亚原子物理学家自海外留学归国。但如前述,因政治、社会等诸因素,并未形成持续传承的学术谱系。因而这里所谓的第一代亚原子物理学家群体的分布,其时域主要为中华人民共和国成立之后。

13.1.1　中国的核科技机构与第一代亚原子物理学家

除高等院校外,中国的亚原子物理研究机构主要分布在中国科学院、国务院有关部委及各省、市、自治区和军队系统。如前所述,它们大多曾归属于二机部(核工业部)。

按照上述关于第一代中国亚原子物理学家的划分标准,我们选取了 30 余位学者,根据他们的人生履历,将其与主要工作过的亚原子物理重要单位相对照,得出表 13.1(与表 11.4 类同,各单元格中数据表示某学者在某学术机构中的起止年份)。需要说明的是,无论是学者,还是学术单位,此表皆未穷举,仅罗列出具有代表者。

表 13.1　中华人民共和国成立以来亚原子物理学家在各学术机构中的分布

单位＼学者	原子能所	9所	兰州近物所	上海核所	585所	194所	605所	高能所	数/理物所	北京大学	清华大学	中国科大	南京大学	浙江大学	复旦大学	吉林大学	兰州大学	南开大学	山东大学	北京师大	郑州大学
赵忠尧	50-73							73-98				58-?									
王普																			56-69		
霍秉权											35-51					52-55					55-88
王淦昌	50-61,78-98	61-78																			
施士元													33-?								
张文裕	56-73							73-?				58-?									
王承书	56-65						65-78														
杨澄中	51-57		57-?																		
钱三强	50-?																				
何泽慧	50-73							73-?													
卢鹤绂				60-77								55-57		44-52	52-55,57-?						
虞福春										51-?											
张宗燧									56-?	48-52		58-?								52-56	
梅镇岳	53-60											58-?									
彭桓武	50-61	61-78							78-?			58-?									
胡宁										50-?											
李正武	56-62				62-?																
朱洪元	50-73							73-?				58-?									
程开甲		60-?											52-60	50-52							
胡济民										55-?				49-55							
杨立铭										52-?	51-52										
金星南	50-?																				
萧健	50-73							73-?													
谢家麟	55-73							73-?				58-?									
徐躬耦													50-55,86-?				55-86				
戴传曾	52-64,78-?					64-78															

续表

学者＼单位	原子能所	9所	兰州近物所	上海核所	585所	194所	605所	高能所	数/理物所	北京大学	清华大学	中国科大	南京大学	浙江大学	复旦大学	吉林大学	兰州大学	南开大学	山东大学	北京师大	郑州大学
何国柱																		56-?			
郑林生	56-73						73-?														
吴式枢																52-?					
邓稼先	50-58	58-?																			
朱光亚	57-59	59-70								50-52、55-57						53-55					

注：表中起止年份中的问号，表示直到去世或具体年份不详。

表 13.1 中的 30 余位亚原子物理学家，辗转于几个研究院所与十余所高等院校之间。这些物理学家处于中国亚原子物理学家学术谱系的源头，而这些单位则是该谱系的大本营。

13.1.2　第一代亚原子物理学家在各研究院所与高等院校中的分布

从表 13.1 中可以看出，大多数第一代中国亚原子物理学家都曾工作于原子能研究所，足见该所对于亚原子物理学人才的强力聚集。而核武器研究所（9 所）、兰州近代物理研究所、西南物理研究所（585 所）、反应堆工程研究所（194 所）、理化工程研究所（605 所）与高能物理研究所等单位的亚原子物理研究人才则几乎全部来自原子能研究所。这也反映出在中国的核工业体系中，原子能所发挥的"老母鸡"作用。

1958 年 9 月 27 日，原子能所为新建成的实验性重水反应堆和回旋加速器举行隆重的移交典礼，陈毅、聂荣臻等多位领导人参加了典礼。翌日，《人民日报》发表题为《大家来办原子能科学》的社论。紧接着，核工业主管部门又提出"全民办铀矿"的口号。经中央批准，这两个口号很快向全国推行。钱三强还向二机部党组建议"各省市都搞一个反应堆和一个加速器"。获得批准后，该建议在各地引起了热烈反响。各省市在短期内新建了一批原子核科学技术机构。这批核科技机构后来按国家行政大区调整集中，只保留了上海原子核研究所、兰州近代物理研究所、哈尔滨东北技术物理所（后合并到西南物理研究所）、太原华北原子能所（后合并到华北辐射防护研究所）、四川物理研究所等。这几个研究所与由苏联援建的一批同位素应用研究机构，和原子能所一起，成为中国自力更生发展核工业和推广核技术应用的重要科研基地。[301]

在表 13.1 中，各研究机构都有作为领军人物的第一代亚原子物理学家。原子能所人才云集，自不待言。此外，如核武器研究所的王淦昌、彭桓武、程开甲、邓稼先、朱光亚，兰州近代物理研究所的杨澄中，上海原子核研究所的卢鹤绂，西南物理研究所的李正武，反应堆工程研究所的戴传曾，理化工程研究所的王承书，高能物理研究所的赵忠尧、张文裕、何泽慧、朱洪元、萧健、谢家麟、郑林生，数学研究所的张宗燧，理论物理研究所的彭桓武，皆为中国亚原子物理学科的开拓者与奠基人。

在亚原子物理领域的几所主要高校与以上情况相类似。北京大学拥有虞福春、胡宁、胡济民、杨立铭，并在一段时间内拥有卢鹤绂、张宗燧、朱光亚等多位第一代亚原子物理学家，其在人才方面的优势在很长时间内无一比肩者。中国科学技术大学依托中国科学院,凭借所系结合的优势,也曾拥有多位著名亚原子物理学家,除了正式调动到校的梅镇岳外,还有赵忠尧、张文裕、张宗燧、彭桓武、朱洪元、谢家麟等多年在该校兼职任教的物理学家。南京大学有施士元长期坐镇,另有程开甲、徐躬耦等任教多年;吉林大学有吴式枢多年领队,又有霍秉权、朱光亚短期"客串";这两校的实力也自然不弱。此外,复旦大学有卢鹤绂、兰州大学有徐躬耦,山东大学有王普,南开大学有何国柱,郑州大学有霍秉权,使得这几校在亚原子物理领域取得了长足发展。另一方面,清华大学失去了霍秉权、杨立铭,浙江大学失去了卢鹤绂、程开甲、胡济民,北京师范大学失去了张宗燧,使得这几校在亚原子物理方面原有的优势有所衰减。

13.2　核物理学家的学术谱系与学术传统

亚原子物理学有多个分支领域,大体上可简单分为原子核物理与高能粒子物理。而原子核物理学又可细分为核结构、核能谱学、低能核反应、中子物理学、裂变物理学、聚变物理学、轻粒子核物理学、重离子核物理学、中高能核物理学等多个分支,高能物理学又可分为基本粒子物理学、宇宙线物理学、粒子加速器物理学、高能物理实验等分支。[1] 对于亚原子物理学家,我们也可以按照其研究领域,进行类似的大致分类。但对学者的分类,与对学科的分类,并非一一对应关系,因为同一学者可能涉及多个研究领域。在讨论核物理学家的学术谱系与学术传统时,我们也不必严格按照学科分类来划分群体。

13.2.1　核物理学家的学术谱系

按 1989 年钱三强、马大猷的说法,原子核层次和基本粒子层次中的物理问题都属于核科学的研究范围。[303] 这种说法,把原子核物理、粒子物理、等离子体物理与核技术及其应用等分支都囊括在核科学的范围内。而本书所讨论的亚原子物理,早期就是原子核物理,因而老一代亚原子物理学家,基本上都是核物理学家。在很多情况下,所谓的核物理学家,包含了那些后来转到高能粒子物理研究领域的学者。

无论是国家研究机构,还是各高等院校,其原子核物理及高能粒子物理学科与团队,都是由第一代亚原子物理学家,即早期统称的原子核物理学家所创建的。笔者对历年来担任中国物理学会原子核物理分会理事的 200 位物理学家进行了考察,发现他们之中绝大多数都由表 13.1 中所罗列的第一代亚原子物理学家长期工作过的单位所培养(如表 13.2 所示)。

---

① 此处关于原子核物理学与高能物理学的学科分类参照《学科分类与代码表》(GB/T13745-92)。

表 13.2　第一代核物理学家与其所在单位培养的学者

单　　位	第一代亚原子物理学家	所培养的学者
原子能所	赵忠尧(50-73)	金建中、李寿枬、赵仁恺、王树芬、忻贤杰、黄祖洽、叶铭汉、徐建铭、彭士禄、许廷宝、陆祖荫、于敏、谢羲、李德平、钱皋韵、何祚庥、杨桢、吕敏、周永茂、胡仁宇、唐孝威、黄胜年、王世绩、方守贤、姜承烈、卓益忠、张焕乔、余友文、马福邦、邬恩九、刘文达、张宗烨、冼鼎昌、王乃彦、魏宝文、萨本豪、王豫生、徐鈇、孙祖训、郭士伦、李惕碚、陈森玉、陈永寿、张肇西、许谨诚、赵恩广、朱升云、樊明武、冯开明、包景东、柳卫平、竺礼华、安竹
	王淦昌(50-61)(78-98)	
	张文裕(56-73)	
	王承书(56-65)	
	杨澄中(51-57)	
	钱三强(50-?)	
	何泽慧(50-73)	
	梅镇岳(53-60)	
	彭桓武(50-61)	
	李正武(56-62)	
	朱洪元(50-73)	
	金星南(50-?)	
	萧健(50-73)	
	谢家麟(55-73)	
	戴传曾(52-64)(78-?)	
	郑林生(56-73)	
	邓稼先(50-58)	
	朱光亚(57-59)	
9 所	王淦昌(61-78)	胡仁宇、唐孝威、赖祖武、王世绩、胡思得、江文勉、贺贤土、张信威、唐西生、杜祥琬、彭先觉、丁伯南、赵宪庚
	彭桓武(61-78)	
	程开甲(60-?)	
	邓稼先(58-?)	
	朱光亚(59-70)	
兰州近物所	杨澄中(57-?)	诸永泰、罗亦孝、沈文庆、靳根明、詹文龙、肖国青、王志光、夏佳文、徐瑚珊、张丰收、赵玉民
上海核所	卢鹤绂(59-?)	程晓伍、常宏钧、石双惠、李民乾、李晓林、朱志远、李燕、马余刚、方德清
585 所	李正武(62-?)	
194 所	戴传曾(64-78)	
605 所	王承书(65-78)	陈念念

单　位	第一代亚原子物理学家	所培养的学者
高能所	赵忠尧(73-?) 张文裕(73-?) 何泽慧(73-?) 朱洪元(73-?) 萧健(73-?) 谢家麟(73-?) 郑林生(73-?)	李玉晓、陈洪、邹冰松
数/理物所	张宗燧(56-?) 彭桓武(78-?)	戴元本、吴岳良、邹冰松
北京大学	卢鹤绂(55-57) 虞福春(51-?) 张宗燧(48-52) 胡宁(50-?) 胡济民(55-?) 杨立铭(52-?) 朱光亚(50-52)(55-57)	陆祖荫、于敏、周光召、杨泽森、郑志豪、卢希庭、颜一鸣、陈佳洱、钱绍钧、叶立润、江栋兴、赵光达、万元熙、王正行、孟杰、许甫荣、周善贵、赵强
清华大学	霍秉权(35-51) 杨立铭(51-52)	黄祖洽、陆祖荫、刘广均、王大中、陈玲燕、孙祖训、安继刚、霍裕昆、尚仁成、周宏余、朱胜江、王群书、刘玉鑫、周立业
中国科大	赵忠尧(58-?) 张文裕(58-?) 张宗燧(58-?) 梅镇岳(58-?) 彭桓武(58-?) 朱洪元(58-?) 谢家麟(58-?)	肖臣国、韩荣典、许咨宗、何多慧、俞昌旋、赵政国、叶邦角、刘小伟
南京大学	施士元(33-?) 程开甲(52-60) 徐躬耦(50-55)(86-?)	刘圣康、夏元复、任中洲、宗红石、赵玉民
浙江大学	卢鹤绂(44-52) 程开甲(50-52) 胡济民(49-55)	赖祖武
复旦大学	卢鹤绂(52-55)(57-?)	吴治华、汤家镛、杨福家、陆福全、欧阳晓平

续表

单　　位	第一代亚原子物理学家	所培养的学者
吉林大学	霍秉权(52-55)	刘运祚、吴成礼、杨善德、刘广洲、吴连坳、宗红石、周善贵
	吴式枢(52-?)	
	朱光亚(53-55)	
兰州大学	徐躬耦(55-86)	段一士、邝宇平、杨亚天、葛墨林、魏龙、张丰收、陈熙萌
南开大学	何国柱(56-?)	宁平治、沈彭年、夏临华、孙昌璞、申虹
山东大学	王普(56-69)	邱锡钧、夏曰源
北京师大	张宗燧(52-56)	
郑州大学	霍秉权(55-88)	

注:表中起止年份中的问号,表示直到去世或具体时间不详。

　　表 13.2 中的人才培养单位,大多是在 20 世纪 50—60 年代国家大力发展核工业时所建的研究院所,以及为核工业输送人才而建立起来的一些高等院校原子核物理专业系科。其中所示的第一代亚原子物理学家与该单位所培养出的学者有的为直接师生关系,也有的是间接关系,还有的是"师祖"与再传弟子的关系,甚至有的根本就没有师生关系。如兰州大学的徐躬耦1950 年自英国获得博士学位后回国到南京大学任教,1955 年调入兰州大学任物理系主任,之后于 1958 年建成"物理研究室"(原子能系、现代物理系),又调往该系担任系主任。而段一士 1956 年自苏联获得副博士学位后回国,1957 年到兰州大学物理系工作,之后不久,在徐躬耦调往现代物理系后,接任物理系主任。当然,徐躬耦、段一士二人并无师生关系。我们将徐躬耦视为第一代亚原子物理学家的理由如 3.1 节所述,而将段一士视为第二代亚原子物理学家,则缘于他回国到兰州大学任教之际,兰州大学及全国的核与粒子物理学科基础大多在一定程度上已经奠定,他未能及时参与到最初的学科创建中去。当然,这样的代际划分,并不影响段一士堪为兰州大学一代宗师的地位。

　　由于核物理学家的档案材料极难获得,导致研究其世代相传的学术谱系也希望渺茫。因而表 13.2 只能示意性地大致反映我国核物理学科多个重要的学术单位中前辈物理学家对后辈学者的培养之功,是中国核物理学家学术谱系的一个缩影。

13.2.2　核物理学家的学术传统

　　因核科学技术对于国防军工领域的特殊性,原子核物理学科的学术传统本来就有别于物理学的其他分支。尤其是在中国特殊的政治、社会环境与时代背景下,原子核物理学家的学术传统更是具有其特异性。中国核物理学家的学术传统正是由国家确定发展核工业之初的政治、军事、经济、社会等诸因素所造成。

1. 自力更生,艰苦奋斗

　　20 世纪 50 年代,由于国内没有现成的核物理研究仪器、设备及相关的工业基础,在西方国家对中国封锁禁运的情况下,即使有资金也难以购置实验用的设备。在这种艰难的条件下,要发展各种原子核物理与放射化学的实验技术,不得不从研制各种核探测器与粒子加速器开始,甚至不得不从研究真空技术开始。[300]钱三强、王淦昌、彭桓武领导近代物理研究所全体人员"学习延安'自己动手、丰衣足食'的革命精神,自己动手制造各种设备,虽然困难不少,所花的时间多一些,但是锻炼了年轻的科技工作者,使他们在制造设备过程中掌握了不少必要的技术知识,对以后独立开展研究工作有很大的好处"。[118]

在自力更生精神的感召下,中国亚原子物理的拓荒者们因陋就简、因地制宜地开展起实验研究。萧健利用黄蜡来提炼真空封蜡,金建中则制成功各种抽速的金属油扩散泵,杨承宗指导朱培基、朱润生等在简陋的防护条件下,对协和医院的一套用于治疗肿瘤,但早于抗日战争之前就已损坏而长期关闭的500 mg镭氡装置进行整理修复,并提取了氡气,之后由戴传曾等研制成氡铍中子源。科研人员还与工人一起琢磨,动手设计制造,有时缺少器材、元件,就跑旧货摊寻求代用品。[300]这种自力更生、艰苦奋斗的传统使得中国的核科学技术在相对闭塞的国际环境中,在极为困难的条件下,在贫瘠的科研土壤里生根发芽,最终成长为参天大树。

在中苏关系恶化后,原子能研究所的核物理研究队伍很快分化到多个单位,并迅速成长、壮大。在一切外援被隔绝的情况下,"自力更生,过技术关",只短短几年,就取得了原子弹、氢弹爆炸成功的重大成就。这一时期所确立的自力更生传统也在几代核物理学者中代代相传。由于核科学技术的特殊性,无论是在核武器研发时期,还是20世纪80年代核工业实施的"保军转民"方针,加强应用开发、重视基础研究后,自力更生的传统都一样经久不衰。

2. 以任务带学科

近代物理研究所在建立之初,就确定了"一定要使实验物理在中国生根"的办所方针。在国家决定发展核工业之前,科研人员在这种方针指导下,按照中央"力求学术研究与实际需要密切配合,为原子能的利用准备条件"的要求,艰苦创业,从零开始启动我国的原子核物理研究。在中国的核工业上马之后,原子核物理研究得到了国家的强大推动,而且不久又得到了苏联的援助。大多研究工作以核工业为目标,以核工业任务带动学科发展,这是很长时间内中国核物理学科发展的一个最典型的传统。

1956年,周恩来、李富春、聂荣臻领导、组织制定了《1956—1967年科学技术发展远景规划纲要》(简称《十二年规划》),原子能的和平利用被列为12年内12项重点科学研究任务的第1项。在物理学发展的3项重点中,原子核物理与基本粒子物理被列为第1项。[304]《十二年规划》中原子能科学发展规划由王淦昌主持。在召集有关专家研究制定了初稿之后,王淦昌赴苏联与在那里考察的钱三强、赵忠尧、何泽慧、力一、杨承宗等共同修改,最终定稿。规划内容包括建造重水反应堆和回旋加速器,还有低能核物理、应用核物理、宇宙线、高能物理、放射化学、辐射化学与同位素制备等研究领域的一些安排。该规划制定之后,自然成为原子能研究所大发展的重要依据。[300]《十二年规划》中所列的各项任务,成为中国亚原子物理学科发展的紧要目标。

1958年,国家决定自行研究、设计核潜艇动力堆。在此任务的带动下,原子能研究所陆续建立了零功率实验装置、热工水力实验回路,并设计建造核燃料元件试验堆等大型设备,开展了堆理论、堆物理、堆材料和材料腐蚀、堆化学、热工水力、自动控制、核燃料元件工艺、堆设计等一系列实验研究工作。1959年,为适应国家铀矿地质普查勘探和铀矿冶工业建设的需要,原子能所突击建成铀同位素分离气体扩散实验室,开始了铀同位素分离的研究工作。此外,围绕核工业发展的需要,原子能所还开展了一批预先研究工作。为了推动原子能的利用,该所开展了放射性同位素制备和应用的研究以及稳定同位素分离的研究;在核燃料元件后处理方面,开展了沉淀法工艺及有关分析方法的研究;为了核工业的安全生产和环境保护的需要,开展了放射生物、辐射防护和"三废"治理的研究。除此之外,该所还开展了铀钍化学和核燃料分析的研究工作。[301]

在突破原子弹与氢弹的技术攻关中,中国科学院和其他相关部门的研究所及高等院校,都承担了大量研究任务,并做出了重要贡献。兰州近代物理研究所完成了(氘、氘)、锂—6 $(n,n'\alpha)$、锂—7$(n,n't)$ 等反应的截面和几个能量点的次级能谱测量任务;上海原子核研究所与原子能研究所合作,在 1.2 米回旋加速器上完成氘打锂—6 中子产额和中子能谱测量的任务;北京核工程研究设计院、清华大学工程物理系和原子能研究所在核燃料元件后处理用萃取法取代沉淀法的研究中做出了贡献;核燃料局总工程师陈国珍领导、组织中国科学院长春应用化学研究所、北京化学研究所、沈阳金属研究所和北京原子能研究所、北京铀矿选冶研究所合作完成了核燃料产品质量控制分析与建立方法的任务;中国科学院金属研究所、冶金研究所、原子能研究所和冶金部北京钢铁研究院、中南矿冶学院、北京钢铁学院及东北工学院等单位合作开展了气体扩散法分离铀同位素的核心部件——分离膜的研制。[301]

通过完成"两弹"攻关中的大量科技任务,我国核科技人员得到了极好的锻炼,形成了一支业务能力强、协作精神好、能够承担各种艰巨任务的科技队伍,为中国核科学技术的纵深发展奠定了扎实的基础。

在特殊的时代背景下,以任务带学科的传统在中国原子核物理学科的发展中长期发挥着重要的作用。即使在"保军转民"后,直至如今,这个传统依然不"过时"。

自力更生、艰苦奋斗和以任务带学科是中国核物理学科典型的学术传统。至于本学科可能存在的其他传统,限于核科学技术的机密性质,笔者尚未能搜集到支持说明问题的相关材料。

13.3　高能粒子物理学家学术谱系的独立

因大师云集,原子能研究所在亚原子物理的多个分支领域都不乏前辈学者的引领,尤其是在人才过度输出之前,也就是建所的前十年。这些领域大多最终分裂为原子核物理与高能粒子物理 2 个分支。

13.3.1　原子能研究所的研究团队谱系个案分析

关于原子能所的学术谱系,12.1 节已有叙述,现举例加以分析。1953 年底,物理所制定了一个年度工作计划,其中详细罗列了各大组的研究题目、负责人与工作人员(如表 13.3 所示)。该所早期的学术谱系概况可以从表中窥见一斑。

表 13.3　物理所 1954 年研究工作计划表[305]

组	编号	题 目 名 称	负责人	工 作 人 员
11 研 究 组	11.1	静电加速器的巩固改善	杨澄中、赵忠尧	叶铭汉、邬恩九、徐建铭、顾润观、孙良方、陈志诚、金建中
	11.2	高气压型静电加速器 V2	赵忠尧、梅镇岳	徐建铭、顾润观、陈志诚、孙良方、邬恩九、叶龙飞、金建中
	11.3	高电压装置	杨澄中、戴传曾	徐建铭、戴传曾
	11.4A	回旋加速器用高频振荡器研究	杨澄中	孙良方、申青鹤
	11.4B	回旋加速器磁铁设计模型试验	梅镇岳	席德明
	11.5	真空技术	金建中	金建中、邬恩九
	11.6A	设计装置镜式 β 能谱仪	梅镇岳	徐英庭
	11.6B	β 谱仪磁场电流稳定器	梅镇岳	席德明
	11.7	(p,γ) 反应实验	赵忠尧、杨澄中	金建中、叶铭汉、孙良方
12 研 究 组	1001	中子物理实验之初步研究	何泽慧、戴传曾	何泽慧、戴传曾、李德平、蒋铮、陆祖荫
	12.1	计数管特性之研究	戴传曾、李德平	李德平、唐孝威、项志遴、李忠珍
	12.2	正比记数管	李德平	李德平
	12.3	BF_3 慢中子计数管之制造	戴传曾、李德平	戴传曾、蒋铮
	12.4	闪烁计数器	杨澄中	卢竹轩、胡仁宇
	12.5	用小游离量 γ 线游离强度	戴传曾、李德平	胡仁宇
14 研 究 组	14.1	对研究原子核物理适用的照像乳胶的制造	何泽慧	陆祖荫、孙汉城
	14.2	用天然放射性元素钋作 α 质点源用照像乳胶作探测带电质点工具进行 (α,p) 核反应实验	何泽慧	王树芬
	14.3	电子经过物质能量的损失	何泽慧	肖振喜、周德邻
30 研 究 组	30.1	用直立式圆云室以作海平面上宇宙线穿透簇射经过不会吸收物之产生情况的研究	王淦昌	胡文琦
	30.2	方云室装置	王淦昌	王淦昌、郑仁圻、吕敏
	30.3	电磁场及云室的制造	萧健	萧健、郑吉母、霍安祥
	30.5	重介子的研究（用云室）	王淦昌	王淦昌、郑仁圻、吕敏
	30.6	带电粒子在云室中游离度的测量	萧健	萧健、郑吉母、霍安祥

续表

组	编号	题 目 名 称	负责人	工 作 人 员
40 研究组	40.1	原子核结构的表象研究	朱洪元	朱洪元、邓稼先、黄祖洽
	40.2	正电子负电子的散射	金星南	金星南
	40.3	原子核反应	彭桓武	于敏
	40.4	重原子核的统计模型	金星南	金星南
	40.5	高能原子核反应及介子之产生	胡宁	胡宁
	40.6	中子物理的调查研究	彭桓武	彭桓武、朱洪元、金星南、邓稼先、黄祖洽、于敏
	40.7	宇宙线之调研	朱洪元、胡宁	胡宁、朱洪元
	40.8	讲授量子力学	朱洪元	朱洪元

如前所述,截至 1953 年,原子能所(近物所、物理所)共有实验核物理、放射化学、宇宙线、理论物理和电子学 5 个大组。其中,放射化学为原子核物理研究的"姐妹"学科[1],而电子学组的大部分人员后于 1956 年又离开了原子能所,因而表 13.3 仅关注了实验原子核物理、宇宙线与理论物理 3 个大组。

从表中所列的各研究方向看,11 研究组专注加速器研制与核反应研究,对于原子核物理与高能粒子物理来说,只是能量的区别。该组的赵忠尧、叶铭汉、徐建铭等人在后期选择了高能方向。12 研究组、14 研究组从事计数器、照相乳胶的研制,这些探测器件、材料,也是原子核物理与高能粒子物理所共需的。这两组的何泽慧、唐孝威等人在后期选择了高能方向。30 研究组专事研究的宇宙线,在加速器技术尚未充分发展之前,为原子核物理与高能粒子物理研究提供了天然的重要手段。该组的萧健、霍安祥等人在后期选择了高能方向。而 40 研究组的理论研究则有所侧重,可偏于原子核理论,也可重于基本粒子理论。该组的朱洪元、胡宁等人在后期选择了基本粒子方向。至于表中没有列入的电子学,同样也是原子核物理与高能粒子物理研究所共同必需的。由此可见原子核物理与高能粒子物理的关系之近。

13.3.2　大本营的分裂导致学术谱系的分化

在 20 世纪 60 年代国际高能物理研究风起云涌、高潮迭起的盛况影响下,中国的亚原子物理研究队伍也难免暗潮涌动。

早于 1956 年,由苏联、中国等 12 个社会主义国家共同在苏联莫斯科建立了杜布纳联合原子核研究所。王淦昌、周光召等人在那里做出了举世瞩目的高能粒子物理研究成果。但

---

① 1947 年,北研院院长李书华曾请当时在法国居里实验室攻读博士学位的杨承宗帮助一位中国学者联系参观居里实验室。在参观时,这名学者对实验室物理学家与化学家孰多孰少提出疑问。伊雷娜·约里奥-居里(Irène Joliot-Curie)这样回答他:"我们的工作处于物理和化学之间,研究的是化学的元素,可是测量的工具需要物理学的基础,主要是测量放射线。很难说是物理重要,还是化学重要。假使他是一个化学家,他就要学物理;要是一个物理学家,他就必须懂化学。"此例有助于说明原子核物理与放射化学的密切关系。[25]

随着中苏关系的恶化,1965 年 6 月 8 日,中国宣布于当年 7 月 1 日退出联合原子核研究所。当月,原子能所在"我国高能物理和加速器工作在研究、设计、制造、安装、调试、维护和使用等方面已有了初步的经验"的基础上,经"与有关的工业、设计部门及高等院校进行了商讨"的情况下,上报二机部,要求将该所中关村分部独立建成高能物理研究所。[148]其实早于一年前,中国尚未退出杜布纳联合原子核研究所之时,原子能所就曾提交过报告,要求将中关村分部单独成立研究所,只是名称为核物理研究所,而非高能物理研究所。所以,在宣布退出联合所后,原子能所根据刘西尧、钱三强的指示,再次上报。[306]1967 年,原子能所再次上报二机部,要求筹建高能物理研究所领导机构,并明确建议由该所宇宙线研究室、理论物理研究室场论组、201 单位(负责回旋加速器)的高能组和云南宇宙线观测站联合组成临时领导班子[307],二机部也"原则同意"了该所的建议[308],但由于"文革"的干扰,该计划未能很快顺利实施。

1972 年 8 月,张文裕、朱洪元、谢家麟等 18 人联名,先后致信国务院总理周恩来、二机部副部长刘西尧和中国科学院院长郭沫若。信中提及"高能物理工作十几年以来五起五落,方针一直未定"的状况,再次强调发展高能物理的重要性,并指出发展高能物理不能仅依靠宇宙线,而必须建造高能加速器。[173]同年 9 月 11 日,周恩来回信指示:"这件事不能再延迟了。科学院必须把基础科学和理论研究抓起来,同时又要把理论研究与科学实验结合起来。高能物理研究和高能加速器的预制研究,应该成为科学院要抓的主要项目之一。"[174]之后,中国科学院与二机部及其他有关单位经研究提出建设高能物理实验基地的初步方案,包括成立高能物理研究所,建设高能加速器和附属设备。该方案报告得到了周恩来的批示同意。[175,65]

1973 年初,在周恩来的关心下,二机部最终决定将原子能研究所赵忠尧、彭桓武、张文裕、何泽慧等副所长与中关村分部全体人员连同仪器、设备与房屋资产等从原子能研究所分出,交由中国科学院组建高能物理研究所。[309]

高能物理研究所成立后,中国高能粒子物理学科从此改变了过去依附于原子核物理发展的状况,高能粒子物理学家的学术谱系也从此取得了独立形态。赵忠尧、张文裕、何泽慧、朱洪元、萧健、谢家麟、郑林生等多位第一代亚原子物理学家与他们的研究队伍从此"另立门户",独立地从事高能粒子物理学研究,并培养该学科的实验与理论研究人才。虽然此后高能粒子物理学家的学术谱系仍不可避免地与核物理学家学术谱系有所交叠,但毋庸置疑,高能物理研究所成为一个独立单位导致中国的高能粒子物理学也成为一个独立学科。自然,高能粒子物理学家的学术谱系也与核物理学家学术谱系从此分袂,成为一支独立的主流学术谱系。

小　　结

通过本章论述,可以得出以下认识:

① 研究中国亚原子物理学家的学术谱系与学术传统,首先需要确定谱系的源头,即第一代亚原子物理学家。为此,可以确定一个"第一代"的划分标准。将那些在国内并未受过系统的亚原子物理教育与科研训练,出国留学后才参与到该领域的系统学习与研究,回国后开创该领域的教育、科研工作,培养出数量可观而又有一定影响的学者确定为中国第一代亚

原子物理学家。而他们曾长期工作的学术机构自然成为亚原子物理学家学术谱系的大本营。第一代亚原子物理学家的拥有数量,是衡量一个学术机构在该领域的发展水平与构建其学术谱系的根本依据。

② 因很大一部分核物理学家踪迹难寻,退而求其次,将第一代亚原子物理学家与他们长期工作的学术机构所培养的核物理人才相关联,作为中国核物理学家学术谱系的一个缩影。而该谱系的学术传统,可以归纳出自力更生、艰苦奋斗和以任务带学科两个典型的方面;其他传统则如该谱系本身一样线索不明而难以把握。

③ 原子核物理与高能粒子物理本为一体,其研究理论、方法、工具等大多相近。与之对应,亚原子物理学家的学术谱系也为一个整体。但在时代发展的感召下,高能粒子物理学科的独立势不可挡,由此也必然导致高能粒子物理学家学术谱系与核物理学家学术谱系的分袂。

第 14 章　中国高能实验物理学家 学术谱系的历史发展

如前一章所述,20 世纪 70 年代,中国的高能粒子物理学科与原子核物理学科分离而成为一个独立的物理学分支学科。这一过程,西方在 50 年代就已完成,而我国则晚了 20 余年。

"高能物理"与"粒子物理"是基本重合的概念范畴,实验物理学家惯于使用"高能物理",而理论物理学家则倾向于使用"粒子物理"。从本章开始,我们分别对中国高能实验物理学家与理论粒子物理学家的学术谱系与学术传统加以讨论。首先讨论高能实验物理学家的学术谱系。

14.1　谱系的国外源头

中国第一代高能实验物理学家,多为抗日战争前赴欧美留学,并曾有在国外学术机构工作的经历,之后陆续归国。他们是形成中国高能实验物理学家学术谱系(以下也简称"高能实验谱系")的本源。

图 14.1 所示的几位中国高能物理学家在留学期间,追随世界著名的物理学大师,参与了最前沿的亚原子物理研究,奠定了良好的科研基础,并做出了骄人的成就。

R.A.密立根　　L.迈特纳　　E.卢瑟福

赵忠尧　　王淦昌　　张文裕

图 14.1　我国第一代高能物理学家及其国外导师

14.1.1　科研道路的衣钵相传

几位中国亚原子物理实验研究的拓荒者早年在欧美留学时,师从世界著名的物理大师,这对他们之后的科研之路产生了重要的影响。

美国实验物理学家 R. A. 密立根以其油滴实验(1909—1917 年)对电子电荷的精确测量而举世闻名,此后又由光电效应实验精确测量了普朗克常数。他在加州理工学院工作期间(1921—1945 年)的主要研究集中于他自己命名的"宇宙射线"方面。赵忠尧投入密立根门下后,接受了密立根新提出的研究课题——"硬 γ 射线通过物质时的吸收系数"测定。在亚原子物理发展的初期,赵忠尧师从密立根这样的大师,又选择了导师当时主攻的亚原子物理,适时做出了重要发现,并启发了其同门 C. D. 安德森,最终促成了正电子的发现。[310]

德国女物理学家 L. 迈特纳被爱因斯坦称为"我们(德国)的居里夫人",其因发现铀核裂变而闻名于世。她从 20 世纪 20 年代末对放射线连续能谱进行了准确测定,从而导致 W. E. 泡利于 1930 年提出中微子假说。王淦昌到柏林大学时,所从事的研究工作正是用 β 谱仪测量放射性元素的 β 能谱。

英国物理学家 E. 卢瑟福不仅被公认为 20 世纪最伟大的实验物理学家,而且桃李满天下,培养了多位诺贝尔奖获得者。张文裕进剑桥大学后,由时任卡文迪许实验室主任的卢瑟福亲任其导师,具体领导他工作的则先后有 C. D. 埃利斯与 J. D. 考克饶夫。张文裕开始时从事的研究工作是用 α 粒子轰击轻元素来研究原子核的结构,可以说是卢瑟福早年惊世成就的延伸。埃利斯的悉心指教对他的影响很深,而考克饶夫是第一台质子加速器的发明人,且首次以人工方式实现了原子核分裂。在剑桥期间,张文裕受到了系统的核物理实验研究训练,这对他后来建造 α 粒子能谱仪与多丝火花室有重要的影响,而 μ 原子的发现也显然得益于这一阶段的训练。[311]

14.1.2　欧美学术传统的承继

上述三位中国高能实验物理学家都于中华人民共和国成立之前赴欧美留学或访学。他们在国内都曾受过系统的科学教育,受过留学归国的前辈物理学家科学思想与科学方法的教导与熏陶(如表 14.1 所示)。但在 20 世纪 30 年代之前出国留学的叶企孙、吴有训、谢玉铭等老一辈物理学家则基本上没有机会接触新兴的亚原子物理学。当时中国的物理学研究尚处于起步阶段,远未达到西方对基本粒子的研究前沿。国内大学物理系所授课程涉及近代物理的内容除相对论与量子论外,仅限于原子核与放射性现象的基本知识。

表 14.1　三位中国高能物理先驱的国内学术传承情况

姓名	时段	就读学校	授业教师
赵忠尧	1920—1927 年	南京高师、东南大学(化学系) 清华大学(工作)	叶企孙
王淦昌	1925—1929 年	清华大学	叶企孙、吴有训
张文裕	1927—1934 年	燕京大学	谢玉铭、班威廉

而在他们先后出国留学的 20 余年间,正值西方核物理研究的基本粒子大发现时期,研究理论、方法与设备日新月异,研究队伍(其中包括他们的导师与其他学术关联者,如表 14.2 所示)也渐成规模,从而最终催生出新的物理学分支——高能物理学。在这门学科诞生的前夜,中国的先驱性人物因承袭了欧美的优秀物理学传统而崭露头角。

表 14.2　三位中国高能物理学先驱的国外学术传承情况

姓名	时段	求学、就职单位	导师	其他学术关联者
赵忠尧	1927—1930 年	美国加州理工学院	R.A.密立根	C.D.安德森、G.P.S.奥恰里尼、P.M.S.布莱克特
王淦昌	1930—1934 年	德国柏林大学	L.迈特纳	W.玻特、K.菲利普、J.S.阿伦
张文裕	1934—1938 年	英国剑桥大学	E.卢瑟福	C.D.埃利斯、J.D.考克饶夫、S.罗森布鲁姆

20 世纪上半叶的欧美物理学界,洋溢着求真的科学精神、浓厚的学术气氛,自由、开放而交流频繁,远非当时国内等术界可比拟。尤为重要的是,这些授课导师皆为成就卓著的近代物理学领头羊、优秀科学传统的缔造者:密立根是加州理工学院学派的创建者;迈特纳为奥地利学派著名的实验物理女杰;卢瑟福则是卡文迪许学派的灵魂。处于良好的学术氛围中,在物理大师的指导下,几位中国高能物理学的拓荒者幸运地融入科学发现者的行列,取得了出色的成就,显然得益于其科学传统的浸染与传承。在此过程中,广泛、迅捷的学术交流也对他们产生了重要影响。王淦昌因听了 W.玻特的报告而萌生探测贯穿辐射的念头;张文裕由 S.罗森布鲁姆的火花室设想而付诸实践。另一方面,赵忠尧的硬 γ 射线研究直接促成了安德森正电子的发现;王淦昌验证中微子存在的建议被 J.S.阿伦采纳而证实。这种相互影响、相互启发而共同进步的科学传统也在我国高能物理学先驱的思想中生了根,对他们之后的物理生涯产生了不可或缺的影响。

回到中国后,上述几位学者继续开展他们在国外所从事的研究工作。赵忠尧在 20 世纪 30 年代继续进行 γ 射线、人工放射性与中子物理等一系列前沿的、开创性的研究工作,这正是他此前研究工作的后继;而后期进行的加速器研制及基于其上的研究工作则受到他在抗日战争后在美国的研究工作的影响。王淦昌在浙江大学任教时建议测量 K 电子俘获过程中反冲元素的能量而推算中微子的质量,跟迈特纳的研究方向一脉相承。而张文裕后来担任中国科学院高能物理研究所所长,领导中国的高能物理研究,与他早年在世界首屈一指的卡文迪许实验室几年的学习工作经历所奠定的坚实基础也不无关系。

虽然上述三位中国高能物理学先驱在国外留学、访学期间做出了一定的成绩,承继了优秀的科学传统,但在回国之后,他们的科研、教学之路远不够顺利。回国后他们脱离了科学前沿,虽坚持科研并着力培养科学人才,甚至还辗转从国外带回了部分研究器材与设备,但他们传承自大师的优秀科研水平却难以为继。在信息交流闭塞、物质条件匮乏的情况下,他们既难以延续以前的研究工作,也难于开展新的创新性研究。理论研究如此,实验方面更甚。而他们的人才培养工作与科研水平也正相应,在引入国内时已大打折扣。

14.2　早期科研队伍与人才培养机制及学术谱系的发展

中华人民共和国成立之后,本土高能物理进入起步、加速阶段。在一批归国学者的领导、示范下,中国核与粒子物理领域第一批骨干得以茁壮成长。多位亚原子物理学科的领军人物云集于一所,在人才培养方面产生了极高的效率。处于中国高能实验谱系源头的一批学者,就此形成了自己的谱系树,并开枝散叶,日渐繁茂。

14.2.1　中国高能实验物理学家学术谱系的形成

因高能物理脱胎于原子核物理,高能实验物理学家学术谱系自然也依附于核物理学家学术谱系。中国因近代物理起步相对较晚,这种依附性表现得尤为突出。赵忠尧、王淦昌、张文裕等人不仅是中国高能物理学的鼻祖,同时也是中国原子核物理学的泰斗、宗师。他们三位,以及其他从海外归来,到中国科学院近代物理研究所工作的一批物理学家处于本领域学术谱系的始端,而从各方面调入及毕业分配到所工作的年轻人才则成为他们的首批弟子,也就是高能实验谱系表中的第二代(如表 14.3 所示)。

表 14.3　近物所(物理所、原子能所)的学术领导人及其早期培养的青年技术骨干

研究方向	学术领导人	培养出的技术骨干
静电加速器	赵忠尧、杨澄中、李正武	叶铭汉、徐建铭、金建中、孙良方、叶龙飞、李寿枬等
直线加速器	谢家麟	潘惠宝、李广林、朱孚泉、顾孟平等
探测器	何泽慧、戴传曾、杨澄中	陆祖荫、孙汉城、胡仁宇、王树芬、肖振喜、项志遴、唐孝威、李忠珍、李德平等
宇宙线	王淦昌、张文裕、萧健	吕敏、胡文琦、郑仁圻、霍安祥、郑民等
电子学	杨澄中、忻贤杰	陈奕爱、林传骝、席德明、许廷宝、方澄等

自中华人民共和国成立,尤其是近物所的建立,几年间,多位在欧美留学的亚原子物理学家归国,在相对稳定的研究机构从事核与粒子物理研究,同时开始培养年轻人才。中国高能物理学家学术谱系由此发轫,其中高能加速器、探测器、宇宙线与高能实验领域所形成的谱系分别如图 14.2 至图 14.5 所示。

中国粒子物理学简史

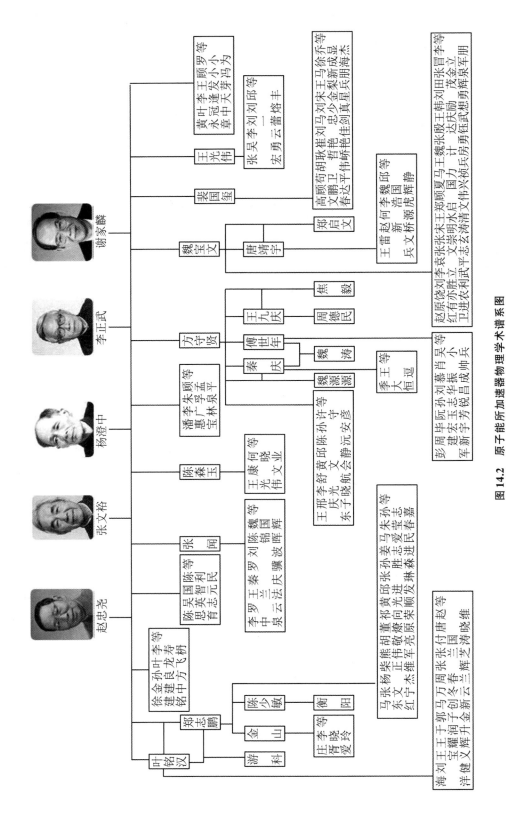

图14.2 原子能所加速器物理学术谱系图

· 168 ·

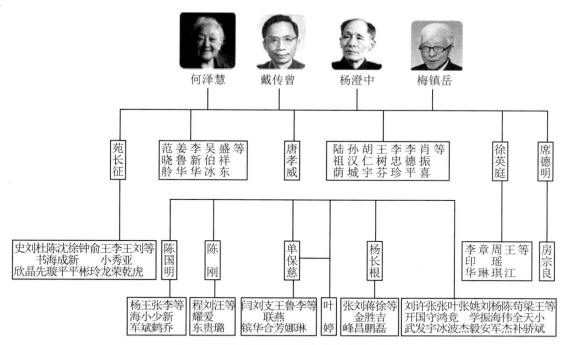

图 14.3 原子能所探测器物理学术谱系图

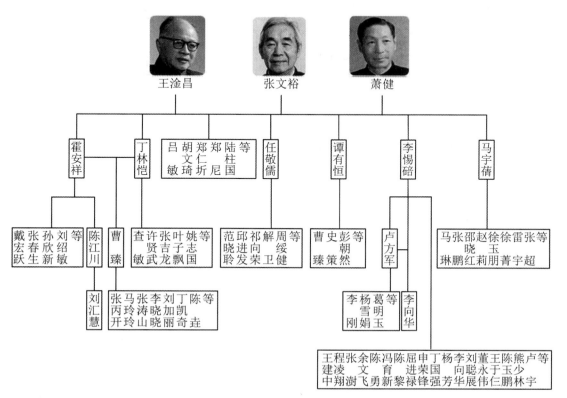

图 14.4 原子能所宇宙线物理学术谱系图

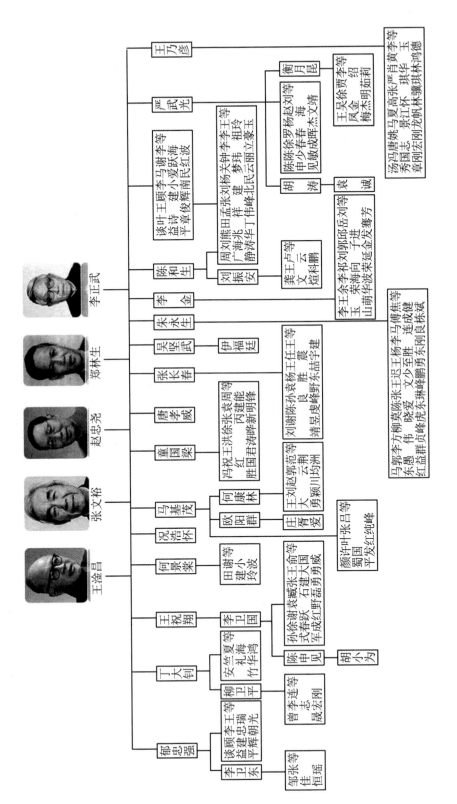

图 14.5　原子能所高能实验物理学术谱系图

14.2.2　谱系的链式与网状结构

　　亚原子物理实验研究需要相对大型的仪器、设备,因中国当时的经济水平所限,非一般单位所能开展,而国家研究机构——近物所的成立则为核物理研究提供了一个良好的平台。人才集中,强强联合,年轻研究人员在这里得到了多位前辈的学术指导,从而形成了中国高能实验物理学家学术谱系线条模糊的特点。这一点与欧、美等发达国家和地区有所不同。20 世纪 50—60 年代,美国已拥有阿贡国家实验室(ANL,建于 1946 年)、劳伦斯伯克利国家实验室(LBNL,建于 1946 年)、布鲁克海文国家实验室(BNL,建于 1947 年)、SLAC 国家加速器实验室(SLAC,建于 1962 年)、费米国家加速器实验室(FNAL,建于 1967 年)等几个大型高能物理实验室;欧洲也已拥有欧洲核子研究中心(CERN,建于 1954 年)、德国电子同步加速器研究所(DESY,建于 1959 年)。这些国立的或多国共建的实验室都建成了大型高能加速器,其上可容纳多个科学小组进行实验研究。如丁肇中 1974 年发现 J/ψ 粒子的工作就是在美国 BNL 的 AGS 加速器上完成的;1978 年,他又领导自己的工作组(MARK-J 组)在 DESY 的 PETRA 对撞机上发现了强子三喷注现象;20 世纪 80 年代,他又率领 L3 国际合作组在 CERN 的 LEP 对撞机上进行寻找新粒子的实验。不仅实验设备完善,而且工作分组明确,因而学术领导人相对容易确定。在 1984 年前,我国建造高能加速器还处于"纸上谈兵"的状态。在高能加速器建造成功之前,赵忠尧、王淦昌、张文裕、力一、何泽慧、梅镇岳等物理学家在低能加速器的研制、高能加速器的预制研究、探测器的研制、核物理实验与宇宙线研究中多采用合作的方式,所培养的团队也同时受到不止一位前辈物理学家的影响。

　　另一方面,中国在 20 世纪 80 年代之前,尚未建立起完善的学位制度,研究生培养相对滞后,大多年轻的科研人员仅受过大学本科教育,参加科研工作后,对他们产生影响的自然就是其学术领导人。但学术领导人通常不止一位,且时有更换,因而往往难以确定一些第二代的高能实验物理学家在学术谱系中的确切位置。所以,在"高能实验谱系表"中出现了多对多的网状结构,而非绝对的一对多的链式结构。如唐孝威大学仅读三年,就提前毕业到近物所,在戴传曾、何泽慧等的领导下从事探测器研究工作,但他却把赵忠尧、王淦昌、张文裕都视为师长,不能简单地把他归为某一位第一代高能物理学家的门下。然而,这并不排除链式结构的存在,如赵忠尧有所谓的"四大弟子"——叶铭汉、徐建铭、金建中、孙良方,有着确切的师承关系;王淦昌在苏联杜布纳取得惊世成就时,也有一个比较明确的团队,丁大钊、王祝翔便是其得力助手与弟子。

　　综上所述,在特定的时代背景下,中国第一、二代高能物理学家的学术谱系,既有链式结构,也有网状结构,另外还有链式与网状交错的结构。到后来,各个学术大本营的学术谱系相互链接,学术谱系因而出现了更为复杂的"柴垛式"结构。

14.2.3　影响高能实验谱系发展的因素

　　1956 年 3 月,当时社会主义阵营的各国代表在莫斯科签署协议,组建联合原子核研究所。在联合所建立后的 9 年内,中国共派出 130 多人参加该所工作。物理所自 1956 年起先后派出王淦昌(1956—1960 年)、张文裕(1961—1964 年)、唐孝威(1956—1960 年)、丁大钊(1956—1960 年)、方守贤(1957—1960 年)等多批科技人员到联合所工作。中国政府的首任全权代表是钱三强,首届学术委员会中国委员有赵忠尧、王淦昌和胡宁。王淦昌于 1959 年当选为该所副所长。1961 年后,张文裕接替王淦昌任中国组组长。在杜布纳期间,王淦昌带领丁大钊、王祝翔等人所做出的反西格玛负超子($\widetilde{\Sigma}^-$)的发现举世瞩目。其他人也都各有所得——有的做出了研究成果,更多的则是经受了科研锻炼。这是我国高能实验谱系与国际接轨的重要机遇。与此同时,因研究队伍的大规模赴苏,国内的高能物理及其研究队伍的发展都相应减缓。

1960 年前后,因中苏关系恶化,中国开始在没有苏联的援助下自主研制原子弹。此举对增强我国国防军工力量、提高中国国际地位的意义自不待言,对于核物理研究更是一次空前巨大的推动。此后一段时期,依附于核物理的高能物理发展相应减缓。王淦昌、彭桓武、周光召等一批重要的亚原子物理学家从此投身于核武器的研制而难以再进行高能物理研究。王淦昌从此再未涉足高能实验物理领域,而唐孝威等人则于 20 世纪 70 年代之后才又陆续开始高能物理研究。

"文革"开始后,教学、科研受到了影响,高能物理研究以及与国外学术界的交流几乎完全中断,学术谱系也自此停止发展。

以上三个因素不仅导致中国高能物理学对于原子核物理更长久的依附,也致使高能物理学家谱系的短期断裂与局部变异。

20 世纪 50 年代高山宇宙线观测站的建立,填补了中国在高能加速器建成之前高能物理实验研究的空白,中国第一批宇宙线物理研究队伍也自此组建,为宇宙线物理学家学术谱系的构建与传承奠定了物质基础。如前所述,1972 年"一个可能的重质量荷电粒子事例",引起了国内外的重视。周恩来的关注极大地鼓舞了高能物理研究者的热情,并促进了中国宇宙线物理及其研究队伍在此后一个阶段的发展。

1973 年高能物理研究所建成,这个在中国高能物理学发展史上具有里程碑意义的事件,直接推动了中国高能物理学科的形成以及高能物理学家学术谱系的独立。

在特定的国情下,大批学者投入核物理研究并有一部分学者从此投身于国防军工事业,这在当时的国内外环境下具有其历史合理性。待核工业发展到一定阶段,基本满足国家需求后,一部分学者转入纯学术研究,从而使得高能物理研究队伍得到了扩充与加强。核物理促生了核武器研制;在高能物理发展的初期,人们自然也会产生发展"高能武器"的念头。正如张文裕所言:"五十年代初,苏、美、欧等少数工业发达的国家已开始大力筹建高能加速器……我国在当时则是毫无条件可言,但鉴于他的技术及应用可能与核工业有关,也确认了要开展高能物理的研究。"[34] 钱学森也曾撰文:"原子核物理引出了原子能技术革命;高能物理呢?高能物理也完全有可能引起另一场新的技术革命而更加推动生产向前突进,从而带来一场深刻的变革。"[312] 这也是促使高能物理学科及其学术谱系获得独立发展的一个重要因素。

14.2.4 箕裘颓堕——阻碍谱系形成与发展的变数举例

在学术谱系发展过程中,由于领军科学家研究领域、方向的改变,或研究生涯的中止,往往会导致该学术谱系的弱化。此外还存在另一个特殊情况,即第一代的物理学家并未能将其学术充分流传下去而形成连续的学术谱系,如霍秉权、朱福炘与郭贻诚。

霍秉权(1903—1988)于 1931 年赴英国伦敦大学,师从云室的发明人 C.T.R. 威尔逊攻读博士学位。其间他对导师的云室做了改造,大大提高了其功效。1934 年回国后,霍秉权到清华大学任教,自制成"双云室",并用来研究宇宙线。学校南迁后,他曾赴美从事加速器研究。中华人民共和国成立后,他先后工作于清华大学、东北工学院、东北人民大学,直到1955 年被调到郑州大学。如此 20 余年,霍秉权虽科研、教学不辍,但受各方面条件的限制,其学术传承受到了限制。

再如朱福炘(1903—2003)。1946 年,已是浙江大学教授的他赴美国进修,曾于美国麻省理工学院宇宙线研究所从事改进宇宙线研究仪器的研究工作。但自 1948 年回国后,他辗转于之江大学、浙江师范学院、杭州大学等校直至退休,未能在高能物理研究方面实现有效的学术传承。

郭贻诚(1906—1994)则是另一种情况。他于 1936 年自山东大学赴美国加州理工学院攻读博士学位,师从安德森进行宇宙线研究,曾为导师的 μ 介子的发现提供了新证据。1939 年回国后,他先后就职于浙江大学、燕京大学、北京师范大学、北平临时大学,其间曾发表关于宇宙线研究的论文。但自 1946 年调回山东大学后,在教学与行政工作之外,他的研究兴趣转到了磁学方面,因而其宇宙线方面的研究未能得到传承。

上述三位第一代高能物理学家因受工作单位变更所限,加之工作性质改变与学术兴趣转移等方面的因素,而致箕裘颓堕,后继乏人,未能形成重要的学术谱系,因而也未能充分发挥其一代宗师的作用,对我国高能物理学科的发展未能产生应有的重要影响。

14.3　高能实验物理学家学术谱系表及谱系结构与代际关系分析

在本书论述中,中国高能实验物理学家也包括加速器物理学家与宇宙线物理学家。几个分支领域的物理学家学术谱系各成系统又相互交织。本节先列出其学术谱系表,然后基于该表对中国高能实验物理学家的学术谱系结构与代际关系进行简要分析。

14.3.1　学术谱系表的构建

在下面的学术谱系表 14.4 中,左侧大致标出第一、二代学者的主要工作单位(有的还大致标出其主要研究方向)。每位学者右方(上下以横线为界)第一道竖线后为其弟子。如图 14.6 所示,乙为甲的弟子,丁为乙的弟子;而丙为甲、乙共同的弟子,戊为甲和丙共同的弟子。

中国高能物理研究单位众多,在高能实验物理学家学术谱系表(以下简称"高能实验谱系表")中,我们仅选取其中较有影响者。各代之间以师承关系(包括导师与研究生、学术带头人与主要受其影响的学者)为主线。第四、五代未必是知名的高能物理学家,有的仅是毕业不久的研究生,在此(不完全)列出的目的只是为了突出其导师人才培养之功。

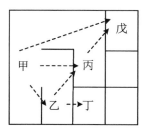

图 14.6　学术谱系的师承关系示意

表 14.4 为中国高能实验物理学家学术谱系表。表中第一代高能物理学家多曾在抗日

战争之前赴欧美留学;而在改革开放之后出国攻读(博士、硕士)学位,学成归国的,因之前无明确的国内师承关系,回国之后尚未形成具有一定规模的持续传承的学术谱系,因而在谱系表中暂不予体现。

表 14.4　中国高能实验物理学家学术谱系表①

单位	第一代	第二代		第三代	第四代	第五代
中国科学院原近物所(物理所、原子能所)、高能所	加速器	赵忠尧 张文裕 杨澄中 李正武	叶铭汉	郑志鹏	游科	
					庄胥爱	程华杰、任欢
				金山	李晓玲、张华桥、黄燕萍、袁丽、朱兴望、白羽、刘红薇、阮熙峰、姚立雯、徐雷、闵天觉、任欢、徐静静、彭聪、韩朔、战志超、杨迎、张正好	
				陈少敏	衡阳、张海兵、熙盎(Logan Michael Lebanowski)、魏瀚宇、王雄飞、张一鸣、万林焱、英明(Muhammad Usman Ashraf)	
				董燎原	秦虎、张磊、卢宇、孙新华、朱帅	
				黄光顺(中国科大)	周小蓉、魏逸丰、王驰、王志宏、高榛、孙艳坤、刘栋、夏磊	
				朱莹春(中国科大)	宋清清、高榛、胡启鹏、郝梅	
				孙胜森	郭暾、谢利娟、李小梅、郭迎晓	
				刘宏邦	廖东豪、覃潇平、封焕波	
				孙志嘉	王艳凤、张强、何占营、李杨国骥、李科、潘景辉、何越峰、鲁黎明	
				邱进发	黄彬	
				马东红、张文宁、杨杰、柴正维、熊伟军、胡敬亮、祁向荣、张琳、姜志进、马爱民、乔山、杨帆、赵明刚		

① 人名标注示意:硕士、博士、博士后、非第一导师、(单位备注)。

续表

单位	第一代	第二代	第三代	第四代	第五代
中国科学院原近物所（物理所、原子能所）、高能所	赵忠尧　张文裕　杨澄中　李正武	加速器	于润升	钟玉荣、王巧占、张鹏、杨静	
		叶铭汉		张兰芝	
			王宝义	马敏阳、王丹妮、张哲、李卓昕、秦秀波、钟玉荣、秦秀波、姜小盼、赵博震、王英杰、杨静、卢二阳、况鹏、李崇	
				田卫华、冯忠、海洋、刘健、王辉耀、郭子金、马创新、万冬云、周春兰、张辉、付国涛、唐晓、赵维、王亮亮、丰宝桐、马海龙、张兰芝、马宇蓓	
			李金	李玉山、王萌、余荣华、李海波、祁向荣、刘延、郭子金、邱进发、岳骞、刘芳	
			徐建铭	刘军立、曾吉阳、张云祥、沈晓峰、刘建杨、邱宏、裴国玺	
			金建中、孙良方、叶龙飞、李寿枡、陈志诚、陈思育		
			张闯	秦庆(见后)、张晓龙、王兰法、罗云、李中泉、罗骥、刘波、陈锦晖、魏国辉	
			吴英志	陈福三、胡春良、王东、彭全岭、金利慧	
			国智元	刘瑜冬、肖爱民、代志勇、王兰法、周峰、葛军	
			陈利民	张源、过暨全、王炜如	
			秦庆	魏源源	
				季大恒、王逗、岳腾、李超、段哲、王娜	
			傅世年	魏涛	
				彭军、周建新、毕宏宇、阮玉芳、孙志锐、刘华昌、慕振成、肖帅、吴小兵、纪红飞、张东岩、冯来文、蒋洪平、杨晓宇、赵亚亮、朱应顺、张耀锋、肖永川、刘华昌、李金海、于全芝	
			方守贤		
			王九庆	焦毅	
				周德民	
				王东、邢庆子、李光晓、舒航、黄文会、邱静、陈沅、孙安、许守彦、洪澎、吴泽渊、黄文会	

单位	第一代	第二代	第三代	第四代	第五代
中国科学院原近物所（物理所、原子能所）、高能所		加速器 谢家麟	陈森玉	王光伟	张宏、吴勇、李云、刘一蕾、刘熔、邱丰
				康文、何晓业、孙大睿、陆辉华	
			魏宝文（兰州近代物理所）	郑启文	
				唐靖宇	王兵、雷文、赵新桥、何源、李浩虎、魏国辉、邱静、李智慧、刘林、张文亮、师昊礼、甘泉、敬罕涛、孙纪磊、陈锦芳
				赵红卫、原有进、饶亦农、刘胜利、李立武、袁平、张文志、张崇玄、宋明涛、王水清、郑启文、顾伟、夏国兴、马力祯、王兵、魏计房、张勇、殷达钰、王庆武、韩励想、刘勇、田茂辉、张金泉、冒立军、李朋、夏佳文、周文雄、罗金富、李敏、宿建军、尹俊、赵贺、欧文智、杨晓东	
			裴国玺	潘惠宝、李广林、朱孚泉、顾孟平	
				高文春、顾鹏达、苟卫平、胡伟、耿哲峤、崔艳艳、刘佳、马忠剑、刘少真、宋金星、王梨兵、马新朋、徐成海、乔显杰、王玮、余杰、张敬如、周祖圣、相新蕾	
			黄永章、叶冠中、李逢天、王发芽、顾小冯、罗小为		
		宇宙线 王淦昌 张文裕 萧健	吕敏、胡文琦、郑仁圻、郑民、陆柱国		
			霍安祥	戴宏跃、张春生、孙欣新、刘绍敏、周铭、李雨航、王毅、王明星	
				陈江川	刘汇慧、李蕾、刘志强
			丁林恺	曹臻	张丙开、马玲玲、张寿山、李晓晓、刘加丽、丁凯奇、陈垚、陈松战、刘佳、周斌、赵静、尹丽巧
				姚志国、张吉龙、查敏、许贤武、叶子飘	
			任敬儒	范晓聆、邱进发、祁向荣、解卫、周绥健、王明星	
			谭有恒	曹臻(见前)、史策、彭朝然	

续表

单位	第一代	第二代	第三代	第四代	第五代
中国科学院原近物所(物理所、原子能所)、高能所	宇宙线：王淦昌 张文裕 萧健	李惕碚	卢方军	李刚、杨雪娟、葛明玉、李新乔、周旭、杜园园、张硕	
				李向华	
			王建中、程凌翔、张澍、余文飞、陈勇、冯育新、陈黎、屈进禄、申荣锋、丁国强、杨芳、刘聪展、董永伟、王于仁、陈玉鹏、熊少林、卢宇、钱跃民、谢涛玲、刘浩、顾煜栋、李正伟、关菊、李云龙		
		马宇蒨	马琳、张鹏、邵晓红、赵莉、徐玉朋、徐菁、雷宇、张超、罗晏平		
	高能实验：王淦昌 张文裕	谢一冈（南开大学调任）	金山	庄胥爱	程华杰、任欢、张鹏
				李晓玲、张华桥、黄燕萍、袁丽、朱兴望、白羽、刘红薇、阮熙峰、姚立雯、徐雷、闵天觉、任欢、徐静静、彭聪、韩朔、战志超、杨迎、张正好	
			余志堂、柴勇		
		丁大钊(原子能院)	柳卫平	曾晟、连刚、王宝祥	
				李志宏	郭冰
			安竹、竺礼华、夏海鸿、樊胜		
		王祝翔	李卫国	陈申见(南京大学)	胡小为、俞杰、张雷、傅金林、袁文龙、张弛、黄勇、王超、卢伯强、张鹏、赵祥虎、黄晓忠、豆正磊、杨友华
				孙式军、徐春成、谢跃红、袁野、臧石磊、张建勇、王大勇、俞国威、金大鹏、严亮、边渐鸣	
			郭嘉诚、徐增珣		
		王乃彦	汤秀章、冯国刚、唐志宏、姚刚、马景龙、夏江帆、高怀林、夏江帆、马景龙、张骥、严琪琪、肖华林、黄鸿、李玉德、黄永盛		
		何景棠	田建玲、谢小波		
		况浩怀			

续表

单位	第一代	第二代	第三代	第四代	第五代
中国科学院近物所（物理所、原子能所）、高能所	王淦昌 张文裕（高能实验） 赵忠尧 郑林生 李正武 梅镇岳	马基茂	欧阳群	庄胥爱(见前)、修青磊、刘义、鞠旭东、周扬	
			何康林	郭云均、王大勇、刘颖、赵川、范荆洲、徐敏、马天、范荆洲、张佳佳、谢利娟、段鹏飞	
			颜蜀平、许国发、叶红、张纯、吕峰		
		童国梁	冯胜、祝红国、王君、洪涛、徐晔、张丙新、袁建明、周能锋		
		张长春	刘靖、谢昱、陈虔、孙良峰、袁野、杨胜东、王喆、任震宇、王建		
		吴坚武	伊福廷		
		陈和生	刘振安	龚文煊、卢云鹏、杨一帆、杨一帆、周中良、李陆、王强、孙德晖、赵京周、邹剑雄、林海川、邓芳、王春杰、郭芳	
				王科	郭芳
			周广静、刘海涛、熊兆华、田丁、孟祥伟、张峰、杨民、关梦云、钟玮丽、李立、王玲玉、王志民、梁松、许伟伟、张诚、沈玉乔、王薛强、杨民		
			李祖豪	许伟伟、张诚	
			刘建北	丰建鑫、尤文豪、张丽青	
		郁忠强	李卫东	邹佳恒、张瑶、黄亮、韩艳良、林韬	
			谈益平、顾建辉、李忠朝、王瑞光、董艾平		
		毛慧顺	赵文霞、赵海文		
		漆纳丁	罗勇、周昕、刘倩、王征、熊伟军、陈少敏		
		朱永生	马东红、郭愚益、李群、方伟贞、柳峰、莫晓虎、陈爱东、张琳、王文峰、迟少鹏、王至勇、杨胜东、李刚、马连良、傅成栋、焦健斌		
			谈益平、叶诗章、王俊、顾建辉、李小南、马爱民、谢跃红、李海波、徐建国、徐浩伟、陈良平、奚建平		
		严武光	衡月昆	王凤梅、吴金杰、徐明、贾茹、李绍莉、付在伟、贾茹、陈晓辉、黄国瑞、方灿、雷祥翠、王小状、梁静静、李玉梅、汪刚、李楠	
			胡涛	袁诚	
			陈申见(见前)、陈少敏(见前)、徐春成、罗春晖、杨杰、赵海文、刘靖、郑敏、叶诗章		
		徐英庭	李印华、章琳、周瑶琪、王江		
		席德明	房宗良、任燕、高文焕、冉春林、王子仁、冉春林、张哲、龚士明		

续表

单位	第一代	第二代	第三代	第四代	第五代
中国科学院原子能研究所近物所(物理所、原子能所)、高能所	高能实验	何泽慧　戴传曾　杨澄中	范晓舲、姜鲁华、李新华、盛祥东		
			吴伯冰	权征、张晓峰、赵冬华、肖华林、孙建超、张翼飞	
			苑长征	史欣、刘晶、杜书先、陈海璇、沈成平、徐新平、钟彬、俞玲、王小龙、李秀荣、王亚乾、刘虎、王文峰、王征、朱凯、王亮亮、王小龙、刘智青、李春花、宋维民、胡誉、李科、李启云、杨翊凡、覃潇平	
		唐孝威	许榕生	韩更、周玉林、毕学尧、王旭仁	
			陈国明	杨海军、王小斌、张少鹤、李新乔	
			陈刚	程耀东、刘爱贵、汪璐	
			单保慈	闫镔、刘华、支联合、王燕芳、鲁娜、李琳、闫强、负明凯、廖燕飞、葛红红、武丽伟、王璐、王海鹏	
				叶婷	
			游科、刘开武、许国发、张守宇、张鸿冰、叶竞波、张杰、姚学毅、刘振安、杨海军、陈伟杰、苟全补、梁天骄、王小斌、吴关洪、马大安、王学仁、卢明、李佳、曾云涛、李耀清、方光银、陈国富、吴宏工、方渡飞、吴义根、方际宇、高怀林、刘玄、邓小元、刘力		
			杨长根	张峰、刘金昌、蒋胜鹏、徐吉磊	
			贾启卡	李佳玉、梁林波、赵周宇、汤振兴、田秀芳	
		戴贵亮	邵贝恩、孙舫、梁化楼、罗光宣、陈虔、丁军、丁宇征		
			朱科军	任震宇、李飞、王靓、刘英杰、陈丽平、魏丹丹、吴雪卉、胡俊、易子立、王庆娟、沈炜	
		胡仁宇、王树芬、李忠珍、李德平、陆祖荫			
		肖振喜	郭学哲、韩仁余		
		孙汉城	周陈维、胡道清、刘福虎、张东海、程晓晟、陈勇		
		过雅南	富洪玉、包化成、金大鹏、章平、李德、刘斌、叶诗章		

单位	第一代	第二代	第三代	第四代	第五代
中国科学院原近物所（物理所、原子能所）、高能所	高能实验	王贻芳		段斯涵、张晓杰、赵洁、胡维、程雅苹、张书华、章飞虹、孙晓东、季筱璐、钱森、张一纯、张清民、马烈华、何苗、张清民、占亮、伍灵慧、蒋文奇、徐昊	
		陈元柏(中国科大)		刘建北、谢宇广、秦中华、沈洪涛、江山、黄世科、王小胡、刘贡、樊瑞睿、吴智、吕新宇、唐彬、田立朝、范胜男、卢怀乐、刘梅、叶笛、滕海云、沈飞、詹晓芝、李树发、曾智蓉、左太森、王海云	
中国科大	梅镇岳	许咨宗	常进(紫金山天文台)	徐荣、胡一鸣、顾强、熊小川、张昆峰、马涛、舒双宝、方正、杨睿智、谢明刚、鲁同所、何明、蒋维、胡一鸣、张永强	
			伍健	胡一鸣、王全	
			张杰、蒲剑、曾海宁、韩家详、叶竟波、吴冲、刘杨、徐晟波、杨杰、王全、刘士涛、黄胜利、吴岳雷、单卿、张云龙、黎先利、侯云珍、田燕波、薛镇		
		赵政国	黄光顺、张雷、迟少鹏、吴雨生、吴硕星、李数、徐超、耿聪、管亮、周小蓉、赵宇翔、李冰、徐来林、曾哲、王驰、刘彦麟、郭毅成、张丽青		
			鄢文标	吴硕星、耿聪、曾哲	
		吴卫民、郭学哲、杨保忠			
			蒋一	张沛、汪虎林、黄春炯	
			韩良	龚谌伟、尹航、韦洪堂、张冬亮	
				张世明	
	马文淦		张仁友	熊寿健、张宇、李伟华、陈良文、张文娟、陈冲、汪洪、沈永柏、何凯、凌刘生、王勇、毕环宇	
			戴青海、于曾辉、周缅来、周鸿、万浪辉、孙衍斌、侯红生、邢丽荣、王雷、吴鹏、周雅瑾、李刚、刘婧婧、贺胜男、郭磊、张仁友、张永明、周珮珺、韩萌、宋昂、刘宁、王少明、孙昊、苏纪娟、蒋若澄、段鹏飞、李晓周、李霄鹏、刘文、熊寿健、张宇、李伟华、陈良文、张文娟、陈冲、汪洪、何凯、沈永柏、凌刘生、王勇、毕环宇		

单位	第一代	第二代	第三代	第四代	第五代
中国科大	梅镇岳	陈宏芳	汪晓莲	侯云珍、宋勇、李伟峰、吴岳雷、赵艳娥、单卿、刘海东、明瑶、郭军军、唐浩辉、袁波、邹涛、张云龙、黎先利、李翠、达红玉、崔相利、蒋宗均、查王妹、管亮、张志永	
			胡涛	薛镇	
				袁诚、赵正印、边渐鸣、薛镇、刘颖彪、牛顺利、赵航、牛顺利	
			邵明	姬长胜、朱银莹、尤文豪、张辉、胡东栋	
			阮丽娟	崔相利、杨驰、查王妹、杨帅、杨钱、刘圳	
			赵家伟、常进(见前)、曾海生、周欣、叶树伟、陈涛、许彤、陈辉、李昕、徐浩浩		
		王砚方		陆伟钊、张艳丽、张庆民、陈曦、张鹏杰、邢涛、蒋文奇、李洪弟、兀明、郭普云、严世奎、杨俊峰、邓家虎、束礼宝	
			刘树彬		尹春艳、单陈瑜、黄亚齐、尹周建铖、吴旭、孙维佳、刘建峰、张德良、王思宇、董家宁、张俊斌、李诚、王奇、马思源、杨晨飞、高山山
			安琪		刘序宗、刘广栋、郝新军、曹喆、郑伟、朱翔、冼泽、郭建华、张恒、王进红、李成、秦熙、高山山、祁宾祥、郑其斌
			封常青		张俊斌、马思源、杨晨飞、田静、苏杭、杨迪、李诚

续表

单位	第一代	第二代	第三代	第四代	第五代
中国科大			安琪	赵雷	尹周建铖、吴旭、刘建峰、叶春逢、商林峰、況麟、胡晓芳、康龙飞、邬维浩、夏品正、高兴顺、褚少平、马聪、杨云帆、刘金鑫、梁宇
				沈文博、刘继国、李浩、乔崇、赵龙、周浩、刘小桦、宋健、张俊杰、何正淼、廖娟娟、李玉生、廖维平、唐邵春、周家稳、严晗、陈凯、田静、杨迪、张鹏杰、周欣、陈曦、张艳丽、蒋文奇、商林峰、況麟、吴峰、胡晓芳、杜中伟、康龙飞、邬维浩、涂政、张莹、夏品正、何兵、高兴顺、杨迪、褚少平、马聪、张雅希、陈彦丽、杨云帆、于莉、李敏、莫钊洪、齐心成、刘金鑫、梁宇	
			王永纲	郑裕峰、章涛、戴雪龙、颜天信	
				李凯、都军伟、杨盈、周忠辉	
				陈尚文、王健	
		杨衍明	阴泽杰	唐瑜、钱卫明、李政、盛锦华	
				张健、刘士兴、杜先彬、马庆力、詹志锋、蒋宁、卫小乐、居桐、王科、晏骥、李正平、肖延国、梁飞、唐世彪、鉴福升、陈敏聪、晏骥、曹宏睿、吴军	
			金革	王坚	朱利平、黄鲲、姚仰光、袁海龙、刘光曹、唐鹏毅、陈杰、杨东旭、王建民、董书成、林胜钊、崔珂、张鸿飞、邓小超
				陶宁、万长胜、郝黎凯、李昔华、聂际敏、姚春波、董健、刘光曹、陈炼、张岳华、林成生、蔡文奇、江晓、黄姗姗、梁晓磊、张晓光、刘洪斌、丁迅、刘翔、刘升全、蒋文浩、耿天如、王宝琛、孙荣奇、张光宇、邓凡水、陶宁、姚龙洋、钱怡、路后兵、杨航、刘宇哲、周楠、马健、张晨、向石涛、郭迪、姚远、胡坤、高昕、刘明、梁福田、郑名扬、文斐、袁海龙、张晨、李锋	

续表

单位	第一代	第二代	第三代	第四代	第五代
中国科大		杨衍明	安琪、王延颐、程晓晟、黄敬宁、陈羽、刘海涛、梁昊、唐海清、伍评、姚新、李勇平、杨震宇、胡化成、裴星、杨玲、钟清明、熊焰、唐珊、张洪歧、刘小毛、李政、陈宏华、袁波、刘功发、梁昊、陈羽、刘海涛、杨立		
			叶邦角	孔伟、张良平、程明福、郗传英、彭成晓、任红凤、高传波、闫新龙、陈祥磊、章征柏、楼捷、刘建党、熊涛、郝颖萍、郭卫锋、张杰、安然、张丽娟、许红霞、许文贞、李强、樊少娟、张文帅、黄世娟、肖冉、秦建国、徐菊萍、葛雯娜、孟飞、潘子文、倪晓杰、谷冰川、丛龙瀚、程明福	
		金玉明	殷立新、李永军		
		何多慧		罗箐	楚智超
			孙葆根	林顺富、李鹏、王晓辉、周泽然、郑普、张剑锋、王宝云、李建伟、申超波、周伟、张春晖、王季刚、顾黎明、肖云云、方佳、曹涌	
			徐宏亮	朱家鹏、江陵、孙玉聪、张剑锋、赵祥学	
			徐玉存、胡跃全、郭卫群、张善才、陈念、谢东、王文生、刁操政、胡焰、邹冰、李明光、王卫兵、范为、高巍巍、李吉浩、张赫、曹涌、宣科、王思伟		
			徐卫	周纤、王思伟	
		裴元吉	冷用斌(上海应用物理所)	王宝鹏、黄国庆、杨嵩、黄思婷、阎映炳、杨桂森、孙旭东、张佰春、刘畅、熊云、张宁、易星、赵国璧、陈之初、耿合龙、杨勇、段立武、高波、陈汉骄、陈方舟	
			樊宽军、田忠、张海鸥、冯光耀、谢爱根、周洪军、刘建宏、孙红兵、何文灿、唐颖德、尹厚东、张海燕、汪亦凡、董晓莉、郭春龙、喻娇、叶剑锋、何笑东、黄贵荣、尉伟、沈晓峰、王荣、庞健、汤振兴、李成龙、柏梅		

单位	第一代	第二代	第三代	第四代	第五代
中国科大		裴元吉	尚雷	郭亮、谭泓、孙宇翔、丛晓艳、李骥、葛磊、武红利、王远远、杨桦、陈大潮、张利英	
				刘超	
		刘祖平	胡中文、田忠、王琳、郑凯、邢江峰、刘群、张耀锋、何晓业、杨永良、陈园博		
			李京祎	宣科、曾庆波、吴文波、李兵、王思伟	
		王相綦	冯光耀	梁军军	
			樊宽军、尚雷、陈莉萍、赵涛、何宁、王发芽、徐玉存、郝浩、田佳甲、冯德仁、罗焕丽、武红利、谢凯、王琳		
		李澄	乐毅、宋勇、陈辉、赵川、陈小龙、陈天翔、赵晓坤、刘圳、张生辉、王小状、杨帅、帅鹏、江琨、谢冠男、杨钱、周龙、杨驰、朱银莹、罗晓峰、周意、吕治严、言杰、安少辉、唐泽波、孙勇杰		
		虞孝麒	宁宇进、谭玉宝、黄建福、黄建福、沈广德、张晓黎、杜洪、米明磊、张岳华、孙剑、谢树欣、胡元峰、彭能岭、张岳华、杨冬、张弛、陈一新、薛俊东、杨存榜、杨涛、万长春、苏春晓、刘天宽、陆靖平		
		周先意	张天昊、谭一鹏、朱凯、孔伟、张宪锋、王海云、徐燕、金绍维、姚淅伟、郑文强		
		韩荣典	姚淅伟、薛飞、郭学哲、郗传英、秦敢、杜江峰、邓斌、虞旭东、孙鸿芦、黄千峰		
		张子平	胡继峰、郭晗、李龙科、李登杰、彭涛、孙振田、郭毅、黄柄矗、张一纯、王雅迪、刘超、许依春、徐敏、张黎明、蒋林立、胡继峰、张一飞、赵力、彭海平、李瑾、董昕、杨杰		

续表

单位	第一代	第二代	第三代	第四代	第五代
中国原子能科学研究院		关遐令	陈红涛、闫芳、周立鹏、张焱、张立山、崔保群、黄大章、彭朝华、傅世年		
		孙祖训	冒亚军(北京大学)	谌勋、吕晓睿、俞伟林、尤郑昀、程尔康、叶红学、韩然、梁羽铁、梁羽铁、朱博、刘坤、徐光明、郭逸飞、邹伟	
			李辉、刘晓东、王辉		
		周书华	董志强、卢绍军、文群刚、李笑梅、冒亚军、刘志毅、李成波		
清华大学		刘乃泉	赵振堂(上海应用物理所)	卜令山、陈建辉、赵玉彬、储建华、付泽川、张同宣、王洪涛、王宏飞、黄刚、梁永男、马广明、于成浩、蒋志强、冯超、王超鹏、李达、谭建豪、张庆磊、王震、黄晓霞、苗春晖、李明达、李宗斌、贾波磊、夏洋洋、齐争	
			姜伯承		罗承明
			顾强		姜增公
				戴建枰(高能所)	武锦、邹毅、于莹、顾小冯、张娟、李菡、倪柏初、薛舟、邵勇
			郑曙昕	朱子秋、钟铭、李享、李若云、熊正锋、宫存溃、贾晓宇、武林	
			张昆玉、武小瑜、林小奇、刘国治、安明、姚健、车平、戴建枰		
		林郁正	杨建俊、何小中、王宏源、姚红娟、何小中、杨国君、黄蔚玲、胡源、龙继东、华剑飞、黄刚、张开志、韦石、邢庆子		
		毕楷杰	汪为民、边广		

单位	第一代	第二代	第三代	第四代	第五代
北京大学	胡济民	沈肖雁（高能所、中国科学院研究生院）	朱莹春(见前)、杨杰、李树敏、魏代会、秦虎、张振霞、刘宏邦、王雅迪、赵海升、廖小涛、季晓斌、孙俊峰、孙胜森、李江、廖小涛、杨明、万霞、左嘉旭、边渐鸣、吴智、李翠、王雅迪、宋欣颖、姬长胜、徐光明、叶桦、孙振田、秦小帅、艾小聪、熊习安		
			刘北江	艾小聪、陈韵弛、张宏宏	
		马伯强	丁勇、郭志强、周启华、于江浩、吕宝贵、李戟、陈妍、高溥泽、吴飞、吕准、张运华、张冰、钱文、谌勋、杨世民、黄峰、吕晓睿、李楠、华靖、曾定方、张永军、李世文、薛巍、黄洋、宋会英、佘俊、肖智、刘海涛、贾寒冰、高溥泽、徐运琦、王腾、彭韬、朱家彩、秦楠、周伶俐、迟玉洁		
	杨立铭	曾奇勇、安宏、刘金泉、许甫荣、安宇、樊铁栓、范霁红、白新华、肖敬、张国辉、任秀宰			
		卢大海、高毅、宋涛、杨胜东、叶红星、卢兰春、刘庸、张永军			
			班勇	刘晶、史欣、贾晴鹰、刘晶、滕海云、王博群、王建、田新春	
山东大学	王普	王承瑞		李惠信、邹宝堂、傅宇、孔繁敏	
			刘峰(华中师大)	刘志旭、刘涵、刘复明、柳峰、谢菲、徐永飞、李会红、程运华、王文玲、吴科军、俞玲、周铀、施梳苏、徐新平、林晓燕、昌龑、陈佳赟、乐天、杨迎、郭遥、陈健伟、柯宏伟、陈坦、肖凯、夏林、俞诗力、张正好、赵亚雄、刘珂、徐继、周畅、陈佳敏、张亮、涂彪	
			张学尧	王文峰、邹佳恒、马丽娜、张瑶、焦健斌、刘传磊、王永刚、刘健、薛良、苏恒、曲晓波、赵荣霞、战志超、孟召霞、王亚乾、邵静、丁伟民、钱祥利、李启云、赵永柯	
				马连良	赵永柯、马延辉、王超、邵弱宾
		何瑁	冯存峰	李朝举、王旭	
				李衡讷	

续表

单位	第一代	第二代	第三代	第四代	第五代
山东大学	王普	王承瑞	何瑁	冯存峰	刘栋、蒋治国、王所杰、王旭、钱祥利、王锦、吴洪金、葛鹏、张忠泉、杨轩
				祝成光	李波
					苗家远、徐统业、叶尔兰•哈那皮亚、都艳艳、张登峰、段艳云
					刘明辉、陈利明
				黄性涛	王妙、高丽阳、李科、刘烨、秦丽清
				季晓斌、刘丰珍、刘健、盛祥东、赵昕、薛良、李群、解卫、闫真	
			张乃健	傅宇、戴志强、薛良、王河	
				刘山亮、蔚超、王广君	
南京大学		陆埮	宋黎明	向飞、雷亚娟、李志兵、张翼飞、郝昕、赵智云、全号、刘江涛、孔思伟、赵海辉、潘元月、袁文彬、谢斐、李正恒、张岳	
			韦大明、戴子高、黄永锋、王祥玉、马忠祥、郑伟、石嵩、冯磊、杨玉鹏、祁石、侯臻、吴雪峰、张笋、冯发波、董义乔、刘学文、余波、董云明、冯珑珑、左林、王春德、赵永恒		
郑州大学	霍秉权	鲁祖惠	马长征、李志宏、史卫亚		
		孙洛瑞	岳学东、郭郑元、王春华、李彬		
			赵书俊	张勍、赵媛媛、鲁向、刘洋、李素晓、李玮、张雷、张伟征、张大伟、王锰、董洁、王静、刘宇、牛灵欣、徐航、罗闯、徐品、刘豪佳、马圆圆、李现艳、刘帅蓬、姚玉鹏、娄恃语、欧海峰、徐珂、王帅鹏、赵兵	
重庆大学		方祯云	曾代敏、陆易成、陈文锁、李志峰、陈教凯、吴兴刚、陈学文、桑文龙、孙红娟、陈刚、柳星、陈周牛、彭川黔、曾代敏、张波、杨克升、刘速、田静、林恺、张家伟、钟涛、廖其力、樟琼联、汪先友、蒋军、唐云青、余耀、邓丽城、李晓周、李特勒、潘宇、桑文龙		
华中师范大学		许怒	徐继、郭毅、赵杰、柯宏伟、施梳苏、吴科军、李娜、张小平、吕夔、张一飞、董昕、刘志旭、傅菁华		
		王福强	张亮、肖凯、冯傲奇		

单位	第一代	第二代	第三代	第四代	第五代
华中师范大学		刘峰	徐新平(苏州大学)	潘祥、王越、张晓琨、魏晨阳	
			施梳苏	方绍秋、傅川	
		孙向明	刘珂、张亮、徐继、张正好、杨迎、肖凯、柯宏伟、林晓燕、刘珂、杨迎、俞玲、周铀、王文玲、徐永飞、程运华		
			刘健超		
广西师范大学		杨永栩	廖广睿	高勇贵、张广永	
			何之昌、陈端友、莫莉琼、伍国贵、刘帅、秦丽清、张素荣、陈亮、梁婵娟、廖小涛、庞彩莹、印海辰		
		杨洪勋	何之昌、陈端友、漆红荣、刘清华、杨乐、伍国贵、廖小涛		
上海应用物理所		叶恺容	许珊珊、吴茂源、戴兴、陈杰、韩利峰、黄国庆、李冬梅		
广西大学		阮向东	李玉梅、周亦雄		
			刘宏邦	覃潇平	
南京师范大学		肖振军	侯雯、韩新玲、马艳、李亚子、刘雪燕、张晓君、孙雯、林冬婷、季忠健、白玮、刘敏、徐书生、余宏伟、史怡、程红梅、虞欢、李坡、武鲁森、郭东琴、陈新芬、程荟荟、李凤英、刘新、王辉升、庄辞、严大程、马爱军、张亚兰、刘要北、程山、樊莹莹、刘新、吕林霞、邹文娟		
			王文飞(山西大学)	柴健	
			李营(烟台大学)	牟晓龙、王丹丹	
河南师范大学		鲁公儒	张金国、李艳敏、王雄飞、康现伟、武雷、杨悦玲、张艳菊、黄金书		
大连理工大学		冯太傅	高铁军、杨秀一、崔生恺、杨金磊、祝荣斐、展希杰、葛兆丰、罗国慧、王洪南、林琳、陈杰、王旭明、高严		
			陈建宾	刘振旗	
				陈丽丽	
兰州大学		杨庆孔	陈旭荣	徐昱、张豫、史镇玮、王龙泽、胡彧、陈富财	
				赵艳飞	

14.3.2　中国高能实验物理学家的学术谱系结构与代际关系分析

在高能谱系表中,第一代共有 14 人,年龄跨度达 20 岁。他们都曾于中华人民共和国成立前先后赴欧美留学、访学。如表 14.5 所示。

表 14.5　第一代中国高能物理学家简况表

姓名	生卒年	留学、访学国家	时　　段
赵忠尧	1902—1998	美国	1927—1930、1946—1950
王普	1902—1969	德国、美国	1935—1939、1947—1956
霍秉权	1903—1988	英国、美国	1931—1934、1943—1944
王淦昌	1907—1998	德国、美国	1930—1934、1947—1948
张文裕	1910—1992	美国	1934—1938、1943—1956
杨澄中	1913—1987	英国	1945—1951
何泽慧	1914—2011	德国、法国	1936—1948
梅镇岳	1915—2009	英国、美国、加拿大	1945—1953
李正武	1916—2013	美国	1946—1955
胡济民	1919—1998	英国	1945—1949
萧健	1920—1984	美国	1947—1950
谢家麟	1920—2016	美国	1947—1955
戴传曾	1921—1990	英国	1947—1951
郑林生	1922—2014	美国	1948—1955

我们将以上诸位列为我国第一代高能实验物理学家的理由很简单,首先,在他们之前,中国本土并无高能实验(包括加速器、宇宙线)物理研究者;其次,他们都于中华人民共和国成立前后(6 年之内)回国,仅具有(高能物理)谱系的国外源头,而在国内未曾接受过该领域的系统教育与训练。因此,把他们作为我国高能实验物理的开山鼻祖,是毋庸置疑的。

需要指出的是,取自高能谱系表中的这些人,并非我国第一代高能实验物理学家的全部,只是他们的谱系脉络相对明确,从一定意义上来说具有代表性而已。如出生于 1905 年的裴圣麟,1931 年获燕京大学硕士学位,后赴美国芝加哥大学深造,受教于著名物理学家康普顿、丹普斯特(A. J. Dempster)和密立根,1935 年获博士学位后回国,先后在岭南大学、同济大学、燕京大学、辅仁大学、北京大学任教,从事物理学教育事业 50 余年,其研究领域涉及宇宙线和粒子物理方面。虽然裴圣麟是中国最早立足本土开展宇宙线实验研究的先驱者之一,但因我们未发现其明晰的学术谱系,所以未将其列入高能谱系表。

有必要说明,这十数人之间年龄差距达 20 岁,且存在着师生关系,如王淦昌、何泽慧都曾为赵忠尧在清华大学任教时的学生。但这种师生关系,仅是普通任课教师、助教与学生的关系,非本书所指构成学术谱系的师承关系。且彼时的授课缺少系统的高能物理学内容。对于高能物理而言,他们都是在外国接受的系统教育,而归国之后则成为首批"布道者"。

在这些第一代高能实验物理学家中,尤以赵忠尧、王淦昌、张文裕影响最大,他们不仅获得了更有影响的科学发现,培养了更多更有影响的弟子,而且长期发挥着引领作用。因而本书将此三位作为我国第一代高能实验物理学家的代表加以重点讨论。

表 14.4 中的第二代年龄跨度较大。年纪最长的金建中生于 1919 年,而相对年轻的赵政国则生于 1956 年,相差近 40 岁。这一代高能物理学家可大致分为两部分,他们分别在"文革"前、后师从前辈进入亚原子物理研究领域。

在"文革"之前的十数年,年富力强的第一代高能物理学家培养了中国土生土长的第一批亚原子物理实验研究人才。而由于研究单位有限,研究者相对集中,这批迅速成长起来的第二代高能物理学家往往长期追随着他们的老师从事研究工作,鲜有另立门户者,金建中算是一个特例。他于 1950 年进入近代物理所,之后成为赵忠尧的四大弟子之一,从事静电加速器研究,尤其是静电加速器研制中的真空技术研究。后来,根据周恩来关于"应在兰州设一原子核科学研究点"的指示,物理所于 1956 成立了由杨澄中担任主任,金建中等人参与的兰州物理研究室,该室于 1957 年迁往兰州,后来发展成为中国科学院兰州近代物理研究所。真空科学技术为兰州物理所的一个主要学科任务,金建中成为当然的学科带头人,并培养了一批真空科技人才。就这一点而言,我们将其视为第一代人物也未尝不可。

按照在早期中国科学院从事人事工作的任知恕的回忆,那时高、中、低职称人员的指导比例为 1∶2∶5,即 1 个科学家带 2 个助手,下面再配 5 个研究实习员。虽未实行导师制,但研究室主要的科学家实际即室内研究实习员的导师。[313] 在"文革"之前,除去金建中这样的特例,其余第二代人物基本上都从研究实习员做起,到成为第一代高能实验物理学家的学术助手为止,鲜有能成为学术带头人者,尽管很多第二代人物在"文革"前夕已人到中年。

"文革"中,中国实验高能物理学家学术谱系基本停止发育。第一代学者难以传道授业,第二代学者的业务也多得不到良性发展而只能蹉跎岁月。

"文革"之后,第一代高能实验物理学家已步入老年,而他们之前培养的第二代人物则正值中年。随着科技、教育形势的好转,他们不仅再次积极地投入科研工作,也先后开始了人才培养工作。仅从师承关系而论,此后产生了像赵政国这样"年轻的"由第一代人物在晚年时期培养的第二代人物,以及由早期第二代人物培养的像李卫国(生于 1946 年)这样"年长的"第三代人物。

无论如何,第三代中国高能实验物理学家全都产生于"文革"之后。而自第三代之后,代的划分逐渐模糊。尤其是在学位制度逐步完善之后,基于师承关系的代的划分愈发混乱,以至难以辨别。因而本书对第三代之后的高能实验物理学家的代际划分大多具有一定的相对性。

14.4　国际交流对高能实验学术谱系的冲击与影响

从 1976 年开始,中国科学界对外交流的渠道"豁然开朗"。这对于中国高能物理学家谱系产生了多方面的影响。

14.4.1　血统与学缘——走出去

在推进中国高能物理学发展的过程中,李政道、杨振宁、丁肇中、邓昌黎、袁家骝、吴健雄等海外华裔高能物理学家发挥了重要作用。

1977 年,刚刚恢复工作的邓小平先后接见了丁肇中和美国 FNAL 的加速器专家邓昌黎。在接见丁肇中时,他提出派人去 DESY 参加丁肇中的高能物理实验组工作,丁肇中当即表示接受。之后不久,由唐孝威带队的 10 人小组(如图 7.7 所示,成员分工如表 14.6)赴 DESY 丁肇中实验组(MARK-J 组)进行了一年多的工作,这是中华人民共和国成立以来中国学者首次参加西方国家大规模国际合作实验研究。

表 14.6　唐孝威带队的首批赴 DESY 科研人员分工

姓名	分工	姓名	分工	姓名	分工
马基茂	漂移室	吴坚武	计算机	郁忠强	触发电子学
朱永生	气体系统	张长春	计算机在线分析	许咨宗	亮度监测器
杨保忠	漂移室	郑志鹏	飞行时间计数器	童国梁	数据分析

翌年,高能所招收了一批以丁肇中为导师的研究生,其专业方向包括理论物理、快电子学、数据处理、在线分析、低温和超导磁体以及新实验技术和新探测器等 6 个方面。考生在国内参加统一考试,录取后经挑选赴 DESY 实习。后来 MARK-J 组在分析实验数据时,发现了强子三喷注现象,从而首次显示了胶子喷注的存在,这两批中国年轻学者的贡献不可忽略。经过此番国际合作,这些年轻的研究人员,包括后来分别任高能所第四、五任所长的郑志鹏与陈和生,此后都成为中国高能实验物理研究的骨干。土生土长的中国高能实验谱系在自中国退出杜布纳联合所之后十数年再次与国际接轨。这在"高能实验谱系表"中难以得到客观的反映。

早于"八七工程"下马之前,1979 年初,在李政道等华裔物理学家的推动下,经邓小平的亲自过问,中美两国成立高能物理联合委员会。根据两国高能物理合作执行协议,高能所和美国五个高能物理国家实验室(ANL、BNL、FNAL、LBL、SLAC)建立了技术合作关系,在北京正负电子对撞机(BEPC)上马之后,中国派出了大批科技人员赴美学习、进修。这使得中国高能物理原来模糊的网状学术谱系结构愈发模糊。

14.4.2　基地与人才——请进来

北京正负电子对撞机(BEPC)及北京谱仪(BES)建成之后,由于其特有的在 τ-c 能区的亮度优势,不仅使中国的高能实验物理工作者终于有了用武之地,同时也吸引了国外的高能物理同行参加 BES 上的实验合作。美国 SLAC 关闭了因 BEPC 的存在而已处于劣势的 SPEAR 对撞机之后,也加入了 BES 合作组。此后很长一段时间里,BES 合作组同时汇聚了中、美、英、日、韩等国的上百位高能物理学家。

在宇宙线研究方面,1988 年中日 ASγ 合作计划正式开展,2000 年中国与意大利合作的羊八井 ARGO 计划又正式启动,也改变了过去相对闭塞的状态。

2007年,中美合作的大亚湾反应堆中微子实验工程动工建设。合作组由中国、美国、俄罗斯等六个国家和地区的近40家科研单位,约250名研究人员组成。

一系列高能物理国际合作组在中国的高能实验平台上开展科研工作,中外物理学家零距离接触,不仅有利于取得世界前沿的研究成果,同时对中国高能物理人才的培养亦产生了重要的影响。参与国际合作研究,不仅开拓了青年学者的视野,而且师生之间的沟通与互动的方式、模式、渠道、方法也逐渐国际化。高能实验学术谱系的中国特色也随之逐渐淡化。

自20世纪90年代以来,留学归国的博士与自海外引进的研究人员日益增多。他们在中国高能物理各学术单位的科学研究与人才培养中担当越来越重要的角色。如高能所第五任所长陈和生[①]、副所长李卫国[②],第六任所长王贻芳[③]、副所长魏龙[④],都是从海外留学归国的博士。他们在留学期间就已获得系统的科研训练,回国后即可独当一面参加科研工作。他们有的直接担起学术领导的重任,有的在学术团队中发挥着重要作用。当然,在后一种情况下,他们与学术领导人之间也谈不上师承关系了。而像王贻芳这样博士毕业后又在国外从事10年的研究工作,本身已是成熟的科研人员,与国内上一辈的高能物理学家更没有多少学术传承可言。立足于国内的高能实验学术谱系显然已难包容这些"海归"博士。

14.5　中国高能实验物理学家群体的近期发展

经过半个多世纪的发展,中国高能物理学家群体的现状与中华人民共和国成立之初的筚路蓝缕已不可同日而语。学术传承中方式与学术队伍的分布都有了较大的改观。

14.5.1　"代"的日益模糊与学术传承的渐趋淡化

随着经济社会的进步,高能物理学家的寿命与学术生涯都逐步增长。而高等教育的发展,致使各科学门类研究生数量也急速膨胀,高能物理亦不例外。自第二代高能物理学家之后,研究生培养成为他们科研传承中一个最重要的组成部分,而且大量的研究生也成为他们从事科研工作不可或缺的重要助手。资深的高能物理学家担任20年以上研究生导师者比比皆是。在其科研团队内,年轻弟子与年长弟子的下一代弟子已无本质区分。"文革"时期的教育断层局面已成过去,研究生培养在长时段趋于稳定。由此导致在第三代高能物理学家之后,"代"的区分日益困难。

如高能加速器专家谢家麟自1955年回国后不久,就带着几个年轻的大学毕业生开始研制电子直线加速器,后于1964年建造成功。在此过程中,他培养了表14.3中所列的潘惠宝、李广林、朱孚泉、顾孟平等青年骨干。他的这几位首批弟子,最年长的李广林生于1932年,最年轻的潘惠宝生于1935年。而谢家麟在中国高能物理学界活跃了半个多世纪,指导

---

① 1984年获美国麻省理工学院博士学位,同年回国。
② 1985年获美国伊利诺伊大学博士学位,1988年回国。
③ 1991年获意大利佛罗伦萨大学博士学位,2001年回国。
④ 1994年获日本筑波大学博士学位,同年回国。

了多名年轻助手与研究生,其中 2010 年毕业的博士生罗小为生于 1984 年。若仅以师承关系定"代",显然是不合适的。相对而言,说谢家麟培养了几代人则是容易为人所接受的。

鉴于以上情况,我们在绘制"高能实验谱系表"时,只将中国高能物理学家大致划分为五代。第三代至第五代的界限相对模糊,有时只好将某些支系进行归并处理。对于学术生命较长,培养弟子众多的学者,不明确其弟子所属"代",而给予第二代,甚至第三代的自由度。

在高等教育迅速发展、人才培养模式渐趋一致,且学术交流日益广泛的现代,虽然学术谱系中的师承关系逐渐明晰,但学术传统却呈现出日渐大同而泛化的趋势。高能物理领域内的一些著名学者则根本否定当今中国还有学术谱系的存在。此外,"海归"的逐渐增多,从另一个方面使得中国高能物理学家谱系以及在此基础上形成的学术传统愈加淡化。具有国际视野的"洋博士"甚或"洋专家"归国后,往往难以融入本土的学术谱系之中,接受几代高能物理学家传承的学术传统的同化。国内如此,国外亦如是。一个由来自多个国家数百名研究人员组成的学术团队,未必会秉承共同的学术纲领或规范。

14.5.2　中国高能实验物理研究队伍的分布

经过半个世纪的发展,21 世纪以来,中国高能物理研究队伍渐趋扩大。截至 2002 年,高能物理学会会员已达千人,其中占据较大人数比例(10 人以上)的单位罗列如表 9.2 所示,从中可以一窥中国高能物理研究队伍的分布概况。

中国的高能物理研究队伍在分布广泛的同时又相对集中,作为"国家队"的高能物理研究所起着一定的导向作用。以高能所为依托的北京正负电子对撞机国家实验室、大亚湾反应堆中微子实验站及宇宙线实验站无疑成为全国高能实验研究的中心,很多高校都参与其中。就如同 20 世纪 80 年代前的近物所、物理所、原子能所与高能所一样,多数高校要么依托中外交流、所校合作,"寄人篱下";要么仅凭宇宙线观测,"靠天吃饭"。

在高能实验物理领域,各高校中,中国科学技术大学、山东大学、南京大学、华中师范大学等校的教学与研究都较为活跃,综合实力强,且各具特色。

1. 中国科学技术大学

自 1958 年创立之初,中国科学技术大学就因名师荟萃而一时领风气之先。近代物理系集中了赵忠尧、张文裕、彭桓武、朱洪元、李正武、梅镇岳等原子能所的多位著名亚原子物理学家在此兼职任教,因而也培养了大批优秀的毕业生。这些毕业生在此后中国的高能物理发展中发挥了重要的作用。据统计,截至 2008 年,仅 1963—1970 届毕业生在高能所工作的就达 44 人。[93]

该系建立之初,设有原子核物理、原子核工程 2 个专业,原子核物理专业又分为实验原子核物理、理论原子核物理和电物理 3 个专门化,电物理专门化又分为核电子学和加速器 2 个方向。1973 高能所成立之后,中国科学技术大学根据实际情况,向中国科学院计划局报告了对全校 37 个专业的调整意见,其中包括将原子核理论物理专业改为原子核及粒子理论物理专业,实验原子核物理专业改为原子核及高能实验物理专业。其目的就是对口高能所。[93]自此,该系开始重点发展高能物理。

1978 年,由唐孝威带队,赴德国参加丁肇中领导的 MARK-J 国际合作组实验工作的 10 人科研小组中,就有 2 位中国科学技术大学近代物理系的教师——许咨宗和杨保忠,另外还有 3 位该系的校友——1963 届的郑志鹏、吴坚武与 1964 届的朱永生。此后该系派到 MARK-J 组工作过的人员包括张振华、韩荣典、杨炳炘、虞孝麒、王忠民、马文淦等。[93]

1982 年，丁肇中访问中国科大，与该校就学生培养、L3 合作达成协议，签订了备忘录。同年，中国科学院批准组建"中国科大高能物理组"，参加 L3 国际合作，中国科大高能物理实验室正式成立。此后该系又派出多人参加 CERN 的 LEP/L3 合作。几年间，通过参与国际合作，中国科大的高能物理实验室不断发展，锻炼了队伍，积累了经验，培养了多批学生。1984 年，该系在系主任阮图南以研究室代替教研室的改革思想指导下，还成立了高能重离子研究室，又建立了高能实验数据处理和高能物理数据分析实验室。

除参与国际合作之外，近代物理系于 20 世纪 80 年代还组织了一些对硬件要求不高的实验研究。如梅镇岳领导了中微子质量测量实验，通过该研究，培养出赵政国、吴为民 2 位博士及几名硕士。此外，中国科大近代物理系的核电子学专门组从 1973 年起，就由杨衍明发起，开始研制多丝正比室。至 2000 年，该系核电子学专业改名为物理电子学专业。2005 年，近代物理系与高能所共同建立了"核探测器与核电子学联合实验室"，该室后来发展成为国家重点实验室。

尤其值得一提的是，1977 年，中国科大近代物理系加速器专业率先在国内提出了建造电子同步辐射加速器的建议，后被列入全国科学技术发展规划。1983 年，国家计委批准在中国科大筹建国家同步辐射实验室。这也是由国家计委批准建立的第一个国家实验室。该实验室以近代物理系加速器专业为基础，结合其他院系，后来发展成为中国科大的一个独立的研究机构。[314] 以近代物理系与国家同步辐射实验室为依托，中国科大在高能物理实验研究与加速器、探测器研制等方面培养了大批优秀人才。

2. 山东大学

山东大学于 1930 年创办物理系，是国内高校中较早开展亚原子物理研究的单位之一。这与该系的创始人王普不无关系。1956 年，在王普的带领下，山东大学物理系建立了核乳胶实验室，进行高能宇宙线研究。1958 年张宗燧、朱洪元在青岛向来自全国各高等院校和研究所的 60 多名学员系统讲授量子场论课程，正是受到王普的邀请。此后，其后继者王承瑞又利用参与杜布纳联合所的机会，在加速器物理方面有所发展，培养出何琱等一批骨干人才。如前述，在大办原子能的热潮下，该系 1960 年兴办的核物理专业很快从物理系中分出，单独成立"物理二系"，专事亚原子物理教学与研究，2 年后又作为一个专门化并回物理系，简称"原子组"。

改革开放后，山东大学物理系积极参与了国内外的高能物理合作实验研究。如 1978 年参与创立中日合作西藏岗巴拉山高山乳胶室实验；1994 年参加西藏羊八井宇宙线观测站的国际合作实验；1980 年起分别与美国费米实验室（FNAL）、欧洲核子研究中心（CERN）建立了密切的合作关系；1989 年起参加了北京谱仪的建设和研究。几十年不间断的发展，使得山东大学物理系成为在国内高校中从事宇宙线与高能实验研究的一支重要力量，也培养了大批高能物理研究人才。1984 年，山东大学培养出了中国第一位高能物理学博士。

3. 南京大学

南京大学在高能实验物理与宇宙线方面的研究也颇具特色。在缺乏高能实验设备的情况下，该系积极参与国内外高能实验合作，如欧洲大型强子对撞机上的 ATLAS 实验和北京正负电子对撞机上的北京谱仪实验,以及非粒子加速器实验,如深圳大亚湾核反应堆中微子实验等。在该系高能天体物理科研与教学的发展过程中,陆埮起到了重要的作用。

此外,华中师范大学刘连寿等人则偏重于高能重离子核乳胶实验研究。其他一些高等院校在高能物理方面亦有不同程度的教学、研究工作,且或多或少各有其学术带头人。他们各自在高能物理的不同领域、不同方向,或教学,或科研,都做出了具有一定影响的工作,且大多在某个方面有所专长。但从整体的学术氛围而论,这些高校在高能物理研究方面大多是少数人孤军作战,难以在一定范围内形成气候。

通过对历届(截至 2016 年)高能物理学会与粒子加速器学会部分理事的毕业院校与工作单位进行统计分析(如表 14.7 所示),可对中国高能物理学家的分布得到一个全局性的概括认识。150 人中,从事理论研究者过半(80 余人),这可能与早期高能物理设备的稀缺有关。从事高能实验、加速器、宇宙线研究者多集中于高能所;中国科大与上海应用物理研究所各自具备同步辐射装置,因而也各有加速器物理研究队伍;其余各单位的非理论高能物理研究者主要依托国内外合作开展工作。从人才培养的角度来看,半个多世纪以来,北京大学与中国科大的毕业生占比较大。从表 14.7 中可以看出,作为高能物理研究"国家队"的高能所不仅研究队伍庞大,研究领域广泛,学术谱系也较为庞杂,既有大批本所培养的"土著",又有从多个渠道引进的各方面人才。理论物理所亦有类似特征。而各高校从事高能物理研究的主力,则主要是本校的"土著"。虽然他们当中,很多人有过在校外求学的经历,但最终倾向于回到母校工作。学者的这种"认祖归宗"的恋旧情结在学术谱系形成与发展过程中发挥着重要的影响。

小　　结

通过对中国高能实验物理学家学术谱系的历史考察,可以得出以下认识:

① 中国高能实验物理学家学术谱系是以赵忠尧、王淦昌、张文裕为代表的第一代亚原子物理学家为核心建立起来的。而这些第一代学者皆有欧美留学经历,在密立根、迈特纳、卢瑟福等物理学大师的指导下,在留学、访学期间做出过重要的科学贡献。他们继承了优秀的科学传统,但在回国之后,因脱离了科学前沿,在信息交流相对闭塞,物质条件相对匮乏的情况下,既不易继续以前的研究工作,也难于开展新的创新性研究。

② 中国高能实验物理学家学术谱系集中发端于中国科学院近代物理研究所。在钱三强等人的领导、组织下,该所强力集聚本领域人才,为多数第一代亚原子物理学家招收了大批弟子。这使得中国高能实验物理学家谱系在建立之初就具备了相当的规模,为以后的蓬勃发展奠定了基础。据此可以绘制出该所加速器物理、探测器物理、宇宙线物理与高能实验物理学术谱系图。从前文的谱系图中我们可以看出,这些谱系的构型在总体上以网状为主,这是由当时的科研与人才培养模式决定的。

③ 加入苏联杜布纳联合原子核研究所、研制核武器与"文革"三个因素严重影响了中国高能实验物理学家谱系的发育,导致其对核物理谱系更长久的依附,也造成了谱系的短期断裂与局部变异。而高山宇宙线观测站的建设对于特殊时期高能实验谱系的存续发挥了重要的作用。早期人们对于高能物理应用于军工的设想也是促使这个谱系获得发展的一个重要因素。

表 14.7　历届高能物理学会与粒子加速器学会部分理事分布表

工作地 ＼ 学习地	1952年前燕大	1952年前清华	近物所、原子能所	高能所	数学所、理论所	北大	中国科大	清华	复旦	浙大	中山大学	华中师大	西北大学	南开	吉大	新大	广西大学	山东大学	重大	郑大	云大
近物所、物理所、原子能所、高能所	张文裕 谢家麟	王淦昌 叶铭汉 何祚庥 何泽慧 唐孝威 徐建铭	叶铭汉 朱永生 丁大钊 李寿枬 柳卫平 王祝翔 赵维勤	何祚庥 杜东生 冼鼎昌 黄涛 张肇西 邹冰松 邢志忠 金山 杨长根 曹臻 曹臻 王萌	何祚庥 邹冰松	张宗烨 冼鼎昌 黄涛 邢志忠 高原宁 吕才典 明红波 赵强	张肇西 赵维勤 郑志鹏 李卫国 吕才光 朱永生 陈元柏 杨长根 马力 娄辛丑	郁忠强 陈思育 陈森王	丁大钊 金山 方守贤	李寿枬 汪容					王祝翔						曹臻
数学所、理论所		彭桓武 何祚庥 周光召		何祚庥 张肇西 刘纯	戴元本 朱重远 周光召 何祚庥 吴岳良	周光召 马建平 张肇西	张肇西														

注：由某单位培养，后又在该单位工作的学者，用黑体表示。

续表

学习地＼工作地	1952年前燕大	1952年前清华	近物所、原子能所	高能所	数学所、理论所	北大	中国科大	清华	复旦	浙大	中山大学	华中师大	西北大学	南开	吉大	新大	广西大学	山东大学	重大	郑大	云大
北大	褚圣麟	胡宁		冒亚军 郑汉青	黄朝商	赵光达 高崇寿 干敏 宋行长 彭宏安 郑汉青 李重生 张启仁 黄朝商 刘川 乔从丰 朱守华 叶沿林															
中国科大	梅镇岳					刘耀阳 阮图南	井思聪 马文淦 韩良 卢建新 赵政国 何多慧 裴元吉 刘祖平	陈宏芳 刘乃泉										王群			

续表

学习地＼工作地	1952年前燕大	1952年前清华	近物所、原子能所	高能所	数学所,理论所	北大	中国科大	清华	复旦	浙大	中山大学	华中师大	西北大学	南开	吉大	新大	广西大学	山东大学	重大	郑大	云大
清华						邝宇平 方祯云		方祯云 何红建 陈怀璧													
复旦						苏汝铿			倪光炯 杨继锋												
浙大										李文铸 汪容 罗民兴											
中山大学											李华钟 郭硕鸿 罗向前										
华中师大						刘连寿						刘连寿 吴元芳 刘峰						刘峰			
西北大学					侯伯宇	王佩							岳瑞宏								
南开				杨茂志										陈天仑 李学潜 杨茂志							
吉大															苏君辰						

续表

学习地＼工作地	1952年前燕大	1952年前清华	近物所、原子能所	高能所	数学所、理论所	北大	中国科大	清华	复旦	浙大	中山大学	华中师大	西北大学	南开	吉大	新大	广西大学	山东大学	重大	郑大	云大
新大										查朝征						沙依甫·加马力·达吾来提					
广西大学																	顾运厅				
山东大学							王萌											梁作堂 王群 何琦			
重大					吴兴刚														吴兴刚		
郑大																				鲁祖惠	
云大																					高晓宇 张力

④ 影响谱系发展的因素有很多,霍秉权、朱福炘、郭贻诚三人因受工作单位所限,加之工作性质变更与学术兴趣转移等方面的因素,而致箕裘颓堕,未能形成重要的学术谱系。这是培植一个学科谱系值得注意的现象。

⑤ 十多位年龄跨度达 20 岁的第一代亚原子物理学家为中国高能实验物理学家学术谱系的共同谱主。而第二代高能实验物理学家则分为两部分,他们获得前辈学者培养、提携的时间分别在"文革"前后,年龄跨度更大。第三代以后的高能实验物理学家的代际划分则具有一定的相对性。

⑥ 国际交流导致中国网状的高能实验物理学家谱系结构更显模糊。谱系的中国特色也随之逐渐淡化。具有国际视野的归国学者往往难以融入本土的学术谱系之中。

⑦ 中国的高能物理研究队伍在广泛分布的同时又相对集中,作为"国家队"的高能物理研究所起着一定的导向作用。在高能实验物理领域,各高校中,中国科学技术大学、山东大学、南京大学、华中师范大学等校的教学与研究实力相对较强,且各有特色。从人才培养的角度来看,半个多世纪以来,北京大学与中国科大的毕业生占了较大的比重。学者"认祖归宗"的恋旧情结在学术谱系形成与发展过程中产生了重要的影响。

第 15 章　中国高能实验物理学的学术传统

按美国科学哲学家劳丹(L. Laudan)的说法,研究传统是关于一个研究领域中的实体和过程,以及该领域中研究问题和建构理论的适当方法的普遍假定。"一个研究传统就是一组本体论和方法论的'做什么'与'不做什么'。"[315]

按照我国科学史界一些学者的观点,科学传统(或称之为"学术传统"),不仅包括研究传统,还包括科学价值观和行为规范[51](本书称之为"精神传统")。科学传统的核心内容为科学探索的热情、方向与技艺,以及维系、传承和发扬这门技艺的科学组织、规范和相应的社会基础。[316]

根据前文对中国高能物理学术谱系的历史论述,本章将通过案例分析,从研究传统与精神传统两个层面讨论我国高能物理学家的学术传统。

15.1　中国高能实验物理学家的研究传统
——以赵忠尧谱系为例

下面以赵忠尧学术谱系为例,来说明高能实验物理学家研究传统的发展与演变。王淦昌、张文裕等老一辈高能实验物理学家的学术谱系及其所反映的研究传统亦类似。

15.1.1　赵忠尧

赵忠尧被称为中国核物理、中子物理、加速器和宇宙线研究的先驱者和奠基人之一,一生授徒众多(如表15.1所示)。中国亚原子物理领域的物理学家中,受赵忠尧间接影响者居多。很多人从赵忠尧处首次学习了亚原子物理的基础知识,为他们此后从事该领域的研究奠定了基础。

表 15.1　赵忠尧在不同时期教过的学生

时段	就职单位	学生
1925—1927	清华学校	王淦昌、周同庆、施士元……
1932—1937	国立清华大学	钱三强、何泽慧、彭桓武……
1938—1945	国立西南联合大学	李政道、杨振宁、朱光亚、邓稼先……
1950—1973	近物所、物理所、原子能所	叶铭汉、徐建铭、金建中、孙良方、陈志诚、唐孝威……
1958—1966	中国科学技术大学	何多慧、郑志鹏、裴元吉、朱永生……
1973—1998	高能物理研究所	……

赵忠尧以其谦虚谨慎、实事求是、严谨踏实、一丝不苟的极端负责精神而广受弟子称赞。用叶铭汉的话说:"赵老师十分关心青年人的成长。工作中他把握方向放手让年轻人干,注意发挥他们的积极性、主动性,培养他们的独立工作能力。他对青年人要求十分严格。他的一丝不苟的精神教育了广大群众。""赵老师待人诚恳、谦虚。工作细致、踏实、严谨。"[①]在20世纪50年代,赵忠尧的四大弟子,以及随其走上科研道路的其他年轻学者,大多仅受过大学教育,毫无科研经验可谈。赵忠尧对他们的教导与训练几乎从零开始,这也对他们此后的科研生涯产生了深远的影响。此后,叶铭汉与徐建铭一直在近物所(物理所、原子能所、高能所)工作,在北京正负电子对撞机建设中分别负责谱系与储存环的研制;金建中调往兰州物理研究室,成为我国真空科学的主要创始人之一;孙良方调入中国科学技术大学,成为该校同步辐射加速器建设的首批骨干。在赵忠尧的嫡系弟子中,以叶铭汉—郑志鹏一支最为突出。

15.1.2　叶铭汉

叶铭汉于1949年自清华大学毕业后曾师从钱三强在该校攻读了一年研究生,从事回旋加速器有关技术的调研。后因了解到加速器之类大型设备只在科学院建造,钱三强让叶铭汉转入近物所工作。起初,叶铭汉在王淦昌、萧健领导下的宇宙线研究组参加安装一台云室及其控制线路的工作。之后不久,赵忠尧回国,近物所成立了由其领导的静电加速器组。叶铭汉随即被调入该组作为赵忠尧的主要助手参加V1(700 keV)和V2(2.5 MeV)静电加速器的研制,后任V2静电加速器组的副组长,负责V2的运行和改进。此外,他还在赵忠尧指导下,做了一些基于加速器的核物理实验研究,1962年在^{22}Na(P,α)反应研究中,首次发现^{24}Mg的一个新能级。1973年,叶铭汉担任静电加速器组组长,负责"文革"中被拆改的V2加速器的修复与改进工作,后又与物理所(原应用物理研究所)合作开展了静电加速器在固体物理方面的应用研究,研制出"接近国际水平"的半导体激光二极管。在此的20余年中,叶铭汉深受赵忠尧的言传身教,积累了静电加速器的建造、运行以及核反应实验的丰富经验,这也为他以后的高能物理工作打下坚实的基础。

1975年之后,叶铭汉开始转向高能物理实验研究。在他和萧健的建议下,高能所成立了一个专门研究多丝室、漂移室的小组,叶铭汉任组长,随后很快建造了多丝室,并利用自己研制的CAMAC插件和数据获取系统,在国内首次实现了在线数据获取,之后又成功地建造了我国第一个大面积漂移室。

叶铭汉此后的研究工作已超越了之前低能加速器及核物理研究,与其师赵忠尧的研究工作鲜有交集。

在北京正负电子对撞机(BEPC)工程批准之前,叶铭汉自1982年起任高能所物理一室主任,负责北京谱仪(BES)的预制研究。1984年工程上马之时,叶铭汉又被任命为高能所所长,领导全所投入研制BEPC和BES,并具体负责BES的研制。直到1988年BEPC/BES基本建成,叶铭汉功成身退。

---

① 整理自2002年高能所纪念赵忠尧先生诞辰100周年纪念会上叶铭汉的报告《纪念赵忠尧老师》。

15.1.3　郑志鹏

郑志鹏于 1963 年毕业于中国科学技术大学近代物理系。此前他已于该系接受过赵忠尧、张文裕、梅镇岳等人在核物理、宇宙线与高能物理方面的教育。之后他到原子能所工作，在赵忠尧、叶铭汉的指导下，利用 V2 加速器进行核反应实验研究，完成了核磁共振测磁系统、半导体探测器研制等项工作。"文革"后期开始与唐孝威等人合作开展寻找单电荷重粒子实验。

"文革"结束后，郑志鹏参加了由唐孝威带队的 10 人小组赴 DESY 在丁肇中实验组（MARK-J 组）进行了一年多的工作，负责完成大面积闪烁计数器的研制。首次参加大规模国际合作高能实验研究，使郑志鹏的研究范围与视野大为开阔。回国后，郑志鹏开始参加 BEPC/BES 的预制研究，领导了飞行时间计数器的制造；并成为叶铭汉的副手，1986 年后全面负责 BES 的研制，按计划联调成功。20 世纪 80 年代中，郑志鹏与祝玉灿等人合作，开展了 BaF_2 晶体性能的研究和应用；之后又与叶铭汉及博士生游科等人合作完成了 ^{40}Ca 双 β 衰变实验研究。尤为突出的是，在 1992 年升任高能所所长后，郑志鹏领导 BES 合作组完成的 τ 轻子质量的精确测量，在国际高能物理界产生了重要的影响。此后他还组织、推动了 2—5 GeV 能区强子反应截面的测定、Ds 物理、J/ψ 物理和 $\psi(2S)$ 物理等多方面的研究，直到 1998 年从所长任上退下。

与叶铭汉相似，郑志鹏亦从基于低能加速器的核物理实验研究转向了高能物理研究，尤其是高能探测器的研制。尤为突出的是，郑志鹏利用业已建成的高能加速器，领导一个团队，完成了国际前沿的高能物理研究，取得了 τ 轻子质量的精确测量结果。这与早前赵忠尧的研究工作已相去甚远，比叶铭汉又更进了一步。

15.1.4　陈少敏

郑志鹏的弟子读研时多从事基于北京谱仪的实验研究工作，陈少敏就是其中较为突出的一位。正如同在赵忠尧所领导的学术团队中，叶铭汉等青年学者不可避免地要受到同在该团队中的杨澄中、梅镇岳、李正武等我国第一代核物理学家的影响一样，即使是当今高能加速器已然具备的情况下，合作实验研究也依然是很普遍的形式，合作培养研究生也较为常见。陈少敏在高能所攻读硕士、博士[①]期间就由郑志鹏分别与祝玉灿、严武光联合指导（如图 15.1 所示）。

陈少敏自 1994 年博士毕业后，先后在美国斯坦福大学，法国巴黎大学、粒子与核物理国立研究所，加拿大英属哥伦比亚大学，日本东京大学等单位从事高能物理实验研究，在国外多年。2005 年起，陈少敏到清华大学任职，负责组织该校中微子物理研究小组，参与日本超级神冈中微子实验和中国大亚湾核电站反应堆中微子实验。其硕士研究生衡阳所做论文即为《超级神冈实验中弱作用重粒子的直接寻找研究》。

虽然陈少敏在国外期间以及回国后所从事的研究方向与其当初学位论文研究方向相

---

①　陈少敏在这两个阶段的学位论文分别为：《J/ψ 衰变到 $2(\pi^+\pi^-)\pi^0$ 和 $2(K^+K^-)$ 终态的强衰变研究》与《τ 含三个带电赝标介子衰变与 τ 中微子质量测量的实验研究》。

近,但从论文的合作发表与引用方面来看,博士毕业后,他与其导师郑志鹏等鲜有学术关联,更遑论赵忠尧、叶铭汉等前辈了。

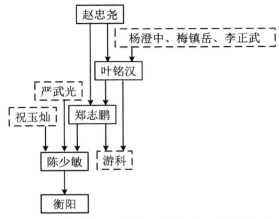

图 15.1　赵忠尧—叶铭汉—郑志鹏—陈少敏谱系

注:图中实线框为本谱系主线,虚线框为辅助或旁支。

15.1.5　赵忠尧谱系学术传承浅析

从赵忠尧到叶铭汉、郑志鹏,再到陈少敏,历经半个世纪,他们所从事实验研究的领域、方向到设备、方法,都已今非昔比。赵忠尧主攻低能核物理研究与低能加速器研制,待国际上高能物理兴盛之时,其虽已年过半百,但仍研究不辍,在力争建设中国高能物理基地、培养高能物理人才等诸方面继续发挥着重要作用。叶铭汉起步于低能加速器研制及基于其上的核物理研究,中年之后转向高能探测器研究。至"文革"结束,叶铭汉也已经年过半百,但他后来在我国高能加速器,尤其是高能探测器的建造上做出了重要贡献。从他这一代起,完成了从低能核物理研究到高能物理研究的转型。郑志鹏则更进一步,不仅完成了这个转型,而且在改革开放之前就参与了国际高能物理合作研究,在此后的高能物理基地建设方面发挥了重要的领导作用,尤其是在基于 BEPC/BES 的高能实验方面取得了举世瞩目的成就。陈少敏则是在我国高能物理学科发展成熟之后所培养出的具有开阔国际视野的新一代高能物理学家,其研究工作与国际同行相比已处于同一起点。

经过半个多世纪,赵忠尧谱系中几代高能物理学家的研究工作随着中外高能物理学的发展,我国政治环境的转变与经济、科技水平的进步,及科技全球化的趋势而不断发展、变化,并未体现出稳定传承的研究传统。在研究对象与工具、研究方向与方法等诸多方面,从第四代物理学家身上已找不出其学术"先祖"的特征与印记。以赵忠尧为代表的老一辈高能物理实验学家对后代弟子的学术影响,因客观环境、条件的发展而逐渐淡化,唯有一些精神层面的感召力常存于后世。

15.2　中国高能实验物理学家的精神传统

回顾我国高能实验（包括加速器、宇宙线）物理几十年的历史，以及基于其上的我国几代高能物理学家的学术谱系的发展，可以将我国高能物理学家最重要的精神传统归结为以下两个方面。

15.2.1　因陋就简，白手起家的拼搏精神

这一点，在前两代高能物理学家中表现得尤为突出。而随着时代的发展，国民经济、科技水平的提高，这个传统逐渐地弱化乃至消亡。

早在民国时期，我国亚原子物理学家就开始因陋就简地从事零星的研究工作。物质条件匮乏、科研基础薄弱，是我国各领域科学家长期面临的无可选择的境况。

我国第一代亚原子物理学家赵忠尧、王淦昌、霍秉权、张文裕、郭贻诚等人先后于 20 世纪 30 年代自欧美留学归国，成为中国原子核物理与高能物理学科的拓荒者。筚路蓝缕的创业历程，是此后几十年高能实验物理学家因陋就简、白手起家的拼搏精神的本源。

赵忠尧与张文裕在清华大学、西南联大任教期间，在极其简陋的条件下，自己动手制作仪器，进行核物理与宇宙线研究。在几十年后，他们仍对任教这段经历难以忘怀。

赵忠尧回忆说："当时，清华大学正在成长过程中……这个时期，在极为简陋的条件下，大家齐心协力，进行教学和科研，办好物理系，实为难得……我们自己动手制作盖革计数器之类简单设备，还与协和医院联系，将他们用过的氡管借来作为实验用的放射源，我们先后在 γ 射线、人工放射性、中子共振等课题上做了一些工作。之后，由于日寇的步步进逼，大部分国土沦陷，清华大学南迁，研究工作不得已而中断……三校共同在昆明成立了西南联大，我便在那里任教，前后待了八年之久。这期间，除了教学之外，我还与张文裕教授用盖革－密勒计数器做了一些宇宙线方面的研究工作。可是，随着战局紧张，生活变得很不安定。由于物价飞涨，教授们不得不想办法挣钱贴补家用。我自制些肥皂出售，方能勉强维持。"[317]

张文裕回忆说："我和赵忠尧先生想建造一台静电加速器，一有闲工夫就上街去跑货摊，想凑些零件。跑了两年，除了找敲水壶的工人做了一个铜球，搞到了一点输送带，做了个架子外，其他一无所获，最后不得不放弃了这个计划。两年的努力，算是徒劳了。我们感叹地说，这项工作只有留给后代去完成了！由于工作条件不具备，我就改作宇宙线……我们什么都从零开始，自己准备吹玻璃的工具，自己吹玻璃做盖革计数管。"[318]

王淦昌于 1934 年回国后，历任山东大学、浙江大学教授。抗战期间，浙江大学几度迁移，除在课堂上讲授核物理知识之外，王淦昌始终没有放弃实验与理论研究。他积极创造条件开设实验课，还教学生吹玻璃、抽真空，制作盖革计数管；他曾试图用中子轰击雷酸镉来引爆炸药，还与学生冒着敌机空袭的危险进行实验研究。

据王淦昌的学生们回忆："王先生刚到浙大不久，就开展宇宙线方面的研究。当时浙大经济拮据，实验条件很差，进行这类新的实验研究几乎不可能，但这并没有阻止王先生的决心。他自己动手，从实验仪器制造开始做起。搞一个云室，没有橡皮膜，就找一个破球胆代

替;没有空气压缩机,就用手工打气筒,逐步搞出了一套颇具规模的实验设备。艰苦的环境使王先生养成了勤俭的习惯。抗日战争结束后搞自动化研究,王先生买的是美军剩余物资中的过时电子元件。直到解放后,王先生的许多实验仪器都是自己设计,然后让机械厂的工人制作的。浙大在抗日战争中的西迁是极其艰苦的,在这样的恶劣环境之下,王淦昌先生还念念不忘物理实验。1938年1、2月间,浙大在吉安白鹭洲停留不到一月,王先生也抓紧开实验课。1939年在广西宜山,敌机天天轰炸,因跑警报闹得人心惶惶,而王先生和助教钱人元却不管个人安危,坚持要到龙江对岸存放仪器的木棉村去开箱做实验。有人反对,说:'饭都吃不上,还做什么实验?'王先生坚定地表示:'没有饭吃也要做实验!'就是这种精神使王先生成为一位杰出的物理学家。"[319]

中华人民共和国成立之后,随着近物所的建立,亚原子物理研究的机构、队伍以及各种物质条件得到了改观,但与前沿高能物理研究的实验需要还相距甚远。我国第一代高能物理学家艰苦朴素的精神依然没有改变,而且在他们的言传身教之下,第二代高能物理学家继承了这种精神。王淦昌称,他们"学习和发扬'自己动手,丰衣足食'的延安精神,群策群力,从研制仪器设备开始,逐步建立了从事原子核科学研究的基本条件"。[320]

赵忠尧主持建造的我国第一台700 keV质子静电加速器,主要是利用他"在美国费尽辛苦购置的一点器材"。[317]据叶铭汉回忆:"在五六十年代这段时间,主要是与加速器有关的技术,是我们发展起来的。譬如说,真空技术、高电压技术,都是我们过去未掌握的,开始摸索起来。也通过静电加速器培养了一批搞加速器的人才。我们也用加速器进行了一点点核物理的实验,在国内也是首先做的。总的来说,不能说做了多了不起的工作,我们是在什么技术都没有的情况下,做了一些开创、摸索性的工作。"[321]在什么技术都没有的情况下,一批年轻人在前辈科学家的带领下,摸索着工作。相对于物质条件而言,这种技术基础的贫乏,可能更需要自力更生、顽强拼搏的科研决心与斗志。

在宇宙线研究方面,这种艰苦创业的奋斗精神也同样得到了很好地发扬。在王淦昌、张文裕、萧健等前辈科学家的带领下,建设云南宇宙线观测站的骨干人员之一霍安祥多年后还对当时的场景记忆犹新:"初创时期的工作条件十分艰苦,动力变压器尚未到货,只能临时从百米以外将民用照明电接输到实验室以便开展工作,由于电力不足,连一台云室上使用的1千瓦空气压缩机有时都启动不了,经常需要科研人员用手去帮忙拉一下皮带才能启动。而在正常开展研究工作时,平均每小时要启动一次空气压缩机。就在这样简陋的工作条件下,科研工作者努力工作,很快就把云室调整到较好的工作状态,拍出了质量相当高的照片。"[185]

这种因陋就简,在艰难困苦中仍能顽强拼搏,从事科研活动的精神,是中国在高能加速器建造成功之前,支撑高能物理实验研究持续发展的主要动力之一。

15.2.2 积极交流,海纳百川的开放精神

由于中国学术界长期处于封闭状态,我国学者一直都有着对外交流的强烈需求与渴望。高能物理学家们尤其如此。在有限的国际交流中,他们把握机遇,着力创新,在交流中做出了骄人的成绩,同时也显示了中国高能物理学家这种积极交流的开放精神。

1956年,我国加入苏联杜布纳社会主义国家联合原子核研究所,并连续派出大批学者赴苏,我国高能物理学家首次参与了广泛的国际学术交流。王淦昌等人在实验方面取得了

惊世发现;在理论方面,周光召等理论工作者也充分利用国际交流的机会,努力工作,从而取得了举世瞩目的成就。虽然我国于 1965 年退出了杜布纳联合所,但在合作的早期几年,我国学者切实地在国际交流合作中得到了训练,开阔了视野。

在"八七工程"提上议事日程之前,1977 年,刚刚恢复工作的邓小平先后接见了美籍华裔诺贝尔物理学奖获得者丁肇中、欧洲核子研究中心总主任亚当斯和美国费米国家实验室(FNAL)的加速器专家邓昌黎。在接见丁肇中时,邓小平提出派 10 人去 DESY 参加丁肇中的高能物理实验组工作,丁肇中当即表示接受。之后不久,由唐孝威带队的 10 人小组赴 DESY 在丁肇中实验组进行了一年多的工作。在会见亚当斯与邓昌黎时,邓小平也与他们分别商定派人赴西欧与美国工作和学习。

待"八七工程"上马之后,由于我国在高能加速器建设方面缺乏实践经验,在初步完成工程理论设计后,工程指挥部派出了两个考察组出国考察,深化设计。何龙和方守贤到欧洲 CERN,而谢家麟、钟辉等 6 人赴美国 FNAL,由邓昌黎负责安排。鉴于 BPS 与美国 BNL 的 AGS 加速器能区相近,谢家麟等人在 FNAL 完成深化设计后,在李政道与袁家骝的建议下,又到 BNL 进行了短期工作学习,并与该所相关专家商讨适合 BPS 的探测器与计算机制造等问题。为了加强与国际同行的学习交流,截至 1978 年 9 月底,我国先后派出考察和学习人员 5 批 32 人,请进相关专家 10 多批;1979 年派往欧(CERN、DESY)、美(ANL、BNL、FNAL、LBL、SLAC)、日(KEK)各大高能物理实验室考察与学习的人员有百余人。尤其重要的是,1979 年 1 月,邓小平率中国政府代表团访美期间,与美国签订了"在高能物理领域进行合作的执行协议",并成立了中美高能物理联合委员会。

虽然"八七工程"最终下马,但这一时期我国高能物理学家与国外同行所建立起来的广泛交流,为此后 BEPC 的建立奠定了基础。北京正负电子撞机就是在对外交流的过程中,在国外专家的建议与帮助下建成的。

在"八七工程"下马已成定局之后,由于原计划将于 1981 年 6 月在北京举行的中美高能物理联合委员会第三次会议召开在即,而中国的高能加速器建设计划却遇波折,李政道来电询问关于下一步中美高能物理合作事宜。为此,中国科学院派朱洪元和谢家麟会同当时在美国访问的叶铭汉在李政道的协调下到美国 FNAL 与中美高能物理联合委员会的几个成员实验室的所长、专家进行了非正式会晤,通报中国高能加速器调整方案,并听取他们的建议。潘诺夫斯基提出中国可以建造一台 2.2 GeV 正负电子对撞机的建议。[235] 后来,诺贝尔奖获得者里克特(B. Richter)也提出中国建造一个能在 5.7 GeV 能区工作的对撞机的方案。此后在 1982 年度中美高能物理联合委员会第三次会议期间,潘诺夫斯基强调了 2.8 GeV 能区粲重子方面有大量工作可做,希望中方在建造加速器时注意该能区研究工作的开发,力争束流高亮度和对强子探测的高效率。[238] 后来,经谢家麟向时任中国科学院副院长的钱三强汇报,决定将 BEPC 的能量由 2.2 GeV 延伸至 2.8 GeV,以有助于扩展其研究领域,延长其使用寿命,于是即将 BEPC 的能量指定为 2.2/2.8 GeV。

在 BEPC 的建设过程中,根据中美高能物理合作执行协议,高能所和美国五个高能物理国家实验室(ANL、BNL、FNAL、LBL、SLAC)建立了技术合作关系,并在美国设立了办公室,负责协调双方的合作项目和在美国采购高能工程急需的仪器和元器件。这对对撞机的最终建成产生了重要的作用。

北京正负电子对撞机建成之后,吸引了国外的高能物理同行参加 BES 上的实验合作。以我国高能物理学家为主体的 BES 合作组包括美、英、日、韩等国的上百位高能物理学家,国际合作交流的深度与广度都有了质的提高,我国高能物理学界也已经在国际上拥有了一席之地。[10]而宇宙线研究中的中日 ASγ 合作计划、中意 ARGO 计划也同样反映了我国高能物理学家积极参与、组织国际交流的精神传统。

通过以上实例可以看出,在有限的对外交流中,中国的高能物理学家们不失时机地通过交流而获得进步,终使自己的努力工作获得国际同行的认可。而借助外国同行的技术与经验支持,也是我国高能物理后来获得蓬勃发展的一个重要因素。积极交流,海纳百川,这是中国老一辈高能物理学家们形成的一个得到有效传承的学术传统。

15.3 与汤姆孙—卢瑟福谱系学术传统的比较与讨论

纵观中华人民共和国成立以来 70 余年的历史,作为科技后发国家的中国,在高能物理领域,从来就不是一个领跑者,早期甚至一直处于亦步亦趋的跟踪学习阶段。可以说,我国的高能物理学家尚未形成一个相对稳定、持续传承的研究传统。

一个优秀研究传统的形成,离不开一个适宜发展的外部环境,一个优秀的学术团体,尤其是一位熟谙科技发展前沿、有敏锐科学预见力与科研组织力的学术领袖。汤姆孙—卢瑟福谱系(如图 15.2 所示)就是典型的例证。

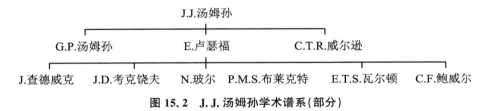

图 15.2　J. J. 汤姆孙学术谱系(部分)

1897—1899 年,J. J. 汤姆孙在实验中发现了电子。此前他已经在剑桥大学卡文迪许实验室研究阴极射线 7 年之久。发现电子之后,J. J. 汤姆孙又于 1904 年提出了著名的"葡萄干—蛋糕原子结构模型"。

卢瑟福于 1895 年到卡文迪许实验室学习。在 J. J. 汤姆孙的建议下,他把研究方向从无线电转移到放射性上,这为他后来研究放射性元素衰变,发现 α、β 射线奠定了基础。1908年,在卢瑟福的指导下,其助手 H. 盖革及其学生 E. 马斯顿在实验中发现了 α 粒子大角度散射。据此,他于 1911 年提出了原子的核式结构模型。

在卢瑟福之前,C. T. R. 威尔逊就已进入卡文迪许实验室学习。他因受阳光返照云彩的启发,在卢瑟福的支持下开始在实验室让潮湿空气膨胀,制造人工云雾。之后他不断实验,改进其云室,为汤姆孙电子的发现做出了贡献。1925 年,P. M. S. 布莱克特在威尔逊工作的基础上,进一步改进云室,实验得到了原子人工转变的证据。

J. J. 汤姆孙之子 G. P. 汤姆孙在 21 岁大学毕业后就在父亲的指导下做气体放电等方面的研究工作。30 岁升任教授后,他继续做其父一直从事的正射线的研究,最终在电子散射实验中发现了电子衍射花纹,证实了 L. V. 德布罗意的物质波假说。

N. 玻尔于 1912 年在曼彻斯特大学卢瑟福的实验室工作了四个月,参加了 α 粒子散射的实验工作。他坚信卢瑟福的原子核式结构模型，也了解该模型所面临的稳定性困难，于是他引入量子假说，于翌年提出了定态跃迁原子理论。

卢瑟福一直希望用高能量的粒子击破更多元素的原子核。1930 年，J.D.考克饶夫与 E.T.S.瓦尔登在卢瑟福的支持和鼓励下，发展了电压倍加方法，用于加速质子，最终建成了世界上第一台加速器。

为解释原子核的结构，卢瑟福早在 1920 年就提出了中子假说。其弟子 J.查德威克锁定目标，经过 11 年的实验探索，终于在 1932 年发现了中子。

在卢瑟福去世 10 年后，C.F.鲍威尔从宇宙线中发现 π 介子。其高度完善的用感光乳胶探测重电离粒子的方法正源自卢瑟福的早期工作。[99]

从一定意义上来说，核物理与高能物理在中国的建立，与半个世纪前原子物理与核物理在欧洲，尤其是在英国的建立具有一定的可比性。在学科创立之初，作为国家最重要的学术机构，中国科学院近物所(物理所、原子能所)与剑桥大学卡文迪许实验室一样，承担着引领新学科建立与发展，培养优秀人才的作用。其学术谱系，乃至基于其上的学术传统，也应当具有某种程度的可比性。下文中我们将从学科发展环境、早期学术传统、学术带头人的学术视野、研究方向的选择、老师对学生的扶持与培养等方面将中国高能实验物理学家的学术谱系与汤姆孙—卢瑟福学派的学术谱系加以对比，进而看出在不同的时空条件下，不同学术团体在学术传统上的差异。

J.J.汤姆孙加入卡文迪许实验室之时，近代科学中心在欧洲已经过意大利、英国、法国转移到了第四站——德国。当时物理学研究的热点问题就是电磁学。包括 J.J.汤姆孙与他的 2 位前任——J.C.麦克斯韦与瑞利勋爵，以及他的研究生卢瑟福早期所倡导、从事的都是电磁理论与实验方面的研究工作，且形成了稳定的学派与学术传统。尤其是 J.J.汤姆孙领导的气体放电研究，已在世界范围内产生了广泛影响。可是，从 19 世纪的最后 5 年开始，物理学界从一系列令人眼花缭乱的发现中酝酿了一场翻天覆地的变革。1895 年，德国的 W.K.伦琴发现了 X 射线；1896 年，法国的 A.H.贝克勒尔发现了放射性现象。当欧洲大陆的这些发现迅速传到剑桥时，J.J.汤姆孙敏锐、迅速地对此做出反应，立刻带领卢瑟福等研究生、助手投入 X 射线与放射线的研究，并很快获得新的发现。他们不仅阐明了 X 射线的电磁波本质，卢瑟福还通过实验得出了铀射线由 α、β 射线组成的结论，并预言了 γ 射线的存在。而对于各国科学家已做过广泛研究的阴极射线，J.J.汤姆孙、卢瑟福师生进一步通过大量实验测定其组成，从而发现了电子，一时震惊了整个物理世界。此后 20 年间，卡文迪许实验室都主要从事原子物理方向的研究。

在卢瑟福 1919 年回到剑桥大学继任卡文迪许实验室主任之时，他也将此前在其他地方关于放射性元素衰变规律与人工打破原子核的研究方向与成就引入卡文迪许实验室，从而开创了原子核物理研究领域，培养了第一代核物理学家。此后多年，关于元素的人工嬗变及加速器的发明与研究等核物理前沿问题成为卡文迪许实验室的主要研究方向，直至卢瑟福去世。

玻尔后来在卢瑟福的鼓励与支持下回到丹麦建立了理论物理研究所，并很快集中了一批最优秀的物理人才，使该研究所成为全世界最重要的物理研究圣地之一。他既受到欧洲大陆的分析方法影响，又获得过英国实验室研究的培养，"在青年时代就接受了两个世界的优秀传统，这两个传统是大陆的理论传统和英国的经验主义"。[322]

从上面关于 J.J.汤姆孙—卢瑟福学派部分成员的研究工作及成就的论述也可以看出，

能引导众弟子在科学研究中做出卓著成就的关键因素除了科学发展阶段、经济社会水平与个人资质高低等难以人为改变的因素外，主要在于其学习、工作机构（卡文迪许实验室）良好的科研条件与学术氛围，导师（汤姆孙、卢瑟福）引领世界科学前沿的学术水平以及把握科学发展方向的判断力和预见力。卡文迪许实验室不仅执当时英国物理研究之牛耳，也是世界上最主要的几大物理研究中心之一。而当时欧洲作为世界物理学的中心，不仅优秀物理学家辈出，重大物理学发现层出不穷，而且交流频繁、信息通畅，J.J.汤姆孙甚至可以面向世界招收研究生。如此良好的学术氛围与环境，在我国成立之初高能物理学崭露头角之时，是无法想象的。

从海外留学归国的第一代中国高能物理学家，虽大多曾在西方著名的科研机构师从世界著名的科学大师，做出过杰出的科研工作。但在他们回国之后，没有优越的科研条件，也不再有大师的指导与合作，他们成为中国高能物理学科的拓荒者。科研环境要靠他们自己来争取、创造，科研队伍要靠他们来引领、教导。他们的目标，就是要在中国实现零的突破。特别是在很长一段时间内，我国的高能物理学家无法及时了解西方同行的科研新成就，只能从有限的一些过时期刊中对前一阶段物理学的发展得到些许片面的了解。对比汤姆孙—卢瑟福学派与世界同行的交流频繁、信息通畅，中国高能物理学的开拓者们基本上是在"摸着石头过河"。对比卡文迪许实验室从电磁学到原子物理，再到原子核物理，研究领域、方向与方式、方法等研究传统的不断发展、变革，中国高能物理界所能形成的最主要研究"传统"可能就是"摸着石头过河"了。

1955年，赵忠尧利用从美国费尽周折带回的部件主持建成的质子静电加速器V1，其能量仅为700 keV。而当时美国布鲁克海文实验室（BNL）的Cosmotron加速器能量已达到3 GeV，伯克利（LBL）的Bevatron加速器能量已达到6 GeV。不可否认的是，中国700 keV的加速器的肇始之功不可磨灭。张文裕在美国对于多丝火花室的设计、加工深为同行赞叹，后来他还将自己制作的多丝室带回中国。但他却未能利用其开展多少科研工作，长期放在办公桌下的多丝室也在搬家时丢失了。[①] 可以设想，如果他们活跃在西方物理学研究的前沿阵地，如与卡文迪许实验室的历任学术领导一样，有着宽广的学术视野、优秀的科研环境、先进的科研仪器与设备，也可能做出重要的物理发现。即使他们的加速器、火花室不是很先进，也很可能在一个良好的学术环境与条件下得到不断改进、完善。但这一切他们都没有，连学生也是从高校分配来的，根本没有选择的余地。从另一个角度来说，那些新分配到研究所做研究实习员的大学生也不一定对即将从事的工作感兴趣。这与卡文迪许实验室由汤姆孙开创的面向世界招收研究生的人才选拔培养模式也是不同的！

中国第二代高能物理学家大多是在国内自主培养成才的，在一定程度上缺乏国际视野。他们追随第一代高能物理学家而入科研之门，由于前辈自身也很难把握国际高能物理的研究前沿，所以他们并无紧随前辈学者的研究课题或方向而持续研究的必要性。

因此可以说，中华人民共和国成立之初的30年里，第一、二代高能物理学家并未能形成持续传承的研究传统。而只是因受国内外环境等诸多因素的影响，形成了如前所述的一些特定历史条件下的精神传统。

20世纪上半叶，正值物理学风起云涌的黄金时代。以汤姆孙—卢瑟福谱系为灵魂的卡文迪许实验室在英国独领风骚之际，欧洲大陆也早已群雄并起，尤其是处于当时世界科学中

---

① 整理自张文裕的弟子何景棠研究员接受笔者访问时的录音材料。

心的德国。其中,以柏林大学为根据地的 M.普朗克学派,以慕尼黑大学为根据地的 A.索末菲学派,以哥廷根大学为根据地的 M.玻恩学派最为突出。而新成立的以丹麦哥本哈根大学为根据地的玻尔学派,吸引了一批当时最优秀的青年人才,一时呈后来居上之势。此外,以 P.朗之万、M.居里、L.V.德布罗意等为代表的法国学派,以 J.R.里德伯等为代表的瑞典学派,以 H.洛伦兹、P.埃伦费斯特等为代表的荷兰学派,以 E.薛定谔、V.F.赫斯等为代表的奥地利学派,以 L.曼德尔斯坦、S.I.瓦维洛夫等为代表的苏俄学派,也都成果斐然、人才辈出。多位物理学大师在那个特殊的年代,为近代物理学的创建、变革而竞相登场,呈逐鹿天下之势。每一学派、学术谱系也大多各具特色,有其与众不同的风格与传统。如卢瑟福学派主张一切通过实验去揭露事物的真相;玻恩学派注重理论物理学成果的数量化,重视研究成果内部的逻辑结构;而玻尔学派主张靠猜测和直觉,把理论和实验结合起来。[323]但在这样一个大师云集、学派林立、百家争鸣、传统各异的黄金时代,中国尚处于物理学科建立与发展的初始阶段。待中国高能物理学科初步建立、"文革"结束之后,中国物理学家才开始与国际接轨。但与 20 世纪上半叶有所不同的是,近代物理学,包括核物理与高能物理,早已过了学科创建与初步发展的"婴幼儿期"乃至"青少年期",其汹涌澎湃的发展势头早已减缓。在学科的平稳发展期,或者说下一场物理学革命到来之前,那种各自为政、特色迥异的学派与传统已逐渐淡化。

　　改革开放之后,中国的高能物理学迅速融入了世界高能物理发展的大潮中。经过 40 余年的发展,在第一、二代前辈的垂范下,第三、四代,甚至第五代高能物理学家迅速崛起。而当今的国际、国内环境都有了显著变化,尤其是经济与科技全球化的趋势,使得中国的高能物理学家的学术传统与前 40 年相比,呈现出新的面貌。就国际高能物理学界而言,随着学术交流的发展,具有共同研究纲领与学术传统的学派已不多见。各大高能物理研究机构(多具备大型高能加速器)都是"铁打的营盘流水的兵",国际化的研究机构容纳着来自世界各地的物理学家。中国的相关研究机构与研究队伍亦不例外。作为国际高能物理领域的一员,中国已拥有一席之地。高能物理学家们根据所占有的资源(包括经费、设备、队伍),因地制宜地确定自己的研究方向,并不时地根据研究进展与国际同行的工作,而阶段性地调整、改变、增减自己的研究重点与方向。一线学者多有留学、访学或在国外从事研究工作的经历,本土学者与国外同行不乏学术交流。在这种形势下,比前 40 年更难形成一个持续、稳定的研究传统。而之前第一、二代高能物理学家所秉承的那些具有时代特色的精神传统,在新的历史条件下日趋淡化,唯有团队合作、寻求交流的传统长存,但已无本国特色。

　　在赵忠尧谱系中,叶铭汉、徐建铭、金建中、孙良方等人是赵忠尧等前辈科学家精神传统的主要继承者。叶铭汉、徐建铭所参与的加速器建设"七下八上",历经艰难。[10]金建中在领导组建中国科学院兰州物理研究所之时,"实验条件差,缺少良好的测试设备,一切都因陋就简,从无到有""凭着一股不畏艰险的忘我拼搏精神",最终取得成功。[324]孙良方所参与的中国科大同步辐射加速器建设也是一段非常艰苦的过程,此处不做详述。在封闭的环境中,他们发扬前辈的精神传统,勤俭节约,艰苦奋斗,通力合作,在有限的条件下,努力做出优秀的科研工作,以实现他们为国家多做贡献的理想。

　　"文革"之后,第一代高能物理学家逐渐衰老或故去,此后由第二、三代物理学家为主导的高能物理学界师承关系逐渐清晰。网状的学术谱系结构随着中国高能实验基地的建成、学位制度的完善呈现出新的面貌。与此同时,第一代学者们原先白手起家、因陋就简、闭门造车的客观条件不复存在,由此形成的一些精神传统也因经济、科技条件的发展而不再持续发挥主要作用。虽然何泽慧、谢家麟等老一辈物理学家多年来仍活跃在科研前线,其科学研究与人才培养的环境、氛围已不可同日而语。即便他们仍秉承着过去的一些传统,但随着时代的变迁,那些具有时代特色的精神传统已难以得到有效的传承。在赵忠尧等老一辈高能实验物理学家的学术谱系中,其隔代弟子能传承其研究风格与方向者已不多见,能继承前辈们在特定的历史条件下所形成的精神传统者,亦稀如凤毛麟角。

在 20 世纪 80 年代高能物理实验基地建成之后,年轻的高能实验物理学者不但人数倍增,而且多经过系统的文化课学习,也在仪器、设备相对齐全完善的实验室经过实践训练。他们在导师的指导下,多选择一些较为明确的科研任务、方向,流动性不强,变数不大,经几年的学习与实践,在获得学位后走上工作岗位。他们之后所从事的工作可能与学位论文相关或相近,在分工相对明确的工作组,经其学术领导布置任务,不时加以指点,由此开展研究工作,已不像其前辈那样迫切需要有人手把手地"传帮带"了。他们与第二代高能物理学家的学习、科研环境都显著不同,因而在传承前辈的精神传统方面亦表现迥异。

在叶铭汉的印象中,"赵(忠尧)老师从不把自己的工作建立在热情的幻想上,而力求一点一滴的实际进步……在(20 世纪)50 年代中期讨论建造我国自己的加速器时,他从我国的经济实力出发,主张先搞个在科研上有用,但能量较低的加速器,以便取得经验"。[①] 而在 80 年代后,国家经济实力大增,高能物理实验经费相对充足,科研的经济条件与国外相比已逊色不多,第二、三代物理学家们已少有前辈们那种量入为出、捉襟见肘的窘迫环境。

赵忠尧、张文裕等老一辈高能物理学家为建成我国的高能加速器,努力了 30 多年,却因经济匮乏等原因而"七上七下"。在叶铭汉任高能所所长的 4 年内,北京正负电子对撞机从开工建设到最终对撞成功,实现了我国高能物理发展史上质的飞跃,国家为此投入 2.4 亿元。在郑志鹏所长任期内,1997 年国家批准的上海同步辐射装置工程总投资已高达 12 亿元。此后,2003 年,国家批准北京正负电子对撞机重大改造工程项目,总投资预算达到 6.4 亿元。姑且不论通货膨胀等因素,此次加速器的改造投资额比当初建设投资还多!相比其他领域而言,如今高能实验物理甚至已成为科学的奢侈品。

由上述可见,随着时代的发展,我国第一、二代高能物理学家所形成的一些精神传统,对于改革开放以后的后辈学者已难以产生显著的、重要的影响了。

小　　结

通过对中国高能实验物理学家学术传统的考察,可以得出以下认识:

① 在学术谱系的基础上讨论以赵忠尧为代表的中国高能实验物理学家的学术传统发现,从赵忠尧到叶铭汉、郑志鹏,再到陈少敏,历经半个世纪,他们所从事的实验研究的领域、方向、设备、方法,都已今非昔比。随着中外高能物理学的发展,政治环境的转变与经济、科技水平的进步,及科技全球化的趋势而不断发展、变化。几代高能物理学家在研究对象与工具、研究方向与方法等诸多方面已有很大不同,从第四代物理学家身上已找不出其"先祖"的特征与印记。老一辈高能实验物理学家对后代弟子的学术影响,因客观环境、条件的发展而逐渐淡化,唯有一些精神层面的感召力常存于后世。

---

① 整理自 2002 年高能所纪念赵忠尧先生诞辰 100 周年纪念会上叶铭汉的报告《纪念赵忠尧老师》。

② 因陋就简、白手起家的拼搏精神与积极交流、海纳百川的开放精神是中国高能实验物理学家最重要的两个精神传统。

③ 优秀研究传统的形成,离不开适宜发展的外部环境、优秀的学术团体,尤其是熟谙科技发展前沿、有敏锐科学预见力与科研组织力的学术领袖。与卡文迪许实验室的汤姆孙—卢瑟福谱系相比较可知,长期"摸着石头过河"的中国高能实验物理学家大多在国际视野、科研环境与人才培养模式等方面受到环境与时代的限制,难以形成稳定传承的学术传统。

④ 我国第一、二代高能实验物理学家在学术谱系建立之初所形成的一些精神传统,对于改革开放以后的后辈学者已难以产生显著的、重要的影响。研究传统阙如,精神传统淡化,这是通过对中国高能谱系的考察而得出的结论。

第16章 中国理论粒子物理学家学术谱系的历史发展

理论粒子物理学家群体,是与高能实验物理学家群体相伴并立的。其学术谱系乃至学术传统,都与后者息息相关。相对于高能实验物理而论,中国理论粒子物理学半个多世纪来的发展不仅脉络清楚,而且其学术谱系线条也相对明晰。

16.1 谱系的国外源头

我国第一代理论粒子物理学家,皆生于20世纪10年代中期,于30—40年代间赴欧美留学。其中,马仕俊于1941年博士毕业后回国到西南联大任教,1946年再赴海外从事研究工作,直至1962年去世。虽其学术成就较高,但对中国后世理论粒子物理的发展影响较小。对我国理论粒子物理学的发展产生重要影响的是张宗燧、彭桓武、胡宁、朱洪元4位学者(如图16.1所示)。

图 16.1　我国第一代粒子物理学家及其国外导师

图 16.1 所示的几位中国物理学家在留学期间,追随世界著名的物理学大师,参与了最前沿的场论与粒子物理理论研究,奠定了良好的科研基础,并取得了优秀的成果。而比较有趣的是,这几位中国粒子物理理论研究的先驱从事量子场论与粒子理论研究几乎皆为"转行"所致。

张宗燧师从 R.H. 福勒,攻读博士学位时研究的是统计物理。之后,他又先后在 N. 玻尔、W.E. 泡利、P.A.M. 狄拉克等人的影响下从事量子场论研究。

彭桓武师从 M. 玻恩攻读博士学位时从事固体理论研究,之后又在 E. 薛定谔、W.H. 海特勒等人的影响下从事场论与粒子理论研究。

胡宁在加利福尼亚理工学院师从 P.S. 爱泼斯坦,攻读博士学位时研究的是量子理论,之后又在泡利、J.M. 约赫、W.H. 海特勒、R. 费曼的影响下,投入粒子理论与量子电动力学的研究。

朱洪元初赴曼彻斯特大学时学习的是机械,一年后才转入物理系,师从 P. 布莱克特进行粒子物理研究。

几位理论粒子物理学家在赴欧美留学之前,在国内未曾受过量子场论与基本粒子理论的专业教育。他们的老师(如表 16.1 所示)要么从事实验研究,要么研究方向与理论粒子物理相去甚远。可以认为,国内的教育,对他们后来从事理论粒子物理研究未产生多少重要影响。而在他们留学期间,西方的量子场论与粒子理论研究正方兴未艾。他们适时融入了这场理论研究的热潮中,从其他领域转入量子场论与理论粒子物理研究。其间他们师从或接触了世界著名的物理学家(如表 16.2 所示),承继了优良的科学传统。

表 16.1　几位中国粒子物理学先驱的国内学术传承情况

姓名	时段	就读学校	授业教师
张宗燧	1930—1935	燕京大学、清华大学	吴有训、赵忠尧
彭桓武	1931—1937	清华大学	吴有训、叶企孙、周培源
胡　宁	1934—1940	浙江大学、清华大学、西南联大	吴有训、叶企孙、周培源、吴大猷
朱洪元	1934—1938	同济大学(工学院)	

表 16.2　几位中国粒子物理学先驱的国外学术传承情况

姓名	时段	求学、就职单位	导师	其他学术关联者
张宗燧	1936—1939	英国剑桥大学	R.H. 福勒	N. 玻尔、W.E. 泡利、P.A.M. 狄拉克
彭桓武	1938—1945	英国爱丁堡大学	M. 玻恩	W.H. 海特勒、E. 薛定谔
胡　宁	1941—1943	美国加州理工学院、普林斯顿高等研究院	P.S. 爱泼斯坦	W.E. 泡利、J.M. 约赫、W.H. 海特勒、R. 费曼
朱洪元	1945—1948	英国曼彻斯特大学	P. 布莱克特	H. 巴巴、G.D. 罗切斯特、C.C. 巴特勒

福勒是著名统计物理学家,卢瑟福之婿,曾培养了包括狄拉克在内的多位著名物理学家;布莱克特则是卢瑟福得意门生,在云室改进与宇宙线探测方面贡献卓著;玻恩是哥廷根学派的核心人物,因其对量子力学的基础性研究尤其是对波函数的统计学诠释而名垂青史;

爱波斯坦则是慕尼黑学派的重要一员。在这几位导师之外,玻尔、薛定谔、泡利、狄拉克、费曼等物理学大师也对他们的学术研究之路产生了重要影响,有的甚至超过了导师对他们的影响,并决定了他们此后从事理论粒子物理研究的方向。张宗燧多受玻尔、泡利、狄拉克的指导与提携而研究量子场论;彭桓武与海特勒合作而共同提出 HHP 理论;胡宁受到费曼的影响而投身量子电动力学研究;朱洪元接触同门拍摄的奇异粒子照片而做出估算。

回国后,张宗燧继续从事量子场论的研究;彭桓武在参与核武器研制之前所从事的将量子力学运用于原子核的多体系统的研究,是他在国外关于介子问题研究的继续;胡宁继续做量子场论研究,并将主要研究方向集中于基本粒子理论领域;朱洪元也继续从事粒子物理和核物理方面的研究。

16.2 中国理论粒子物理学家群体及学术谱系的形成与早期发展

在论述理论粒子物理学家学术谱系之时,我们有必要首先回顾一下中华人民共和国成立之后几个主流理论粒子物理研究团队的组建。

16.2.1 本土粒子物理研究团队的形成

中华人民共和国的成立,尤其是中国科学院的成立,使得理论粒子物理研究在我国开始有组织、有系统地持续发展。在此过程中,几位粒子理论研究的先驱者发挥了至关重要的作用。

张宗燧于 1948 年回国,任北京大学教授,1952 年调任北京师范大学,同时兼任中国科学院数学研究所研究员,1956 年后调到中国科学院专任数学所研究员。他亲手组建了理论物理研究室,并任主任,主持工作 10 余年,主要开展统计物理和量子场论两方面的研究工作,培养了一批研究人员和院外进修人员,并招收、培养了研究生。在此期间,他还兼职任教于中国科学技术大学,讲授量子力学等课程,并指导学生的毕业论文。[329]

彭桓武于 1947 年底回国,先后任教于云南大学、清华大学,1950 年被钱三强聘请到近代物理研究所(物理研究所、原子能研究所)工作,并任副所长。

胡宁于 1951 年初回国,任北京大学教授,并于同年受聘为近代物理研究所研究员。至 20 世纪 60 年代初,他始终是北大与原子能所两家合聘的教授、研究员。后来,在需要明确一个单位编制的情况下,胡宁选择成为北大的全职教授。[76]

朱洪元于 1950 年回国,先后任职于近物所(物理所、原子能所)与高能所,并兼职任教于中国科学技术大学。

近代物理研究所在 1950 年建立之初就专门设立了理论物理研究组(室),由副所长彭桓武兼任组长(主任),成员包括胡宁(兼)、朱洪元、邓稼先、黄祖洽、金星南、殷鹏程、于敏等人。至 1956 年,规模扩大后的理论物理研究室分为场论、核理论、反应堆理论与计算数学等四个组,由朱洪元任场论组组长。1958 年,场论组全体赴苏联杜布纳联合核子研究所进行合作研究。20 世纪 60 年代初,彭桓武、于敏、邓稼先等理论物理室部分人员转入核武器研究。研究室分成基本粒子理论与原子核理论两个大组,由朱洪元任主任。

北京大学理论物理教研室建立于 1953 年(张宗燧已于此前调离),首任室主任为王竹溪。主要从事粒子理论研究的教师包括胡宁、周光召、高崇寿等,彭桓武、朱洪元也曾于该室兼职任教。他们在北大系统开设了原子核理论、群论、量子场论与基本粒子理论等课程,并逐渐形成了以胡宁为核心的基本粒子理论组(如图 16.2 所示)。而周光召于 1957 年春被国家选派赴苏联杜布纳联合所从事研究工作,1961 年回国后调入第二机械工业部第九研究院从事核武器理论研究,从而离开了北大。

图 16.2　北大理论物理教研室举行粒子理论讨论会(站立者左为胡宁,右为赵光达)

除近物所(物理所、原子能所)与北大这两个规模较大的粒子理论研究团队之外,如前述,中国科学院数学所于 1956 年成立了以张宗燧为核心(室主任)的理论物理研究室,展开系列量子场论与粒子理论研究。稍晚一些,自苏联归国的张礼、段一士分别于 1957 年、1958 年到清华大学、兰州大学工作,开展场与粒子理论的教学与研究工作。同期,李华钟、郭硕鸿在中山大学,李文铸在浙江大学也开展了相关教研活动。

16.2.2　理论粒子物理学术谱系的初步发展

彭桓武于 1950 年自清华大学调入中国科学院参与近物所的筹建工作,后于 1952 年被任命为近物所副所长。20 世纪 50 年代初先后从国外回来到近物所工作的理论物理学家还有朱洪元、金星南、邓稼先、胡宁(与北大合聘)等人。几位中国理论粒子物理的拓荒者会聚一所,无论就科学研究,还是人才培养而论,都产生了极高的效率。黄祖洽、于敏、何祚麻等一批年轻的理论物理研究者在他们的带领下得以迅速成长。

同一时期,在近物所兼职的胡宁主要在北京大学任教。他自成体系,带出了一大帮弟子。而张宗燧则辗转于北京大学、北京师范大学与中国科学院数学所几个单位开展教学与科研,也带出了一个理论研究团队。

20 世纪 50 年代不仅是我国第一代理论粒子物理学家开始从无到有,立足国内展开科研、教学,建立起我国粒子物理学科的时代,同时也是我国第二代理论粒子物理学家成长的时代。张礼于清华大学,段一士于兰州大学,李华钟、郭硕鸿于中山大学,李文铸于浙江大学也开展了对场与粒子理论教学与研究。更为重要的是,周光召、戴元本、何祚庥等一批年轻的学者在张宗燧、彭桓武、胡宁、朱洪元等第一代理论粒子物理学家的指导下已经茁壮成长。

张宗燧所带弟子不多,其中入门最早的于敏后来因张宗燧生病而改投胡宁门下。直至1958年以后,戴元本、侯伯宇、朱重远才先后考取张宗燧的研究生,从事量子场论研究。此外数学研究所理论物理研究室还有一帮年轻的研究人员,在张宗燧的指导下从事研究工作。

彭桓武兴趣广泛,回国后在多个领域展开了科研与人才培养。20世纪50年代,他分别在清华大学、北京大学培养出了黄祖洽、周光召两位后来成为著名学者的研究生。其中,周光召从事粒子物理研究。1954年,周光召研究生毕业后留校任教,后于1957年被选派苏联杜布纳联合所,并在那里做出了重要的成就。

胡宁在50年代培养了多位研究生,其中最早指导的于敏、赵凯华广为人知,后来从事理论粒子物理研究的包括罗蓓玲、郑哲洙、黄念宁、王珮等人。60年代后,他又培养出了关洪、杨国桢、刘连寿、马中骐、吴丹迪等多位弟子。

朱洪元在近物所(物理所)培养了大批后来在中国物理界产生重要影响的弟子。自1956年之后,何祚庥、冼鼎昌、阮图南先后加入其研究队伍,甚至张宗燧的弟子戴元本也参与了该队伍的合作研究。60年代,朱洪元又培养出了以四大研究生(黄涛、张肇西、杜东生、李炳安)为代表的一批粒子物理研究人才。

自1949年至1966年,中国理论粒子物理学发展迅速。相应地,中国理论粒子物理学家学术谱系也获得了较快的发展。

由于参与核武器研制,彭桓武、周光召两师生离开了理论粒子物理研究领域,从而导致这一谱系形成不久即停止了发展。而其他三支主要的理论粒子物理学术谱系在这一阶段都获得了重要的发展,并在"层子模型"创建之时达到高峰。值得一提的是,如实验高能物理学家学术谱系一样,这三支理论粒子物理学术谱系链条在发展中也因学术交流的影响而形成一定范围内相互交叉的结构。

60年代初,张宗燧、胡宁与朱洪元就经常带一些弟子与助手共同讨论粒子物理理论问题,后来他们组织了一个由中国科学院原子能研究所基本粒子理论组、北京大学理论物理研究室基本粒子理论组、数学研究所理论物理研究室一些对此感兴趣的人员参加的"基本粒子讨论班",既举行座谈,也开展研讨活动。1965年,钱三强受中国科学院党组书记、副院长张劲夫之命,把这几个单位(后增加中国科学技术大学近代物理系)的粒子物理理论工作者组织起来,根据毛泽东提出的物质无限可分思想,进行基本粒子结构问题的研究。他们定期交流与讨论强子的结构问题,于翌年提出了关于强子结构的层子模型。[325]这种团队协作的科研模式,产生了重要的成果,也为后来理论粒子物理学在中国的发展奠定了重要的知识基础和人才基础。该团队成员(如表16.3所示)中先后有几人当选为学部委员院士,其余人员后来也大多活跃在理论粒子物理学领域,成为各方粒子物理研究的学术领导人。几个单位原本单纯的链式学术谱系结构产生了交叉与融合,如张宗燧的研究生戴元本受朱洪元的学术影响,而与之建立了密切的合作关系;胡宁团队的青年教师黄朝商则与戴元本合作,后来又攻读了戴元本的研究生。

表 16.3　北京基本粒子理论组成员名单

单位	学术带头人	成员
北京大学	<u>胡宁</u>	赵志詠、<u>赵光达</u>、陈激、高崇寿、黄朝商、刘连寿、钱治碇、秦旦华、宋行长、<u>杨国桢</u>
数学所	<u>张宗燧</u>	安瑛、赵万云、陈庭金、朱重远、<u>戴元本</u>、侯伯宇、胡诗婉、周龙骧
原子能所	<u>朱洪元</u>	<u>张肇西</u>、陈时、何祚庥、<u>冼鼎昌</u>、黄厚昌（黄涛）、鞠长胜、李炳安、阮图南、阮同泽、杜东生、汪容、徐德之、杨祥聪、郁鸿源、周荣裕
中国科大		刘耀阳、赵保恒、周邦融

注：先后当选为学部委员（院士）者以下划线标注。

16.3　理论粒子物理学家学术谱系表及谱系结构与代际关系分析

与第 14 章相似，这里先列出我国理论粒子物理学家学术谱系表，然后基于该表对中国理论粒子物理学家的学术谱系结构与代际关系进行简要分析。

16.3.1　学术谱系表的构建

同表 14.4"中国高能实验物理学家学术谱系表"一样，表 16.4 列出了"中国理论粒子物理学家学术谱系表"（以下简称"理论粒子谱系表"）中，左侧大致标出第一、二代学者的主要工作单位。每位学者右方（上下以横线为界）第一道竖线后为其弟子（如图 16.3 所示）。

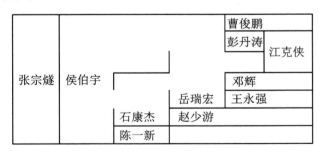

图 16.3　表 16.4 学术谱系的师承关系示意

图 16.3 的师承关系为：张宗燧指导侯伯宇；侯伯宇指导石康杰、陈一新；石康杰指导赵少游、（与侯伯宇共同指导）岳瑞宏；岳瑞宏指导王永强、（与石康杰共同指导）邓辉、（与侯伯宇共同指导）曹俊鹏、彭丹涛；彭丹涛（与岳瑞宏共同）指导江克侠。

同表 14.4 一样，改革开放之后出国攻读（博士、硕士）学位，学成归国的，因之前无明确的国内师承关系，回国之后尚未形成具有一定规模的持续传承的学术谱系，因而在本谱系表中也暂不予体现。

表 16.4　中国理论粒子物理学家学术谱系表①

单位	第一代	第二代	第三代	第四代	第五代
中国科学院数学研究所	张宗燧	戴元本	黄明球(国防科大)	王道伟、刘永录、黄志杰、樊洋、刘伟涛、张建荣、刘红亮、甘龙飞、崔春雨、张峰、徐宗浩、张平、张春旭、王玉、陈文博、贾辉、张若冰、桂明、徐永江、吴金云、詹金峰、张国彬、黄卓鹏	
			金洪英(浙江大学)	刘少敏、张珠峰、袁远东、刘家益、刘刚、张劲、徐青、黄卓然	
			李文君(河南师大)	张向丹、郭伟、刘工卫、马艳芹、樊莹莹、张彦召、高素芝、李霜文、苏培庆、路明强、李霜文、杨海燕、王长伟、高素芝、张彦召、路明强、聂晓琴	
		黄朝商	晏启树	张先辉、宋友、赵笑然、聂晓琴、江吉	
			孙国强、严华刚、闫志涛、吴小红、程剑锋、李建涛		
			李田军(中国科学院大学)	王煜恒、汪永瑞、唐召丰、张先辉、杜光乐、田野、贾乙丁、李闯、牛家树、郭俊、王晓川、刘言东、李金勉、童纯立、程桃李、张旭、Waqas Ahmed、Adeel Mansha、周涵、张文星	
			霍武军(东南大学)	马士营	
			廖玮(华东理工大学)	李太东、罗雨晨、沈皓杰、程昱	
			李新强(华中师大)	李少平、兰晴、赖丽芬、黄琳琳、赵辉、刘玉珂、李培福、李艳敏、李亚南、郑冬辉、沈萌、王俭、樊超杰、袁一凡、陈丰之、吕亚楠	
			毕效军(中国科学院大学)	林苏杰、袁强、殷鹏飞、余钊焕、崔慧娴、王金伟、方坤	
			刘东胜		

———————

①　人名标注示意：硕士、<u>博士</u>、非第一导师、(单位标注)。

续表

单位	第一代	第二代	第三代	第四代	第五代	
中国科学院数学研究所	中国科学院理论物理研究所	张宗燧	侯伯宇(西北大学)		曹俊鹏、熊传华、王晓辉	
				彭丹涛(西北大学)		江克侠、马龙、商玮、褚长亮
					邓辉、李广良	
				岳瑞宏	王永强、惠小强、贺鹏斌、吴俊芳、赵秀梅、李晓军、杨涛、张涛、田晓东、柯三民、曾利霞、薛攀攀、解小宁、刘起、曹利克、周建华、张陈俊、周建华、江克侠、马龙、杨超、徐杰、宋宇、唐浩、张明、张涛、熊传华	
				王延申(西安交大)	严学文、李博、唐美娟、王晶波、丁汉芹、郭艳华	
				范桁(物理所)	党贵芳、董仁行、张道花、岳洁东、任丽行、曾昱、张煜然、吴贤新、王棹、淮琳萍、刘钊	
				杨战营(西北大学)	左坤、赵立臣、齐建文、邹德成、刘美坤、王莉、马笑霄、周康、孟勇、李欣、李浩、徐翰翔、张明、刘冲、段亮、刘祥树、彭娉	
				杨仲侠、杨文力、陈敏		
				石康杰	赵少游、熊华晖、石国芳、温俊青、朱桥、刘宝盈、蔡小琳、宋培、王展云、吴晟、张利霞、杜亚利、曾育、张凯、王春、王耀雄	
				陈一新(浙江大学)	曹超、梅玉雪、潘智刚、杜一剑、尹志、王永强、肖勇、李剑龙、曹巧君、李圣文、邵凯南、怀小鹏、马骞、屠飞泉、华丛一、张昱超、张宽猛	

单位		第一代	第二代	第三代	第四代	第五代
中国科学院数学研究所	中国科学院理论物理研究所	张宗燧	侯伯宇	顾樵	吴朝新	
				赵柳(南开大学)	刘王云、索兵兵、何文丽、杜文波、孟坤、甄翼、杜文波、孟坤、于鹏飞、李起义、徐伟、祝斌、吴滨、李君	
					甄翼	
				丁祥茂(中国科学院大学)	王贵栋、张婷、潘学峰、孟令显、常文静、陈凌、孟令显、李玉平、陈凌、肖警庆、李玉平	
				杨焕雄(中国科大)	马洪亮、刘文中、欧阳君、Hoavo Hova	
				李卫、周玉魁、张耀中、李康、王美旭、陈凯、李剑、郝三如、罗旭东、雷依波		
			朱重远	卢仲毅、谭万鹏、金安君、鲍德海、范吉阳、陈文峰、邵明学、崔岩、高世武、张勇、罗焱、贺伟		
			安瑛	向继斌、卢仲毅		
			赵万云、陈庭金、胡诗婉、周龙骧			
中国科学院原近代物理研究所、原子能研究所	二机部九所	彭桓武	周光召	吴岳良(中国科学院大学)	张睿、霍武军(见前)、周宇峰、王问宇、严运安、钟鸣、马永亮、张清俊、崔建伟、左亚兵、庄辞、苏方、汤勇、隋艳芹、张林、李向前、柏栋、房震、刘卓、梁正良、崔凌道、刘泽鹏、黄达、刘金岩、Kaddour Chelabi	
				吴可	罗旭东、李玉奇、李建明、戴建辉、张军、周彬、赵伟忠、蔡钰、蔡金芳、鞠国兴、阎宏、白永强、刘震、沙依甫加马力·达吾来提	
					陈斌(北京大学)	何亚丽、郝晨光、岳毓蓓、张帅、仇良、薛巍、谭晟宇、徐强、徐志波、刘啸
					李定平(北京大学)	张立、陈硕、吴志钢、刘雪乐、涂道广、冯波、李琼、曹云姗

续表

单位			第一代	第二代	第三代	第四代	第五代
中国科学院原近代物理研究所、原子能研究所	中国科学院高能物理所	中国科学院理论物理研究所	彭桓武	高崇寿	(见后)		
				黄祖洽	欧阳华甫(中国科学院大学)	刘华昌、辛文曲	
				金星南			
					李国忠		
			朱洪元	何祚庥	邹冰松	季晓斌、卢宏超、周海清、张印杰、吴锋泉、刘伯超、谢聚军、魏方欣、何松、曹须、代建平、吴佳俊、Muhammad Naeem Anwar	
					安春生(西南大学)		郎云霞、邢瀚洋、陈佳、曾彤、杨雪薇、
					廖益(南开大学)	郭军玉、胡学鹏、任璐、卜建平、刘继元、曹雪峰、吴远彬、张有福、马佳磊、李健、刘洪君、丁然、宁国柱	
					赵小麟、吴兴荣、陶志坚		
					陈裕启	吴兴刚(重庆大学)	唐云青、步时、杜博纶、马鸿浩、韩华勇、孙崭、陈古、付海冰、王声权、毕环宇
						单连友(中国科学院大学)	白羽
						杨岚斐、刘昌勇、吴素芝、郑志远、杨丽娜、周高亮、热依玛汗·热西丁、吴培、陈海廷、桑文龙、吴兴刚	
				张肇西	杨金民	曹俊杰(河南师大)	贺杨乐、尚亮亮、张延明、李东玮、万培华、连经伟、张怡、周海静、胡松林、任杰、贺杨乐、张阳、丁芳芳、尚亮亮、姚坤、张海花、赵会强、王琳、李东玮、万培华、高雅楠、孙朋强、孟蕾、魏巍、李洁、贾兴隆
							高广平、柳国丽、王雯宇、王飞、理记涛、李培英、王磊、武雷、冯磊、徐富强、衡朝霞、卜严严、赵俊、彭博、木拉提·阿不都艾尼、樊想、段光华、苏伟、张孟超、吴培文、韩成成、朱经亚

续表

单位			第一代	第二代	第三代	第四代	第五代
中国科学院原近代物理研究所、原子能研究所	中国科学院高能物理所	中国科学院理论物理研究所	朱洪元	张肇西	王建雄	常强、戚伟、龚斌、王玉东、万露萍、冯宇、张鸿飞、李荣、李习怀	
					宗红石(南京大学)	夏永辉、杜轶伦、罗翠柏、李伯林、徐书生、凌锐、严妍、崔著钫、罗柳军、朱慧霞、曹京	
					李良新、季永华、韩国平、谷天亮、孙为民、江洪涛、刘功成、孙国强、李红文、王国利、冯太付、陈教凯、郑绪昌、潘赟		
				冼鼎昌	董宇辉	洪才浩、孙少瑞、高增强、侯海峰、刘超培、周亮	
					黄宇营、蒋东弘、陶程、海洋、谢亚宁、李学军、王俊、杨易、马宏骥、刘鹏、伊福廷、赵屹东、肖向辉、黄胜、华巍、姚德强、李明、侯海峰		
					薛社生		
				黄涛	闻家如		
					金山	廖红波、李晓玲、庄胥爱、赵妍彦、韩朔、徐雷、闵天觉、闵天觉、姚立雯、阮熙峰	
					郭新恒(北京师大)	魏科伟、张鲁、吕刚、徐晶、谢振兴、黄明阳、曾卓全、翁铭华、张振华、冯冠秋、吴兴华	
					卞建国、殷育东、曹福广、李作宏、杨建军、曹俊、罗传望、张爱林、张海东、吴向尧、王志刚、林志海、李琳、吴兴华、毛鸿、霍武军、冯太付、周明震		
				陈时、鞠长胜、阮同泽、徐德之			
				郁宏	张霖、方建、李德民		
				赵维勤	任江龙、黄梅、姚晓霞、张昭		
				李炳安	郑汉青(北京大学)	王建军、肖零亿、郭志辉、毛宇、周智勇、孙志祥、肖志广、张鹏、秦广友、何建阳、孟颜志、昂勤、张斌、刘威、苏明贤、张鸥、张振霞、王轩弓、吴云飞、祝蒙祁、姚德良、戴凌云	
					陈国英(新疆大学)	马跃	
					谷平		

续表

单位	第一代	第二代	第三代	第四代	第五代
中国科学院原近代物理研究所、原子能研究所	朱洪元	杜东生	刘纯		闫志涛、杨硕、邵华、邵华、陆稼书、赵振华、耷雪、雷莹珂
			邢志忠	梅健伟、郭万磊、罗舒、张贺、任凭、朱景宇、赵振华、周也铃、罗舒、晁伟、周顺	
			常钦(河南师大)	陈静、顾珊、李攀攀、胡晓会、王晓琳、陈静、徐帅、陈灵新、王晓琳、顾珊、胡晓会、王雨晴、李晓楠、朱杰	
			杨亚东(华中师大)	衡朝霞、魏娜丽、徐元国、李新强、冯冠秋、谢振兴、王建军、张向丹、韩小芳、王帅伟、朱林婕、李祥、韩琳、苏方、郭艳青、郝红军、金丹、刘美香、张瑛、王聪、何俊康、颜涵、盛金环	
			张大新、郭立波、杨茂志、魏正涛、戴又善、朱国怀、宫海军、杨德山、麦迪娜·阿不里克木、晏启树、孙俊峰、李竞武		
		阮图南	王安民	牛万青、徐枫、展德会、王兆亮、刘永磊、甘涛、刘竹溪、赵鹏露、孙庆峰、孙勇、谢东、杨阳、王兆亮、李学	
中国科大			范洪义	姜年权、梁先庭、陈增兵、刘乃乐、陆海亮	
			卢建新	吴荣俊、白桦、王兆龙、宁波、徐山杉、吴超	
			张鹏飞	孙兆奇、黄时中、于淼	
				庞宗柱、刘键恒、叶骞、赵亚、龙海威	
			卫华、黄时中、郭建友、方向正、石名俊、谢彦波、朱界杰、吴宁、张宏光、马雷、刘延生、肖靖、陈志、王清海		
			井思聪	吴宁、王志丹、左芬、李平、陶灵平、李云、杨为民、廖志胜、李虎、林冰生、衡太骅、管勇	
			朱栋培	张航	
				石名俊、张鹏飞、何广梁、张航	
		刘耀阳[①]	刘小伟、王斌、李书民、周剑歌		
			贾启卡	李煜辉、蔡根旺、耿会平、何志刚、汪涛、王肖恩、李和廷、曹小雪	
			高怡泓	曾定方、刘静、徐卫水、崔圣亮	

[①]　刘耀阳曾在朱洪元领导下工作,二人并无师生关系,其他地方亦有类似情况。

续表

单位	第一代	第二代	第三代	第四代	第五代
中国科学院原近代物理研究所、原子能研究所	中国科大 朱洪元		闫沐霖	高道能	刘加丰、张浩然、黎才昌、孙毅、汪先府、王景荣、余毅聪
				丁桂军	鲁俊楠、姚昌园、陈鹏、黎才昌、李习怀、刘加丰
				黄亦斌、孙胜森、庄霆亮、王小军、蒋吉昊、荆继良、李金屏、刘芳、陈明君、黄伟、肖能超、魏毅	
		中国科学院研究生院	赵保恒	丁开和、吴一中	
			周邦融	王晓明	
			汤拒非		
			丁亦兵	童胜平、朱界杰	
			侯伯元	杨富中、谢泊、宓东	
北京大学	胡宁		乔从丰(中国科学院大学)	李军利、石上钢、程硕、孙鹏、王健、郝钢、李曦坤、刘宾、孙立平、徐洪勃、宋秋成、贾康康、孙亮亮、陈志歆、蒋军、陈自强、陈龙斌、杜琨、钱辰、Sultan Mahmood Zangi	
			赵光达	陈南光、刘家福、梁桂文、陈莹、张春立、尹仁源、孙斌、刘经华、汤建、黄翰文、刘玉泉、贾宇、袁烽、肖振军、郝立昆、宋忠智、刘魁勇、高颖佳、孟策、李柏青、张玉洁、何志国、李荣、范莹、李旦、郭怀珂、马滟青	
			吕才典(高能所)	宋歌良、李菅、朱晋、余先桥、沈月龙、李润辉、邹浩、汪晓霞、周锐、张其安、周四红、秦溙、余欣、于福升、邹芝田、李承、高向东、李华东、李歌星	
			高崇寿	朱守华	殷鹏飞、李文生、刘佳、周忠球、王由凯、肖波、王小平、徐佳、王由凯
				胡红波(中国科学院大学)	樊超、李红超、张毅、白云翔、汪越、吴含荣、李爱凤、张娟、刘成、冯有亮、王振、金明杰、刘伟、林苏杰、康明铭、余钊焕、曲晓波、何坚承

单位	第一代	第二代	第三代	第四代	第五代
北京大学	胡宁	高崇寿	陈学雷(中国科学院大学)	张乐、王有刚、吴锋泉、徐怡冬、王鑫、李吉夏、李毅超、胡文凯、王维扬、李吉夏、左世凡、黄启志、朱弘明	
			高原宁(清华大学)	董清风、李雪松、钱文斌、阮曼奇、刘佳、何吉波、刘烨、安刘攀、范荆洲、刘凯、田俊平	
			胡海明、何斌、马忠彪、苗洪、张庆辉、卢为、何勇斌、张景山、闫志涛、黄波、胡敬亮、杨晓峰、刘大伟		
		吴丹迪	郑汉青(见前)		
			邢志忠(见前)		
			张智庆		
		于敏	张宗烨	蒋明昉、任江龙、薛大力、袁秀青、王平、王志刚、黄飞、王文玲、张丹、孙向明	
				陈洪(西南大学)	王炜刚、满自龙、戴延、唐戎、孙小淳、张少伍、樊超杰、程永杰、邓志宣、肖书源、何俊康、慕雪利、李越、曹璐、郭涛、徐小慧、王彪、党明、万猛、段丹丹、丁玮、肖贤文、黄淑一、李贵君、袁宏宽、梅花、杨兴华、李辉
		王佩	胡占宁(天津工大)	王俊忠、赖云忠、王莉敏、王雄、刘乾、孙照龙、孔令浩、付成花、陈作鹏、高进然、	
			范桁(物理所)	党贵芳、岳洁东、任丽行、曾昱、王棹、吴贤新、王栋、淮琳萍、刘钊、崔健	
			丁祥茂(中国科学院大学)	王贵栋、常文静、林勇、肖警庆、李玉平、陈凌	
			李康、杨涛		

单位	第一代	第二代	第三代	第四代	第五代
北京大学	胡宁	宋行长	何亚丽、吴俊宝、戴柬、刘啸、陈虹志、田雨、何建阳、张建强、昂勤、冯波、张兴军、潘斌、刘先忠、廖力、仇良		
		彭宏安	徐家胜、赵诗华、王文勇、罗佐明、张澍		
		张启仁	刘英太、高春媛、赵振民、张小兵、熊春乐、宋显明		
		马中骐（高能所）	殷育东、金柏琪、谢汨、侯喜文、董世海、段斌、顾晓艳		
		章德海（中国科学院大学）	张永超、孙成一		
			郑哲洙、常铁强、胡希伟、丁浩刚、张凯慈、宋俊峰、秦旦华、黄念宁、韩其智、黄朝商、赵志咏		
		李重生	杨李林、李钊、李强、宋一平、聂一民、刘建军、金立刚、张清俊、肖振军、张栋、刘洪轩、杨亚声、曹庆宏、张嘉俊、高杨、赵俊、杨金民、邵鼎煜、王健、张铖、李博华、朱华星、张昊、高俊		
		朱允伦	陈花胜、陈莹		
		杨国桢（物理所）	王太宏、张新惠、金奎娟、李建奇、李志远、吕力、汪力、龚尚庆、冯玉、万蜉、石洪菲、陆珩、李艳荣		
华中师范大学				喻连枝	
				王亚平	郑培培
				周代梅	樊利敏
		刘连寿	蔡勖	李炜、吴双清、王晓荣、廖红波、曹艳青、赵婷婷、王杜娟	

续表

单位	第一代	第二代	第三代	第四代	第五代
北京大学	华中师范大学	胡宁	刘连寿	蔡勖	杨纯斌	温雪沙、朱励霖、马科、黄瑞典、谭志光、张玉霞、郑华、郑方兰、柯伟、吴金波、李主、徐鹏飞、晋珊珊、白晓智、江泽方、李光磊、王鑫、钟洋、朱励霖
					周代翠	彭茹
						冯又层、吴涛、刘涵、朱祥荣、徐桂芳、张晓明、万仁卓、毛亚显、丁亨通、向文昌、袁显宝、尹轩、罗杰斌、任小文、张永红、朱剑辉、王梦亮、朱剑辉、王梦亮、李双
			刘复明	朱燕、刘升旭	
			庄鹏飞(清华大学)	杨振伟、陈昌波、黄梅、施舒哲、陈熠标、李刚、黄安平、郭星雨、何航、陈保义、郝学文	
			邓胜华、桑建平、沈坤、李云德、张阳、冯笙琴、陈刚、李高翔、张绘蓝、喻梅凌、张昆实、王琴、万坚、张帆、周宇峰、司宗国、陆烨、邓越、杜佳欣、许明梅、邢秀文、丁世学		
			吴元芳	刘红平、付菁华、李娜、王美娟、李治明、冯傲奇、白宇婷、廖红波、江数范、孙晓光、左育红、黄燕萍、熊凤波、李笑冰、张东海、吴锦、张恒英、林裕富、赵烨印、韩舒、熊凤波、潘雪、陈丽珠、里霖、冯傲奇	
			陈相君(哈工大)	孙秀晶、王栋、邹志宇、王钢、张豫、黄坡、付慧峰	
			王恩科	肖珺、张本威、张汉中、王茹敏、康忠波、程鸾、许红娟、王晓东、马丽丽、周丽娟、李汉林、陈晓芳、刘磊、柏静、郭云、吴译文、何云存、邢宏喜、张成、申可明、罗覃、刘志全、徐蓉、王茹敏、杨洋、林玉、李汉林	
	中山大学		关洪、罗蓓玲		

单位	第一代	第二代	第三代	第四代	第五代
中山大学		李华钟	袁焯权、何广平、胡梁宾		
			胡连	曹惠娟、涂杰、陈发炬、周明、菅晓丹、胡华、颜玉珍、赵士魁	
		郭硕鸿	李志兵	陈渊	
				何春山、庞玮	
				吴良凯	
			罗向前	黄纯青、罗志环、梅仲豪、刘岩、黎永耀、方奕忠、刘军、关毅、陈贺胜	
				李洁明	
			马中水、郑波、司徒树平、陈浩、薛迅、潘智刚、郑维宏、方锡岩、郑小平		
复旦大学		倪光炯	杨继锋	刘丹、潘召亭、王彦、温莉宏、王盼盼	
			林琼桂、楼森岳、刘玉良、陈伟、汪荣泰、徐建军		
		苏汝铿	蔡荣根	张宏升、武星、郭琦、胡彬、韦浩、李辉、曹利明、庞大伟、马寅哲、张益、Muhammad Akbar、安宇森、刘同波、刘学文、季力伟、王少江	
			王斌、钱卫良、邱为钢、王斌、王平、高嵩、张益军、张旭明、杜达坪、吴琛、杨力、薛立徽、邵成刚		
浙江大学		李文铸	应和平	吴宁杰、徐兆新、陈文强	
			董绍静、张剑波、费少明、陈锋		
		汪容	杨师杰		陶志、刘月婵、陈永亮、郝雪、聂苏敏
			虞跃	罗焱、李晋斌、文渝川	
			沈建民、胡红亮、盛正卯		
清华大学		张礼	龙桂鲁	张进宇、张伟林、纪华鹰、李岩松、刘玉鑫	
			张达华	郭愚益	
			孙向中、周宜勇、吕嵘、毛娟娟、刘立宪、苗元秀		
			王青	谭毅、梁颖斌、肖明、王智民、杨华、范晓斌	
		邝宇平	王学雷		史春梅、李争鸣、李武军、韩金钟、张焕君、杨悦玲、韩金钟、李炳中

续表

单位	第一代	第二代	第三代	第四代	第五代
清华大学		邝宇平	岳崇兴	刘伟、闻佳、王丽娜、王丽红、宗征军、孙俊峰、王微、于东麒、杨硕、周丽、邸轶群、刘金岩、杨慧迪、王永智、朱世海、丁丽、张楠、赵爽、王磊、张凤、李建涛、李卫彬、徐庆君、冯皓琳、苏雪松、张婷婷、陈国春、李旭鑫、郭滨、王珏、郭晓娇	
			何红建	葛韶锋、肖瑞卿、鲜于中之、王旭峰、杜春	
			张斌、周宏毅、陈裕启(见前)、王华、陈光培、韩文胜、胡卫国、杨志彤		
兰州大学		王顺金	吴绍全、房铁峰、赵先锋、王瑞平、贾文志、宋元军、郭袁俊、冯振勇、陈继延、颜骏、徐忠锋、陈明伦、夏政通、汪自庆、郭华、左维、谢奇林、黎雷、张光彪、贾焕玉		
		段一士	赵力、张力达、司铁岩、王军平、曹贞斌、曹利明、田苗、刘玉孝、王永强、何杰、张欣会、马宇尘、刘鑫、李然、史旭光、杨捷、朱涛、张永亮、李晟、王海军、赵振华、史旭光、张修明、张桂戊、吴绍锋、贾多杰、贾文宝、王正川、张丽杰、秦波、钟握军、俞重远、邵明学、耿文通、马凤才、高党忠、杨孔庆、赵海文、陈文峰、冯世祥、吴森、任罡、黄永畅、李希国、张胜利、杨国宏、赵书城、董学耕、徐涛、张宏、傅立斌、姜颖、张鹏鸣、刘继承		
			赵鸿	王冠芳	
南开大学		葛墨林	苏刚、赵宏康、李有泉、王鲁豫、薛康		
			刘旭峰、侯净敏、田立君、郭健宏、金硕、张宏标、胡良中、王义文、匡乐满、景辉、解炳昊、戴劲、于肇贤、陈景灵、白志明、刘永、傅洪忆、王宙斐、张家宁		
			孙昌璞		蔡丞韻
		李学潜	戴伍圣	庞海、沈尧、李文都	
			陈绍龙	杨友华、豆正磊、黄晓忠、胡辉辉、赵斌、彭静祎、李莹	
			刘翔、赵树民、郝喜庆、乔庆鹏、李作、于彦明、牛旭文、曾小强、李佟、唐健、侯健、蒋胜鹏、柯红卫、晁伟、何大恒、张锋、刘广珺、王玉明、杨帆、王金锋、赵公博、赵明刚、郭鹏、钱可、陈杰、张锐、赵久奋、谢跃红、王闯、张俊顺		
			陈天仑	卢强、王庆、刘世安、周昌松、李红、黎海森、麻文军、王田、黄良鑫	

单位	第一代	第二代	第三代	第四代	第五代
南京大学		王凡	宗红石	陈伟、杨峤立、冯红涛、侯丰尧、程鹏、吴迁、夏永辉、李程明、杜轶伦、肖海校、梁国华、赵亚鹏、罗翠柏、李伯林	
			陈相松	朱本超、郝斌政	
			孙为民、张笋、庞侯荣、陈灵芝、何翔、陈春晖、周雨青、孙贺明、卿笛		
同济大学		殷鹏程	吴熙亮、严宗朝、沈建民、袁佰炯、周吴路		
四川大学(成都科大)		郑希特	陈钢、雷春红、赵福川、何原、卢昭、陈洪、李玉良、杨宏春、章晖		
新疆大学		查朝征	沙依甫加马力·达吾来提	艾克拜尔·斯拉木、派则乃提·吾甫力、马木提江·阿巴拜克热、张旸、西日艾·买买提、居麦喀日·麦麦提、吐尔孙阿依·依比布拉、居麦喀日·麦麦提、阿卜杜艾则孜·奥布力、:热依木阿吉·亚克甫、努尔曼古丽·阿卜杜克热木、马凯、马凯、麦丽开·麦提斯迪克、胡立军、热依玛汗·热西丁、帕力旦木·阿西木、帕力旦木·阿西木	
			赵伟忠、赵彦明、朱春花、蔡钰、吾尔尼沙·依明尼牙孜、吕国梁、康俊佐		
山东大学		谢去病	王群	浦实、陈寿万、邓建、李慧、方仁洪、胡启鹏、李斯文、刘娟、庞锦毅、王金诚	
			司宗国	刘洋、杨中娟、张乐、李洪蕾、郑亚娟、黄飞、路鹏程、杨兴华、李春园、刘雨男、王英、巩雪、武敬、栗振洋	
			李世渊	商永辉、尹峰、邓维天、韩伟、黎明、张晓锋、李树清、张晓	
			金毅、邵凤兰		
			梁作堂	周姗姗、董辉、高建华、周剑、李润辉、徐庆华、周伟、冯兆斌、李媛、刘春秀、吴齐、李铁石、薛丽丽、周双勇、李防震、陈晔、宋玉坤、牟宗刚、胡孝斌、宋军、李璇、李海峰、陈龙、郑杜鑫、杨卫华、陈开宝、张子睿、贾慧、王瑞芹、朱伟、徐统业	

续表

单位	第一代	第二代	第三代	第四代	第五代
吉林大学		吴式枢	董宇兵	冯庆国、刘健、何军、孙保东、吕齐放、梁翠英、李明涛、陈殿勇	
			孙慧斌、傅满正、曾国模、崔田、石端文、叶红星、张碧星、伍先运、刘刚、陈晓东、邸铁钢、吕品、陈佐群、李蕴才、赵树人、丁惠明、赵同军、张海霞、陈超、许春青、王丹、王世宽		
		苏君辰	陈建兴		
			田丁、陈佐群、王海军、陈建兴、杨辉、陈隽乔、曹英晖、衣学喜、吴向尧、单连友、李长武、周肇俊、杨易、董宇兵、金洪英(见前)、郑福厚		
北京工业大学		谢诒成	荆坚、廖帮全、熊立		
中国科学院理论物理研究所		郭汉英	常哲	罗旭东、黄新兵、关成波、陈绍霞、张鑫、郑映鸿、王平、周勇、赵东、赵志超、桑语	
			阎宏、鞠国兴、张伟、张明亮、费少明、蔡钰、杨光参、刘润球、张军、戴建辉、李建明、胡红亮、罗旭东、李玉奇		

16.3.2 中国理论粒子物理学家的学术谱系结构与代际关系分析

在理论粒子学术谱系表中,第一代中国理论粒子物理学家共有 4 位,即张宗燧、彭桓武、胡宁与朱洪元。他们年纪相当,学术经历相近,只是起步早晚不同。虽然在他们之前,中国已有夏元瑮、周培源、王守竞、吴大猷等著名的理论物理学家,但就理论粒子物理与量子场论研究而言,这些前辈大家未有涉足者。而自张宗燧等人先后归国之后,该领域的教学与研究逐步得到开展。在中华人民共和国成立之后的短短十余年间,理论粒子物理与量子场论已得到蓬勃发展。肇始之功,非此四位莫属。虽然与他们同时代的马仕俊亦为该领域内的翘楚,但因其长期旅居国外,在国内未能产生重要影响,因而我们未将其作为本书讨论的重点。

表 16.4 中的第二代理论粒子物理学家基本上都成长于"文革"前,其中大部分为第一代人物的嫡传弟子,由他们的老师亲手培养成才。其余部分又可分为两类:一类如张礼、段一士,于 20 世纪 50 年代中后期留学归国,在国内粒子理论研究已渐成气候的时候,分别于清华大学、兰州大学自成体系,展开研究工作;另一类如李华钟、郭硕鸿、李文铸等人,未出国门,在第一代学者的影响、带动下,分别于中山大学、浙江大学展开粒子理论研究工作。"文革"结束之后,张宗燧已逝,彭桓武离开了粒子理论研究领域,朱洪元致力于高能加速器研制的调研与论证,尤其是他们皆已过花甲之年,早已过了做理论研究的黄金岁月。因而,由第一代人物在"文革"后直接培养的第二代人物为数不多。

第三代中国理论粒子物理学家几乎无一例外地成长于"文革"后。在理论研究复苏之后,第二代人物的科研与人才培养工作得到蓬勃发展。他们从年富力强之时开始奋力工作,以"恶补"在"文革"期间失去的青春,直至耄耋之年。在科研成果之外,他们也培养了大批弟子,因而第三代人物的年龄跨度相对较大。

自第三代以后,与高能实验物理学家类似,各代理论粒子物理学家的界限已日渐模糊,代际划分呈现出相对性。

16.4　理论粒子物理学术谱系的演变及其团队的近期发展

随着以张宗燧、彭桓武、胡宁、朱洪元为核心的中国理论粒子物理学家四大学术谱系的发展,其他一些实力强劲的理论粒子物理学术谱系也不断建立并发展壮大。全国的理论粒子物理学术谱系交织在一起,呈现出新的局面。各理论粒子物理研究团队展现出百花齐放的盛况。

16.4.1　"改革开放"前后理论粒子学术谱系发展所受的不同影响与变化

在层子模型创建之际,中国几支主要的理论粒子物理谱系已发展到了一个空前繁盛的状态。但在"文革"期间,国内理论粒子谱系停滞不前,直到20世纪70年代才有所改观。

随着中国科学院原子能所、数学所与北京大学几个单位在几位宗师的领导下开展起理论粒子物理研究,中山大学、中国科学技术大学、兰州大学、西北大学、四川大学等部分高校的理论粒子物理研究也渐成气候。这主要得益于张宗燧、朱洪元等先前在北京师范大学、北京大学、山东大学等校所举办的理论物理进修班对量子场论和基本粒子理论知识的普及。尤其值得一提的是,杨振宁于20世纪70年代多次来华,一时间掀起了国内规范场研究的高潮,理论粒子物理学家学术谱系首次在全国范围内得到了扩张(如图16.4所示)。虽然这在"理论粒子谱系表"中并无直接体现,但毫无无疑,这次高潮对非"国家队"理论研究谱系的发展起到了极为重要的促进作用。

1978年,中国科学院理论物理研究所正式成立。这对于理论粒子物理学家学术谱系的独立发展亦起到了重要的促进作用。因彭桓武参与核武器研制、张宗燧的故去而影响发展的2支学术谱系,在理论物理所这个平台得到了延续与发展。但相对于高能所的朱洪元与北大的胡宁2支学术谱系的"人丁兴旺",则稍显迟缓。

1980年召开的广州粒子物理理论讨论会为国内外从事粒子理论研究的华裔物理学家提供了一个深入讨论的机会,也促进了物理学家们对彼此工作的相互了解,初步建立起个人的友谊和合作关系,打开了一定的国际交流渠道。之后不久便出现了中国粒子物理学家出国访问交流的第一次高潮,许多人作为访问学者到国外的高等学校或研究机构进行了较长时间的合作访问。此后的中国理论粒子物理研究完全融入了世界粒子物理研究的大潮,我国理论粒子物理学家谱系因此再难以表现出鲜明的本国特色。[326]

在我国理论粒子物理学家学术谱系的形成与发展中,也存在着若干波折与变异。彭桓

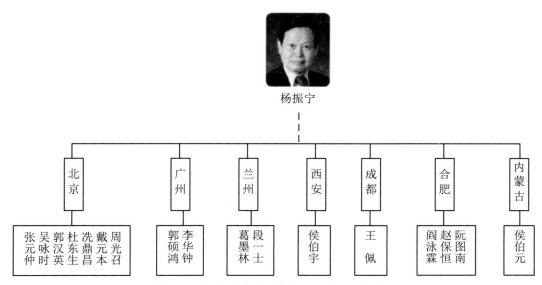

图 16.4　杨振宁在国内发起的规范场研究队伍

武因投身核武器研制而导致其粒子物理理论研究谱系的弱化,后来将其谱系延续下去的乃是其早期弟子周光召。可以说,其粒子理论研究的学术谱系几近中断。其他学术谱系变异的例子也并不罕见。一个杰出学者的学术谱系当然主要由其优秀的弟子传承下去。但不可避免的,弟子的学术兴趣与研究方向也会发生转变。如胡宁的弟子刘连寿、杨国桢都曾参加"层子模型"的研究工作。刘连寿在研究生毕业后到华中师范学院(大学)工作,仍从事基本粒子理论研究,且自成体系,培养了一批粒子物理研究人才。但自 20 世纪 80 年代从德国访问归来后,他便着手筹建高能核乳胶研究室,并加入欧、美高能物理实验国际合作组。自此,他所领导的团队转向理论与实验相结合的研究。而杨国桢在研究生毕业后不久就被分配到了中国科学院物理研究所工作,可能是受该所学术环境的影响,他改行从事光学研究,彻底离开了理论粒子物理领域。朱洪元的弟子冼鼎昌长期在老师的指导下从事粒子理论研究。但自北京正负电子对撞机被确定为"一机两用"、兼顾到同步辐射应用研究之后,冼鼎昌就将其研究方向转向了同步辐射,此后较少涉足粒子理论领域。

16.4.2　中国理论粒子物理学家群体的近期发展

经过半个多世纪的发展,我国理论粒子物理学家学术谱系中的第一代皆已故去,自第二代起,共有四代并存于当世。但与高能实验物理学家谱系类似,代的划分也日益模糊。如段一士从 1958 年起到兰州大学工作至今,1959 年开始招收、培养研究生,半个多世纪培养研究生 70 余人。其早年的弟子葛墨林,以及葛墨林的弟子孙昌璞,都已是中国科学院院士,且各自传道授业,桃李满园。显然,段一士谱系传承中的代际关系已难以区分。

我国的理论粒子物理研究队伍广泛分布于全国各地科研院所、高等院校,呈遍地开花的状况。作为国立科研机构,中国科学院高能物理研究所与理论物理研究所研究实力相对雄厚,起着一定的引领与导向作用。其他研究单位呈遍地开花的状况,其研究队伍的学术根源主要有二:其一来自张宗燧、胡宁、朱洪元等学术谱系的分支,如中国科学技术大学、中国科学院大学主要分自朱洪元谱系,华中师范大学分自胡宁谱系,国防科学技术大学分自张宗燧谱系,西北大学分自张宗燧谱系与胡宁谱系;其二,如前述,主要得益于张宗燧、朱洪元、胡宁先前在北京师范大学、北京大学、山东大学等校所举办的理论物理进修班对量子场论及基本粒子理论知识的普及。

各高校的理论粒子物理教学、研究各有特色。北京大学由于胡宁等老一辈粒子物理学家的垂范及赵光达等人的努力,奠定了雄厚的粒子理论研究基础。中国科学技术大学依托科学院,"所系结合",也具有得天独厚的优势。其他一些高等院校在粒子物理方面亦有各具特色的教学、研究工作,且或多或少地各有其学术带头人。但从整体的学术氛围而论,有些高校在粒子物理研究方面可能只是少数人孤军作战,而难以在一定范围内形成气候。

小　　结

通过对中国理论粒子物理学家学术谱系的历史的考察,可以得出以下认识:

① 中国理论粒子物理学家的学术谱系主要由张宗燧、彭桓武、胡宁、朱洪元发端。这四位第一代亚原子物理学家可称为中国理论粒子物理学界的"四大宗师"。他们皆由国外留学归来,而中国理论粒子物理学家学术谱系的源头也来自国外。受教于福勒、玻恩、爱泼斯坦、布莱克特等物理学大师,又受到玻尔、泡利、狄拉克、薛定谔、费曼等人的影响,使得"四大宗师"在国外做出了优秀的科研成果,即便在他们回国之后仍然能够在一段时间内继续以前的工作。

② 本土理论粒子物理学家学术团队由"四大宗师"分别在中国科学院原子能所、数学所与北京大学等学术机构组建。层子模型的工作,加强了几个团体的交流、合作,几支学术谱系都获得了重要的发展,同时也产生了一定的交叉与融合。

③ 与高能实验物理学家学术谱系顶端第一代学者云集的状况有所不同,中国理论粒子物理学家学术谱系主要是由张宗燧、彭桓武、胡宁、朱洪元为核心建立起来的。谱系的构型总体上以链式为主。而与高能实验物理学家学术谱系类似的是,在第三代以后,各代理论粒子物理学家的界限已日渐模糊,代际划分呈现出相对性。

④ "改革开放"之后,中国理论粒子物理学家学术谱系呈现出蓬勃向上的发展势头,与国际接轨,参与学术前沿工作是最主要的因素。中国科学院高能物理研究所与理论物理研究所起着一定的引领与导向作用;其他研究单位的学术根源主要有二,其一是来自张宗燧、胡宁、朱洪元等学术谱系的分支,其二主要得益于张宗燧、朱洪元、胡宁先前在北京师范大学、北京大学、山东大学等校所举办的理论物理进修班对量子场论及基本粒子理论知识的普及。

第17章　中国理论粒子物理学的学术传统

与高能实验物理类似,根据前文对中国理论粒子物理学家学术谱系的历史论述,本章将从研究传统与精神传统两个层面讨论我国理论粒子物理学家的学术传统。

17.1　中国理论粒子物理学家的研究传统

中华人民共和国成立之初的粒子物理理论研究以张宗燧、彭桓武、胡宁、朱洪元为核心。这"四大宗师"学术风格各异,其学术谱系也各有特点。

张宗燧的研究工作集中在统计物理和量子场论两个领域,分别做出了出色的研究工作,并培养了一批弟子。由于他招收弟子较为严格,加之于1969年不幸离世,仅就量子场论方面而言,张宗燧的弟子数量相对有限,以戴元本和侯伯宇为代表。他们分别以中国科学院数学研究所(理论物理所)与西北大学为根据地,形成了两支较有影响的研究队伍(如图17.1所示),但其研究方向、特色与张宗燧有所不同。

彭桓武因投身于核武器的研制,所培养的从事粒子理论方面研究的人才并不多,其中以具有类似经历的周光召为代表(如图17.2所示)。但需要指出的是:彭桓武、周光召二人的量子场论研究在时间上相差了约10年,其研究内容与风格也有所不同,因而其研究传统的承继也不甚明显。在周光召的弟子中,吴岳良"出师"后赴海外多年,其研究方向已有所改变;而另一主要弟子吴可则为数学专业出身,其研究也偏重数学,与侧重物理的周光召亦有所不同。

胡宁在科学研究中强调要选择有重要物理意义的工作,要有自己的独创性,不盲目跟着别人走。他因强调所研究问题的物理意义而不喜运用群论一类的数学工具。但他这个特点并未得到完全的传承,如其弟子宋行长就比较偏好物理中的数学问题。胡宁一生培养了二十多个研究生,多是各单位理论粒子物理研究的带头人。虽未攻读研究生,但经他直接指导过的学生与青年教师中也不乏出类拔萃者,赵光达、高崇寿就是其中的杰出代表(如图17.3所示)。而高崇寿早年曾在周光召的指导下从事场论和粒子理论研究,"文革"后仍有合作,所以他的研究风格已与胡宁不同。

朱洪元以其在学术问题上一丝不苟的"严格、严密、严谨"的学风而著称。凡是他亲自指导的工作,他不仅从命题、立意上亲自把关,而且在方法的选择、计算正确性的验证方面,都事必躬亲。他多次为弟子们核算计算结果是否正确,所引用的科学实验数据是否切实可行。这在后辈学者中广为流传,甚至有人称"朱先生没错过"。朱洪元培养和指导了一大批粒子理论工作者(如图17.4所示),在国内理论粒子物理学界的影响广泛而深远,且其后代弟子的研究领域与方向较之前已有很大发展。

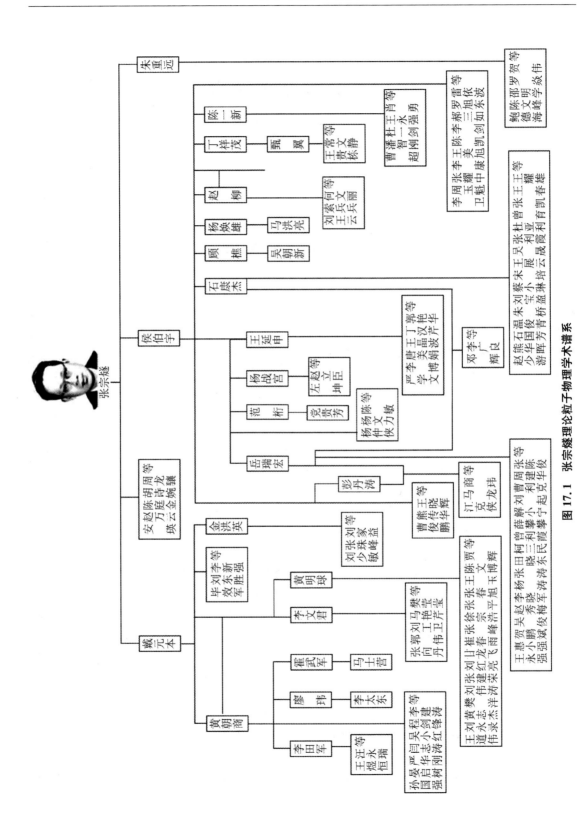

图 17.1 张宗燧理论粒子物理学术谱系

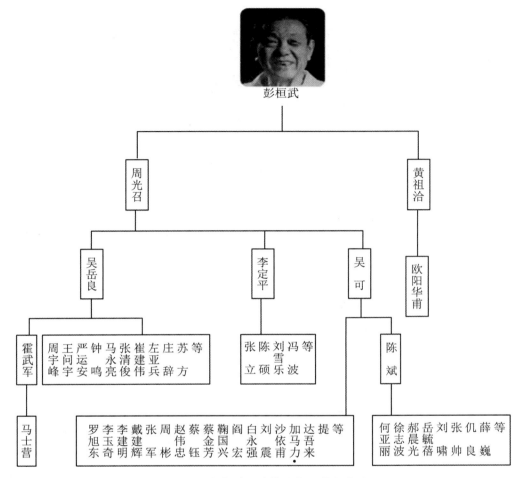

图 17.2　彭桓武理论粒子物理学术谱系

在中国理论粒子物理"四大宗师"中,除彭桓武外,其他三位都曾参与"层子模型"研究的"北京基本粒子理论组"中。后来,胡宁与朱洪元两支学术谱系迅速发展、壮大,而张宗燧的学术谱系具有其特殊性。以下分别以张宗燧谱系与朱洪元谱系为例来分析中国理论粒子物理学家的研究传统。

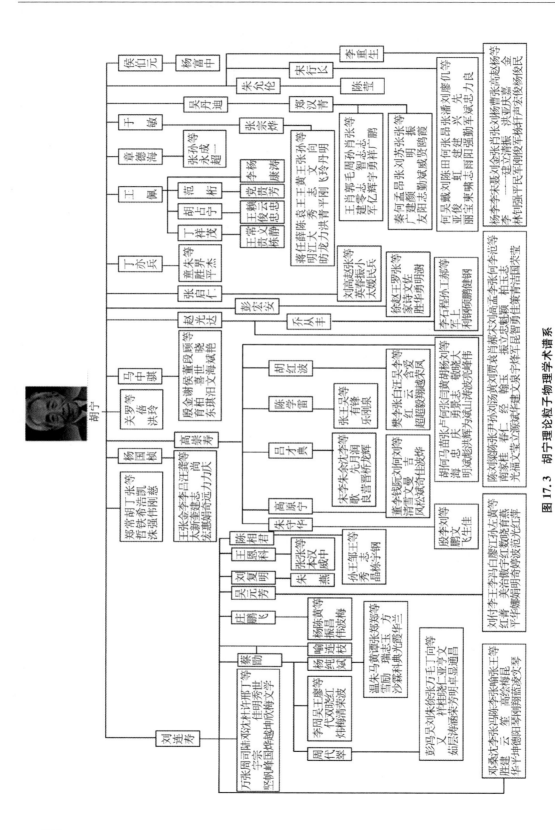

图 17.3 胡宁理论粒子物理学术谱系

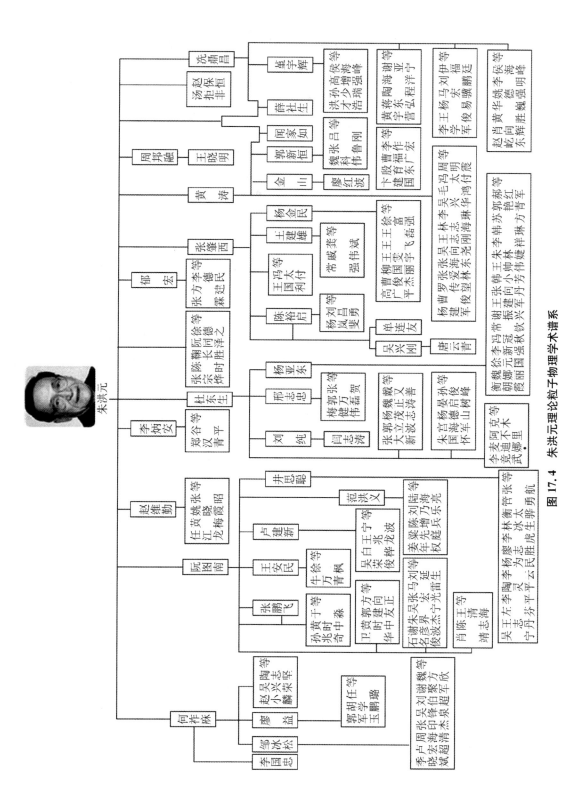

图 17.4　朱洪元理论粒子物理学术谱系

17.1.1　张宗燧学术谱系研究传统分析

相比彭桓武、胡宁与朱洪元,张宗燧在理论粒子物理与量子场论研究中是"出道"最早的。但令人叹息的是,他所培养的弟子不多,其学术谱系别具特色。

1. 张宗燧的粒子物理与量子场论研究

张宗燧在物理学上的主要贡献集中于统计物理与量子场论两个领域。从公开史料来看,张宗燧步入量子场论研究领域,主要受到玻尔的影响。1938 年张宗燧获得博士学位后,其导师福勒向玻尔推荐张宗燧到哥本哈根从事研究工作。在玻尔表示欢迎后,张宗燧致信玻尔表示感谢,并询问自己前往哥本哈根之前应该具备何种预备知识。玻尔在回信中明确表示:"我们现在对原子核问题特别感兴趣。"还特别提到"莫勒(C. Moller)与罗森菲尔德(L. Rosenfeld)正在此研究与新基本粒子的发现有关的核力问题"。到达哥本哈根后,张宗燧开始了量子场论的研究。他在量子场论形式体系的建立,特别是在高阶微商、约束系统的场论方面做了很多重要工作。1939 年 1 月,玻尔在一封推荐信中提到,张宗燧在哥本哈根的半年来,显示了很高的科学才能和人品。除完成原先在剑桥开始的有关统计力学问题的研究外,他还在莫勒教授指导下,研究了核理论新近发展中所提出的各种问题,特别是有关 β 射线蜕变现象。玻尔还预言张宗燧对理论物理问题的热忱和敏锐的洞察力将为他未来的科学活动带来巨大的期望。[327] 在张宗燧回国后,玻尔也曾来信表达他对张宗燧研究工作的极大兴趣。

从与玻尔的通信中,可以看出张宗燧对理论研究的偏好。他曾明确表示不愿在玻尔的研究所从事实验研究。而在理论研究中,张宗燧又有明显的数学倾向。他当初报考庚款留学时选择的就是数学专业,赴剑桥大学就读的也是数学系。除导师福勒与玻尔外,张宗燧还受到泡利与狄拉克的学术影响。这种影响开始于他们在哥本哈根时的愉快交往。1939 年,张宗燧赴瑞士苏黎世联邦工学院,在泡利身边工作,于同年秋回国。抗日战争开始后,张宗燧受李约瑟(J. Needham)推荐,再次赴英国剑桥大学工作,并在狄拉克的支持下,在该校开设了量子场论课程;此后又在狄拉克的推荐下到普林斯顿高等研究所做短期研究。张宗燧的一项特别突出的工作——首次给出有约束的哈密顿系统的量子化方案,就是在狄拉克的推荐下发表的。[328]

在国外的学习、研究经历,奠定了张宗燧此后研究工作的风格与特色。正如其妹张宗烨所言:"玻尔研究所的自由学术气氛,诸多大师的指导和合作,使他的学术水准升华;而狄拉克方程的美丽简洁,午茶时无拘束的讨论,是他经常的回忆,这段在丹麦和瑞士的美好时光,使他终生难忘。"

1948 年以后,张宗燧开始进行重整化理论的研究。他扩充了 Weiss 理论中的波动方程,证明了对易关系的相对论不变性,使相互作用表象理论得到更普遍的应用。1952 年以后,张宗燧转入非定域问题的研究,比较了两种含有高阶微商的量子场论。此外,他还在洛伦兹群的表示方面进行了研究。其研究特点为:数学技巧强,善于应用数学解析物理理论问题。在物理研究中,他主张多做群论和对称性的工作,其研究成果中数学计算和表达都相当"清楚、干脆、可靠",结论简明准确。[329]

张宗燧在数学研究所主持理论物理研究室工作期间,带领全室人员,在量子场论方面主要进行了微扰展开的解析性和色散关系等方面的研究。[330]1958 年后,张宗燧在《物理学报》《中国科学》(英文版)上发表了如表 17.1 所示的 14 篇关于量子场论方面的研究论文。

表 17.1　张宗燧发表的部分论文

序号	年度	论　文
1	1958	《含有高次微商的量子理论》
2		《作用表示波动方程中与面有关项》
3		《关於展开子》
4		《色散关系的简单证明》
5		《关于 Chew-Low 理论》
6	1960	《Remarks on Chew-Low Equations》
7	1961	《微扰展开的解析性》
8		《交换子的积分表示》
9	1962	《微扰论与解析性》
10	1964	《梯形图的渐近行为》
11		《具有交叉对称的李模型下的非弹性振幅》
12	1965	《在微扰论中的 Regge 割线》
13		《关于微扰论振幅的奇异性》
14		《李模型中极点的运动》

上述工作,除第 10 篇论文提到该文由中山大学郭硕鸿启发,第 13 篇论文中部分内容取自作者在中国科学技术大学指导的学生(吴中发、鞠长胜)的毕业论文外,其余文章皆由张宗燧独立完成。也就是说,在数学所,张宗燧未曾与他所领导的理论物理研究室成员有过量子场论方面的合作。在其研究生及所内年轻研究人员的论文中也未曾发现有对张宗燧研究工作的引用,仅有一篇在文尾"对张宗燧老师的帮助表示深切感谢"[331]。据戴元本回忆,张宗燧在量子场论方面注重研究基本理论形式的问题,譬如一个高阶微分或有约束条件的场论,如何量子化,如何写成哈密顿形式,是他的特长。他比较喜欢数学推导。但张宗燧并未要求其弟子们也跟随他做这样的工作。他对弟子的指导形式主要为"在所里做一些报告,主持一些讨论班"①。

值得一提的是,在第 7、第 12 篇论文中,张宗燧两次对戴元本"所进行的讨论及帮助"致以谢意。

2. 张宗燧学术谱系中的第二代

张宗燧共招收过 4 个研究生,其中于敏后来转入胡宁门下,戴元本多与朱洪元合作,更年轻的弟子及团队中年轻的研究人员受到戴元本的影响相对较多。

戴元本 1952 年毕业于南京大学物理系后,任教于南京工学院。这一时期,他对新兴的

---

① 节选自笔者 2012 年 4 月 12 日戴元本院士接受笔者访谈时的电话录音材料。

粒子物理学产生了浓厚的兴趣。1956 年,他撰写了一篇用 Bethe-Salpeter(简写为 B-S)方程研究 π-N 散射的论文,受到审稿人朱洪元的鼓励。[332] 1958 年,戴元本考入张宗燧门下读研究生,时年 30 岁。毕业后,他留所工作,旋即被批准为"能够培养研究生的研究人员"[333]。1963 年,侯伯宇、朱重远成为他的师弟。

1958—1963 年间,戴元本先在张宗燧的鼓励下,与朱洪元(及其弟子何祚庥、冼鼎昌)合作进行了质子俘获 μ 介子的研究;后与周光召合作进行了介子-核子散射研究;还独自进行了弱作用对轻子电磁性质影响及介子衰变问题的研究;之后与数学所张历宁、安瑛、陈庭金、陈时等年轻同事合作进行了介子的衰变与辐射俘获、复合模型、高能核子-核子散射等方面的研究。

戴元本受张宗燧研究风格的熏陶,同时又受朱洪元学术思想的影响,因而能兼收并蓄。上述合作与独立研究的方向,与他此前的研究兴趣基本一致,而与其导师张宗燧的研究方向则显著有别。

1963—1964 年间,戴元本投入当时国际粒子物理学界的一个研究热点——Regge 极点的探讨。他研究了奇异位势和非定域位势的 Regge 极点,指出在高奇异位势下由于 Regge 极点的分布不同导致散射振幅有与通常理论不同的高能渐近行为。这些研究对学界关于 Regge 行为的深入了解起到了积极作用,产生了重要影响。此时,戴元本已成长为一位成熟的理论粒子物理学家,他"重视对热点问题作深入的了解,但不人云亦云。他注重研究问题的物理意义,但不害怕去研究数学上较困难的课题,形成了自己的研究风格"[332]。

这一时期,戴元本对同室的师弟与年轻研究人员的科研工作也发挥了积极的引领作用。用朱重远的话说:"名分上他(戴元本)是我的师兄,实际上亦师亦友。"[332] 如周龙骧,除与戴元本进行合作研究之外,在与其他人合作的论文中也不止一次表达对戴元本的谢意,因为"从题目的建议一直到工作中很多具体的讨论他都给了我们很多帮助"[334]。周龙骧还在戴元本关于奇异位势研究的基础上做了进一步探讨,并继续此研究达 10 年之久。[335-337]

侯伯宇与戴元本有相似之处,攻读研究生之前,他是西安矿业学院物理系教师。自 20 世纪 50 年代后期,侯伯宇就致力于群论在物理学中应用的研究。在量子场论方面,他曾在《物理学报》上发表过《局部坐标系中的旋量球函数及算子》《Green 函数及 δ 函数的三方向球函数展开式》《散射矩阵的角分布不变变换群》等研究论文。1963 年,33 岁的侯伯宇以"数学 100 分、物理 99 分的优异成绩"考取研究生,师从张宗燧,继续从事经典规范场理论研究。虽然侯伯宇所从事的数学物理研究与其师有相近之处,但其课题为个人选定,非由张宗燧相传。在读研期间,他基本上是一个独行者,仅见其在一篇文章的结尾对导师的指导与支持表示了感谢[338],而对导师的学术论著并无参照与引用。侯伯宇毕业后亦留所工作。

张宗燧的另一位研究生朱重远与侯伯宇同届,入学前,他刚由兰州大学物理系毕业,与该校教师段一士曾合作过一篇利用色散关系讨论介子衰变的论文。进数学所攻读研究生后,他与其他年轻研究人员一样,在科研上受到大师兄戴元本的影响。毕业后,朱重远也留所工作。

"文革"前,张宗燧带队参加"北京基本粒子理论组"讨论,但并未参与"层子模型"的具体研究工作。据戴元本回忆,最早两次关于层子模型的讨论会参加者仅有 4 人:原子能所的朱洪元与其学术团队中的何祚庥、汪容,以及与他们早有合作的数学所的戴元本,后来才逐渐扩大到 3 个单位的多位学者参加。作为"层子模型"合作研究的主要带头人和主要贡献者之一,戴元本在层子模型的计算方法和一些物理过程的研究方面做出了重要贡献,并对层子模型中的强子内部波函数和层子间相互作用的性质做了详细探讨。侯伯宇参与了其中对称性的研究,朱重远则参与了其中波函数与位势的旋量等方面的研究,数学所安瑛、赵万云、陈庭金、胡诗婉、周龙骧等人也都或多或少地参加了研究工作。而张宗燧对"层子模型"心存疑虑,认为其中有问题,但却未曾具体说出什么地方不对,问题出在哪里。何祚庥认为:"因为他一直认为基本粒子有结构的观念和狭义相对论有矛盾。"[162]在这种情况下,戴元本在数学所的团队中发挥了重要作用。1982 年,3 个单位因"层子模型"研究获得国家自然科学二等奖,起主要作用的 4 位获奖人为朱洪元、胡宁、何祚庥、戴元本。

张宗燧于 1969 年去世。之后戴元本、朱重远等人参加了中国科学院革命委员会领导的相对论批判组(后来成为物理研究所①第 13 室),侯伯宇则于 1973 年调到西北大学任教。曾参与"层子模型"研究的陈庭金、周龙骧等后来离开了粒子物理研究领域。1972 年后,美国粒子物理学家戈德伯格(M. L. Goldberger)及杨振宁来华访问时,交流了国际上关于弱电统一理论及规范场研究的进展,在国内引起了反响。如前述,我国的粒子理论研究得到了复兴,各地的理论工作者陆续参与了规范场研究,其中影响较大的就有戴元本、侯伯宇。戴元本与吴咏时合作开展了规范场在粒子理论中应用的研究,计算了高阶微扰 QCD;已身处西安的侯伯宇与其母校的段一士、葛墨林合作完成了希格斯场的拓扑性质和规范场的拓扑学微分几何的分析。该研究于 1982 年获国家自然科学三等奖。

1978 年后,戴元本、朱重远等调入新成立的理论物理研究所。是年,我国恢复研究生培养制度,戴元本、侯伯宇分别于理论物理所、西北大学招收理论物理研究生。张宗燧门下的第三代人物开始登场。1981 年,戴元本的弟子黄朝商,侯伯宇的弟子石康杰分别获得博士、硕士学位。此后,戴元本在手征对称性动力学自发破缺的计算方法、含有一个重夸克的重强子(包括高角动量态)束缚态波函数、量子色动力学求和规则、中微子振荡中的 CP/T 破坏等方面做出了一系列独创性的工作,并陆续又招收、培养了五六位博士生。而侯伯宇此后在近代场论与统计模型中的对称性、可积性、拓扑性行为等国际前沿领域内,率先发现了 SU(2)单极可约化拓扑性,完全可积场的几个系列的无穷多守恒流的产生算子(国际同行称之为"H 变换""Hou-Li 变换")等规律,并运用它继续做出了一系列系统的研究成果。他长期工作于西北大学,自成体系,培养了 40 余名研究生。戴元本、朱重远如此评价他:"侯伯宇为我国理论物理队伍培养了一大批人才,特别是对于得到广泛认可的我国理论物理'西北军'的形成,做出了重大贡献。"[339]

从张宗燧,到以戴元本、侯伯宇为代表的张门弟子,如前所述,其工作领域与研究风格都迥然各异。在这两代人之间,我们并未发现有明显得以传承的研究传统存在。究其原因,虽然我国曾一度处于"与世隔绝"的封闭状态,但由于张宗燧、胡宁、朱洪元等几位第一代的领军人物之间积极进行学术交流,国内粒子物理的研究气氛较为活跃,各学术团队之间少有门第之见,因而才会出现戴元本较多地受到朱洪元的学术影响的现象。在同一师门之内,第二代的众弟子选题相对自主,合作研究也相对自由。如戴元本与侯伯宇的科研工作就基本上没有受到导师张宗燧的约束。在这种氛围之下,师生之间在研究领域与方向、研究技巧与方法、研究风格与特色等方面缺乏"一脉相承"传袭的必然性。

---

① 　此物理研究所为原应用物理研究所 1958 年更名。

3. 张宗燧学术谱系中的第三代

在张宗燧学术谱系的第三代中,黄朝商、石康杰与他们的导师戴元本、侯伯宇有一些相似之处。入师门前,他们都在高校工作,有若干年的教学、科研经历。黄朝商原为北大胡宁团队中的一名青年助教,参与"层子模型"研究时,就曾与戴元本合作发表过一篇关于介子电磁衰变和轻子型弱衰变的研究论文。他在 39 岁时成为戴元本的博士生,此前在北大已有 14 年的工作经历。在博士毕业后,黄朝商留在理论物理所工作。与戴元本类似,其学术活动有兼收并蓄的特点。黄朝商主要从事微扰 QCD、手征对称性自发破缺、电弱对称性动力学破缺和重夸克有效场论等多个领域的研究。此外,其研究方向还包括了弦理论和二维共形场论,未局限于其导师的研究领域。而石康杰亦为北大校友,毕业后于重庆交通学院任教,14 年后考取侯伯宇的研究生,毕业后又赴美攻读博士学位,1987 年回国后到西北大学任教,主要致力于量子力学、量子群共形场、可解模型统计等方面的研究。

黄朝商研究范围广泛,著述颇丰,与其导师戴元本合作发表过多篇研究论文,在 QCD 框架下运用协变的 B-S 形式对手征对称性自发破缺和 Goldstone 玻色子的性质以及重介子物理进行了研究,并将这一方法用于研究电弱对称性破缺,提出了可由 top 夸克凝聚模型得到不与实验矛盾的 top 夸克质量的方案。此外,他还与多位同行进行过合作研究,合作者包括胡宁门下的其旧时同事,如北京大学的赵光达、赵志咏,中国科学院研究生院的丁亦兵等;也包括高能所朱洪元的弟子杜东生、再传弟子刘纯;其理论物理所的师弟金洪英等。

在与他人的合作研究中,黄朝商发展了把重介子 B-S 方程按 1/M 展开的方法,得到了任意自旋、宇称态的 B-S 波函数在领头阶和次领头阶的普遍形式;发展了寻找重夸克有效理论高阶修正中的形状因子之间的关系的方法,这对重夸克有效理论及其应用很有意义。在弦理论和二维共形场论的研究中,他首先提出了群流形上的扭超弦模型,首次揭示了对于非阿贝尔群有零质量费米子的可能性,最先开始了高亏格黎曼面上扩充共形场论的研究,推导了扩充 KN 代数,证明了自旋 3 算符的乘积以及它与能量动量的乘积的奇异性和亏格无关,建立了高亏格黎曼面上群流形弦理论的整体算符形式,给出了超 KN 流代数并建立了它与超 KN 代数的联系,导出了环面上 W_3 和 W_∞ 扩充共形场论的瓦德恒等式以及关联函数所满足的微分方程,对于 $N=1$ 超共形场论,给出了得到 nullvectors 的一般表达式的一种完全和直接的方法,导出了 Kac-Moody 代数的特征标所满足的微分方程,用解析方法证明了 Weyl-Kac 特征标公式。这些研究成果对弦理论、二维量子场论以及数学物理的发展都有一定的意义。[340]

除了与导师戴元本合作的研究论文之外,在黄朝商个人及与其他人合作的论文中,鲜有对其师工作的引用,除非他本人曾参与该工作。如戴元本所言:"黄朝商跟我还有些不同……他后来在我没有工作过的一些方面也做了一些工作。"①

从谱系表中看,在侯伯宇的门下弟子中,石康杰的地位相当于黄朝商在戴元本门下的地位。在培养研究生的数量方面,石康杰比侯伯宇相差不多。尤其是,侯伯宇门下的几位重要弟子都是与石康杰共同指导的。可以说,除领军人侯伯宇外,石康杰算得上是"西北军"中最重要的人物之一。

在国外攻读博士期间,石康杰将经典动力学中的 KAM 定理推广到量子力学领域,在学

---

① 节选自笔者 2012 年 4 月 12 日戴元本院士接受笔者访谈时的电话录音材料。

界引起了一定的反响。回国后,他先证实了共形场所具有的量子群对称性,又从量子群的推广即椭圆函数格点模型的研究中找到了量子群与 Sklyanin 代数的确切关系等。他还与国外的博士生导师张绍进共同研究了椭圆台球系统和庞赛勒定理。

由"中国期刊全文数据库"等检索结果可以看到,以石康杰(Kang-jie Shi)为作者的中英文论文计有百余篇。其中,以石康杰为第一作者的论文有十余篇。在与他人合作的诸多论文中,作者包含其导师侯伯宇的约占半数,其余合作者多为其指导的研究生。而侯伯宇直至2010 年去世前(时年 80 岁),一直活跃在科研前线。在科研生命力旺盛的导师身边,石康杰这位优秀的"海归"在教学、科研方面发挥了重要的辅助作用。

第二、第三代学者在初入师门研修量子场论与粒子物理的时间上有显著的差距:两代学者分别处于"文革"前后,因而第三代学者的年龄范围较广。黄朝商与石康杰在 20 世纪 70年代末皆已人到中年,比他们的"师叔"朱重远还要年长。而他们的老师学术生命依然旺盛,在我国学位制度健全之后又培养了多位年轻的弟子。如 2007 年才获得博士学位的李新强,比其"师兄"黄朝商年轻了 40 岁!一概以"第三代"概括已未必合适。众弟子长幼悬殊,对学术传承本应影响无多。但有两个因素却不容忽略:年长者的学术经验与"改革开放"后日益广泛的学术交流。如黄朝商本为胡宁团队的一员,有着多年的研究经验,虽受导师戴元本的学术影响,仍有相当广泛的自主研究余地。另一方面,20 世纪六七十年代国际粒子物理发展日新月异。随着"改革开放"后对外交流的日渐广泛,许多第二代学者都从关注国际粒子物理学的发展及国际同行的工作而重新起步,由跟踪研究开始,力图赶超;第三代学者更是如此。如黄朝商在 80 年代多次到欧美进行学术访问;石康杰于 1981 年硕士毕业后赴美攻读博士学位,直至 1987 年回国。其他第三代学者也多有与他们相似的经历。与其说他们是第二代学者的学术传人,毋宁说他们是在第二代学者的带领下,向国际同行学习的追踪者。

4. 张宗燧学术谱系中的第四、第五代

在人数上,第四代远胜于前三代。这当然与"文革"中人才培养断层及中国学位制度的发展滞后不无关系。黄朝商、石康杰开始攻读研究生时,皆已年近不惑,如把他们称为"第 2.5代"可能更为合理(黄朝商本出自胡宁门下,将其列为第二代亦无不可)。

在黄朝商的弟子中,有些是由黄朝商与其导师戴元本共同指导的。据戴元本言,黄明球主要由他指导,而李文君主要由黄朝商指导。黄明球的研究方向在当初与戴元本合作之时就已确定,此后基本未变。黄明球、李文君分别任教于国防科技大学、河南师范大学,分别培养了一批理论粒子物理的研究生,是戴元本门下学术"传宗接代"的两支重要力量。

黄朝商的另一弟子李田军,硕士毕业后于 1995 年赴美,先后于得克萨斯农工大学、威斯康星大学、宾夕法尼亚大学、普林斯顿高等研究院、罗格斯大学从事基本粒子物理学习与研究,达 10 年之久,之后回国任理论物理研究所研究员。其研究兴趣包括加速器物理、超对称、大统一理论、超弦理论等多个方面。虽然其研究领域与其前辈有部分交叉、重叠之处,但从研究的方向、风格与兴趣而言,已关联不大。他近年所著研究论文及指导研究生所作学位论文与其学术"先祖"已相去甚远。

在侯伯宇与石康杰共同指导的多位研究生中,岳瑞宏是比较突出的一位。与黄明球、李文君相似,岳瑞宏在张门中可称之为"第 3.5 代"。而比起他与侯伯宇共同指导的彭丹涛及他与彭丹涛共同指导的学生而言,其所属代的混淆已不足为奇(如图 17.5 所示)。岳瑞宏于1991 年获得博士学位后,曾先后于中国科学院理论物理所、中国高等科学技术中心、美国加

利福尼亚大学、德国波恩大学、日本御茶水女子大学、美国佛罗里达州立大学、美国犹他大学任博士后与访问学者达 7 年之久。其研究范围包括弦论、量子场论、反常规范理论、共形场论、量子群与量子代数、可积模型的构造及求解、量子杂质等领域,在"西北军"的数学物理倾向之外,已有所拓展。

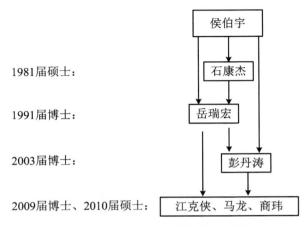

图 17.5　侯伯宇门下模糊的各"代"

由"中国期刊全文数据库"等检索结果统计可以看到,李田军自 2005 回国后,以第一作者身份在国内外学术期刊共发表研究论文 40 余篇,其中有一篇引用黄朝商的文章 1 次;此外,他还以第二作者跟黄朝商合作发表论文 2 篇。而岳瑞宏自 2002 年回国,10 年间,共与侯伯宇、石康杰合作发表论文 4 篇,以其为第一作者的论文中未曾发现有对侯伯宇、石康杰工作的引用。[1]

在张宗燧谱系的第五代中,尚未有成名的学者。攻读学位时,他们的论文方向基本与导师当时的研究方向一致。如李文君在获得博士学位后到河南师范大学任教,初时从事"τ 轻子稀有衰变、B 介子稀有衰变和新物理模型唯象研究"[2]。在此后几年中,她指导的研究生学位论文方向与此基本一致。

第四、第五代学者比起其前辈而言所处的时代更为开放。当今从事前沿研究的一流学者大多有在国外留学、访学的经历,在科技全球化的趋势下,交流更为广泛,视野更为开阔,已完全融入世界粒子物理学发展的大潮中。在他们身上,已难以找到其前辈研究传统的印记。

以上我们分别对张宗燧谱系中"戴元本—黄朝商—李田军""侯伯宇—石康杰—岳瑞宏"两个分支做了重点论述。这样的选择并非随意为之,主要基于两个方面的原因:① 所选择的人物在师门中学术成就非常突出;② 两个分支都长期坚守在各自的学术阵地(中国科学院理论物理所、西北大学)。也可以说,他们是师门具有代表性的传人。

名师出高徒,科学大师、著名科学家往往会对弟子产生较为深远的影响。但根据以上分析,我们可以看出,这种影响未必就表现为研究方向、技能与方法上的传承。张宗燧的学术成就在老一辈粒子物理学家中有口皆碑,其弟子、再传弟子中也人才辈出。但就研究领域、

① 本书中此类统计截至 2013 年。
② 此时李文君的研究方向与其博士论文《SO(10)超对称大统一模型下若干 B 介子稀有衰变的研究》方向一致。

风格与特点来说,几代相传后,张宗燧谱系的研究传统已显模糊。虽大体可以戴元本与侯伯宇为两种研究风格的代表,但其第四、第五代的研究工作与初时已相去甚远。可以说,基于张宗燧的学术谱系,并未形成一个持续传承的研究传统。个中缘由,既有学科发展的影响,也有研究兴趣的转移,更是学术交流的日益广泛与深入所致。

17.1.2　朱洪元学术谱系研究传统分析

中国理论粒子物理的"四大宗师"年龄相仿,最大的张宗燧与最小的朱洪元仅相差不到 2 岁,但他们在学术上的起步则相距甚远。朱洪元于 1945 年赴英攻读博士(如图 17.6 所示),而张宗燧则于 6 年前业已取得博士学位。但就个人对中国理论粒子物理发展的作用而言,在"四大宗师"中,朱洪元是毫不逊色于其他几位的。

图 17.6　1948 年,朱洪元与其导师 P. 布莱克特(右)、J. G. 威尔逊(左)合影

1. 朱洪元的粒子物理与量子场论研究

自 1950 年回国后,朱洪元一直工作于近物所(物理所、原子能所)与高能所,其间还曾兼职任教于中国科学技术大学。回国伊始,朱洪元即与彭桓武共同领导了近物所(物理所)的原子核物理及基本粒子的理论研究。彭桓武兼任理论物理研究室主任,朱洪元任副主任。在 1952—1962 年间,胡宁亦于近物所(物理所、原子能所)兼职[76],曾任副主任。这一时期,黄祖洽、于敏等一批理论研究的骨干得以成长,为后来我国的原子能事业的发展发挥了重要作用。1956 年后,理论物理研究室分为场论、核理论、反应堆理论、计算数学等四组,朱洪元兼任场论组组长,翌年接任理论研究室主任。1958 年,新更名的原子能所分设中关村一部与坨里二部,理论物理室搬迁到二部,而其中的场论组则于翌年全部赴苏联杜布纳联合所进行合作研究。朱洪元任高级研究员,并当选为该所学者会议成员,后于 1961 年回国。1962 年,包括彭桓武、于敏、邓稼先等在内的原子能所理论物理室部分人员转入核武器研究,基础研究部分则迁到一部,成立新的理论物理室。此后的 20 年间,包括以原子能所一部为基础的高能所成立之后,朱洪元一直担任理论物理研究室主任,长期领导着我国粒子物理理论研究"国家队"的研究工作。而朱洪元"更为重要的贡献,是他培育和指导了一大批粒子理论工作者,现在或曾经活跃在粒子理论领域的工作者,如何祚麻、戴元本、冼鼎昌、李文铸、汪容、陈中谟、阮图南、黄涛、张肇西、杜东生、李炳安、吴济民等,都先后在他领导下或指导下工作过,得到他多方面的指教。在其他领域里工作的理论物理工作者,如邓稼先、于敏、黄祖洽、金星南等老一辈的理论物理工作者,也都直接或间接地受到朱洪元教授的影响"[162]。

研究工作之余,朱洪元在粒子物理理论教育工作上也倾注了一定的精力。1957年,他在北京大学开设"量子场论"课,较系统地讲授这门前沿理论课程。1958年,在青岛举办的量子场论讲习班上,朱洪元与张宗燧又来自全国各高等院校和研究所的60多名学员讲授量子场论课,把听众从最基础的出发点带领到当时量子场论发展的最前沿。北大的课程和青岛的暑期讲习班,是粒子理论在全国范围内的第一次普及,造就了一代的粒子物理学家,影响极其深远。朱洪元的授课讲义后来整理成《量子场论》[341]一书出版,成为我国几代粒子物理工作者的主要教科书和研究工作参考书。中国科学技术大学成立不久,朱洪元就在原子核物理和原子核工程系(近代物理系)兼任教授、系副主任,讲授的课程有"量子力学""量子场论""群论"。朱洪元的治学严谨为粒子物理学界所公认,与此相应,他所授之课亦如他所著之书:结构严谨,逻辑严密,推导严格。朱洪元"四大研究生"之一、中国科大近代物理系毕业生张肇西,当初就是被其"群论"课的内容及其严谨的讲授风格所吸引而报考了他的研究生;另一位弟子李炳安则是"量子力学"课的课代表,同样被其渊博的学识与精彩的授课所吸引。

朱洪元在科学上的贡献可总结为以下几个方面:① 全面研究了高速荷电粒子在磁场中运动时所发出的电磁辐射的性质,阐明了"同步辐射"的原理;② 对利用色散关系和幺正条件建立低能强作用的理论问题进行了深入探讨,否定了美国物理学家 G.邱的方案;③ 对包含光子、电子、中子和原子核的高温高密度系统内部的运输过程、反应过程和流体力学过程等做了深入研究,取得了多项成果;④ 开辟了强子内部结构理论研究的新领域,提出了"层子模型"的基本思想,并率队完成了系列成果;⑤ 在北京正负电子对撞机的建造决策方案制定以及北京谱仪的物理目标的选定等过程中发挥了重要作用。[170]20 世纪 50 年代之后,朱洪元共发表研究论文 14 篇。[162,342]

得到朱洪元的学术传承,或受其学术影响的学者,大体可分为四类:一是何祚麻、冼鼎昌、阮图南等曾长期在朱洪元身边,在其指导下开始科研工作的学者;二是黄涛、张肇西、杜东生、李炳安、周邦融等朱洪元的研究生;三是汪容、戴元本、刘耀阳、高崇寿等与朱洪元虽无师生之名,却曾受朱洪元学术指导的学者;四是在北大、中国科大或青岛量子场论讲习班在朱洪元教授之下步入粒子物理之门的学者。理论粒子物理学术谱系表中主要体现了前二者,以下摘其要者论述之。

2. 朱洪元学术谱系中的第二代

自 1950 年回国,直到 1956 年,由于近物所(物理所)规模有限,且研究方向侧重于核物理,朱洪元在此阶段未能培养出此后在理论粒子物理学界产生重要影响的弟子。1956 年后,何祚麻、冼鼎昌、阮图南等才先后加入其研究队伍。

何祚麻自 1956 年开始粒子物理研究时,师从彭桓武。但仅半年后,彭桓武因承担核武器研究工作之故,将何祚麻托付于朱洪元代为指导。[343]1959 年,何祚麻随朱洪元领导的场论组赴苏联杜布纳联合所工作,直至 1960 年底回国。在 1961—1965 年间,何祚麻参加了氢弹理论预研究,1965 年回到粒子物理研究领域,重归朱洪元团队。

冼鼎昌 1956 年从北京大学物理系毕业之后,被分配到原子能所,师从朱洪元任实习研究员,1959 年随场论组赴苏联杜布纳联合所,任初级研究员,后于 1962 年后又赴丹麦尼尔斯·玻尔研究所从事博士后研究,1963 年返回杜布纳联合所任中级研究员,1964 年回国。此后长期在朱洪元身边工作。

阮图南 1958 年从北京大学物理系毕业后,也被分配到原子能所任实习研究员,至 1974 年 3 月调入中国科学技术大学近代物理系任教,其间亦受到朱洪元的指导。

同在 1958 年,刚攻读研究生的戴元本在导师张宗燧的鼓励下,开始与朱洪元及其弟子进行合作研究。

这一时期,何祚庥、冼鼎昌等跟随朱洪元,从事介子、超子衰变,介子在核子上的辐射俘获等弱相互作用过程研究,开始了他们的理论粒子物理研究生涯。可以说,何祚庥、冼鼎昌,以及戴元本等,在此阶段,都打下了相似的学术基础,完成了相近的学术积累。

1959—1961 年,朱洪元率场论组赴苏联。在杜布纳期间,虽然朱洪元与众弟子分在不同的组里,但经常讨论,跨组合作。[344]这一时期是何祚庥、冼鼎昌的学术成长并渐趋成熟期,具备了一定的国际视野,并做出了有一定影响的科学工作。他们在朱洪元带领下所做出的最重要的工作,就是发现了美国著名粒子物理学家 G.邱从双重色散关系导出的 $\pi\pi$ 方程存在发散困难,并发展了一个新的不发散的方程。此后三四年,他们都暂时离开了朱洪元,开始了新的学术历程,一个回国参加氢弹研制工作,一个继续留在国外研究。

回国之后,自 1963 年起,朱洪元开始招收研究生,从而增添了几位重要弟子:包括原子能所的黄涛、张肇西、杜东生、李炳安(人称朱洪元的“四大研究生”,前二者为 1963 级,后二者为 1964 级),以及中国科大的周邦融(1963 级)等。这一时期国际粒子物理界的研究热点是量子场论中的色散关系,从 1963 级的研究生入门伊始,接受的都是这方面的学习与训练。1964 级的研究生则稍晚一些才接受入门教育,此时何祚庥、冼鼎昌也已“归队”。

北京大学的胡宁团队自 1964 年底已对当时最新的 SU(3)对称性理论有所调研和掌握,并向同行们报告了该领域的国际进展。受其影响,朱洪元随后也带领其团队转入了 SU(3)对称性理论的研究。在参与层子模型联合攻关的“北京基本粒子理论组”39 人中,朱洪元所领导的原子能所与中国科学技术大学 2 个单位成员共 19 人,接近半数。何祚庥、冼鼎昌与几位研究生成为该团队研究的骨干力量。

层子模型工作开启后的几年里,朱洪元团队没有新的发展。1973 年高能物理研究所成立后,朱洪元领导的原子能所理论物理室全部划归高能所,其弟子们也纷纷做出了一些较有影响的研究工作。可以说,在“文革”之后,随着众弟子的学术成熟,此后朱洪元对他们的学术影响已逐渐减弱,部分弟子先后离开了朱洪元的身边。周邦融于 1966 年研究生毕业后就被分配到甘肃从事与专业无关的工作,直到 1973 年调到中国科大;阮图南亦于 1974 年调入中国科大;何祚庥、张肇西在 1978 年理论物理研究所成立后先后调往该所;李炳安则于 20 世纪 90 年代初赴美工作;而冼鼎昌、黄涛与杜东生一直长期工作于高能所。

朱洪元在理论粒子物理研究方面的代表作是层子模型,1966 年,他已年近半百,理论研究工作达到了巅峰。后来,他在高能物理基地建设、中国高能加速器方案的论证和制定过程中起到了重要作用。随着年岁渐长,朱洪元此后在理论物理研究方面已鲜有重要的成果。而其众多弟子则年富力强,待各方形势稍有好转时,即紧密地跟上了国际理论粒子物理同行的研究,并分别做出了突出的工作。

1970—1974 年,何祚庥与黄涛、张肇西等共同改造了复合粒子量子场论的新体系,从而进一步发展了层子模型,并首次构造了包含多种相等价的含复合粒子在内的 S 矩阵。这一工作为复合粒子的场描述理论奠定了基础。1975—1980 年,何祚庥与黄涛、张肇西、庆承瑞、阮图南等人又致力于将上述复合粒子量子场论应用到原子、原子核、强子等复合粒子体系,撰写了大量研究论文。1980 年之后,何祚庥又转向了中微子质量、中微子振荡及双 β 衰变理论等的研究。[345]

冼鼎昌于 1975 年开始与中山大学的李华钟、郭硕鸿合作,进行经典规范场理论的系统研究。在得到一些非阿贝尔规范场的磁单极解和类粒子解后,他认识到这个领域发展太快,且朝着现代几何学的方向发展,因而退出了该领域的研究。[346]1984 年后,冼鼎昌转入了同步辐射应用的领域,主持建造依附于北京正负电子对撞机的同步辐射装置。此后他鲜有与理论粒子物理相关的研究工作。

阮图南则于 1977 年与周光召等共同提出陪集空间纯规范场理论和路径积分量子化的有效拉氏函数理论,丰富和发展了杨-米尔斯场论和费曼-李杨理论;1980 年与何祚庥等共同提出相对论等时方程,重新建立复合粒子量子场论,并较早提出原子核的幺正对称理论和高能集团散射理论。离开朱洪元团队后,他成为中国科大理论物理的一位带头人。

"四大研究生"黄涛、张肇西、杜东生、李炳安都曾在"文革"之后赴欧美进行访学或合作研究,也都成就斐然,多年工作在理论研究的前沿,在我国粒子物理学界发挥着重要的影响。

在朱洪元团队中,用阮图南的话说,何祚庥就像个"大管家"①,其地位类似于张宗燧门下的戴元本。何祚庥论著颇丰,在自然科学、哲学与社会科学方面发表了数百篇论文。笔者根据中国期刊网搜索统计,他在国内期刊发表的有关粒子物理方面论文 80 余篇。由此可以看出,何祚庥早期发表的主要论文大多是与朱洪元及其他人合作完成的。1966 年层子模型创建之后,何祚庥已年近不惑。此后,他与朱洪元再无合作论文出现。倒是他与同为朱门弟子的黄涛、张肇西、阮图南等多有合作。在 1966 年以后的论文中,笔者仅发现何祚庥引用了朱洪元代表北京基本粒子理论组发表的综述论文一次[347]。同样通过中国期刊网搜索,统计张肇西、杜东生等朱洪元其他弟子的论文,也得到了相似的结果。杜东生也仅是在与马中骐合作的论文中表达过几次对他们的导师朱洪元、胡宁"有益讨论"的谢意。[348-351]而冼鼎昌自"文革"以后的研究工作,可以 1987 年底作为分界线,大致分为 2 个阶段,前一阶段主要从事规范场论研究,后一阶段主要从事同步辐射研究。笔者对其前一阶段的论文按照上面同样的方法进行搜索、统计,也得出了相似的结论;其后一阶段虽然专事朱洪元作为理论奠基者之一的同步辐射研究,但明显偏重于实验、技术方面,与其师朱洪元当年的奠基性理论研究并无多大关联。

3. 朱洪元学术谱系中的第三代

朱洪元谱系中的第三代为数众多,这里仅举邹冰松、陈裕启为例简述之。他们二人年龄相当,学术经历亦有相似之处。

2012 年开始主持中国科学院理论物理研究所工作的副所长邹冰松,1984 年毕业于北京大学技术物理系,之后考入高能物理所攻读理论核物理专业研究生,师从姜焕清,1987 年获硕士学位;此后又考入理论物理所攻读博士研究生,师从何祚庥、庆承瑞夫妇;1990 年获得

---

① 节选自 2005 年阮图南教授接受笔者访谈时的记录材料。

博士学位后,他先后赴瑞士国立粒子和核物理研究所做博士后研究,在英国伦敦大学、卢瑟福实验室工作,直至 1998 年回国。

同在理论物理所工作的陈裕启 1983 年毕业于四川大学物理系,1988 年在清华大学物理系获硕士学位,导师为邝宇平;1992 年在中国科学院理论物理研究所获博士学位,导师为张肇西;其后在中国高等科学技术中心做博士后研究,又赴美国西北大学、俄亥俄州立大学开展合作研究,直至 1999 年回理论物理所工作。

邹冰松主要从事强子物理方面的研究,研究介子和重子的夸克、胶子结构,强子 – 强子相互作用,强子 – 核相互作用。对 ππ-s 波相互作用和标量介子谱进行了系统的研究,为发现和确立最佳标量胶球候选者做出了贡献;在反核子物理和 J/ψ 物理研究中进行了一些开拓性的工作,提出并主持开展了在北京正负电子对撞机上核子和超子激发态研究。

陈裕启主要从事重味夸克物理和量子色动力学(QCD)等方面的研究工作。先后在 Bc 介子物理、重夸克偶素产生的碎裂函数、重夸克有效场论、重夸克相互作用和自旋相关相互作用势,非相对论 QCD 有效场论和 J/ψ 衰变等方面做出了有影响的工作。

邹冰松在国内外期刊上发表了多篇论文,在从中国期刊网所查询到的 30 余篇发表于中文期刊的研究论文中,能体现邹冰松与其博士生导师何祚庥夫妇合作关系的仅见于 2 篇 4 人合作论文(作者还包括其硕士阶段导师姜焕清),且邹冰松并非主要作者。相对而言,邹冰松与姜焕清的合作论文达 11 篇之多。邹冰松在外文期刊上发表的文章也与此类似。

陈裕启在中文期刊上鲜有论文发表,所查询到的 18 篇发表于国外期刊的学术论文中,除 2 篇独立作者的论文外,其余文章的合作者包括陈裕启的硕士生导师邝宇平、博士生导师张肇西、美国西北大学的合作者 Robert J. Oakes、美国俄亥俄州立大学的合作者 Eric Braaten 等。在不同学术阶段,他与不同的合作者研究彼此感兴趣的问题,引用的文献也基本以作者本人(独立或合作研究)的论文及相关领域著名学者,如诺贝尔奖获得者的文章为主,前后少有承继关系。

如前述,朱洪元在 20 世纪 60 年代亲自指导弟子们学习与研究工作中,在一段时间内其主攻的强相互作用的色散关系理论曾在国际上盛极一时,而强子结构的层子模型理论则无疑是我国理论粒子物理发展史上最辉煌的一笔。但这些研究最终都成为了历史陈迹。70 年代以来,弱电统一理论、量子色动力学等成为国际粒子物理学界理论研究的主流理论。且随着中国改革开放的进程与科技全球化的趋势,中国第二代理论粒子物理学家及其后来者也逐渐融入了世界理论粒子物理发展的大潮中,再难反映出鲜明的本国特色。朱洪元的弟子们也不例外,他们的研究方向、方法与早年在师门所受教育已然迥异,风格、特色也各有不同。可以说,弟子们从朱洪元那里接受了入门教育与科研训练,并于特定时期在朱洪元的教导下参与了当时的理论粒子物理前沿研究。朱门弟子及再传弟子,形成了我国理论粒子物理学界最大的一支学术谱系,但这一学术谱系也并未形成特定的研究传统。这正印证了中国的一句俗语:"师父领进门,修行靠个人。"朱洪元与其他几位中国粒子物理的宗师一样,虽然为中国粒子物理学科的创立与发展贡献卓著,但却鲜有引领世界同行的开创性成就。弟子们在其门下经过入门教育与科学训练之后,逐渐成长为成熟的物理学家,眼界自然放开,注意力也就相应转移到了粒子物理研究的国际前沿,而不再局限于老师的研究方向与领域,研究专长与特点也有所不同,从而也导致了研究传统的难以形成。尤其是第三代之后的弟子,大多具有丰富的求学、研究经历,从他们身上很难看到其学术"先祖"的印记,基本上没有多少持续传承的研究传统可言。

17.2 中国理论粒子物理学家的精神传统

本节从共性与个性两个方面分别讨论中国粒子物理学家的精神传统。

17.2.1 共性精神传统

历经半个多世纪的发展,中国粒子物理学科从萌芽到兴盛,已在国际同行中拥有了一席之地。这与张宗燧、彭桓武、胡宁、朱洪元等老一辈理论粒子物理学家艰苦卓绝的科研努力和人才培养工作直接相关。以他们所创立的团队为基础,加之此后在全国遍地开花的粒子物理研究队伍,在几十年的学术传承中,形成了一些具有中国特色,部分呈阶段性的精神传统。通过对该学科在中国发展的历史考察及粒子物理学家的学术谱系分析,我们将这种精神传统总结为以下几个方面。

1. 量力而为,封闭中求发展

现代科学传入我国相对较晚,科研基础薄弱,这是我国各门自然科学在很长一段时间内的普遍状况,理论粒子物理学也不例外。而对外交流的困难,则是限制我国粒子物理学科发展的另一个不利因素。自中华人民共和国成立至改革开放的 30 年,除与苏联、东欧等国有过短暂的交流之外,我国基本上处于相对封闭的状态。即便在"改革开放"之后的一段时间里,由于社会制度、意识形态等诸多方面的差异,中国与欧美等发达国家在政治、经济,乃至科技、文化领域,仍保持着一定的距离。在这种情况下,中国第一、第二代理论粒子物理学家自强不息,在艰难的条件下发愤图强,立足于国内,努力做出了一些有意义的研究工作,并形成了延续多年的传统。

理论粒子物理研究无需贵重的仪器、设备,似乎一支笔、一张纸足矣,其实不然。长期的封闭,使得我国粒子理论研究者因没能及时有效地与国外同行进行学术交流,而处于"闭门造车"的状态。而理论研究不能与高能实验研究有机结合,则是我国粒子物理学科早期发展中的另一障碍。封闭中求发展,这是我国粒子物理学家在不利的环境中努力从事科研工作的坚忍不拔精神的另一侧面。

在封闭的环境下,我国老一辈理论物理学家从 20 世纪 50 年代开始进行理论物理的普及工作,先后在北京大学等单位开设讲习班、教师进修班、研究生班,系统讲授电动力学、数学物理方法、量子力学、量子场论等课程。使得一批人掌握了理论粒子物理研究的基础知识,培养了一代粒子物理学家,影响广泛而深远。在此基础上,"四大宗师"带着年轻的研究人员展开研究工作。50 年代初,张宗燧进行重整化理论研究;彭桓武在参与核武器研制之前,延续其在国外关于介子问题的研究而转入关于核力的研究;胡宁除继续进行介子理论的一般性研究之外,主要从事强相互作用的色散关系方面的研究;朱洪元也继续从事由于中子跃迁而产生的电多极辐射内转换等核与粒子物理等方面的理论研究。与此同时,他们的弟子得到不断成长,为以后的研究工作奠定了基础。

戴元本在回忆文章中写道:"当时的研究工作在相当大的程度上是在封闭条件下进行

的,对国际上粒子物理学的新进展的了解往往要靠滞后的国外期刊,国际上对我国的研究工作知之甚少。1957 年至 1962 年间有几位粒子物理学工作者先后在苏联杜布纳联合所工作。这是当时一个对外联系的窗口。"[35]

在老一辈理论物理学家的垂范下,1960 年前后,部分第二代理论粒子物理学家已做出了优秀的研究工作。如何祚麻、冼鼎昌等的合作,在 V-A 弱相互作用、μ 俘获以及双重色散关系等问题上发表了多篇文章;周光召在螺旋度振幅理论、轴矢量流部分守恒理论等方面取得了重要成果;戴元本开展了高奇异位势和非定域位势的 Regge 极点研究,得出在高奇异位势下由于 Regge 极点的分布不同而导致散射振幅高能渐近行为不同的结论;在苏联获副博士学位归国的段一士已在兰州大学培养研究生,并进行基本粒子相互作用、介子衰变、共振态等多方面研究;中山大学的李华钟开始了关于费米子 Regge 轨迹的解析性和阈行为、ρ 介子 Regge 极迹与 π 介子电磁形式因子、弱相互作用 SU(3) 对称性的研究。

由于长期的封闭,我国理论粒子物理学工作者难以把握国际粒子物理学的发展方向,对国外同行的研究工作也经常后知后觉,很多时候只能靠摸索着前进,甚至找个合适的研究课题都不容易。但在胡宁、朱洪元等的带领下,一批粒子理论工作者很快进入强子结构的研究前沿。据李炳安回忆:"记得组里一位老同志曾对我说,以前找个可做的题目十分困难,谁要是找到一个合适的题目,大家都向他祝贺,现在一下子有了做不完的题目。"[352]

20 世纪 60 年代,"北京基本粒子理论组"集体合作,进行了层子模型的研究,如前所述,不仅取得了一系列有意义的结果,更重要的是培养了一批我国粒子理论研究的中青年骨干,为此后我国理论粒子物理学的发展奠定了基础。

上述研究,除周光召的一些工作在苏联完成外,其余基本上都是在国内"自力更生"完成的。

"文革"期间,我国的科学研究领域成为一个孤岛。但就在这种环境下,我国的理论粒子物理学工作者仍然做了一些研究工作。如关于 J/ψ 粒子性质的研究,关于强子结构波函数性质的深入讨论,关于强子质量谱的规律性的分析,以及关于束缚态体系场论方法的试探等。何祚麻、黄涛、张肇西、庆承瑞、阮图南等做了有关复合量子场论方面的多种研究,改造了复合粒子量子场论新体系,从而进一步发展了层子模型。在 20 世纪 70 年代中后期,胡宁仍坚持在我国自己提出的层子模型的框架上,继续探讨强子结构和强相互作用动力学等问题,其中包括强子的分类和质量谱、它们之间的相互作用及其满足的运动方程等几个方面的问题,试图得出能够包括新发现的一些粒子现象在内的新理论模型。

正是由于第一、二代粒子物理学家这样自强不息地坚持研究工作,才使我国的粒子理论研究不掉队、不断线,在改革开放后不久即融入了国际学术潮流之中。

2. 精诚协作,后来者求居上

由于历史原因,中国的自然科学研究,包括粒子物理研究,一直落后于西方。但处于全面追赶阶段的中国粒子物理学家从不甘人后,他们团结合作,以一种后来者居上的自强信念,在不利条件下仍不断做出一些出色的工作。

在粒子物理学萌芽之际,由于中国在该领域的研究者如凤毛麟角,采取合作研究,互相取长补短,是他们开展科研的有效方式。中华人民共和国成立后,因粒子物理基础薄弱,这种合作研究的方式在一定范围内长期存在。层子模型与规范场研究就是其中的典型代表。

20 世纪中期,是粒子物理学从其母体——原子核物理学中脱胎出来并渐趋成熟之际。

强子结构理论是这一时期粒子物理学蓬勃发展的一个重要方面。美国物理学家费米与杨振宁早于 1949 年就合作提出了 π 介子是由核子与反核子组成的假说。1955 年,日本物理学家坂田昌一进一步把更为基本的粒子数扩充至质子、中子和 Λ 粒子三种,称之为"基础粒子",认为各种介子是由基础粒子及其反粒子构成。1964 年,美国物理学家盖尔曼与茨威格分别提出了强子(包括各种介子和重子等)由带分数电荷的粒子组成的夸克模型,统一地解释了强子的组成,获得了很大的成功。

与此同时,我国学者对物质结构的认识也在不断深入。20 世纪 60 年代初,张宗燧、胡宁和朱洪元所领导的团队就经常一起讨论基本粒子理论问题。讨论的内容随着国际粒子物理学界主流理论的发展由量子场论中的色散关系逐渐转向了基于群论的粒子对称性理论。后来,他们组织了一个由几个单位感兴趣的人员参加的基本粒子讨论班,即后来的"北京基本粒子组"成员。1965 年,该组明确地提出了所有强子都由属于物质结构的下一层次的几种粒子组成的观念。此后又经过不到一年的认真工作,该组共发表了 42 篇研究论文,提出了关于强子结构的理论模型。

何祚庥对这段往事印象尤深。据他回忆:"在那一段激动人心的日子里,北京基本粒子组全体同志是以何等高涨的热情工作着,每天都沉浸在反复的计算和激烈的讨论之中。几乎每天都有新的计算结果出现。几乎每天都忙于组织小型的交流会。"[162]

1979 年诺贝尔物理学奖获得者格拉肖、萨拉姆与温伯格因建立弱电统一理论而在国际理论粒子物理学界享有盛誉。他们都曾在不同场合表达出对中国层子模型研究的认可与赞赏。层子模型不但考虑了对称性,还考虑了强子的高速运动,包含层子动力学的某些信息,是相对论协变的,这些都是其胜于当时的夸克模型之处。但随后几年国际粒子物理学飞速发展,夸克模型不断得到完善和提高,很快成为国际科学界普遍接受的一种正统理论,而层子模型已经成为止步不前的历史陈迹。但这丝毫不影响它在我国理论粒子物理学发展史上的地位。

中国的理论粒子物理学家在薄弱的基础上,吸收了国外有关理论和思想,后来者居上,集体创造完成了层子模型。它在理论上和方法上都有创新,研究结果得到了国际同行的认可和好评,是当时我国粒子物理理论研究领域取得的一项重要成果。层子模型的研究工作也为我国粒子物理学的发展奠定了坚实的知识基础和人才基础。这是一个后来者求居上,进行理论创新的典型案例。

早于 1954 年,杨振宁与米尔斯就奠定了非阿贝尔规范场理论的基础。此后,1961 年南部阳一郎将对称性自发破缺概念引入粒子物理;翌年,格拉肖提出定域 SU(2)×U(1) 规范理论;1967 年温伯格、1968 年萨拉姆分别引入弱相互作用和电磁相互作用统一的模型;1971 年荷兰物理学家 G. 埃图夫特与 M. 韦尔特曼证明了弱电统一规范理论的可重整化,这一系列基于非阿贝尔规范场的理论研究,都取得了巨大的成就。

上述理论研究都属于对物理系统的微分描述。关于非阿贝尔规范理论的另一方向是将物理学和纤维丛数学相结合,对物理系统进行整体描述。

1971 年,杨振宁来华访问,引起我国学者进行规范场理论研究的高潮。除前述戴元本与吴咏时合作开展的规范场在粒子理论中的应用研究,侯伯宇与段一士、葛墨林合作完成的希格斯场的拓扑性质和规范场的拓扑学微分几何的分析之外,郭汉英、吴咏时、张元仲研究了一种以洛伦兹群为规范群的引力规范理论,中山大学的李华钟、郭硕鸿与高能所的冼鼎昌合作开展了规范场整体表述的研究。他们发展了一个关于磁单极的理论,研究了规范场真空的整体(拓扑)性质。吴咏时也参与了合作。其后,四川大学的王佩和内蒙古大学的侯伯元也加入了西北大学的研究工作,高能所的杜东生参与了杨振宁、吴大峻的磁单极研究。此外,还有一些数学家参与了此项工作,其中包括复旦大学的谷超豪、胡和生完成的系列规范场数学结构的研究,中国科学院物理所陆启铿关于规范场与主纤维丛上联络的研究等。

1980 年在广州从化召开的广州粒子物理理论讨论会上,李华钟代表国内几地的规范场理论研究学者在大会做了综述报告。此外,周光召和中国科学技术大学的阮图南做了关于陪集规范场的研究报告,中国科学技术大学的赵保恒、阎沐霖做了关于非阿贝尔规范场正则量子化的报告……同朱洪元所做的关于层子模型的报告一起,这些关于规范场研究的报告在会上引起了国内外学者的很大反响。

值得注意的是,"当年国内规范场研究者,就它的开拓者和主力大多不是从国外留学回国的……与国外没有直接交流情况下只有凭过时的出版刊物了解国际成就和动向,这一代的物理学者可说完全是'中国制造'"[40]。

这些研究者们,在我国粒子物理水平已远远落后于西方的不利形势下,团结合作,后来者求居上,做出了一系列出色的工作。亦为我国粒子物理学科此后的发展与人才培养奠定了基础。尤其是,国内关于层子模型与规范场的研究工作在国门打开之后,很快为国际同行所了解,为我国学者迅速融入世界粒子物理发展的大潮产生了不可忽视的作用。而这种精诚协作的团结精神与后来者求居上的创新意志,不仅对第一、第二代粒子物理学家而言,对此后的粒子物理学者也产生了深远的影响。

3. 放眼世界,交流中求前进

与其他学科一样,中国粒子物理学界也长期处于封闭状态。而在难得的国际交流中,他们善于把握时机,锐意创新,在国际学术交流中做出了优秀的工作。以下举例说明中国理论粒子物理学家的这种交流中求前进的国际视野。

如前所述,在参与苏联杜布纳联合所合作研究期间,我国学者凭借杜布纳的高能实验设备,理论研究开始与实验研究相联系,做出了一系列成就。除王淦昌等人在实验方面取得了惊世发现之外,周光召等理论工作者也充分利用国际交流的机会,取得了举世瞩目的成就。

在杜布纳联合所,周光召在电荷共轭宇称(CP)破坏、赝矢量流部分守恒、相对论螺旋散射振幅的概念和相应的数学描述、用漏失质量方法寻找共振态和用核吸收方法探测弱相互作用中弱磁效应等实验、用色散关系理论研究光合反应等方面做了大量理论研究工作。此外,他还在粒子物理各种现象的理论分析方面做了大量工作,以至于有国外人士称赞"周光召的工作震动了杜布纳"[353]。

与国外同行进行学术交流,不仅能启发研究思路,而且在甄别、确证研究成果等方面都大有裨益。在杜布纳的一次学术讨论会上,周光召提出了与苏联教授对"相对性粒子自旋问题研究结果"的相反的意见,引起了激烈的争论。周光召并未妥协,用了三个月的时间,严格证明了自己的意见,然后把研究结果写成论文,发表在《理论与实验物理》杂志上。过了些时候,美国科学家在研究中也得到相似的结果。这就是"相对性粒子螺旋态"理论提出的经过。[149]

1958 年,尚在国内的朱洪元从来访的苏联物理学家 I. Y. 塔姆处得知刚被提出的普适弱相互作用中的 V-A 理论,便立即领导其小组进行了研究,讨论了介子和超子的衰变过程,并探讨了 μ-介子在质子上的辐射俘获过程,发现一个严格的选择定则。后来,朱洪元进一步阐明了其产生原因。在杜布纳期间,朱洪元、冼鼎昌、何祚麻等发现美国物理学家 G. 邱从双重色散关系导出的 ππ 方程存在着发散困难,于是他们发展了一个新的不发散的方程,并由他们研究小组中的一个苏联组员带到美国国际高能物理会议上报告。"这成为当时这一会议上的爆炸性的新闻!"[354] 也使得朱洪元"在杜布纳的理论家圈子中声誉鹊起"[344]。在国际合作的氛围中,朱洪元得出了重要的发现,在国际学术界展现了我国物理学家的成就。但在中苏关系恶化之后,这个当时对外交流的窗口就关闭了。

20 世纪 80 年代,我国理论粒子物理学家参与国际交流的渴望得以实现。1980 年召开的广州粒子物理理论讨论会是"文革"后我国理论粒子物理研究蓬勃发展的开端,首开"文革"后在国内举办中外学术交流会议之先河,是中华民族粒子物理理论学者的一次空前盛会。会议不仅在粒子物理理论领域进行了比较广泛的学术交流,而且增进了海内外学者之间的相互了解,加深了友谊。它不仅对我国粒子物理理论研究起到了促进作用,而且对其他学科召开类似会议提供了经验。会后,美国、欧洲一些著名大学和研究机构纷纷邀请我国粒子物理理论学者前往访问和工作,讨论会的论文集也在世界范围内发行,产生了广泛的影响。之后不久便出现了中国粒子物理学家出国访问交流的第一次高潮,许多人作为访问学者到国外的高等学校或研究机构进行了较长时间的合作访问。

从化会议的召开是我国理论粒子物理研究的转折点,也打开了粒子物理领域中外交流的大门。此后的中国理论粒子物理研究完全融入了世界粒子物理研究的大潮,再难以表现出鲜明的本国特色。自从化会议之后,我国的粒子物理理论研究迅速完成了与国际粒子理论研究的接轨。[326]

上述几位中国粒子物理学家,充分利用不可多得的交流机会,通过卓越的创新工作,取得了令世人瞩目的成绩。交流中求前进,这个由前辈粒子物理学家所开创的传统,在后世不断得到发扬光大。

17.2.2　个性精神传统——以朱洪元谱系为例

在中国理论粒子物理学界,朱洪元学术谱系既有代表性,又有其特殊性。除了具有前述精神传统外,该谱系还自朱洪元而下,在特定的阶段形成了独具特色的精神传统。

1. "三严"作风

朱洪元的"严"在理论粒子物理学界是公认的。关于这种严谨的学风,何祚麻回忆说:"对于我们这些直接聆听朱洪元先生教导的学生,更强烈地感受到朱洪元先生在学术问题上的一丝不苟的'严格、严密、严谨'的学风。凡是他亲自指导的工作,他不仅仅从命题、立意上亲自把关,而且在方法的选择、计算是否正确上,都事必躬亲。他多次为他的弟子们核算他们的计算结果是否正确,所引用的科学实验数据是否确实可行。我本人就从朱洪元先生的直接教导中获益匪浅。"[162]

朱洪元"四大研究生"之一李炳安曾在理论计算中得出粒子的电荷不守恒这一不可能出现的结果,并将其视为"重大发现"而广为宣扬。朱洪元得知后,对之不训斥、不叫停,而是拿起笔来重复李炳安的计算,检查出计算过程中所出现的大大小小共 26 处错误。为验算这个算稿,朱洪元花费了整整两个星期的时间!事后,朱洪元说:"谁叫我是他的老师!既然我是他的老师,我就应该对我的学生负责!我有责任对他进行教育!不过,我也只能做这一次了！他如果接受教训，那算是我'教导有方'；但如果他不接受教训，那只好由他自己去走！我终究不能管他一辈子！希望他从这一事件中认真吸取教训！"[162]

不论对学生、对自己、对年轻学者，朱洪元在学术上的要求总是"严"。戴元本也曾回忆："朱先生学风非常严谨。他对自己的工作非常严谨，他对物理的了解和计算能力都非常强，极少发生错误。他也不能容忍别人工作中的错误，有时近于严肃。朱先生审稿是非常认真的，经常把投稿文章中的公式自己推导一遍，检查有没有错。这种严谨的态度对我有不自觉的影响，但我没能做得像朱先生那样好。"[157]

朱洪元根据其在北大讲课和青岛讲学基础上写成的《量子场论》一书结构严谨、逻辑严密、推导严格，成为中国粒子物理学界几代人的教科书、参考书。其弟子黄涛称："后来几次想提笔写一本新的量子场论参考书，总感到要写出一本包含最新量子场论发展的像朱先生那样结构严谨、逻辑严密、推导严格的书是很不容易的。"[355]

2. "以勤补拙"

"以勤补拙"本是朱洪元的弟子、现为中国科学院院士的张肇西的自谦语，也间接反映出了朱洪元培养弟子及其对科学研究的另类严格。黄涛与张肇西都对此印象尤深。

20 世纪 60 年代，中国的研究生培养制度尚未完善，在刚完成本科学业的弟子们入门之初，朱洪元会安排他们阅读如狄拉克《量子力学原理》之类的经典著作及当时学界的前沿研究方向如色散关系方面的几篇经典论文。经过一段时间之后，朱洪元会组织一个学术小组，要学生在小组中汇报其对所学习、阅读经典文献的理解与体会。朱洪元及小组其他成员会随时提出问题，甚至使得报告人"难以招架"，而只得以"可能""我想""大概"等词来应对。每遇到这种情况，朱洪元就会毫不客气地说："科学问题懂就是懂，不懂就是不懂，你就是不懂，今天的报告到这里，下去搞懂以后，下星期再讲。"[355]如此当头一棒，逼着弟子们再埋头苦干。几次三番，直到学生对所布置的特定文献完全掌握为止。经过这段时间的"阅读—报告"训练，使得弟子们对某一方面的研究前沿迅速得以了解。

张肇西在这种反复的"阅读—报告"中感受到了老师施于其身的认真、负责的精心教导，"以勤补拙"，从而不断地在学术上取得进步。他还有意识地按老师培养自己的这种方法来培养自己的学生，从而使这种严格的学术训练在后代弟子中得到了传承。[356]

3. "直接上前沿"

对于入门不久的学生，除了上述"阅读—报告"的培养方式外，在"时间紧、任务急"的情况下，朱洪元会安排学生以"拿来主义"的态度，在前人的研究基础上，直接开展前沿研究，而跳过系统学习预备知识的阶段。

在层子模型联合攻关之初，朱洪元要求学生很快从原计划开展的色散关系研究直接转到基本粒子结构理论研究中。而其弟子们原先所学习的都是为研究色散关系所需的解析函数理论和量子场论中的 S 矩阵形式理论，对新的研究方向所需的 SU(3)群等基础知识并无准备。在研究机遇来临时，朱洪元断然决定改变方向。为了迅速"冲上"研究的前沿，如何处理好学习和掌握必要的工具等准备工作与立即开展研究的关系，如何处理好追求数学形式的美与追求物理实质的深入等关系变得十分突出，成为必须解决的问题。朱洪元为了使学生迅速开展前沿研究，不断给学生"施压"，要求他们在掌握必要的工具上走速成之路，而不是按部就班地系统学习。他向学生传达了这样一种思想：在追求数学形式的"漂亮"和追求物理实质的关系上,应该注重后者。他的第一要求是得到正确的物理结果,而对于学生是采用"笨方法"还是"巧方法"得到的则不太在意。张肇西认为,正是在老师这样"手把手"指导和"压迫"下,他才完成了自己的第一次完整的科学研究过程。从那之后,才真正开始了研究理论物理的人生道路。[356]

朱洪元的另一弟子杜东生也对此印象深刻。他在毫无基础的情况下接受了层子模型的研究任务。他开始时"犯嘀咕",并去找老师,说自己还要学点东西后才能上阵做计算。朱洪元当时就严肃地告诉他:"做研究要在前人成果的基础上做。有些东西人家已经做好的结果,就可全拿来用。关键是要知道人家的结果是对的……因为我们要抢时间,不可能什么都从头来。"这一番话立即让杜东生"清醒"过来。后来他自己做了导师,用同样的方法带他的学生,也"取得了良好的效果"。后为南开大学教授的罗马在师从杜东生之后,也被"逼上了第一线……一改死读书的习惯,在 QCD 研究方面思想活跃,文章不断,成了高产作家"[357]。

关于培养研究生,是否需要开课的问题,朱洪元曾于 20 世纪 80 年代末有如下论述:"至于是否开课是次要问题。可以开,可以不开。美国的研究生要上课。英国的研究生则随便,他们主要依靠参加学术讨论班来熟悉大学课程中没有教的新的科研成果和研究方法。导师选择一系列重要论文后,由各研究生分别钻研,然后在讨论班上报告,并进行讨论,由导师指引。"[358]显然,在英国攻读研究生并获得博士学位的朱洪元培养研究生所遵循的正是英国的传统。跳过系统的课程教学,而是在科研实践中锻炼学生,是他认为行之有效的方法。为了论证这一点,他还特地提到了自己的得意门生:"高能所理论室的李炳安、黄涛、杜东生等考取我所研究生后,正值'层子模型'的研究工作开展之时,他们通过参加这些研究工作和以后的努力,很快就成长起来。60 年代我国还没有建立学位制度,但现在他们都是博士生导师了。"[357]

朱洪元在科学研究和人才培养中的严谨、严格、严密,无疑是其传授给弟子们的最宝贵的财富。正如杜东生所言:"他的严谨的学风、做研究的方法会一代一代永远传下去,并被后辈发扬光大。"[357]

17.3 与长冈半太郎—仁科芳雄谱系学术传统的比较与讨论

众所周知,近代科学发源于欧洲,而后传至世界各地。同处东亚,中国与日本包括粒子物理在内的近代科学无不移植自西方。作为科学后发国家,二者在粒子物理学科的建立与发展、学术谱系的成长与发育、学术传统的形成与演变等方面有共同点,亦有不同之处,具有一定程度的可比性。以下我们从学科发展环境、起步时段、谱系顶层人物的学术背景、经历,社会、政治因素的影响等方面,对中日两国加以比较,以期就理论粒子物理学家学术传统的形成,得出一些粗浅的认识。

日本的理论物理学家学术谱系中,最耀眼的无疑是长冈半太郎—仁科芳雄学术谱系(如图 17.7 所示)。长冈半太郎于 1887 年开始在东京帝国大学攻读物理学研究生时,所研究的课题就是英籍教师诺特(C. G. Knott)在赴日之前所研究课题的继续。1893 年已在国内获得博士学位的长冈赴德国留学,受教于物理学大师赫尔姆霍兹(H. Helmholz)与玻尔兹曼(L. Boltzmann)。他热衷于原子论的研究,在留学期间得到发现 X 射线的消息后,立刻将其引介日本国内,使日本开展起正式的研究。1896 年回国后,长冈继续进行物理学研究,并精心培养和指导学生开展研究工作。1900 年,他出席国际物理学会议时得到居里夫妇关于镭的放射性实验研究成功的消息,很受启发,终于 1903 年提出原子结构的第一个核式模型——"土星型原子模型"。

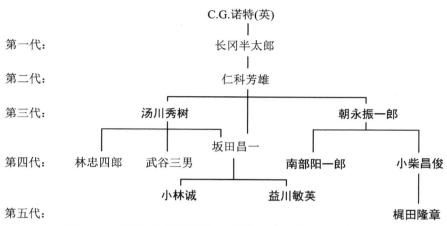

图 17.7　长冈—仁科学术谱系(黑体字表示诺贝尔奖获得者)

1917 年,长冈任刚成立的东京大学理化研究所物理学部长。翌年,在其劝导下,仁科芳雄立志师从于他从事物理学研究。研究生毕业后,仁科立即被派往欧美留学,师从卢瑟福、玻尔等科学大师。8 年后,仁科回到日本,成为长冈之后日本现代物理学研究的领袖。同时,他也将哥本哈根精神带到了日本,注重理论与实验相结合,提倡学术上的自由、民主。他还先后邀请狄拉克、海森伯、玻尔访日,与国际同行保持密切的联系。在仁科的培养与熏陶下,汤川秀树、朝永振一郎、坂田昌一等第三代物理学家很快脱颖而出。在仁科研究室内,实行共同研究的机制。仁科本人就曾与朝永振一郎、板田昌一等人合作进行多方面的理论、实验研究。他还支持、推动成立以汤川秀树、朝永振一郎为中心的介子论研究组。这对于他们此后做出举世瞩目的粒子物理研究成果至关重要。

在引进西方科学技术之前,日本与中国走过了一段相似的发展道路,从"闭关锁国",到意识到落后决心改革,开始学习、引进西方科学技术。日本在学习西方科技知识的同时,全方位地借鉴、吸收了西方科学、教育的体制、机制,实现了"华丽转身",从此发展迅猛,很快成为发达国家。中日甲午战争的胜败结局,宣告了日本明治维新的成功和中国洋务运动的破产。[359] 彼时的胜败之分,不仅在于战争,同时也体现在经济、科技、文化等诸方面,也反映了在中日粒子物理学家学术谱系的发源。长冈在赴西方留学之前,已经在本国师从外籍教师接受了研究生教育。而当他于 1893 年获得博士学位时,中国第一位物理学博士李复几彼时才 12 岁,还在接受家塾教育。长冈归国后即带领团队开展起物理学研究,而李复几归国后则一直在工业部门从事技术工作,从此告别了物理学。

撇开未形成学术谱系的李复几不论,与之同为中国第一代物理学家的胡刚复、饶毓泰年龄与仁科相若,在 20 岁前后赴美留学时,还没有接受过系统的大学教育。他们都在美国度过了约 10 年的光阴才获得博士学位,于 30 岁左右回国工作。之后,他们都曾于多个学术单位工作,为中国物理学的发展培养了大批人才。但他们在物理学研究方面的建树,已与在国外期间难相比拟。尤其使我们感兴趣的是,在南京高等师范学校与南开大学,胡刚复与饶毓泰分别启蒙了一位学生：吴有训与吴大猷。此"二吴"是中国第一代理论粒子物理学家（属于中国第三代物理学家）的物理启蒙老师（如表 16.1 所示）。

在日本，从长冈到仁科，再到汤川、朝永，由原子分子物理研究，到原子核物理、粒子物理研究，历经三代，已开始接连取得诺贝尔奖级的成就。而在中国，从胡刚复、饶毓泰到吴有训、吴大猷，再到张宗燧、彭桓武、胡宁，也是由原子分子物理研究，到原子核物理、粒子物理研究，同样历经三代，而理论粒子物理学仅在中国萌芽，开始形成学术谱系，个中缘由，值得深思。

明治维新以来，日本全面向西方学习，营造了有利于科学发展的社会环境。长冈在国内就能攻读博士学位，在国外得到发现 X 射线的消息，并将之介绍到日本时，即刻就在日本掀起了物理研究之风。中国也较早地得到了发现 X 射线，乃至发现镭的消息。1898 年出版的《光学揭要》[①]、1899 年出版的《通物电光》[②]，及一些报刊都介绍了 X 射线的发现（1895 年）及其性能。但只是使国人了解了这个发现，当时国内还不具有能够开展相关研究的科学机构与科学家。

在原子物理、原子核物理发展的关键时期，日本较早地参与了前沿物理学研究，长冈提出的土星型原子模型为其代表性成就之一。尤其重要的是，以长冈为代表的日本第一代物理学家的辐射作用在开明的社会体制下得到了较好地发挥。长冈对日本物理学最大的贡献可能还不是其原子模型等成就，而是他培养了以仁科芳雄为代表的一批优秀的日本第二代物理学家。需要指出的是，长冈对仁科的培养是研究生阶段的教育与训练。这与第一代中国物理学家胡刚复、饶毓泰对吴有训、吴大猷的培养截然不同，后者只是传授了大学阶段的基础教育。据吴大猷回忆，他在南开大学读书时物理系的毕业生仅他一人，教授也仅有两人，所有物理方面的课程全由饶毓泰一人讲授，另一位教授只教电机方面或应用方面的课程。[59] 如此简陋的物理系，自然难以对学生进行全方位的培养。而军阀混战的社会环境，也无法为科学教育提供有益的土壤。

仁科于 20 世纪 20 年代赴欧洲留学时，正值量子力学创建与发展的重要时期。虽然粒子物理作为一个独立学科始于 20 世纪 50 年代，但以量子场论为基础，与核理论一脉相承的粒子理论早于 20 年代末就已诞生，且此后近半个世纪一直处于快速发展中。仁科在这个重要的阶段适时参与了西方同行的理论创新，与人合作提出了克莱茵-仁科（Klein-Nishina）公式。经过剑桥大学卡文迪许实验室、哥廷根大学、哥本哈根理论物理研究所等几个世界著名的物理研究中心的培养、训练与熏陶，仁科回到日本不久就建立了自己的研究团队。几个欧洲物理重镇的科学传统也随之浸透了仁科研究室。理论与实验并重，注重团队精神，仁科实验室很快引领日本物理学研究风气之先，并成为新的辐射中心，进而培养了朝永振一郎、汤川秀树与坂田昌一等世界一流的粒子物理学家。吴有训也于 20 年代赴美留学，并且师从物理大师 A. H. 康普顿做出了重要的研究成果。30 年代赴美留学的吴大猷，也有优秀表现。但在他们回国后，国内环境依然不容乐观。除了像他们的老师一样，在为数不多的几个学术机构教书育人之外，他们已试图培养、训练学生参与物理研究实践，还零星开展了研究生教育。但在这一时期，他们难以在本土培养出优秀的物理学家。受到他们物理启蒙的中国理

---

① 由美国传教士赫士（W. M. Hayes）与朱葆琛合作编译而成。
② 由美国莫尔登（W. J. Morton）和汉莫尔（E. W. Hammer）合撰，英国传教士傅兰雅（John Fryer）与王季烈合译。

论粒子物理的几位拓荒者在赴海外留学时才掘得其粒子物理研究的"第一桶金"。

经过两代人的积淀,在仁科的培养下,或者说在仁科研究室优秀科研传统的熏陶下,日本第三代物理学家朝永振一郎、汤川秀树与坂田昌一立足于日本国内,做出了世界一流的理论粒子物理研究成果。从此,日本成为世界物理学研究的重要国度之一。而中国第三代物理学家张宗燧、彭桓武、胡宁、朱洪元赴欧美留学时已是 20 世纪 30 年代后期至 40 年代中后期。在留学期间,他们追随国外导师做出了优秀的科研工作。如果他们在国外继续从事之前的前沿研究,其发展前景可能是乐观的。然而,他们在回国之后难以了解西方粒子理论发展的前沿;基础薄弱,也使他们一时难以跟上国际同行前进的步伐。间断从事的零碎的理论研究,自然难以在以他们为源头建立的学术谱系基础之上形成稳定发展的研究传统。

对比中日两国对于西方科学的移植,不难看出二者之间存在的差距。日本引进现代科学时,也引进了自由开放的科学传统。经过长冈、仁科两代人的努力,日本的第三代物理学家已能接受前沿的科学教育与训练,并具备适宜的科研环境,有成就卓著的前辈物理学家的指导与支持,且有机会接触西方科学大师,无障碍地与国际同行进行学术交流,使得日本物理学界形成了良性循环且可持续发展的研究传统与精神传统。1922 年,16 岁的朝永就有机会听到爱因斯坦的演讲而激发起研究物理学的热情。而中国的部分第三代粒子物理学家未能接受系统的大学教育。

在中国部分第一、二代粒子物理学家投身于核武器研制,及此后不久爆发的"文革"期间,长冈—仁科谱系中的第四代在粒子物理领域做出了后来使他们获得诺贝尔奖的成就——南部阳一郎于 1961 年将超导理论中的"对称性自发破缺"概念引入粒子物理中;小林诚和益川敏英于 1973 年提出解释 CP 对称性破缺并预测 6 种夸克存在的小林-益川理论。

中国的粒子物理学本身起步较晚,投身于核军工的一批物理学家一时无暇顾及纯学术研究。如周光召虽在苏联杜布纳联合所做出了赝矢量流部分守恒定理等出色的理论粒子物理研究成果,但随后他就与其老师彭桓武一样投入了核武器研制,彭桓武甚至从此再未涉足理论粒子物理领域。这就造成了"理论粒子谱系表"中,彭桓武的谱系呈现周光召一枝独秀的结果。张宗燧去世后,其谱系主要由三个研究生(戴元本、侯伯宇、朱重远)传承下去。如此一来,中国理论粒子学术谱系的发展自然减缓,构建于学术谱系之上的学术传统也难以发展。

而在日本,无论是在第二次世界大战前还是战中,以仁科芳雄为代表的一批物理学家都未曾因战事而放弃学术研究。虽然仁科芳雄也卷入了战时研究,"但是,他们当中的许多人……对防御系统的研究并无多大热情……没有为达到工程目的而十分努力""当美国物理学家围绕着制造原子弹的目的改进他们的回旋加速器时,仁科芳雄几乎是反其道而行"[360]。未有核武器研制的经历,使得日本的粒子物理学相对于核物理的依附远不及中国久远。战争也未导致日本物理学研究的中断,这一点是中国无法比拟的。南部阳一郎称:"人们会奇怪为什么本世纪日本最糟糕的数十年却是其理论物理学家最富创造性的时代……或许这个时期太特别了,根本就不能给予解释。"[361]其核武器研制的阙如,以及物理学家追求纯学术研究的信念,可能是解答这个问题的重要因素。

张宗燧、胡宁等理论粒子物理学家在国外曾与玻尔、泡利、狄拉克、海特勒、费曼等理论物理大师合作、交流,掌握国际粒子理论研究的前沿。而回到中国之后,与大师的交流、指导就此中断。他们也只能自主地找一些感兴趣的课题进行研究,或从滞后的国外杂志中了解一些同行的信息,受别人的启发、影响而做一些可能是跟踪性的研究,自然也难执世界理论研究之牛耳。基础薄弱,中国粒子物理学家自然难以引领潮流,形成鲜明的研究传统。就整个学科的宏观整体而论,在科技全球化的趋势下,随着国际交流的进程,即便是发达国家的粒子理论家们,其小集体的研究传统亦不可避免地趋于淡化。

至于中国理论粒子物理学家的精神传统,共性的抑或个性的,都不可避免地呈逐渐淡化的趋势。

先就朱洪元学术谱系的个性精神传统而论。客观地说,"三严"只是朱洪元一贯的优秀学术作风,超常而非独具。即便其弟子们将该作风"一代一代永远传下去",也未必能"被后辈发扬光大"。至于"以勤补拙"的反复"阅读—报告"训练和只争朝夕的"直接上前沿"的科学研究与人才培养方法,至今仍然适用。但在研究生培养制度日益完善的情况下,系统学习基本上已成为踏入科研的必要前提。这些方法所能适用的时机与范围也并不广泛。由此可知,由朱洪元所确立,并在两代弟子之间传承的这种精神传统如今仍能在一定范围内得以传承,但传至久远,则不免式微。

再论中国理论粒子物理学家的共性精神传统。我们应该注意到,时过境迁,其存在、传承的一些前提条件、基础已不复存在。学术研究的封闭环境已一去不返,相比过去的量力而为,现在大可以"甩开膀子"跟国际同行竞争了。精诚协作当然还是必要的,但在过去那种特定环境中形成的"同仇敌忾"的研究气氛已为"携手共进"所取代。尽管先辈是"后来者",但几代之后的晚辈却已成为国际同行的"并行者"。努力攀登,跨越高峰,是大家共同的信念。不拘国内、国际,从事粒子理论研究者的精神面貌已无甚本质不同。至于国际同行之间积极交流的传统,一直流传至今。

因而我们对于中国理论粒子物理学家学术传统的结论,亦如这门学科、这个群体的另一半——高能实验物理学家一样,在其学术谱系半个多世纪的发展中,未能形成稳定传承的研究传统;而于早期形成的精神传统,在改革开放之后也逐渐淡化。高能实验物理如此,理论粒子物理更甚。高能实验物理研究团队虽有交流,但受仪器设备的限制,各自的研究方式、方法、风格、特色或多或少地会有所不同;而理论粒子物理研究只需具备一定的理论功底,了解国际前沿的(实验与理论)研究状况,即可开展工作。交流频仍,则特色无多,"地球村"中已鲜有特立独行者。[362]

小　结

通过对中国理论粒子物理学家学术传统的探讨,可以得出以下认识:

① "四大宗师"学术风格各异,其学术谱系也各有特点。除彭桓武外,其余三位都曾在参与"层子模型"研究的"北京基本粒子理论组"中。后来,胡宁与朱洪元两支学术谱系迅速发展、壮大。张宗燧培养的弟子不多,其学术谱系别具特色。

② 通过张宗燧、朱洪元两支理论粒子物理学家学术谱系的研究传统的考察,结果与高能实验物理学术谱系相似。名师出高徒,科学大师、著名科学家往往会对弟子产生较为深远的影响。但这种影响未必就表现为研究方向、技能与方法的传承。个中缘由,既有学科发展的影响,也有研究兴趣的转移,更是学术交流的日益广泛与深入所致。

③ "师父领进门,修行靠个人。"几位中国粒子物理的宗师虽然为中国粒子物理学科的创立与发展贡献卓著,但却鲜有做出引领世界同行的开创性成就。弟子们在其门下经过入

门教育与科学训练之后,逐渐成长为成熟的物理学家,眼界自然放开,注意力也就相应转移到了粒子物理研究的国际前沿,而不再局限于老师的研究方向与领域,研究专长与特点也有所不同,从而导致研究传统难以形成。尤其是第三代之后的弟子,大多拥有丰富的求学、研究经历,从他们身上很难看到其学术"先祖"的印记,基本上并无过多持续传承的研究传统可言。

④ 中国理论粒子物理学家学具有量力而为、封闭中求发展,精诚协作、后来者求居上,放眼世界、交流中求前进等共性的优良传统。尤其是积极交流的传统在后世不断得到发扬光大。

⑤ 朱洪元谱系具有"三严"作风、"以勤补拙"与"直接上前沿"等个性传统。这些传统在第二代弟子中产生了深远的影响。但传至久远,不免式微。

⑥ 与日本的长冈半太郎—仁科芳雄学术谱系相类比,可以发现中国理论粒子物理学家学术谱系的差距。日本引进了西方自由开放的科学传统。经过长冈、仁科两代人的努力,日本的第三代物理学家已能接受前沿的科学教育与训练,并具备适宜的科研环境,有成就卓著的前辈物理学家的指导与支持,且有机会接触西方科学大师,无障碍地与国际同行进行学术交流,使得日本物理学界形成了良性循环且可持续发展的研究传统与精神传统。中国的粒子物理学本身起步较晚,投身于核军工的一批物理学家一时无暇顾及纯学术研究,随后的"文革"又几乎使所有科学活动搁浅。经过如此"折腾",中国理论粒子学术谱系的发展自然减缓。构建于学术谱系之上的研究传统也难以发展。

⑦ 如高能实验物理学家一样,中国理论粒子物理学家学术谱系在半个多世纪的发展中,未能形成稳定传承的研究传统;而于早期形成的精神传统,共性的抑或个性的,在改革开放之后也逐渐淡化。

结　语

　　粒子物理学,乃至亚原子物理学,从诞生以来就一直处于物理学科的最前沿。自20世纪传入中国,百年来,该学科多个分支的发展极大地推动了经济、社会等多个领域科学技术的发展、进步。其从业者——亚原子物理学家们——为这些发展、进步做出了巨大的贡献。

　　科学史首先是科学家的历史。对于科学家群体的研究,应该是科学史中重要的一个方面。而关于中国粒子物理学家学术谱系与学术传统的探讨,正是中国粒子物理学家群体研究的一个新的尝试。通过对学术谱系的宏观梳理与对学术传统的深刻剖析,可以得到一些对中国粒子物理学科新的认识。

　　① 与其他各门自然科学的学术谱系一样,中国粒子物理学家的学术谱系发源自欧美、植根于本土。但并不是每一位留学归国的粒子物理学家都会成为学科学术谱系的源头或谱主,唯有那些长期坚守在固定的学术阵地,带领学生或助手开展学术研究而不仅限于基础知识传授的归国学者才有可能衍生出能够持续产生学术影响的学术谱系。

　　表13.1罗列了中华人民共和国成立以来30余位亚原子物理学家在各学术机构中的分布,从中我们并未发现在第1章讨论过的一些学者,如胡刚复、吴有训的足迹。胡刚复、吴有训二位对于中国物理学的发展,可能不亚于其他任何物理学家。他们不仅学术贡献卓著,而且教书育人,为物理学在中国大地生根做出了重大贡献。但正如图11.3所描述的那样,胡刚复先生在多个单位传道授业,虽然桃李满园,也仅形成了与学术研究关联较弱的“前谱系”。

　　开辟草莱之时,中国大地尚乏适宜物理学研究的种子成长的土壤。早在20世纪30年代,吴有训、赵忠尧、霍秉权等人就开始了近代物理方向的研究生培养。这对于吴有训后来所提出的“一定要使实验物理在中国生根”(近代物理研究所的办所方针)来说,具有莫大的意义。然而这些初期的学术谱系并未获得稳定的流传。战乱频仍,政局多变,一心向学的物理人才多数选择了出国继续深造,因而切断了原先在国内肇始的学术谱系链条。中华人民共和国成立后,随着国家研究机构——近代物理研究所(原子能研究所)的建立和不断发展壮大,中国亚原子物理学者有了自己的学术大本营。从此,在此坐镇的第一代亚原子物理学家才能在这个稳定的环境中开展学术研究并培养弟子,建立起新的学术谱系,并开枝散叶,不断发扬光大。

　　老一辈的物理学家未必会成为主流学术谱系的开创者,而相对年轻的学者也不无可能成为学术谱系的领头羊。虽然赵忠尧、王淦昌、张文裕等实验物理学家与张宗燧、彭桓武、胡宁等理论物理学家在年龄上有不小差距,甚至彼此还存在师生关系,在出国前都接受过物理学的高等教育,但由于他们在国内所接受的都是基础物理教育,跟他们后来所从事的粒子物理研究多无学术关联。而他们在西方所接受的前沿的物理学教育与科研训练,才是促使他们最终走上粒子物理研究之路的直接动因。因而,可以将他们,无论长幼、师生,全部归结于我国第一代粒子物理学家,也是本学科谱系的真正开创者。

② 学术谱系并非都是简单的链式结构,还存在着网状结构甚至更为复杂的柴垛式结构。谱系的构型不仅由特定学术环境下的人才培养模式所决定,还受到学术合作与国际交流等因素的影响。

链式结构的学术谱系最容易为人所接受,一位老师培养多名弟子,每名弟子又培养出多名再传弟子。正如中子触发核裂变的链式反应一样。这种结构也正是传统的学术谱系(不限于自然科学)的主流。在本书研究范围内,理论物理学家的学术谱系也多是这种结构。理论物理研究在文献阅读的基础上,有时仅需一支笔、一张纸便可开展,这可能就是该学术谱系多采取简单的链式结构的原因。由张宗燧、彭桓武、胡宁、朱洪元四位理论粒子物理学家发端所形成的学术谱系是中国理论粒子物理学家学术谱系的主流。对于其他学术谱系来说具有引领、示范的作用。这四支学术谱系,基本上都是链式结构。

而本书所研究的高能实验物理学家学术谱系则明显不同,在谱系的开端,就呈现出了多对多的网状结构。这当然是由当时特定的环境所造成的,在物质条件匮乏、科研条件简陋的情况下,实验研究,尤其是亚原子物理实验研究所需要的尖端仪器、设备难以获取,多位研究人员共同研制、利用同一研究装备是合情合理的。而由高级人员所直接领导的学生或青年研究人员,自然也会在多位前辈学者的共同带领、示范下工作。大多数情况下,很难说清他们其中的某一个人确切地是哪一位前辈物理学家的弟子。应该说,几位领队的前辈物理学家是他们所领导的一群青年研究人员的共同老师。由这种团队为基础所构建出来的学术谱系自然会呈现出多对多的网状结构。

改革开放以来,科技、教育日渐复兴,研究生培养与学位制度也逐渐规范化。早期那种大学本科毕业之后就参加科研工作的青年人越来越少,博士学位几乎成为青年科学工作者的"标配",一个青年物理学家不同时期在不同学术单位接受本科、硕士、博士教育已屡见不鲜。黄朝商本为北京大学胡宁团队的一员,后来师从戴元本攻读博士研究生,成为中国科学院理论物理研究所戴元本团队的骨干。从教师的角度来说,人才的流动性日益增强,导师也可能会出现"打一枪换一个地方"的情况,在不同的学术单位带出不同的团队。如葛墨林先后工作于兰州大学与南开大学,在两个单位都培养出了多名弟子。如此,各学术单位的学术谱系相互链接,你中有我,我中有你,学术谱系因而出现了柴垛式结构。

除了国内各高等院校与研究院所之间的人才,包括导师与学生的流动之外,中外交流的日渐频繁也对学术谱系的结构产生了重要的影响。很多"海归"学者本科之后的教育与科研训练完全是在国外完成的,但也参与了国内学术谱系的构建,并且占据了越来越重要的地位。长此以往,终有一日,某国某学科的学术谱系将成为一个不复存在的概念,各国的学术谱系都是互相交织的。这更可以说明柴垛式复杂学术谱系结构存在的客观合理性。

③ 学术谱系的结构与学科发展存在着一定的互动关系。学科发展状况影响着学术谱系的结构,反之学术谱系的结构也反作用于学科发展。

由谱系表(表14.4、表16.4)可以看出,高能实验物理学家的学术谱系和理论粒子物理学家的学术谱系具有明显不同的结构特点。高能实验谱系多集中于一所,虽非一枝独秀,但却独占鳌头;理论粒子谱系则百花齐放,却也强弱异势。这种谱系结构的不同与学科发展正相应。高能实验物理对仪器、设备有依赖,无论是近物所(物理所、原子能所),抑或是后来的高能所,因其占有大型加速器实验室和宇宙线观测站,所以集中了全国最强的科研力量;而一些缺乏硬件条件的大学则只有"寄人篱下",以寻求合作。虽然理论粒子物理对硬件要求不高,但在其发展早期,以张宗燧、彭桓武、胡宁、朱洪元四大导师为核心的团队显然具有绝对的优势,从而把握着学科发展的主流。待后期融入世界发展大潮以后,这种状况才有所改变。

如前所述,中国高能实验谱系呈网状结构,而理论粒子谱系则主要表现为链式结构。笔者认为,网状结构的学术谱系相对不易产生门第之见,从而能更好地培养合作精神。中国的高能实验物理学能够形成优良的合作传统,与此种谱系结构不无关系。而链式结构的学术谱系则箕引裘随,能够更好地延续研究传统,继往开来,做出特色研究,但这又容易形成各自为政的派别之争。不过这些影响在科学国际化之后逐渐式微。[13]

学术谱系是科学史的一个重要方面,学术谱系的结构特点自然也正是科学发展的反映。中国的粒子物理学,经历了中华人民共和国成立之前的萌芽与奠基、20世纪50年代直至"文革"的发起至80年代初的挫折与复苏以及后来的蓬勃发展。[12]中国粒子物理学家学术谱系中的第一代人物都于中华人民共和国成立前后自欧美毕业归国,在50年代之后开始传道授业。因国力所限,高能物理研究设备匮乏,高能实验物理学家只能携其弟子"纸上谈兵",长期处于集体练兵的状态,其学术谱系相应地呈现网状结构。而粒子理论研究的成本则相对很低,因而中国高能粒子物理早期走过一段"理论先行"的道路。几位理论宗师都自成一派,相互协作而又各具特色,开创、引领了粒子理论研究的发展。其学术谱系也相应呈现出链式结构。在改革开放之后,随着科学全球化的发展,中国的高能粒子物理学家学术谱系在广泛的国际合作交流中融入了世界高能粒子物理学家谱系中,交叉、融合的结果,使谱系又呈现出错综交叉的柴垛式结构。这种结构,在科学发达国家里高能粒子物理学家的学术谱系中早已呈现出来。

学术谱系又反作用于科学发展。在中国理论粒子物理发展的早期,最著名的成就莫过于"层子模型"和"规范场"理论,其研究队伍分别如表16.3、图16.4所示,前者由张宗燧、胡宁和朱洪元的核心队伍组成,无疑属于我国理论粒子谱系的主干,显然实力强大;而后者则分布于各地,有的师出名门,大部分都属于白手起家。这两个团队,如钱三强所言,他们"表面上相敬如宾,实际上有些隔阂,总觉得自己比较正确,对别人的东西不大能接受"。[363]"规范场"的研究者李华钟说得更直白:"层子模型是当时国内物理基础理论研究的主流思想,他们不赞同偏离这个主流的研究"。[364]在从化会议上,在朱洪元和李华钟分别代表"层子模型"研究组和"规范场"理论研究者作完回顾性总结报告后,参会的一些海外学者认为国内"研究规范场的经典解以及纤维丛这一类纯数学的人数太多,比例不当"。这些研究"和实验离得太远,不是国家所需要的"[326]。孰料,多年后,"层子模型"成为历史陈迹,而"规范场"却成为粒子理论研究中的基础理论。"非主流"学术谱系的"非主流"研究势必处于弱势,这对于学科发展当然地会产生影响,甚至产生导向作用。

如何在新的时代背景与国内外环境下,通过研究学术谱系而探寻更适宜中国亚原子物理发展之路,是一个长期课题。而如何参照、学习国外亚原子物理学术谱系为发展我国学术所用,更是一个亟待研究的问题。

④ 学术谱系与学术传统,是否存在着必然的因果关系、表里关系或现象与本质的关系?与学术谱系关联更多的是研究传统,还是精神传统?考虑这些问题,首先需要界定学术谱系的概念或定义。就本书对粒子物理领域的研究而言,根据笔者对学术谱系的朴素认知,发现它与学术传统之间未必存在直接的、显性的、强烈的关系。

2012年10月,在已经启动十多个学科的学术谱系研究课题2年多之后,中国科学技术协会调研宣传部制定了《当代中国科学家学术谱系研究规范参考手册》。其中提到:"学术谱系是学科学术共同体的重要组成单元,是学术传统的载体""学术传统是学术谱系的本质性特征,因此这也是识别一个学术谱系的最根本的标准。"[4]根据以上定义,学术谱系当是超越师承关系、秉承同一学术传统的学术群体。如此,则一定的学术谱系必将对应着一定的学术传统,此乃题中应有之义。由于笔者缺乏对如此定义的学术谱系的鉴别、梳理能力,因而将之简化为以师承关系为纽带,工作于相同或相近学科领域的世代相传的学术群体。本书正是按照这种朴素的学术谱系定义,先梳理、研究中国粒子物理学家的学术谱系,再以此为基础探讨中国粒子物理学科的学术传统。

根据第 15 章、第 17 章的讨论,我们可以看出,按照笔者所定义的朴素的学术谱系,无论是高能实验物理学家,还是理论粒子物理学家,在半个世纪多的学术传承中,在绝大部分时间向西方同行学习、追赶的过程中,并未能真正形成稳定传承的特色鲜明的研究传统。而精神传统,则在学术谱系建立之初,在艰难、封闭的环境下确有形成。但这些优良的精神传统,在新的时代背景与国际环境下,多因时过境迁、不合时宜而淡化。

狄更斯(C. Dickens)曾言:"这是最好的时代,这是最坏的时代。"对于当代中国高能粒子物理学家而言,这是走向世界的时代,这也是传统缺失的时代。不过,这也许并不算坏事。

参 考 文 献

［1］　张秉伦,胡化凯.中国古代"物理"一词的由来与词义演变[J].自然科学史研究,1998,17(1):55-60.

［2］　Pais A. Theoretical particle physics[J]. Reviews of Modern Physics, 1999, 71(2): S16.

［3］　张肇西.粒子物理未来的十年[J].高能物理,1988,(3):1.

［4］　中国科协调研宣传部.当代中国科学家学术谱系研究规范参考手册[R].北京:中国科协调研宣传部,2012.

［5］　Zweig G. Origins of the quark model[R]. CALT-68-805, 1980.

［6］　Hoddeson L, Brown L, Riordan M, et al. The rise of the standard model: 1964-1979[C]. Cambridge: The Press Syndicate of the University of Cambridge, 1997: 4.

［7］　杨振宁.高能物理的研究目标[M]//杨振宁演讲集.天津:南开大学出版社.1989:258.

［8］　李政道.基础科学和现代物理的前景[M]//李政道文录.杭州:浙江文艺出版社.1999:68-73.

［9］　戴元本.中国量子场论研究的初期[J].现代物理知识,2009,21(5):64.

［10］　丁兆君,胡化凯."七下八上"的中国高能加速器建设[J].科学文化评论,2006,3(2):85-104.

［11］　陈和生.北京正负电子对撞机[J].中国科学院院刊,2008(4):365-367.

［12］　丁兆君.20世纪中国粒子物理学史的分期、脉络及特点述评[J].科学文化评论,2010(4):74-84.

［13］　丁兆君,汪志荣.中国粒子物理学家学术谱系的形成与发展[J].中国科技史杂志,2014,35(4):411-432.

［14］　Lock W O. Origins and evolution of the collaboration between CERN and The People's Republic of China 1971-1980[R]. CERN-1981-014.

［15］　张肇西.欧洲大型强子对撞机 LHC 的物理[J].现代物理知识,2008,20(5):12.

［16］　李政道.为中国高能物理尽微薄之力[J].现代物理知识,2013,25(1):5.

［17］　陈和生,陈森玉.李政道与中国的同步辐射[J].现代物理知识,2015,27(4):59.

［18］　International colloquium on the history of particle physics: Some discoveries, concepts, institutions from the thirties to the fifties[J]. Journal de Physique, 1982, 43(C8).

［19］　Pickering A. Constructing quarks: A sociological history of particle physics[M]. Chicago: University of Chicago Press, 1984.

［20］　Pais A. Inward bound of matter and forces in the physical world[M]. Oxford: Oxford University Press, 1986.

［21］　Traweek S. Beamtimes and lifetimes: The world of high energy physicists[M]. Massachusetts: Harvard University Press, 1988.

［22］　Nambu Y. Quarks: Frontiers in elementary particle physics[M]. Singapore: World Scientific Publishing, 1985.

［23］　Lederman L M, Teresi D. The god particle: If the universe is the answer, what is the question? [M]. Boston & New York: Houghton Mifflin Company, 1993.

［24］　Weinberg S. Dreams of a final theory[M]. New York: Vintage Books, 1994.

［25］　Weinberg S. The discovery of subatomic particles [M]. Cambridge: Cambridge University Press, 2003.

[26] Hooft G. In search of the ultimate building blocks[M]. Cambridge：Cambridge University Press,1996.

[27] Veltman M. Facts and mysteries in elementary particle physics[M]. Singapore：World Scientific Publishing,2003.

[28] Brown L M. Twentieth century physics[M]. Bristol & Philadelphia：Institute of Physics Publishing,1995.

[29] Nye M J. The modern physical and mathematical sciences[M]. Cambridge：Cambridge University Press,2003.

[30] Johnson G. Strange beauty：Murray Gell-Mann and the revolution in twentieth-century physics [M]. New York：Vintage Books,1999.

[31] Gribbin J,Gribbin M. Richard Feynman：A life in science[M]. New York：Plume Book,1998.

[32] Wigner E P,Andrew S. The recollections of Eugene P. Wigner：As told to Andrew Szanto[M]. New York：Basic Books,1992.

[33] 朝永振一郎,江沢洋. 科学者の自由な楽園[M]. 东京：岩波书店,2000.

[34] 张文裕. 我国高能物理三十五年的回顾[J]. 高能物理,1984,(3):1-6.

[35] 戴元本,顾以藩. 我国粒子物理研究进展：50 年回顾[J]. 物理,1999,28(9):548-557.

[36] Tzu H Y. Reminiscences of the straton model[M]//Proceedings of the 1980 Guangzhou conference on theoretical particle physics：Vol.1. Beijing：Science Press，1980：4-31.

[37] 朱洪元,宋行长,朱重远. 层子模型的回顾与展望[J]. 自然辩证法通讯,1980(3):19-23.

[38] 谢家麟. 关于北京正负电子对撞机方案、设计、预研和建造的回忆片段[J]. 现代物理知识,1993,5(增刊):28-34.

[39] 霍安祥. 宇宙线研究三十年[J]. 高能物理,1979(3):8-9.

[40] 李华钟. 规范场理论在中国：为祝杨振宁先生 80 大寿而作[J]. 物理,2002,31(4):249-253.

[41] 李华钟. 规范,相位因子和杨-米尔斯场：规范场理论在中国续记[J]. 物理,2004,33(12):861-864.

[42] 李炳安,杨振宁. 王淦昌先生与中微子的发现[J]. 物理,1986,15(12):758-761,738.

[43] Li B A，Yang C N. C. Y. Chao，pair creation and pair annihilation[J]. International Journal of Modern Physics A，1989，4(17)：4325-4335.

[44] 冼鼎昌. 一篇同步辐射应用奠基性论文诞生的故事[J]. 高能物理,1988(3):14-15.

[45] 阎康年. 奇异原子的首次发现与张文裕教授[M]//万物之理. 上海：广东人民出版社,2000:142-150.

[46] 戴念祖. 20 世纪上半叶中国物理论文集粹[M]. 长沙：湖南教育出版社,1993.

[47] 董光璧. 中国近现代科学技术史[M]. 湖南教育出版社,1997.

[48] 申先甲. 中国现代物理学史略[M]. 福州：福建科学技术出版社,2002.

[49] 王士平,刘树勇,李艳平,等. 中国物理学史大系·近代物理学史[M]. 长沙：湖南教育出版社,2002.

[50] Chang S. Academic genealogy of physicists[M]. Seoul：Seoul National University Press，2005.

[51] 乌云其其格,袁江洋. 谱系与传统：从日本诺贝尔奖获奖谱系看一流科学传统的构建[J]. 自然辩证法研究,2009(7):57-63.

[52] 普勋. 中国近代地质学学术谱系[D]. 武汉：中国地质大学,2011.

[53] 李书华. 20 世纪中国科学口述史·李书华自述[M]. 长沙：湖南教育出版社,2009.

[54] 任之恭. 一位华裔物理学家的回忆录[M]. 太原：山西高校联合出版社,1992.

[55] 王淦昌. 无尽的追问[M]. 长沙：湖南少年儿童出版社,2010.

[56] 施士元. 回忆录及其他[M]. 南京：南京大学出版社,2007.

[57] 边东子. 从居里实验室走来：杨承宗口述自传[M]. 长沙：湖南教育出版社,2012.

[58] 谢家麟. 没有终点的旅程[M]. 北京：科学出版社,2008.

[59] 吴大猷. 早期中国物理发展之回忆[M]. 上海：上海科学技术出版社,2006.

[60] 钱临照.中国物理学会五十年[J].物理,1982,11(2):449-455.

[61] 戴念祖.中国近代物理学的发展:纪念中国物理学会成立50周年[J].自然辩证法通讯,1982,4(5):35-42.

[62] 戴念祖.物理学在近代中国的历程:纪念中国物理学会成立50周年[J].中国科技史料,1982,3(4):10-18.

[63] 刘树勇,李艳平,王士平,等.中国物理学史·近现代卷[M].南宁:广西教育出版社,2006.

[64] 董光璧.中国近现代科学技术史研究丛书·中国现代物理学史[M].济南:山东教育出版社,2009.

[65] 丁兆君.20世纪中国粒子物理学的发展[D].合肥:中国科学技术大学,2006.

[66] 张逢.二十世纪中国原子分子物理学的建立与发展[D].合肥:中国科学技术大学,2006.

[67] 孙洪庆.现代磁学在中国的建立与发展(1900—1985)[D].合肥:中国科学技术大学,2010.

[68] 陈崇斌.中国激光科学的发展历程[D].合肥:中国科学技术大学,2010.

[69] 邹经培.磁约束核聚变研究在中国的起步和发展[D].合肥:中国科学技术大学,2014.

[70] 胡升华.20世纪上半叶中国物理学史[D].合肥:中国科学技术大学,1998.

[71] 张昌芳.近代物理学在中国的本土化探索[D].北京:首都师范大学,2001.

[72] 祁映宏.20世纪上半叶中国物理学研究的体制化探索[D].北京:首都师范大学,2003.

[73] 易安.留学生与民国时期物理学的体制化[D].太原:山西大学科学技术哲学研究中心,2009.

[74] 虞昊,黄延复.中国科技的基石:叶企孙和科学大师们[M].上海:复旦大学出版社,2008.

[75] 葛能全.钱三强传[M].济南:山东友谊出版社,2003.

[76] 关洪.胡宁传[M].北京:北京大学出版社,2008.

[77] 卢嘉锡.中国现代科学家传记·第一集[M].北京:科学出版社,1991.

[78] 卢嘉锡.中国现代科学家传记·第二集[M].北京:科学出版社,1991.

[79] 卢嘉锡.中国现代科学家传记·第三集[M].北京:科学出版社,1992.

[80] 卢嘉锡.中国现代科学家传记·第四集[M].北京:科学出版社,1993.

[81] 卢嘉锡.中国现代科学家传记·第五集[M].北京:科学出版社,1994.

[82] 卢嘉锡.中国现代科学家传记·第六集[M].北京:科学出版社,1994.

[83] 中国科学技术协会.中国科学技术专家传略·理学编·物理学卷1[M].北京:中国科学技术出版社,1996.

[84] 中国科学技术协会.中国科学技术专家传略·理学编·物理学卷2[M].北京:中国科学技术出版社,2001.

[85] 中国科学技术协会.中国科学技术专家传略·理学编·物理学卷3[M].北京:中国科学技术出版社,2006.

[86] 中国科学技术协会.中国科学技术专家传略·理学编·物理学卷4[M].北京:中国科学技术出版社,2012.

[87] 陈佳洱.20世纪中国知名科学家学术成就概览·物理学卷:第一分册[M].北京:科学出版社,2014.

[88] 陈佳洱.20世纪中国知名科学家学术成就概览·物理学卷:第二分册[M].北京:科学出版社,2014.

[89] 陈佳洱.20世纪中国知名科学家学术成就概览·物理学卷:第三分册[M].北京:科学出版社,2015.

[90] 沈克琦,赵凯华.北大物理九十年[Z].北京:内部资料,2003.

[91] 沈克琦,赵凯华.北大物理百年[Z].北京:内部资料,2013.

[92] 朱邦芬.清华物理八十年[M].北京:清华大学出版社,2006.

[93] 韩荣典.中国科学技术大学物理五十年[M].合肥:中国科学技术大学出版社,2009.

[94] 复旦物理系编.风雨春秋物理系[Z].上海:内部资料,2005.

[95] 朱美华.上海交大百年物理[M].上海:上海交通大学出版社,2006.

[96] 鞠艳.南大百年物理[M].北京:高等教育出版社,2015.

[97] Weinberg S. The discovery of subatomic particles[M]. Cambridge：The Press Syndicate of the

University of Cambridge,2003:9.

[98] Bertolotti M. Celestial messengers[M]. Berlin：Springer-Verlag，2013：61-63.

[99] 阿伯拉罕·派斯.基本粒子物理学史[M].关洪,等译.武汉:武汉出版社,2002:599.

[100] Fayyazuddin, Riazuddin. A modern introduction to particle physics[M]. 2nd Ed. Hackensack：World Scientific Publishing,2000:ix.

[101] 杨振宁.基本粒子及其相互作用[M].杨振玉,等译.湖南教育出版社,1999:103.

[102] 张文裕,朱洪元,汪容,等."基本粒子"物理学的发展与展望[J].物理通报,1966(4):145-155.

[103] 王周恕,郑志鹏.赵忠尧和正负电子对产生与湮没之发现[J].物理通报,1991(3):35-36.

[104] 蔡漪澜.张宗燧[M]//自然杂志社.科学家传记.上海:上海交通大学出版社,1985:1-24.

[105] 赵忠尧.我的科研生涯[M]//另一种人生:当代中国科学家随感:上.上海:东方出版中心,1998.

[106] 李政道在赵忠尧诞辰百年纪念会上发言[J].现代物理知识,2002,14(6):54.

[107] 吴大猷.早期中国物理发展的回忆[M].台北:台湾联经出版事业公司,2001.

[108] 李炳安,杨振宁.王淦昌先生与中微子[J].自然辩证法通讯,1986(5):34-39.

[109] 杨建邺.我与杨振宁先生的几次交往和《杨振宁传》[OL].(2004-09-19)[2006-04-26].http://www.gmw.cn/content/2004-09/19/content_102989.htm.

[110] 高能物理研究所举行报告会 祝贺赵忠尧教授从事教学与科研五十八周年[J].高能物理,1982(3):19.

[111] 张文裕.关于科研工作的回忆[M]//中国科学院院士自述.上海:上海教育出版社,1996:103.

[112] 沈克琦.国立西南联合大学物理系:抗日战争时期中国物理学界的一枝奇葩:1[J].物理,1995,24(3):179-187.

[113] 李政道,杨振宁.悼念马仕俊博士[M]//杨振宁文集.上海:华东师范大学出版社,1998:120.

[114] 耿云志.胡适遗稿及秘藏书信(第19册)[M].合肥:黄山书社,1994:35.

[115] 本院京沪宁区各研究所现有人员统计表(二月份)[J].科学通报,1950,1(1):8.

[116] 简焯坡,胡金麟.新中国自然科学研究的前奏:近代物理学、应用物理学、物理化学、动物学和植物学、地理学、地球物理学、心理学、数学座谈会综合报告[J].科学通报,1950,1(1):12-15.

[117] 吴玉崑,冯百川.中国原子能科学研究院简史(1950—1985)[M].内部资料,1987:6.

[118] 钱三强,朱洪元.新中国原子核科学技术发展简史[M]//钱三强论文集编辑委员会.钱三强论文选集.北京:科学出版社,1993:232-242.

[119] 国内各大学物理系概况[J].物理通报,1951,1(1/2):54-70.

[120] 潘永祥,肖振喜.物理系[M]//张玮,等.燕京大学史稿.北京:人民中国出版社,1999:210-211.

[121] 李国钧,王炳照.中国教育制度通史[M].济南:山东教育出版社,2000:97.

[122] 高崇寿.理论物理教研室[Z]//沈克琦,赵凯华.北大物理九十年(内部资料).2003:91-96.

[123] 李华钟,冼鼎昌.粒子诗抄:统一[J].物理,2002:122-124.

[124] 朱洪元.量子场论[M].北京:科学出版社,1960.

[125] 钱三强,朱洪元.新中国原子核科学技术发展简史[M]//钱三强论文选集编辑委员会.钱三强论文选集.北京:科学出版社,1993:240.

[126] 牙述刚,胡化凯.威尔逊云室的发明和霍秉权的改进[J].物理,2004,33(6):452-457.

[127] 汪容.一位献身于科学的正直真诚的老师:祝贺王淦昌教授八十寿辰[M]//胡济民,许良英,汪容,等.王淦昌和他的科学贡献.北京:科学出版社,1987:192-196.

[128] 忻贤杰.青山不老:寿王淦昌老师[M]//胡济民,许良英,汪容,等.王淦昌和他的科学贡献.北京:科学出版社,1987:71-76.

[129] 范岱年,亓方.王淦昌先生传略[M]//胡济民,许良英,汪容,等.王淦昌和他的科学贡献.北京:科学出版社,1987:224-268.

[130] 1956—1967年科学技术发展远景规划纲要(修正草案)[M]//中华人民共和国科学技术部创新发展

司.中华人民共和国科学技术发展规划纲要(1956—2000).北京:科学技术文献出版社,2019:1-51.

[131] 方守贤.北京正负电子对撞机的建设及成就[M]//谢家麟.北京正负电子对撞机和北京谱仪.杭州:浙江科学技术出版社,1996:1-6.

[132] 丁大钊.反西格马负超子($\bar{\Sigma}^-$)的发现:记王淦昌教授在杜布纳联合原子核研究所[M]//胡济民,许良英,汪容,等.王淦昌和他的科学贡献.北京:科学出版社,1987:77-89.

[133] 王祝翔.王淦昌的实验工作之一:反西格马负超子($\bar{\Sigma}^-$)的发现[M]//胡济民,许良英,汪容,等.王淦昌和他的科学贡献.北京:科学出版社,1987:141-144.

[134] 无尽的探索:丁大钊传[M].南宁:广西科学技术出版社,1990:33-34.

[135] 王淦昌,等.8.3Бэв/c的负π介子所产生的$\bar{\Sigma}^-$超子[J].物理学报,1960,16(7):365.

[136] 周光召.基辅高能物理会议的概况[J].原子能科学技术,1959,(3):185-187.

[137] 王淦昌.王淦昌全集:2[M].石家庄:河北教育出版社,2004:155-271.

[138] 对于理解基本粒子世界作出重大贡献 中苏等国科学家发现新基本粒子 发现新粒子使用的探测器是中国科学家设计的[N].人民日报,1960-03-26(5).

[139] 人类对基本粒子的认识又进了一步 王淦昌在京谈"反西格马负超子"发现的重大意义[N].人民日报,1960-03-28(5).

[140] New fundamental particle discovered,the ANTI-XI-MINUS[R]. CERN Courier,1962,2(3):4-5.

[141] 王寿群.以身许国:那些从杜布纳回国的科学家的故事[M].北京:中国原子能出版社,2017:16.

[142] 埃米里奥·赛格雷.从X射线到夸克:近代物理学家和他们的发现[M].上海:上海科学技术文献出版社,1984:285-286.

[143] 斯蒂芬·温伯格.亚原子粒子的发现[M].长沙:湖南科学技术出版社,2006:195-199.

[144] 基本粒子物理发展史年表[J].高能物理,1981(3).

[145] 《高能物理》编辑部.基本粒子物理发展史年表[M].北京:科学出版社,1985:32-33.

[146] 在世界最新科学的前线—联合核子研究所 中苏科学家互助合作进行研究 布洛欣泽夫、王淦昌都说希望中国派去更多研究人员[N].人民日报,1957-4-18(5).

[147] 高能原子核物理和基本粒子物理研究五年计划的任务和指标[A].北京:中国科学院高能物理研究所档案室(A006-00051-003-58.10-3),1958-10.

[148] 关于建立中国科学院高能物理研究所的建议[A].北京:中国科学院高能物理研究所档案室(A006-00125-007-73.03.05-7),1965-6-26.

[149] 戴明华,等.周光召[M]//卢嘉锡.中国现代科学家传记·第六集.北京:科学出版社,1994:187-196.

[150] 葛能全.钱三强年谱[M].济南:山东友谊出版社,2002.

[151] 胡宁,朱洪元.十年来的中国科学·物理学:1949—1959[M].北京:科学出版社,1966:23-27.

[152] 关洪.怀念我的师长王竹溪先生和胡宁先生[J].现代物理知识,2000,12(3):42-45.

[153] 关洪.层子模型前后:关于声称以马克思主义哲学指导物理学研究的一个案例分析[J].自然辩证法通讯,2006,28(2):97-103,85.

[154] 龚育之.毛泽东与自然科学[M]//龚育之.自然辩证法在中国(新编增订本).北京:北京大学出版社,2005:109-140.

[155] 中共中央文献研究室.毛泽东文集:第八卷[M].北京:人民出版社,1999:389.

[156] Gell-Mann M. A schematic model of baryons and mesons[J]. Physics Letters,1964,8(3):214-215.

[157] 戴元本.怀念朱洪元先生[M]//朱洪元论文选集.北京:爱宝隆图文,2002:321-322.

[158] 北京大学理论物理研究室基本粒子理论组,中国科学院数学研究所理论物理研究室.强相互作用粒

子的结构模型[J].北京大学学报(自然科学版),1966,12(2)("基本粒子"结构理论专刊):103-112.

[159] 何祚庥.层子模型的前前后后[J].百科知识,1991(2):46-48.

[160] 北京基本粒子理论组.层子模型:介子和重子的相对论性结构理论[Z].北京科学讨论会1966年暑期物理讨论会论文,1966.

[161] 中国科学院原子能研究所基本粒子理论组.强相互作用粒子的结构的相对论性模型[J].原子能,1966(3)("基本粒子"结构理论专刊):137-150.

[162] 何祚庥.回忆朱洪元先生对我们的教导[M]//朱洪元论文选集.北京:爱宝隆图文,2002:312-320.

[163] 江向东.鲜为人知的基础研究重大成果:刘耀阳夸克颜色的发现[J].中国科技史料,1999,20(1):1-8.

[164] 胡宁.层子模型、QCD和原子核:在《核内层子工作讨论会》开幕式上的讲话[J].高能物理,1982(3):20.

[165] 李炳安.怀念朱洪元老师:纪念朱先生诞辰八十五周年[M]//朱洪元论文选集.北京:爱宝隆图文,2002:338.

[166] 何祚庥.关于新中国理论物理研究的一段回忆[J].北京党史,2005(1):55-58.

[167] Cence R J,Pakvasa S,Dobson P N,et al. In proceedings of the seventh Hawaii topical conference on particle physics (1977)[M]. Honolulu:Univ. of Hawaii Press,1978:161.

[168] 温伯格.宇宙最初三分钟:关于宇宙起源的现代观点[M].北京:中国对外翻译出版公司,2000:111.

[169] 李华钟,冼鼎昌.粒子诗抄:续四[J].物理,2002,31(8):540-542.

[170] 冼鼎昌."层子模型"是强子结构研究的重要开拓[M]//中国科学院科技创新案例(二).北京:学苑出版社,2004:54-57.

[171] 李华钟.规范场和夸克动力学模型:关于QCD和层子模型的议论[J].物理,2006,35(4):340-344.

[172] 中国科学院高能物理研究所.大事记[Z].北京:内部资料,2003.

[173] 张文裕等十八位同志给刘西尧同志的信[Z].北京:中国科学院高能物理研究所年报(1972—1979):4-5.

[174] 周总理给张文裕、朱光亚同志的信[Z].北京:中国科学院高能物理研究所年报(1972—1979):1-3.

[175] 关于高能物理研究和高能加速器预制研究的报告[Z].北京:中国科学院高能物理研究所年报(1972—1979):6-7.

[176] 对于建造高能超高能加速器的一些初步设想[Z].北京:中国科学院高能物理研究所年报(1972—1979):17-19.

[177] 高能物理研究和高能加速器预制研究工作会议纪要(摘要)[Z].北京:中国科学院高能物理研究所年报(1972—1979):9-12.

[178] 中国科学院关于高能物理研究和高能加速器预制研究工作会议的报告[Z].北京:中国科学院高能物理研究所年报(1972—1979):12-14.

[179] 李先念副总理批示[Z].北京:中国科学院高能物理研究所年报(1972—1979):15.

[180] 关于高能加速器预制研究和建造问题的报告[Z].北京:中国科学院高能物理研究所年报(1972—1979):23-24.

[181] 华国锋同志对《关于高能加速器预制研究和建造问题的报告》的批示,周总理、邓小平同志圈阅批示的余秋里同志的报告[Z].北京:中国科学院高能物理研究所年报(1972—1979):21.

[182] 国家计划委员会会议纪要[1975]2号[Z].北京:中国科学院高能物理研究所年报(1972—1979):24-25.

[183] 张文裕等三十六位同志给华主席的报告[Z].北京:中国科学院高能物理研究所年报(1972—1979):33-36.

[184] 我国高能事业的新进展:高能加速器预制研究工程迅速兴建[J].高能物理,1978(3):1.

[185] 霍安祥,郑民.难能可贵的奋斗精神:纪念我国第一个宇宙线高山实验室工作三十周年[J].高能物

理,1984,(3):7-8.

[186] 关于在高能物理研究所设立宇宙线研究室的决定(节录)[Z].北京:中国科学院高能物理研究所年报(1972—1979):97.

[187] 大云室和重粒子事例[J].高能物理,1978(1):8.

[188] 原子能研究所云南站.一个可能的重质量荷电粒子事例[J].物理,1972,1(2):57-61.

[189] 周恩来总理对云南站重粒子事例的有关指示[Z].北京:中国科学院高能物理研究所年报(1972—1979):97.

[190] Ding L K, Ma J M, Mao C S, et al. Kolar events and their possible interpretation[J]. Science in China (Ser. A), 1996, 39(10): 1077-1083.

[191] Ding L K, Ma J M, Mao C S, et al. Reinterpretation of unusual double-core event obtained in Kolar gold mine field (KGF)[J]. Science in China (Ser. A), 1996, 399(11): 1219-1222.

[192] 关于解决云南站的体制和建立基地的请示报告[Z].北京:中国科学院高能物理研究所年报(1972—1979):98-99.

[193] 关于建立"中国科学院高能物理研究所昆明分所"的请示报告[Z].北京:中国科学院高能物理研究所年报(1972—1979):99-100.

[194] 关于同意建立中国科学院高能物理研究所云南宇宙线分所的复文[Z].北京:中国科学院高能物理研究所年报(1972—1979):100-101.

[195] 关于将"中国科学院高能物理研究所云南宇宙线分所"改为独立建制的"中国科学院云南宇宙线研究所"的请示[Z].北京:中国科学院高能物理研究所年报(1972—1979):103.

[196] 乳胶室[Z].北京:中国科学院高能物理研究所年报(1972—1979):104-105.

[197] 霍安祥.关于宇宙线研究的一些问题[J].高能物理,1977(3):2.

[198] 任敬儒.来自珠峰脚下的乳胶室底片[J].高能物理,1980(1):29.

[199] 任敬儒.近年来甘巴拉山乳胶室的进展[J].高能物理,1982(4):28.

[200] 中日合作的甘巴拉山乳胶室建成[J].高能物理,1981,(1):27.

[201] 朱洪元.闭幕词[C].1980年武汉强子结构讨论会文集,1980:226-229.

[202] 杨振宁.卓有成效的合作[M]//杨振宁文集.上海:华东师范大学出版社,1998:996-1001.

[203] 柳怀祖.李政道与中国高等科学技术中心[J].科学文化评论,2021,18(3):5-17.

[204] 中国科学院外事局.接待美籍物理学家李政道情况简报(第一期)[A].合肥:中国科大档案馆(1979-WS-C-28-2),1979-3-27.

[205] 在华主席、党中央亲切关怀下中国科学院召开高能物理会议[J].高能物理,1977(2):2.

[206] "基本"粒子理论暑期座谈会在黄山举行:美籍物理学家杨振宁博士到会作了三次学术报告[J].高能物理,1977(3):8.

[207] 全国规范场专题讨论会[J].高能物理,1978(3):5.

[208] 争取在"基本"粒子理论方面做出好的成绩:中国物理学会召开年会[J].高能物理,1978(4):1.

[209] 周光召.粒子物理研究的方法论问题[J].自然辩证法通讯,1979(2):2-7.

[210] 我国高能物理学工作者出席第十九届国际高能物理会议[J].高能物理,1978(4):14.

[211] 李华钟,冼鼎昌.粒子诗抄(续五)[J].物理,2002,31(9):609-612.

[212] 中国科学院理论物理研究所(1978—1984)[Z].北京:内部资料,1986:28-29.

[213] 邓小平副主席在会见丁肇中教授夫妇前同方毅同志等的谈话[Z].北京:中国科学院高能物理研究所年报(1972—1979):37-38.

[214] 邓小平副主席在会见丁肇中夫妇时的谈话记录[Z].北京:中国科学院高能物理研究所年报(1972—1979):38-42.

[215] 《邓小平副主席接见西欧中心总主任阿达姆斯等谈话记录》《邓小平副主席会见美籍高能加速器专家邓昌黎一家时的谈话记录》[Z].北京:中国科学院高能物理研究所年报(1972—1979):44-47,

49-53.

[216] 邓小平与我国高能物理的发展(画册)[Z].北京:中国科学院高能物理研究所,2004.

[217] 关于加快建设高能物理实验中心的请示报告[Z].北京:中国科学院高能物理研究所年报(1972—1979):55-57.

[218] 中央首长对《关于加快建设高能物理实验中心的请示报告》的批件(影印件)[Z].北京:中国科学院高能物理研究所年报(1972—1979):54.

[219] 关于调整高能物理实验中心第一台质子同步加速器能量指标的请示报告[Z].北京:中国科学院高能物理研究所年报(1972—1979):65-66.

[220] 1978—1985年全国科学技术发展规划纲要(草案)[M]//中华人民共和国科学技术部创新发展司.中华人民共和国科学技术发展规划纲要(1956—2000).北京:科学技术文献出版社,2019:109-363.

[221] 高能物理实验中心(代号"八七工程")第一期工程设计任务书[Z].北京:中国科学院高能物理研究所年报(1972—1979):75-82.

[222] 关于调整《高能物理实验中心第一期工程设计任务书》的报告[Z].北京:中国科学院高能物理研究所年报(1972—1979):83-85.

[223] 关于报请审批《高能物理实验中心第一期工程设计任务书》的报告[Z].北京:中国科学院高能物理研究所年报(1972—1979):85-87.

[224] 有关高能建设中几个问题的汇报[Z].北京:中国科学院高能物理研究所年报(1972—1979):91-95.

[225] 中美高能物理联合委员会第二次会议纪要[Z].北京:中国科学院高能物理研究所年报(1980):附录1,(1)-(5).

[226] 王恒久.发展高能物理是战略需要[M]//中共中央党史研究室.再造中华辉煌:邓小平纪事.北京:中共党史出版社,1997:310-316.

[227] 方守贤.BEPC的前前后后[C].高能物理学会成立十周年专辑(1981—1991),1991:29-38.

[228] 高能物理学会十年工作报告[C].高能物理学会成立十周年专辑(1981—1991),1991:7.

[229] 李政道.我与祖国的科技人才培养·1979年,CUSPEA开始实施[N].科学时报,2006-11-23(A6).

[230] 郑志鹏.对撞机的成功与李政道的付出:祝贺李政道先生九十五寿辰[J].现代物理知识,2021,33(5-6):67-72.

[231] 柳怀祖.李政道与中国高等科学技术中心:祝贺李政道先生95华诞[J].科学文化评论,2021,18(3):5-17.

[232] 中国科学院一九七九年研究生招生专业目录[A].合肥:中国科学技术大学档案馆(1979-WS-Y-23-1),1979-2-1.

[233] 许咨宗.唐孝威和高能物理(一)[M]//应和平,张剑波,陈飞燕.走近唐孝威.杭州:浙江科学技术出版社,2011:53-55.

[234] 丁肇中.序[M]//唐孝威,等.正负电子物理.北京:科学出版社,1995.

[235] 谢家麟.纪念我国杰出理论物理学家朱洪元逝世十周年[M]//朱洪元论文选集.北京:爱宝隆图文,2002:307-309.

[236] 李昌.钱三强致中央领导的信[Z]//高能所文书档案室.北京正负电子对撞机工程文书档案摘要汇编.北京:内部资料,1990:5.

[237] 关于加强工程计划、技术管理工作的几项决定[Z]//高能所文书档案室.北京正负电子对撞机工程文书档案摘要汇编.北京:内部资料,1990:20-21.

[238] 谢家麟同志与美国斯坦福直线加速器中心所长潘诺夫斯基教授谈话纪要[Z]//高能所文书档案室.北京正负电子对撞机工程文书档案摘要汇编.北京:内部资料,1990:77.

[239] 关于北京正负电子对撞机工程和合肥同步辐射实验室工程扩初设计审查会的报告[Z]//高能所文书档案室.北京正负电子对撞机工程文书档案摘要汇编.北京:内部资料,1990:10-11.

[240] 关于审批北京正负电子对撞机(即8312工程)建设任务和规模的报告[Z]//高能所文书档案室.北

京正负电子对撞机工程文书档案摘要汇编.北京:内部资料,1990:11.

[241] 打开中美高科技合作之门[OL].(2004-08-12)[2022-08-27].https://lssf.cas.cn/lssf/xwhd/cmsm/200408/t20040812_4508418.html.

[242] 关于加快研制北京正负电子对撞机工程设备的通知[Z]//高能所文书档案室.北京正负电子对撞机工程文书档案摘要汇编.北京:内部资料,1990:41.

[243] 邓小平文选(第三卷)[M].北京:人民出版社,1993:279-280.

[244] 顾建辉,张长春,李卫国.北京谱仪Ds物理研究新进展[J].物理,1999,28(5):270-275.

[245] 关于大加速器的座谈[M]//杨振宁,翁帆.晨曦集.北京:商务印书馆,2018:64-79.

[246] 杨振宁教授对建造加速器的建议[Z].北京:中国科学院高能物理研究所年报(1972—1979):118-119.

[247] 江才健.规范与对称之美:杨振宁传[M].台北:天下文化,2003.

[248] 李政道.小平先生的一次会见[M]//李政道文录.杭州:浙江文艺出版社,1999:25-26.

[249]《北京正负电子对撞机工程社会与经济效益》调研课题组.北京正负电子对撞机工程社会与经济效益调研报告[Z].北京:内部资料,1996:Ⅱ-Ⅲ.

[250] 祝玉灿.高能物理的实验现状[J].核物理动态,1995,12(2):25-31.

[251] 郑志鹏,张长春.在北京正负电子对撞机上进行的粲物理与τ轻子物理研究[J].中国科学基金,1994(2):94-97.

[252] 一九八九年至一九九六年北京正负电子对撞机成就综述[Z].北京:内部资料,1997:36.

[253] 中国科学院高能物理研究所,北京正负电子对撞机国家实验室.1989年至1996年北京正负电子对撞机成就综述[Z].北京:内部资料,1997:36.

[254] 赵政国.北京谱仪R值测量研究成果简介[J].中国科学基金,2003(4):239-240.

[255] 外事简报(48):一九八一年暑期粒子物理讲习班圆满结束[A].合肥:中国科学技术大学档案馆(1981-WS-C-85-4),1981-6-13.

[256] 中国科学院举办的1981年暑期粒子物理讲习班在肥开学[N].安徽日报.1981-05-28.

[257] 丁林垲.我国十年来的宇宙线研究[C]//高能物理学会成立十周年专辑(1981—1991).1991:114-121.

[258] 郑志鹏,巨新.中日高能物理合作的回顾和展望[J].中国科学院院刊,1997(4):305-307.

[259] 邱华盛,谭有恒.中日羊八井宇宙线合作实验十年[J].中国科学院院刊,2000(3):219-221.

[260] 谭有恒.我国4300m高度上的高能宇宙线研究[J].天文学进展,2003,21(4):318-333.

[261] 潘笑梅.合肥同步辐射实验室创建史[D].合肥:中国科学技术大学,1990:2-10.

[262] 冼鼎昌.同步辐射应用在中国的发展[J].物理,1999,28(11):641-647.

[263] 陈森玉.上海光源装置[C]//粒子加速器学会第六届全国会员代表大会暨学会成立20周年学术报告会文集.2002:76-83.

[264] 中国科学技术大学教务处.呈报1963年研究生正式录取名单[A].合肥:中国科学技术大学档案馆(1963-WS-Y-41-3),1963-7-25.

[265] 中国科学技术大学人事小组.教研室、实验室正副主任名单[A].合肥:中国科学技术大学档案馆(1975-WS-Y-19-2),1975.

[266] 中国科学技术大学革委会.中国科大1974年招生专业简介[A].合肥:中国科学技术大学档案馆(1974-WS-Y-20-1),1974.

[267] 中国科学技术大学革命委员会.关于将理论核物理专业改为理论物理专业的请示报告[A].合肥:中国科学技术大学档案馆(1975-WS-Y-27-1),1975-10-8.

[268] 中国科学技术大学研究生院.中国科技大学1988—1989第一学期研究生课程表[A].合肥:中国科学技术大学档案馆(1989-WS-C-140-1),1988-6-24.

[269] 中国科学技术大学研究生院.中国科技大学1988—1989学年第二学期研究生课程表[A].合肥:中

国科学技术大学档案馆(1989-WS-C-141-1),1989.

[270] 李华钟,冼鼎昌.粒子诗抄(续七)[J].物理,2004,33(3):213-217.

[271] 李政道.对称、不对称与粒子世界[M].吴元芳,译.北京:科学出版社,1991:34.

[272] 勾亮.谈谈高能物理[J].现代物理知识,1999,11(4):7-12.

[273] 赵午.从事高能物理研究的加速器[J].冯承天,译.自然杂志,1996,18(1):1-9.

[274] 谢家麟.加速器与科技创新[M].北京:清华大学出版社,2000:22.

[275] 张闯.北京正负电子对撞机:回顾与展望[C]//粒子加速器学会第六届全国会员代表大会暨学会成立20周年学术报告会文集.2002:136-177.

[276] 高文.中国科学院知识创新工程成果解析两项高能物理实验让世界震惊:R值精确测量与τ粲物理研究[J].科学新闻,2004(12).

[277] 汪道友摘编.北京正负电子对撞机上发现新粒子[J].强激光与粒子束,2006,18(1):50.

[278] 张闯.北京正负电子对撞机及其重大改造工程[J].物理,2005,34(4):262-269.

[279] 陈和生.从高能物理发展看中国科技这十年[J].中国科技奖励,2012(11):6.

[280] 王贻芳.探究物质最深层次的物理规律:中国粒子物理发展规划的思考[J].科技导报,2021,39(3):52-58.

[281] 陈和生.世纪之交的中国粒子物理[J].中国科学院院刊,2004,19(5):342-246.

[282] 方豪.同治前欧洲留学史略[M]//方豪.方豪文录.北京:北平上智编译馆,1948:169-175.

[283] 方豪.中国天主教史人物传:下[M].北京:中华书局,1988.

[284] 欧七斤.略述中国第一位物理学博士李复几[J].中国科技史杂志,2007,28(2):105-113.

[285] 严济慈.近数年来国内之物理学研究[J].东方杂志,1935,32(1):(自)15-20.

[286] 沈克琦,吴自勤.早期的北京大学物理系[J].物理,1992,21(11):693-703.

[287] 杨舰.近代中国における物理学者集団の形成[M].东京:日本侨报社,2003.

[288] 咏梅.中日近代物理学交流史研究:1850—1922[M].北京:中央民族大学出版社,2013.

[289] 戴念祖.我国早期的近代物理学家[J].物理,1993,22(10):626-637.

[290] 徐文镐.吴有训年谱[J].中国科技史料,1997,18(4):41-60.

[291] 金涛.严济慈先生访谈录[J].中国科技史料,1999,20(3):227-245.

[292] 钱临照.怀念胡刚复先生[J].物理,1987,16(9):513-515.

[293] 李晓波,陆道坤.思想演变与体制转型 中国教师教育回眸与展望[M].镇江:江苏大学出版社,2012.

[294] 赵忠尧.企孙先生的典范应该永存[J].工科物理,1994(2):1-2.

[295] 周培源.科学巨匠王竹溪[J].湖北文史资料,2000(3):142-144.

[296] 杨振宁.我的学习与研究经历[J].物理,2012,41(1):1-8.

[297] 王士平.中国物理学会史[M].上海:上海交通大学出版社,2008.

[298] 清华大学校史研究室.清华大学史料选编(第二卷·下)[M].北京:清华大学出版社,1991.

[299] 张玮瑛,王百强,钱辛波.燕京大学史稿[M].北京:人民中国出版社,2000.

[300] 中国原子能科学研究院简史:1950—2010[M].北京:原子能出版社,2010:4.

[301] 李觉,雷荣天,李毅,等.当代中国的核工业[M].北京:中国社会科学出版社,1987.

[302] 王甘棠,孙汉城.核世纪风云录:中国核科学史话[M].北京:科学出版社,2006.

[303] 钱三强,马大猷.中国科学院物理学和核科学四十年[J].中国科学院院刊,1989,(4):297-309.

[304] 建国以来重要文献选编:第九册[M].北京:中央文献出版社,1994.

[305] 中国科学院物理所一九五四年计划[A].北京:中国科学院高能物理研究所档案室(A006-00016-001-54.02-1),1953-12.

[306] 关于将原子能所中关村分部单独成立研究所的报告(草稿)[A].北京:中国科学院高能物理研究所档案室(A006-00125-006-73.03.05-6),1965-6-25.

[307] 关于筹建高能物理研究所领导机构的建议[A].北京:中国科学院高能物理研究所档案室(A006-00125-008-73.03.05-8),1967-7-3.

[308] 关于建立高能物理研究所筹备组的通知[A].北京:中国科学院高能物理研究所档案室(A006-00125-009-73.03.05-9),1967-11-4.

[309] 关于四零一所一部改称高能物理研究所的通知[A].北京:中国科学院高能物理研究所档案室(A006-00125-003-73.03.05-3),1973-2-24.

[310] Anderson C D, Anderson H L. Unraveling the particle content of cosmic rays[C]//Brown L M, Hoddeson L. The birth of particle physics. Cambridge: Cambridge University Press, 1983: 131.

[311] 丁兆君.中国宇宙线与高能实验物理的奠基人:张文裕[J].物理通报,2015(3):113-116.

[312] 钱学森.作为尖端科学技术的高能物理[J].高能物理,1978(1):1-3.

[313] 熊卫民.我所参与的中国科学院的人事和教育工作:任知恕先生访谈录[J].院史资料与研究,2013(2):45-65.

[314] 丁兆君,陈家新.我与国家同步辐射实验室建设:裴元吉教授访谈录[J].中国科技史杂志,2009,30(2):180-192.

[315] 拉里·劳丹.进步及其问题:科学增长理论刍议[M].方在庆,译.上海:上海译文出版社,1991.

[316] 郝刘洋,王扬宗.科学传统与中国科学事业的现代化[J].科学文化评论,2004,1(1):18-34.

[317] 赵忠尧.我的回忆[J].现代物理知识,1992,4(6):11-12.

[318] 张文裕.关于选著及有关的回忆[M]//张文裕论文选集.北京:科学出版社,1989.

[319] 在杭部分浙大老校友关于王淦昌先生回忆的片段[M]//胡济民,许良英,汪容,等.王淦昌和他的科学贡献.北京:科学出版社,1987:10.

[320] 王淦昌.祝贺·回顾·期望[J].中国科学院院刊,1994(4):293-294.

[321] 叶铭汉.原子能楼[M]//杨小林.中关村科学城的兴起(1953-1966).长沙:湖南教育出版社,2009:38-52.

[322] 阎康年.英国卡文迪许实验室成功之道[M].广州:广东教育出版社,2004.

[323] 唐永亮.仁科芳雄与仁科研究室传统[J].自然辩证法研究,2004,20(12):85-89.

[324] 宋立志.名校精英·北京大学[M].呼和浩特:远方出版社,2005.

[325] 丁兆君,胡化凯."层子模型"建立始末[J].自然辩证法通讯,2007,29(4):62-67.

[326] 丁兆君.华裔物理界的一次盛会:1980年广州粒子物理理论讨论会的召开及其意义与影响[J].科学文化评论,2011,8(4):45-65.

[327] 范岱年.尼耳斯·玻尔与中国:上[J].科学文化评论,2012,9(2):5-25.

[328] 尹晓冬,朱重远.张宗燧对约束系统量子化的贡献[J].自然科学史研究,2011,30(3):357-365.

[329] 陈毓芳:张宗燧[M]//中国科学技术专家传略·理学编·物理学卷2.北京:中国科学技术出版社,2001:188-198.

[330] 喀兴林.张宗燧[M]//中国现代科学家传记:五.北京:科学出版社,1994:133-138.

[331] 姚景齐,赵汉章,陈庭金.产生过程 $V + \pi \rightarrow V + \pi + \pi$ 的交叉对称性[J].中国科学技术大学学报,1966,2(1):36-42.

[332] 朱重远.认认真真做学问 实实在在作贡献:我所知道的戴元本先生[J].物理,2008,37(5):348-351.

[333] 张藜,等.中国科学院教育发展史[M].北京:科学出版社,2009.

[334] 周龙骧.低能 K-π 散射[J].物理学报,1965,21(1):67-74.

[335] 周龙骧.高度奇异位势 S 矩阵元的一个表示式[J].物理学报,1966,22(9):1038-1045.

[336] 周龙骧.高度奇异位势 S 矩阵元在角动量变数 λ 的虚部趋于无穷大时的渐近行为[J].物理学报,1966,22(9):1046-1058.

[337] 周龙骧.在原点具有大于二阶的高度奇异位势的 S 矩阵元的 Regge 渐近行为[J].数学学报,1974,17(3):164-174.

[338] 侯伯宇.SU3 群的多项式基底及其 Clebsch-Gordan 系数的明显表达式[J].物理学报,1966,22(4):460-470.

[339] 杜耀峰,赵岩,王晓阳,等.侯伯宇:一个高级知识分子的风骨[N].陕西日报,2011-11-30.

[340] 政协玉山县委员会《玉山博士谱》编委会.玉山博士谱[M].南昌:江西科学技术出版社,1998.

[341] 朱洪元.量子场论[M].北京:科学出版社,1960.

[342] 冼鼎昌.朱洪元[M]//中国科学技术专家传略·理学编·物理学卷 2.北京:中国科学技术出版社,2000.

[343] 何祚庥.深切悼念彭桓武老师[J].北京师范大学学报(自然科学版),2007,43(3):367-371.

[344] 冼鼎昌.纪念朱洪元先生[J].现代物理知识,1993,5(2):6-9.

[345] 戴禾淑.何祚庥[M]//中国科学技术专家传略·理学编·物理学卷 3.北京:中国科学技术出版社,2006:153-154.

[346] 江向东.冼鼎昌[M]//中国科学技术专家传略·理学编·物理学卷 3.北京:中国科学技术出版社,2006:510-511.

[347] 何祚庥,张鉴祖.The relativistic equal time equation and the potential model of The Mesons Spectrum[J].Acta Mathematica Scientia,1987(2):133-138.

[348] 马中骐,杜东生,岳宗五,等.代统一问题和 SU(7)大统一模型[J].中国科学 A 辑,1981(4):415-426.

[349] 马中骐,杜东生,薛丕友,等.A possible SU(7) grand unified theory with four generations of light fermions[J].Scientia Sinica,1981,24(10):1538-1565.

[350] 马中骐,杜东生,薛丕友.剩余分离对称性和 SU(8)大统一模型[J].中国科学 A 辑,1981(11):1322-1328.

[351] 杜东生,马中骐,薛丕友.Residual discrete symmetry and SU(8) grand unified modei[J].Science in China,Ser.A.1982,25(1):51-58.

[352] 李炳安.我的老师朱洪元先生[J].现代物理知识,1995,7(3):40-41.

[353] 戴明华.周光召[M]//中国科学技术专家传略·理学编·物理学卷 3.北京:中国科学技术出版社,2006:218-230.

[354] 何祚庥.记朱洪元教授在粒子物理学的贡献[J].现代物理知识,1990,2(6):1-3.

[355] 黄涛.回忆我的导师朱洪元先生[M]//朱洪元论文选集.北京:爱宝隆图文,2002:329-331.

[356] 张肇西.回忆朱洪元导师指导我做研究:怀念朱洪元老师[M]//朱洪元论文选集.北京:爱宝隆图文,2002:332-335.

[357] 杜东生.朱先生教我如何做研究[M]//朱洪元论文选集.北京:爱宝隆图文,2002:336-337.

[358] 朱洪元.我的一点意见[J].学位与研究生教育,1989(1):25.

[359] 王冰.中国物理学史大系·中外物理交流史[M].长沙:湖南教育出版社,2001.

[360] 冈本拓司.科学与竞争:以日本物理学为例(1886—1949)[J].科学文化评论,2006,3(2):38-52.

[361] Brown L M,南部阳一郎.战时日本的物理学家[J].科学(中译版),1999(3):45-48.

[362] 丁兆君.基于学术谱系的中国粒子物理学术传统浅析[J].自然辩证法通讯,2015,37(5):52-58.

[363] 钱三强.集中智慧 努力创新:在微观物理学思想史讨论会上的讲话(摘要)[J].自然辩证法通讯,1979(1):5-9.

[364] 李华钟.钱三强在微观物理思想史讨论会上谈创新[J].科技中国,2006(6):18-21.

后　记

自 2003 年笔者与中国粒子物理学史结缘,20 多年来,包括论文选题、科研项目申请,多与此相关。早有意撰写一部中国粒子物理学史专著,今在所承担的国家自然科学基金项目的资助之下,终于了此夙愿。

虽浸淫有年,阅读了大量相关文献史料与论著,接触了多位高能粒子物理学家,笔者仍觉刚入研究之门。今不揣谫陋,以时不我待之心,勉鼓其力,草成此书。诸多玄奥仍不知就里,学界新近研究成果也未能充分借鉴,只有留待以后慢慢推敲,以作修订。疏漏、不妥之处,也请广大读者批评指正!

感谢多年来给予本研究以支持、帮助的多位院士、领导、专家,包括粒子物理的国家研究机构中国科学院高能物理研究所三任所长叶铭汉院士、郑志鹏研究员、王贻芳院士,三位原副所长 谢家麟 院士、赵维仁研究员、奚基伟研究员,还有李金研究员、何景棠研究员等;中国科学院理论物理研究所原所长吴岳良院士及 戴元本 院士、朱重远研究员,浙江大学唐孝威院士,中山大学原副校长 李华钟 教授,中国科学院自然科学史研究所戴念祖研究员、刘金岩研究员,首都师范大学李艳平教授、尹晓冬教授,山西大学厚宇德教授,西藏大学宁长春教授等。在笔者学习、工作的中国科学技术大学,也得到了很多老师的指导与帮助,包括原副校长韩荣典教授、卞祖和 教授,近代物理系 梅镇岳 教授、阮图南 教授、许咨宗教授、杨保忠 教授、井思聪 教授、汪晓莲教授,国家同步辐射实验室何多慧院士、裴元吉教授,在此也一并向他们表示感谢。此外,还要感谢中国科学院、中国科学技术大学、清华大学、北京大学等单位档案馆,高能物理研究所档案室、图书馆,理论物理研究所档案室,中国原子能科学研究院档案处的相关工作人员,他们为笔者调研档案文献资料提供了大量的帮助。尤其要感谢为笔者提供学术指导与史料支持,又为拙作撰写序言的王贻芳院士!

特别感谢当年将笔者引入中国粒子物理学史研究之门的导师胡化凯先生。20 年来,胡老师的谆谆教导一直引领着笔者前进的方向。

多年来,中国科学技术大学科技史与科技考古系的其他老师也给予了我很多指导与帮助。他们大多学识渊博、享誉学界,有的年高德劭、诲人不倦,有的亦师亦友、热心热情。还有本系以外科学技术史领域的多位专家学者,他们有的是业界耆宿、一方泰斗,有的是领域翘楚、青年才俊。他们不拘长幼,都给了我一定的帮助与启发。还有很多一直关心、支持、帮助笔者的亲朋好友,在此也一并向他们致以诚挚的谢意!